中国城市科学研究系列报告
中国城市科学研究会　主编

中国工程院咨询项目

中国建筑节能年度发展研究报告 2014

2014 Annual Report on China Building Energy Efficiency

清华大学建筑节能研究中心　著

中国建筑工业出版社

图书在版编目（CIP）数据

中国建筑节能年度发展研究报告 2014/清华大学建筑节能研究中心著. —北京：中国建筑工业出版社，2014.3
中国城市科学研究系列报告
ISBN 978-7-112-16483-7

Ⅰ.①中… Ⅱ.①清… Ⅲ.①建筑-节能-研究报告-中国-2014 Ⅳ.①TU111.4

中国版本图书馆 CIP 数据核字（2014）第 037699 号

责任编辑：齐庆梅
责任设计：张 虹
责任校对：姜小莲 赵 颖

中国城市科学研究系列报告
中国城市科学研究会 主编
中国建筑节能年度发展研究报告 2014
2014 Annual Report on China Building Energy Efficiency
清华大学建筑节能研究中心 著
*
中国建筑工业出版社出版、发行（北京西郊百万庄）
各地新华书店、建筑书店经销
北京红光制版公司制版
北京建筑工业印刷厂印刷
*
开本：787×960 毫米 1/16 印张：23¼ 字数：430 千字
2014 年 3 月第一版 2018 年 5 月第三次印刷
定价：**60.00** 元
ISBN 978-7-112-16483-7
（25323）

《中国建筑节能年度发展研究报告 2014》顾问委员会

主任：仇保兴

委员：（按拼音排序）

陈宜明　韩爱兴　何建坤　胡静林

赖　明　倪维斗　王庆一　吴德绳

武　涌　徐锭明　寻寰中　赵家荣

周大地

本　书　作　者

清华大学建筑节能研究中心

江　亿（第3章）
彭　琛（第1章）
林立身（2.1）
魏庆芃（2.2，第5章）
赵　康（2.2.4）
肖　贺（2.2.5，2.2.6，第5章）
田雪冬（2.3，2.4，4.7）
林波荣（2.3.4，6.7）
杨旭东（第3章）
燕　达（4.1）
王　硕（4.2）
张　野（4.3）
吴若飒（4.4，4.5）
常　晟（4.6）
罗　涛（4.8）
沈　启（4.9）
王学志（第5章）
李　敏（6.1）
刘晓华（6.3）
张　涛（6.3）
裴祖峰（6.5）
刘彦辰（6.7）
吴忠隽（6.8）

特邀作者

上海建筑科学研究院	朱伟峰，袁　瑗（2.3.1）
深圳建筑科学研究院	刘俊跃，刘　刚（2.3.2）
山东建筑大学	谢晓娜（6.2）
中国建筑西北设计研究院	周　敏（6.3，第6章案例评审）
华东建筑设计研究院有限公司	田　炜，夏　麟（6.4）
广州市设计院	林　辉（6.6）
天津建筑设计院	伍小亭（第6章案例评审）

统稿

田雪冬，吴若飒

总　　序

建设资源节约型社会，是中央根据我国的社会、经济发展状况，在对国内外政治经济和社会发展历史进行深入研究之后做出的战略决策，是为中国今后的社会发展模式提出的科学规划。节约能源是资源节约型社会的重要组成部分，建筑的运行能耗大约为全社会商品用能的三分之一，并且是节能潜力最大的用能领域，因此应将其作为节能工作的重点。

不同于“嫦娥探月”或三峡工程这样的单项重大工程，建筑节能是一项涉及全社会方方面面，与工程技术、文化理念、生活方式、社会公平等多方面问题密切相关的全社会行动。其对全社会介入的程度很类似于一场新的人民战争。而这场战争的胜利，首先要“知己知彼”，对我国和国外的建筑能源消耗状况有清晰的了解和认识；要“运筹帷幄”，对建筑节能的各个渠道、各项任务做出科学的规划。在此基础上才能得到合理的政策策略去推动各项具体任务的实现，也才能充分利用全社会当前对建筑节能事业的高度热情，使其转换成为建筑节能工作的真正成果。

从上述认识出发，我们发现目前我国建筑节能工作尚处在多少有些“情况不明，任务不清”的状态。这将影响我国建筑节能工作的顺利进行。出于这一认识，我们开展了一些相关研究，并陆续发表了一些研究成果，受到有关部门的重视。随着研究的不断深入，我们逐渐意识到这种建筑节能状况的国情研究不是一个课题通过一项研究工作就可以完成的，而应该是一项长期的不间断的工作，需要时刻研究最新的状况，不断对变化了的情况做出新的分析和判断，进而修订和确定新的战略目标。这真像一场持久的人民战争。基于这一认识，在国家能源办、建设部、发改委的有关领导和学术界许多专家的倡议和支持下，我们准备与社会各界合作，持久进行这样的国情研究。作为中国工程院“建筑节能战略研究”咨询项目的部分内容，从2007年起，把每年在建筑节能领域国情研究的最新成果编撰成书，作为《中国建筑节能年度发展研究报告》，以这种形式向社会及时汇报。

清华大学建筑节能研究中心

前　　言

这是第八本中国建筑节能年度发展研究报告。自2010年开始，我们每年针对建筑节能的一个领域进行专门的深入分析，至2013年的第七本，已经完成了一个循环。所以今年这本报告开始第二次循环。还是从公共建筑开始，到2017年，将再完成第二个循环。通过这种方式总结近年来我国建筑节能领域新的变化、新的趋势和新的研究成果，同时也作为一个渠道向社会各界汇报我们新的体会和心得。

目前我国处在城镇化发展的高潮。城镇化被作为拉动中国经济发展的新动力，以此来扩大内需，解决三农问题，建成美丽中国，实现几代中国人民的梦想。这是我国实现2021年小康、2049年强国目标的关键一步。然而面对能源紧缺、资源匮乏、环境污染严重、碳排放压力巨大的现状，怎样才能在城镇化过程中真正实现可持续发展，而不是由于片面的城镇化加剧了资源、能源与环境的矛盾，从而导致“生态灾难”？这是摆在中国人民面前的严峻课题，也是我们当前城镇化过程必须应对和解决的挑战。中央提出新型城镇化的发展战略，其中重要的内容就是要建设资源节约环境友好型城市，把可持续发展摆在城镇化过程的重要位置上。

公共建筑是城市构成的主要部分，是城镇化过程中资源、能源的主要消耗者，也是城镇化影响自然环境的直接和间接的主要影响源之一。目前我国飞速发展的公共建筑建设是推动钢铁与各种建材市场旺盛需求的主要原因，而正是钢铁与建材生产的飞速增长构成我国碳排放居高不下；大量投入运行的公共建筑又构成我国建筑运行能源消耗的主体。大量超高层建筑、大量巨大的玻璃盒子建筑、巨大体量的机场和车站近年来成为新建公共建筑中的新潮，而这些形式的建筑无论从建筑材料用能还是投入使用后的运行能耗都是常规的同功能同规模建筑的几倍。如果朝此方向发展，就会与资源节约环境友好的愿望背道而驰，就会伴随着城镇化进入环境危机、资源危机和能源危机，最终不仅使城镇化停滞，还会重创我们整体的社会发展、经济发展！所以城镇化建设，包括怎样实现绿色和低碳的城镇化发展，首先不是采用或引进那些低碳与节能的高技术，而是首先把握好城镇化的发展方向、建设理念，坚持与自然协调发展的生态文明理念。

在城镇化的公共建筑建设中，这一生态文明发展理念的核心就是希望为我们未来的公共活动提供什么样的活动空间？是“越大越好、越气派越好、越豪华越好”，还是在资源、能源、环境允许的条件下满足基本的功能要求、舒适要求、健康要求就可以的适宜环境？建筑的功能是为了使用、提供空间服务，还是为了炫耀、张扬？城市的美化是靠整洁便利再加上几个标志性建筑的点缀，还是通过一座座建筑争奇斗艳、百花竞开？公共建筑建造是为了满足公众活动的基本要求，还是把它作为投资渠道和 GDP 增长的主要驱动力，不顾需求的大干快上？从生态文明理念出发的新型城镇化建设，就必须：

1. 严格控制公共建筑总量，按照人均公共建筑面积严格把握建设总量。因为任何超量的空间都是资源、能源的浪费。

2. 严格控制公共建筑的建设标准。我们提倡“精品建筑”，是指高质量、“精雕细刻”的建筑，而不是“土豪”加“粗制滥造”。建筑绝不是越花哨、越稀奇古怪越好，而是经久耐用、每个细节都好使好用，从而提供最好的服务和舒适的环境。

3. 严格控制用能上限。同样功能的建筑用不同的建筑理念和用能方式去实现，运行能耗可以有几倍的差别。用能耗上限去管理、约束，就是从生态文明的理念、在与自然条件相协调的基础上实现人类文明的发展。这样才有可能制止那些盲目追求高技术堆砌，发展朴实、与自然协调的建筑形式和系统形式。

作为公共建筑节能的专篇，本书也更多地从这些理念出发，讨论了建筑形式、通风形式、空调系统形式以及建筑与使用者之间的界面等问题。这些问题是我们在这些年的工程实践和调查研究中逐渐悟出来的，可能并没有在社会上形成共识。但是我们觉得这些理念可能比一些具体的节能技术、节能措施还重要。这些年在建筑节能上有不少关于建筑与系统形式做法上的争论，例如建筑是不是要密闭，再如办公建筑是 VAV 还是风机盘管，争来争去似乎双方都有些道理。但是深入剖析，就会发现实际上背后是这些基本理念的争论，把这些基本理念讨论清楚了，技术上的争论也就变得很清楚了。因此，真希望把这些大原则、大道理讨论明白，这样才有可能真正解决我国当前城镇化发展中的可持续发展问题。

按照往年的编排，本书的第 4 章介绍对公共建筑节能一些关键技术的认识，第 5 章讨论节能管理中的一些问题。这些都是我们近几年看到、听到、接触到的一些实际问题，尤其是有争论的问题。利用这个平台，给出我们的观点。对于这样一本书，这些技术和管理问题很难写全面，也不可能深入。摆在这里的目的只是说明观点，指出问题，希望引起大家的注意，也希望通过各种沟通渠道去进一步讨论、切磋。不少问题写在这里的只能算是个开头。

第 6 章是公共建筑节能最佳案例。这次是用了半年多的时间通过向全社会公开征集、专家组评审、写作组与入选单位反复协调，最终确定的。感谢提供案例的热心支持者，感谢案例编写作者、评审专家、测试人员和提供相关资料的各位热心参与者。正是大家无私的奉献、辛勤的操劳，才能有这一反映出我们所倡导的节能理念并在实际工程中实践的最佳案例集；更感谢实施这些工程案例的策划、设计、施工和运行者，正是他们的科学实践才产生了这些工程案例。建筑节能是一个“全民战争”的大工程，只有全社会都树立新的理念，都从不同角度投入，才有可能最终实现其目标。而这又需要有最先的实践者、带头人。这些最佳案例的实施者，就是这样的垦荒者、带头人。

尽管是全社会征集，并称之为“最佳案例”，但一定还是挂一漏万。国内一定还有很多做得更好的工程案例。本书中收集的这些案例都是在某一方面或几个方面有特点、有创新，是对公共建筑节能理念的很好的实践。当然这些案例也都不是十全十美的，都有各自不同的问题和可以改进的空间，有些可能在某些方面还有所争议。我们把它们摆出来，不是说这就是未来最理想的公共建筑，大家来全面复制，而仅是希望展示他们在某个方向上所做的大胆创新与科学实践，引起大家的思考与借鉴。

今年这本书的大部分内容是魏庆芃副教授及他所带领的公共建筑节能研究小组策划、组织和编写的。魏庆芃、田雪冬、吴若飒等为这本书的设计、组稿、编辑、出版花费了大量时间和心血。当然，还有书中所列出的各位作者和建工出版社的齐庆梅编辑，并且特别要感谢书中所列出的各位外单位特邀作者。感谢大家对这本书做出的贡献，感谢大家多年来对《中国建筑节能年度发展研究报告》的贡献。也感谢各位粉丝读者对本书的长期支持、鼓舞与鞭策，这也是我们能持续做下去的主要动力。

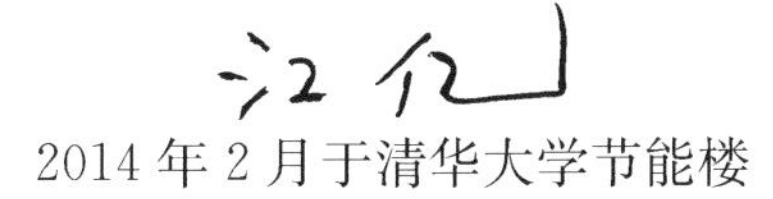

2014 年 2 月于清华大学节能楼

目　　录

第1篇　中国建筑能耗现状分析

第2篇　公共建筑节能专题

第 1 篇　中国建筑能耗现状分析

第1章 中国建筑能耗基本现状

1.1 中国建筑能耗基本现状

1.1.1 建筑能耗的总体情况

本书讨论的建筑能耗，指的是民用建筑的运行能耗，即在住宅、办公建筑、学校、商场、宾馆、交通枢纽、文体娱乐设施等非工业建筑内，为居住者或使用者提供采暖、通风、空调、照明、炊事、生活热水，以及其他为了实现建筑的各项服务功能所使用的能源。

考虑到我国南北地区冬季采暖方式的差别、城乡建筑形式和生活方式的差别，以及居住建筑和公共建筑人员活动及用能设备的差别，将我国的建筑用能分为北方城镇采暖用能、城镇住宅用能（不包括北方地区的采暖）、公共建筑用能（不包括北方地区的采暖），以及农村住宅用能四类。

（1）北方城镇采暖用能

指的是采取集中供热方式的省、自治区和直辖市的冬季采暖能耗，包括各种形式的集中采暖和分散采暖。地域涵盖北京、天津、河北、山西、内蒙古、辽宁、吉林、黑龙江、山东、河南、陕西、甘肃、青海、宁夏、新疆和西藏的全部城镇地区，以及四川的一部分。

将该部分用能单独考虑的原因是，北方城镇地区的采暖多为集中采暖，包括大量的城市级别热网与小区级别热网。与其他建筑用能以楼栋或者以户为单位不同，这部分采暖用能在很大程度上与供热系统的结构形式和运行方式有关，并且其实际用能数值也是按照供热系统来统一统计核算，所以把这部分建筑用能作为单独一类，与其他建筑用能区别对待。

目前的供热系统按热源系统形式及规模分类，可分为大中规模的热电联产、小规模热电联产、区域燃煤锅炉、区域燃气锅炉、小区燃煤锅炉、小区燃气锅炉、热泵集中供热等集中供热方式，以及户式燃气炉、户式燃煤炉、空调分散采暖和直接电加热等分散采暖方式。使用的能源种类主要包括燃煤、燃气和电力。本章考察各类采暖系统的一次能耗，即包括了热源和热力站损失、管网的热损失和输配能耗，以及最终建筑的得热量。

（2）城镇住宅用能（不包括北方地区的采暖）

指的是除了北方地区的采暖能耗外，城镇住宅所消耗的能源。在终端用能途径上，包括家用电器、空调、照明、炊事、生活热水，以及夏热冬冷地区[1]的省、自治区和直辖市的冬季采暖能耗。城镇住宅使用的主要商品能源种类是电力、燃煤、天然气、液化石油气和城市煤气等。

夏热冬冷地区的冬季采暖绝大部分为分散形式，热源方式包括空气源热泵、直接电加热等针对建筑空间的采暖方式，以及炭火盆[2]、电热毯、电手炉等各种形式的局部加热方式，这些能耗都归入此类。

（3）商业及公共建筑用能（不包括北方地区的采暖）

这里的商业及公共建筑泛指除了工业生产用房以外的所有非住宅建筑。除了北方地区的采暖能耗外，建筑内由于各种活动而产生的能耗，包括空调、照明、插座、电梯、炊事、各种服务设施，以及夏热冬冷地区城镇公共建筑的冬季采暖能耗。公共建筑使用的商品能源种类是电力、燃气、燃油和燃煤等。

（4）农村住宅用能

指农村家庭生活所消耗的能源，包括炊事、采暖、降温、照明、热水、家电等。农村住宅使用的主要能源种类是电力、燃煤和生物质能（秸秆、薪柴）。其中的生物质能部分能耗不纳入国家能源宏观统计，本书将其单独列出。

本章的建筑能耗数据来源于清华大学建筑节能研究中心建立的中国建筑能耗模型（China Building Energy Model，CBEM）的研究结果，分析我国建筑能耗现状和从 2001～2012 年的变化情况。

---

[1] 在本书的计算过程中，夏热冬冷地区包括上海、安徽、江苏、浙江、江西、湖南、湖北、四川、重庆，以及福建等省市。

[2] 炭火盆能耗为非商品能耗，不纳入国家能源宏观统计，本书中提到的建筑能耗不包括这一部分。

如表1-1所示，2012年建筑总能耗（不含生物质能）为6.90亿吨标准煤(tce)[1]，约占全国能源消费总量的19.1%。建筑商品能耗和生物质能共计8.07亿tce（生物质能耗约1.17亿tce）。从2001～2012年，建筑商品能耗总量及其中电力消耗量均大幅增长（图1-1）。值得注意的是，相比于之前的年度报告，本书对住宅能耗数据的分析由以前的以单位面积能耗强度为基础改为以单位居住单元为基础。这是因为我国各类统计数据都是以单位居住单元为基础，同时这样做也与世界上多数国家的统计分析模式一致。但是由于北方采暖是集中供热，计量收费都是基于面积，因此北方住宅采暖能耗仍以面积为基础。

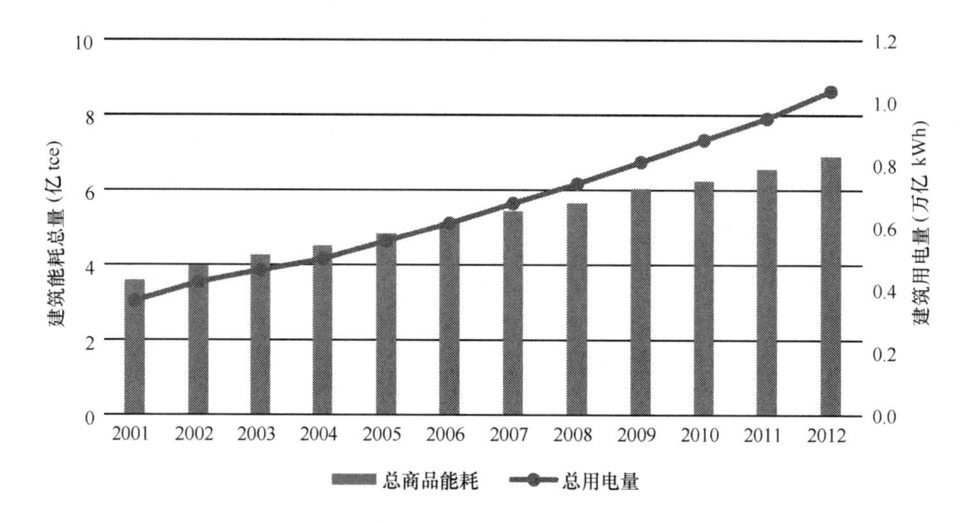

图1-1　建筑商品能耗总量及用电量

中国2012年建筑总能耗　　　　**表1-1**

用能分类	宏观参数（面积或户数）	电（亿kWh）	总商品能耗（亿tce）	能耗强度
北方城镇采暖	106亿m^2	82.4	1.71	16kgce/m^2
城镇住宅（不含北方地区采暖）	2.49亿户	3786.6	1.66	665kgce/户
公共建筑（不含北方地区采暖）	83.3亿m^2	4900.8	1.82	22kgce/m^2
农村住宅	1.66亿户	1594.1	1.71	1034kgce/户
合计	13.5亿人，约510亿m^2	10363.9	6.90	510kgce/人

[1] 本章尽可能单独统计核算电力消耗和其他类型的终端能源消耗。当必须把二者合并时，本章采用发电煤耗法对终端电耗进行换算，即按照每年的全国平均火力发电煤耗把电力换算为标煤。国家统计局公布2012年的发电煤耗值为305gce/kWh。

2001～2012年，我国城镇化高速发展，城乡建筑面积大幅增加。大量的人口从农村进入城市，城镇化率从37.7%增长到52.6%[1]，城镇居民户数从1.55亿户增长到2.49亿户，城乡居民平均每户人数逐年减少，家庭规模小型化（图1-2）。同时，公共建筑和北方城镇建筑采暖面积逐年增长，城乡每年建筑竣工面积逐年增长[2]（图1-3）。

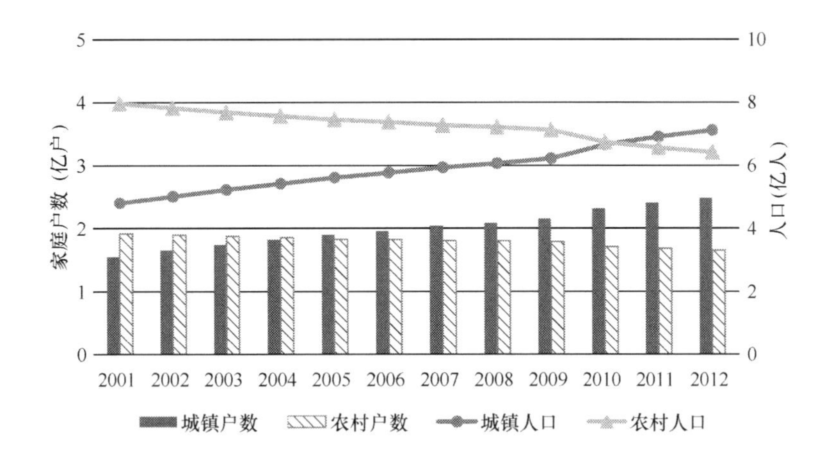

图1-2　2001～2012年城乡户数和人口的变化

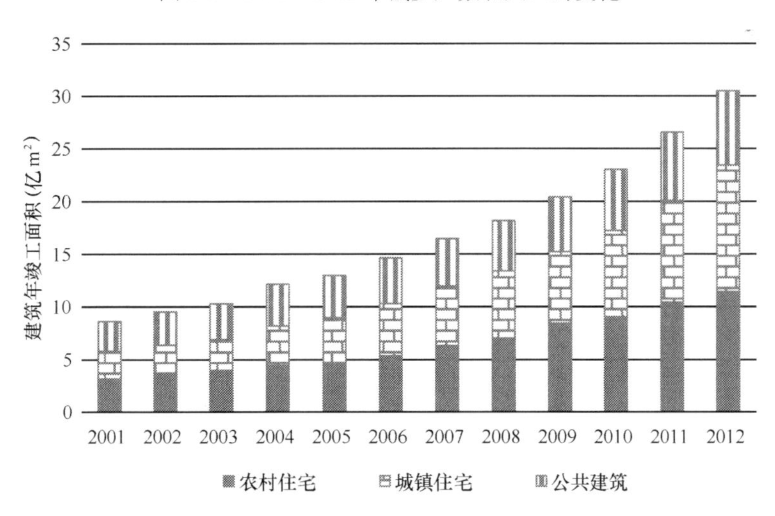

图1-3　2001～2012年各类建筑竣工面积

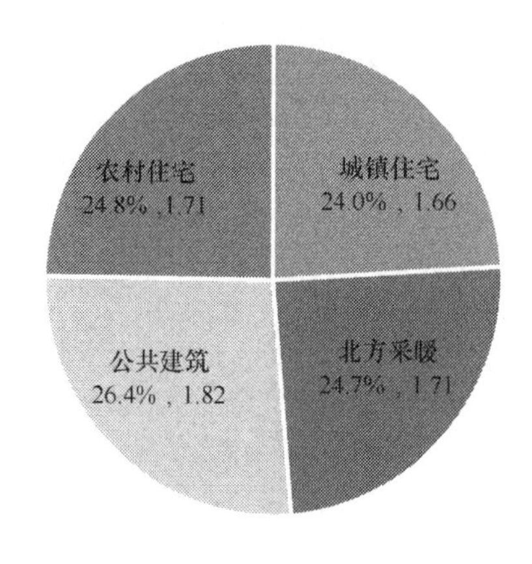

图1-4 2012年四个用能分类的能耗情况

1.1.2 四个用能分类的能耗状况

从用能总量来看，呈四分天下的局势，四类用能各占建筑能耗的1/4左右（图1-4）。从面积来看，农村住宅建筑面积约为238亿m^2，占全国建筑总面积的46.7%；城镇建筑中，住宅面积约188亿m^2，公共建筑面积为83.3亿m^2。而城镇建筑中北方寒冷和严寒地区的面积占了40%，使得北方城镇采暖成为总能耗中的重要组成部分。

结合四个用能分类2001～2012年的变化，如图1-5和图1-6所示，从各类能耗总量上看，除农村用生物质能持续降低外，各类建筑用能总量都有明显增长；而分析各类建筑能耗强度，进一步发现以下特点：

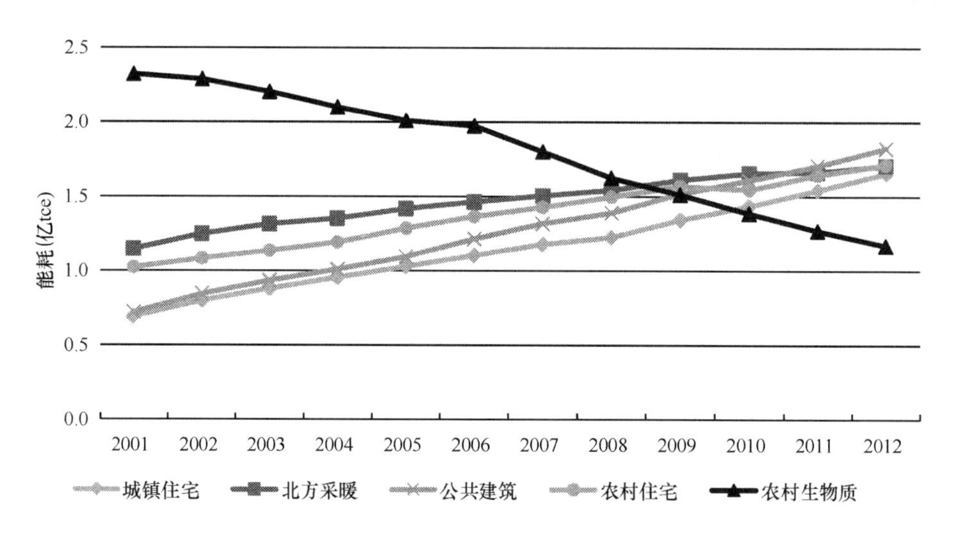

图1-5 2001～2012年各用能分类的能耗总量逐年变化

1）北方城镇采暖能耗强度较大，近年来持续下降，显示了节能工作的成效。

2）公共建筑单位面积能耗强度持续增长，各类公共建筑终端用能需求（如空调、设备、照明等）的增长，是建筑能耗强度增长的主要原因，尤其是近年来许多城市新建的一些大体量并应用大规模集中系统的建筑，能耗强度大大高出同类建筑。

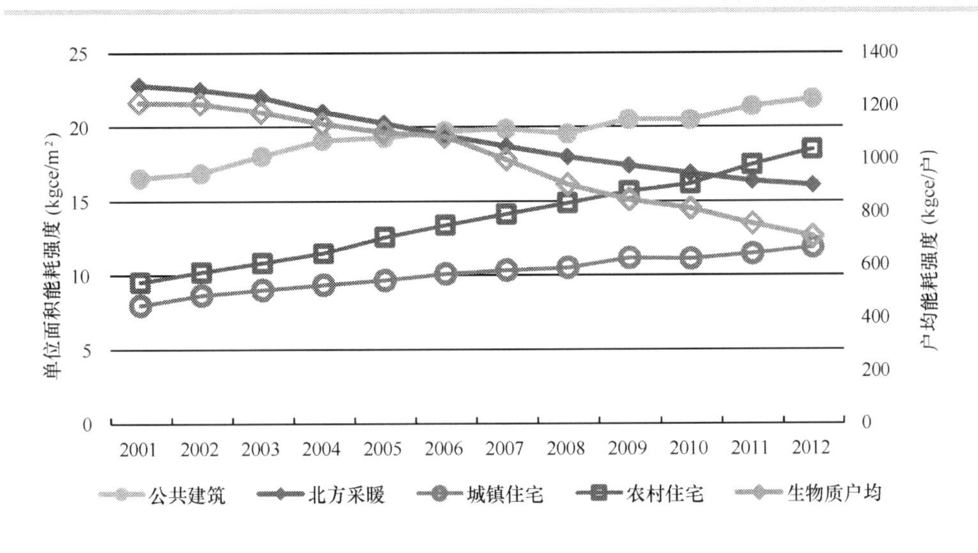

图 1-6 2001～2012 年各用能分类的能耗强度逐年变化

3）城镇住宅户均能耗强度增长，这是由于生活热水、空调、家电等用能需求增加，夏热冬冷地区冬季采暖问题也引起了广泛的讨论；由于节能灯具的推广，住宅中照明能耗没有明显增长，炊事能耗强度也基本维持不变。

4）农村住宅商品能耗增加的同时，生物质能使用量持续快速减少，在农村人口减少的情况下，农村住宅商品能耗总量大幅增加。农村户均能耗高于城镇户均能耗强度的原因来自多个方面：①北方农村大量使用煤采暖，能耗较高；②农村户均人口较城镇多，炊事、生活热水用能需求较大；③节能灯、高效电器的推广不如城市普及等。

下面对每一个用能分类的变化，进行详细的分析。

（1）北方城镇采暖

2012 年北方城镇采暖能耗为 1.71 亿 tce，占建筑能耗的 24.7%。2001～2012 年，北方城镇建筑采暖面积从 50 亿 m^2 增长到 106 亿 m^2，增加了 1 倍，而能耗总量增加了约 50%，低于建筑面积的增长，体现了节能工作取得的显著成绩——平均的单位面积采暖能耗从 2001 年的 22.8kgce/m^2 降低到 2012 年的 16.1kgce/m^2。

具体说来，能耗强度降低的主要原因包括建筑保温水平的提高、高效热源方式占比的提高和供热系统效率的提高。

1）建筑围护结构保温水平的提高。近年来，住房和城乡建设部通过多种途径提高建筑保温水平，包括：建立覆盖不同气候区、不同建筑类型的建筑节能设计标准体系，从 2004 年底开始的节能专项审查工作，以及“十一五”期间开展的既有居住建筑改造。这三方面工作使得我国建筑的保温水平整体大大提高，起到了降低建筑实际需热量的作用。

2）高效热源方式占比迅速提高。各种采暖方式的效率不同[1]，目前缺乏对各种热源方式对应面积的确切统计数据，但总体看来，高效的热电联产集中供热、区域锅炉方式取代小型燃煤锅炉和户式分散小煤炉，使后者的比例迅速减少；各类热泵飞速发展，以燃气为能源的采暖方式比例增加。

3）供热系统效率提高。近年来，特别是“十一五”期间开展的供热系统节能增效改造，使得各种形式的集中供热系统效率得以整体提高。

（2）城镇住宅（不含北方采暖）

2012年城镇住宅能耗（不含北方采暖）为1.66亿tce，占建筑总商品能耗的24.0%，其中电力消耗3787亿kWh。2001～2012年我国城镇住宅各终端用能途径的能耗如图1-7所示[2]。

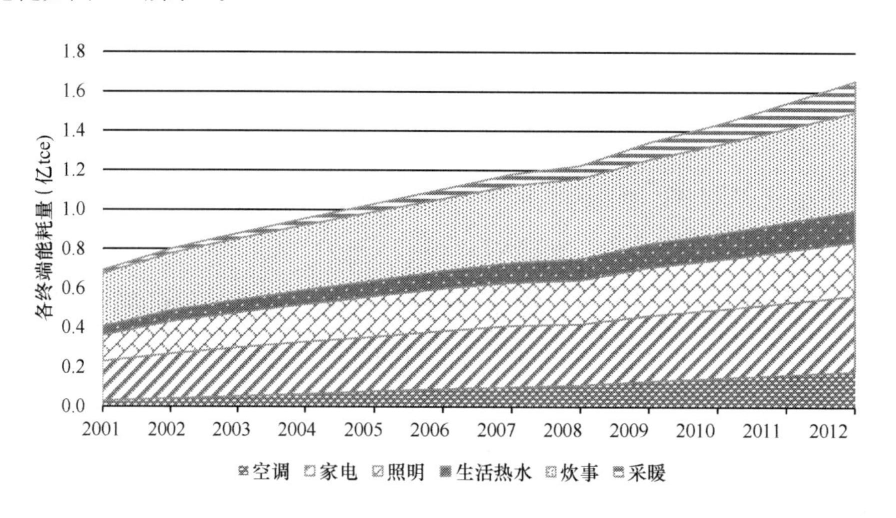

图1-7 用能分类的商品能耗强度逐年变化

注：图中的采暖能耗指的全北方集中供热以南的无集中供热地区的采暖能耗。

[1] 关于各种采暖方式热源效率的详细分析见《中国建筑节能发展年度研究报告2011》的2.3节。简单说来，各种主要的采暖方式中，燃气采暖方式的热源效率与锅炉大小没有直接关系，实际使用的效率为85%～90%之间。燃煤采暖方式中，热源效率最高的是热电联产集中供热，其次是各种形式的区域燃煤锅炉，效率在35%～85%之间，一般说来，燃气锅炉的效率高于燃煤锅炉；燃煤的采暖方式中大锅炉效率高于中小型锅炉，而分户燃煤炉采暖效率最低，根据炉具和采暖器具的不同，效率可低至15%。

[2] 电力按2012年全国平均火力发电水平换算为标准煤，换算系数为1kWh=0.305kgce。

2001～2012 年城镇人口增加了近 2.3 亿，新建城镇住宅面积 58 亿 m^2，约占当前城镇住宅保有量的 1/3，同时空调、家电、生活热水等各终端用能项需求增长，户均能耗强度增长近 50%，而该类建筑能耗总量增长近 1.4 倍。一方面是家庭用能设备种类和数量明显增加，造成能耗需求提高；另一方面，炊具、家电、照明等设备效率提高，减缓了能耗的增长速度。例如，虽然家庭照明需求不断提高，灯具数量和种类都有所增加，但节能灯大量取代白炽灯，将照明光效提高了 4～5 倍，使得照明能耗强度并没有增长。再一个显著特点就是长江流域及其以南地区住宅采暖的能耗迅速增加，这是由于各类采暖设施的普及，一些区域开始实现集中供热方式等，都造成采暖用能的迅速增加。如何对待这一现象，如何缓解由此造成的建筑能耗激增，这是当前建筑节能工作的一个重要问题。

(3) 公共建筑（不含北方采暖）

2012 年公共建筑面积约为 83.3 亿 m^2，能耗（不含北方采暖）为 1.82 亿 tce，占建筑总能耗的 26.4%，其中电力消耗为 4900 亿 kWh。2001～2012 年，公共建筑单位面积能耗从 16.5kgce/m^2 增长到 21.9kgce/m^2，能耗强度增长 33%，能耗总量增长近 1.6 倍。

我国城镇化快速发展促使公共建筑面积大幅增长，2001 年以来，公共建筑竣工面积达到 48 亿 m^2，占当前公共建筑保有量的 57.6%，即超过一半的公共建筑是在 2001 年后新建的，这其中暴露出一些过量建设的问题，如 1）地方政府大量新建豪华的办公楼，人均办公面积大大高于商业办公面积；2）大规模兴建铁路客站、机场等交通枢纽，有些超出了地方实际客流需求；3）一些城市盲目兴建大型城市综合体等，忽视市场需求最终有可能成为公共建筑的“空城”。另一方面，新建单个公共建筑体量有增大的趋势，由于建筑体量和形式约束导致的空调、通风、照明和电梯等用能需求增长，同时办公设备（如电脑、打印机等）和大型服务器数量增加，公共建筑各个终端用能项用能需求都在增长。这些因素导致了公共建筑能耗总量的大幅增长。本书的第 2 篇将重点分析我国公共建筑能耗特点及节能理念和技术途径。

(4) 农村住宅

2012 年农村住宅的商品能耗为 1.71 亿 tce，占建筑总能耗的 24.8%，其中电力消耗为 1594 亿 kWh，此外，农村生物质能（秸秆、薪柴）的消耗约折合 1.17

亿 tce❶。随着城镇化的发展，2001～2012 年农村人口从 8.0 亿减少到 6.4 亿人，而农村住房面积从人均 25.7m²/人增加到 37.1m²/人[1]，住宅总量有所增长。

以家庭户为单位来看农村住宅能耗的变化，户均总能耗没有明显的变化（图 1-8），而生物质能有被商品能源取代的趋势，占总能耗的比例从 2001 年的 69%下降到 2012 年的 41%。随着农村电力普及率的提高、农村收入水平的提高，以及农村家电数量和使用的增加，农村户均电耗呈快速增长趋势。同时，越来越多的生物质能被煤炭所取代，这就导致农村生活用能中生物质能源的比例迅速下降。如何充分利用农村地区各种可再生资源丰富的优势，通过整体的能源解决方案，在实现农村生活水平提高的同时不使商品能源消耗同步增长，维持农村非商品能源为主的特征，既是我国农村住宅节能的关键，也是我国能源系统可持续发展的重要问题。关于此问题的讨论详见《中国建筑节能年度发展研究报告 2012》。

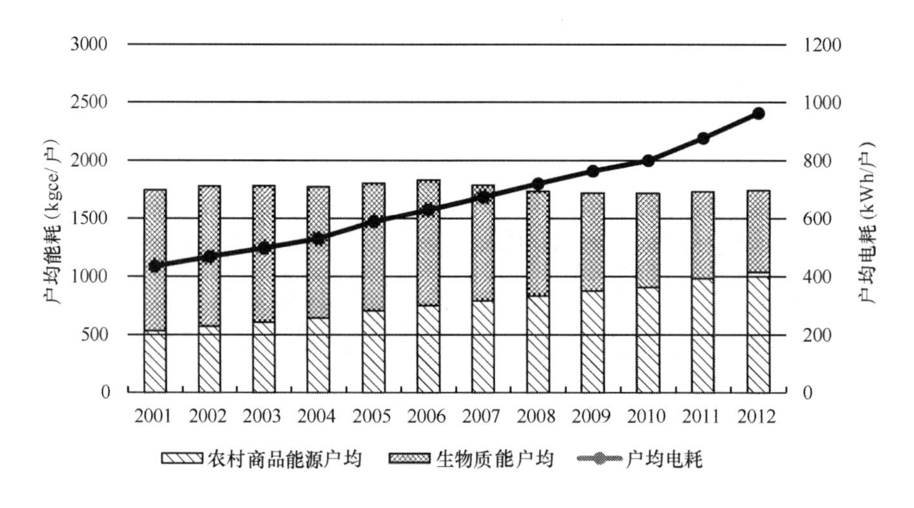

图 1-8 农村家庭用能情况

1.2 中外建筑能耗的对比

对中外建筑能耗进行比较，是认识我国建筑能耗水平的重要途径。研究发达国

❶ 农村住宅用能测算方式做了调整，由按照建筑面积测算，调整为按照户进行分析，参考《中国建筑节能年度研究发展报告 2012》，2011 年的农村能耗数据，根据 2007 年农村商品能耗和生物质能耗数据，以及 2006～2008 年的变化趋势推算。

家的能耗发展历史并作比较，对分析我国未来建筑能耗发展趋势，设计建筑节能道路十分重要。曾有一些研究机构或个人认为中国建筑能耗水平大大高于欧美发达国家，因而要积极引进这些国家的先进的节能技术和理念开展建筑节能工作。然而，通过能耗数据比较发现，我国无论人均还是单位建筑面积能耗水平都远低于欧美发达国家水平。通过各国建筑能耗数据的横向比较，可以纠正对我国建筑用能水平现状及节能工作道路的认识，有助于探索符合我国国情的建筑节能道路。

进行中外建筑能耗对比时，在数据分析方法上需注意以下几点：

1）我国人口、建筑总量规模都远高于世界绝大多数国家，进行国家建筑能耗总量的比较不能反映我国实际建筑能耗水平，应采用人均或单位面积能耗指标；

2）由于各国对建筑能耗数据的内容和表达方式存在差异，应尽量选取内容相同的数据进行比较。建筑能耗数据的内容包括统计用能建筑的类型，用能终端项的种类，以及使用能源的种类等；

3）建筑使用的能源种类包括电、煤、燃气等，在将各项能源用量相加进行总量比较时，按照终端能耗还是一次能耗进行比较，对认识能耗水平有明显的影响。

需要指出，建筑能耗水平受气候条件、建筑性能、各类终端用能设备的效率以及建筑使用方式和居民的生活模式等多个因素的影响。中外建筑能耗指标的对比，能说明能耗水平的差异，但不代表国家节能技术水平的高低。

本节通过比较世界各国的建筑能耗，一方面梳理对建筑能耗数据的认识，客观地理解宏观能耗数据的内容，并正确运用；另一方面，通过对比，了解我国建筑能耗水平和未来发展可能的趋势，从宏观层面分析并提炼我国建筑节能所面临的问题。

1.2.1 中外建筑能耗对比

建筑能耗是终端能源消耗的重要组成部分，国际能源署（International Energy Agency，IEA）指出，建筑能耗占世界终端能耗总量的35%，是最大的终端用能部门。由于国家发展程度和模式不同，建筑能耗在各国的比例不一样。图1-9是直接引用IEA的终端能耗数据比例，可以看出，发达国家如美国、欧洲四国（英法德意）和日本，建筑能耗占终端能耗的比例近40%；而中国建筑能耗仅占终端能耗的20%，工业能耗所占的比例大大高于世界其他国家，这是由我国是制造业大国所决定的。

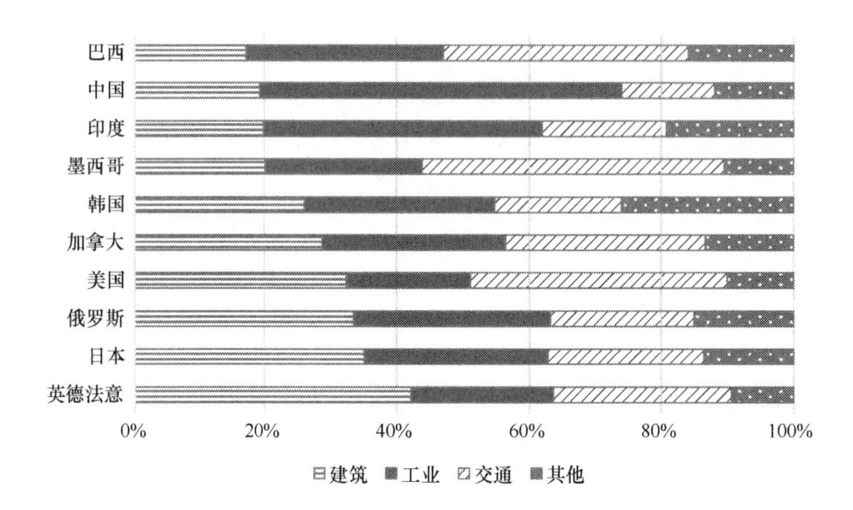

图1-9 各国终端能源消耗比例

能耗比例受国家产业结构的影响，终端能耗比例不能体现各国建筑能耗强度的相对关系。下面将从建筑能耗整体情况、住宅建筑用能、公共建筑用能以及北方城镇采暖用能等角度进行对比分析。

1.2.2 中外建筑能耗数据及内容比较

除了上面提到的IEA外，经济较发达的国家或地区都有对其能源消耗用途和能源类型统计分析并公布，拥有比较细致全面的数据，如美国能源信息署（U.S. Energy Information Administration，EIA）和日本的能源经济研究所（The Institute of Energy Economics，Japan，IEEJ），都直接给出了建筑能耗量。中国国家统计局[3]按照不同行业给出了终端能源数据，并按照发电煤耗法和电热当量计算法给出各行业的能耗数据，建筑能耗未单独列出，而是包括了中国能源平衡表中的“生活消费”（主要为城镇和农村住宅用能），“批发、零售业和住宿、餐饮业”以及“其他”（主要为公共建筑用能），以及“交通运输、仓储和邮政业”中的一部分（属于公共建筑用能）。为了充分尊重各国实际情况，在进行对比时，尽可能采用其本国的数据来源（中国的数据采用CBEM分析计算值）。

由于各国对建筑能耗数据内容的定义和表述不同，在进行建筑能耗对比前，应分析清楚不同数据源所指代的建筑能耗的含义，以避免含义不清的情况下对比得出偏颇的结论。

建筑能耗数据包含的内容，是指建筑中用能项的种类、建筑用能分类以及能源类型。对于建筑中用能项的种类，均包括了建筑中所消耗的照明、采暖、空调、设备、热水等各个终端项；建筑用能分类主要包括公共建筑和居住建筑；而能源类型包括电、燃气、煤和 LPG，其中主要差别在于是否包含生物质能（见表 1-2）。CBEM 不包括生物质能的主要原因是，在中国生物质能并未像美国、日本和其他 OECD 国家普及为商品能源，绝大多数在农村由农民自用或直接焚烧，《中国统计年鉴》中能源的统计也未包括生物质能。

建筑能耗数据内容 **表 1-2**

数据源	建筑用能分类	是否含生物质能
IEA[4]	住宅（Residential），公共建筑（Services）	是
EIA[5]	住宅（Residential），公共建筑（commercial）	是
IEEJ[6]	住宅（Residential），公共建筑（commercial）	是
CBEM	城镇住宅，农村住宅，公共建筑，北方城镇采暖	否

从表述方式来看，主要包括两方面：1）建筑能耗数据是终端能耗还是一次能耗；2）不同类型能源数据统计时采用部分替换法（Partial Substitution Method，适用于燃料发电量占较大比重的国家）[7]还是实际含能量法（Physical Energy Content）（在中国能源统计年鉴中，分别对应“发电煤耗计算法”和“电热当量计算法”，表中使用年鉴中采用的名词）（见表 1-3）。在进行建筑能耗总量统计时，一次能耗和终端能耗最大的差异来自于电力生产过程中的损耗，从这个认识来看，EIA 将终端能耗加上发电损失作为一次能耗（见美国能源署每年发布的建筑能耗手册[8]），CBEM 自下而上地计算出各项终端能源用量，统计时采用发电煤耗计算法计算电耗，近似为一次能耗。采用发电煤耗法主要是由于中国是以火力发电为主的国家，建筑消耗大量的电力，如果按照热当量法进行统计，不能合理地体现我国建筑能耗在能源消耗中的影响。表 1-3 中还给出了各国能源数据的单位，在进行比较时需统一单位。

建筑能耗数据表述方式　　表 1-3

数据源	建筑能耗形式	电折算方法	单位	折标煤系数
IEA	终端能耗	电热当量法	10^6 吨标油（Mtoe）	0.7 toe/ tce
EIA	终端能耗+发电损失（一次能耗）	电热当量法/直接相加	10^{15}英热单位（Quadrillion Btu）	0.0278 Q Btu/ tce
IEEJ	终端能耗	电热当量法	10^{10}大卡（10^{10}kcal）	7×10^6kcal / tce
CBEM	一次能耗	发电煤耗法	10^4 吨标煤（万 tce）	—

图 1-10 是各国公布的建筑能耗数据对比，为保证数据可比性，同时可以从我国建筑能耗强度视角进行对比分析，建筑能耗数据采用一次能耗，并统计商品能耗，以标准煤为单位。

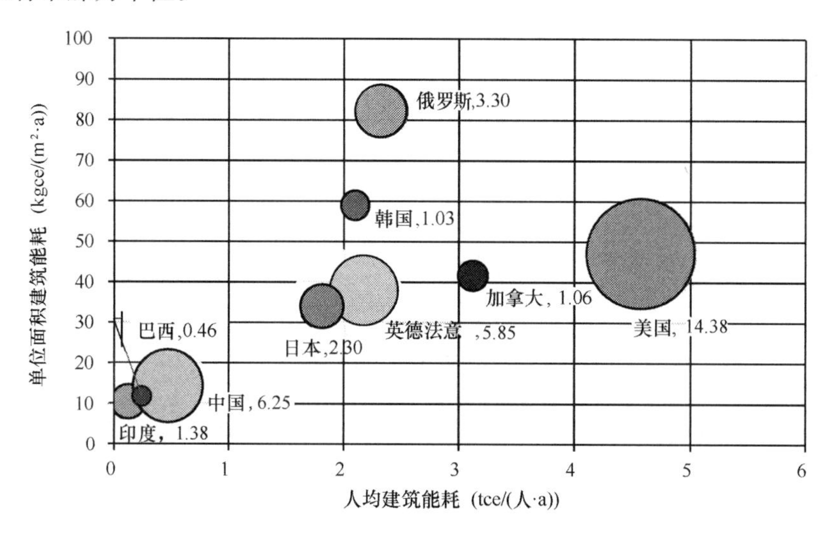

图 1-10　2010 年各国建筑能耗比较

图中数据来源分别为：美国（EIA）、日本（IEEJ）、中国（CBEM），其他国家能耗数据来自于 IEA 发布的世界能源展望。IEA 提供各国发电一次能耗见表 1-4，EIA、IEEJ 和中国国家统计局提供的数据见表中括号内的值。

各国发电一次能耗　　表 1-4

国　家	1kWh 电= kgce	国　家	1kWh 电= kgce
美国	0.308（0.381）	俄罗斯	0.514
加拿大	0.213	中国	0.338（0.312）
欧洲四国	0.320	印度	0.383
日本	0.288（0.301）	巴西	0.161
韩国	0.332		

对比发现，无论是人均能耗还是单位面积能耗，美国都明显高于大多数国家；欧洲四国（英法德意）、日本和韩国的建筑能耗强度水平相对接近；俄罗斯单位面积能耗最高，而人均能耗与欧洲国家接近；除俄罗斯外，金砖国家的建筑能耗强度水平接近。

出现人均能耗强度与单位面积强度相对值差异的原因是各国的人均建筑面积不一样。以俄罗斯为例，人均建筑面积仅为 28m²，而美国人均建筑面积近 100m²，因此，尽管俄罗斯人均能耗强度大大低于美国，而其单位面积能耗高于美国（图 1-11）。

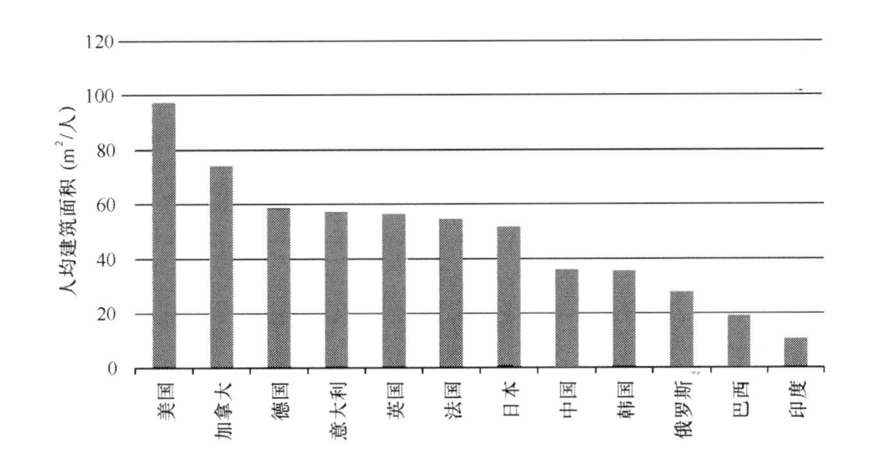

图 1-11 各国人均建筑面积比较[9]

分析各类型建筑中用能项，既有与人员相关的用能项，如热水、炊事和家电等，又有与面积相关的用能项，如照明、空调和采暖。因此，以单位面积或以人均为能耗指标，在表述能耗强度方面各有优劣，在对比能耗强度时，应注意其侧重点。IEA 在 2013 年 6 月专门围绕建筑能耗指标邀请世界各国专家进行讨论，分析了各种指标在表述能耗强度时的优劣，并提出了住宅中应按照户作为能耗指标，便于对能耗数据的正确理解。

下面将对住宅用能、公共建筑用能，以及 CBEM 中专门提出的中国北方采暖用能进行分析比较，研究能耗差异的主要原因。

1.2.3 住宅建筑能耗数据对比

相对于发达国家，中国、印度等发展中国家城乡发展水平有较大的差距。从建筑用能及相关因素分析，中国城镇和乡村住宅用能的差异主要表现在：

1）建筑形式：中国城镇住宅以多层和高层住宅楼为主，而农村住宅通常为以户为单位的别墅型住宅，是适合农业生产方式的建筑形式（农宅有足够的空间供存放农具，且与耕地相邻）；

2）用能类型：城镇居民用能类型主要包括电、燃气、液化石油气和煤，均为商品能源；而农村居民用能，还包括生物质能，如薪柴、秸秆和沼气等非商品能，服务于炊事、生活热水和采暖；

3）用能方式：由于经济水平差距和生产方式的影响，城乡住宅用能方式有所不同，如各类家电的拥有率、炊事的频率均有明显差异。

由于以上差别，应区分中国城乡住宅建筑用能进行分析，这里选择城镇住宅用能与各国进行对比。同时，住宅用能以家庭为单位，各个用能项目（如家电、炊事等）也具有以户为单位的使用特点，住宅能耗指标宜采用户均能耗强度。比较各国户均能耗和单位面积能耗强度，如图 1-12 所示。

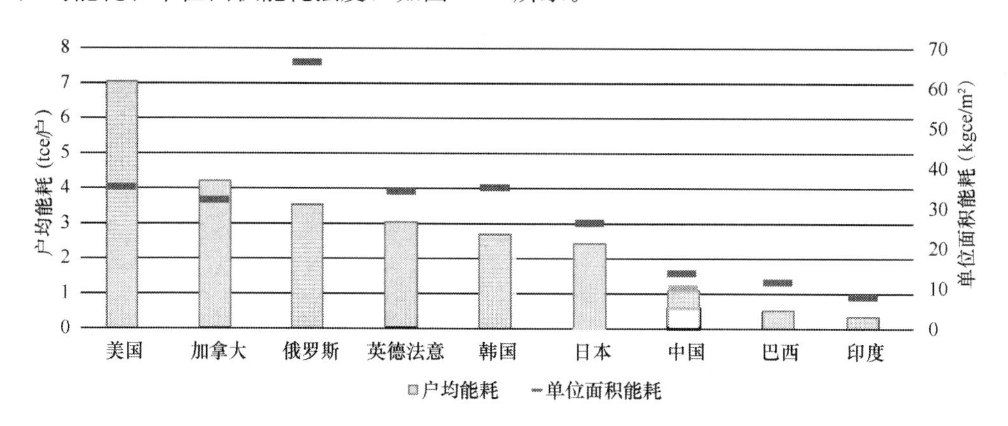

图 1-12 中外住宅建筑能耗对比（2010）

注：考虑中国建筑用能分类和国际分类方式的差异，本图表述两种城镇住宅用能强度：1）含北方城镇采暖用能，能耗强度为灰色柱和深色线条；2）不含北方城镇采暖部分用能，能耗强度为浅色线框和浅色线条。

从户均能耗强度分析，可以大致分为三个水平：1）美国户均能耗大大高于其他国家，超过7tce/户；2）其他发达国家住宅能耗强度水平接近，约在2～4tce/户；3）发展中国家户均能耗强度基本在1tce/户以下。从单位面积能耗强度分析，也存在三个能耗强度水平：美国等发达国家（俄罗斯除外）单位面积能耗强度约为35kgce/m^2；而俄罗斯单位面积能耗大大超过其他发达国家，分析来看，主要是由于其人均住宅建筑面积仅为其他发达国家的一半（图1-13），而且俄罗斯气候寒冷，采暖需求远大于其他国家，也是其单位面积能耗高的原因；发展中国家单位面积能耗强度约为15kgce/m^2，户均和单位面积住宅能耗强度都明显低于发达国家。

发达国家与发展中国家用能水平的差异，一般可以认为是经济水平因素所致；而发达国家之间也存在高低不同，因此经济水平并不能完全解释住宅能耗强度的差异。但由于住宅使用与经济活动无任何直接关系，因此只能认为是由于经济水平高，导致人均收入高，从而住宅能耗高。而同样人均收入水平的国家住宅能耗的显著差别则只能由生活方式和住宅使用模式不同所造成。

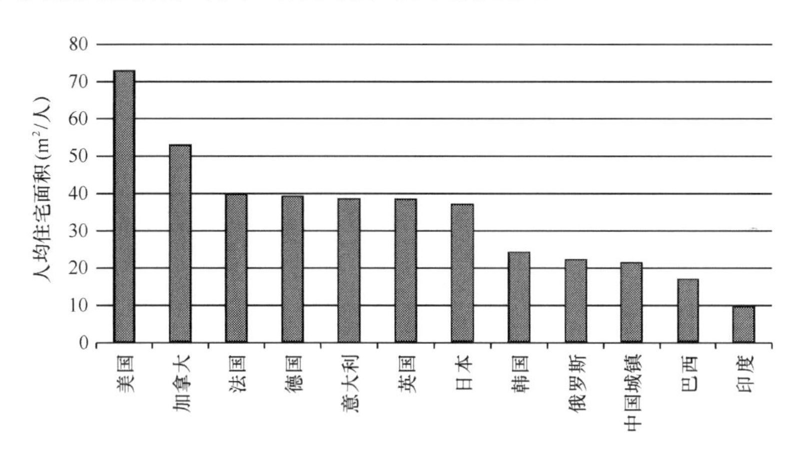

图1-13 人均住宅面积对比

对比中外住宅用能强度，中国户均住宅能耗仅为美国的15%，而单位面积能耗强度不到美国的一半。有专门针对中外住宅用能差异的研究[10,11]指出，生活方式的不同是造成家庭用能量差异的主要原因，同时，户均面积不同也使得照明、空调和采暖的需求有所差异。下面从各家庭能源使用种类和用能项的强度两个维度对比中外住宅用能的差异。

（1）各类能源用量对比

住宅中的商品用能包括电、燃气、煤和液化石油气等，通过用能类型比较发现，在IEA能耗数据统计体系中将热（heat）作为一种能源（主要满足采暖和热水的需求），这里通过调查各国生产热的一次能源种类及用量情况[12]，将“热”折算为一次能源加入户用能中。

由于各国的资源条件和家庭各用能项需求的差异，住宅中各类能源比例不同（图1-14、图1-15）。可以发现，电（已折算为生产所需的一次能源量）是住宅中主要的能源类型，约占住宅用能的40%～70%；天然气在发达国家（日本除外）家庭中广泛使用；油品（如液化石油气、煤油等）在印度和巴西家庭中的比例较大；中国北方地区气候寒冷，热力（供暖）消耗约占家庭能源消耗的41%（折算为一次能耗）；美国、加拿大和欧洲四国将生物质能商品化，在一定程度满足了家庭用炊事或生活热水的用能需求，发展中国家还未将生物质能商品化，大量的生物质能通过直接焚烧或者在低效率情况下使用，这实际是对能源的浪费。

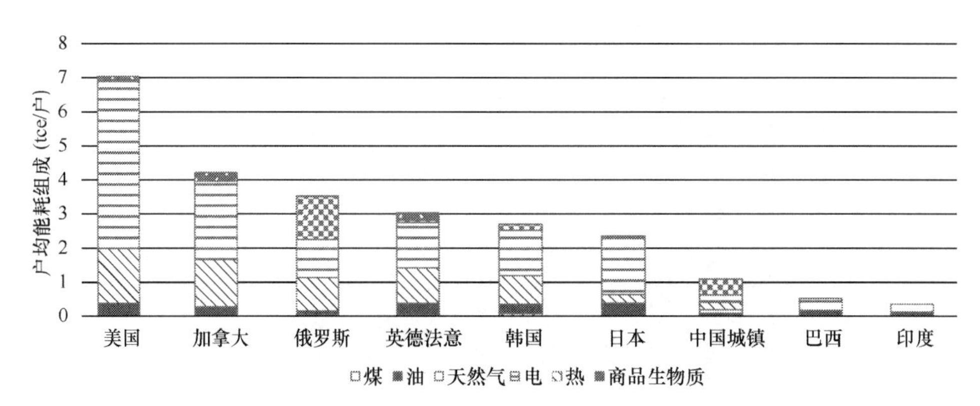

图1-14 各国住宅商品能源户用能强度

注：图中热力消耗已折算到一次能耗。

（2）家庭用能项的能耗比较

参考IEA、EIA、IEEJ等对家庭用能项的分类，将住宅中用能项分为照明、家电、空调、采暖、炊事和生活热水共六类。其中，照明、家电和空调主要使用电力；而采暖、炊事和生活热水用能的类型包括电、燃气、煤或者液化石油气（LPG）。在分析各类用能项用能量时，仍采用一次能源比较。

比较各种终端用能项的户均能耗强度（图1-16）可以发现，美国各类家庭用能项户均能耗均明显高于其他国家，其最大的用能项是采暖，接着为家电和空调。

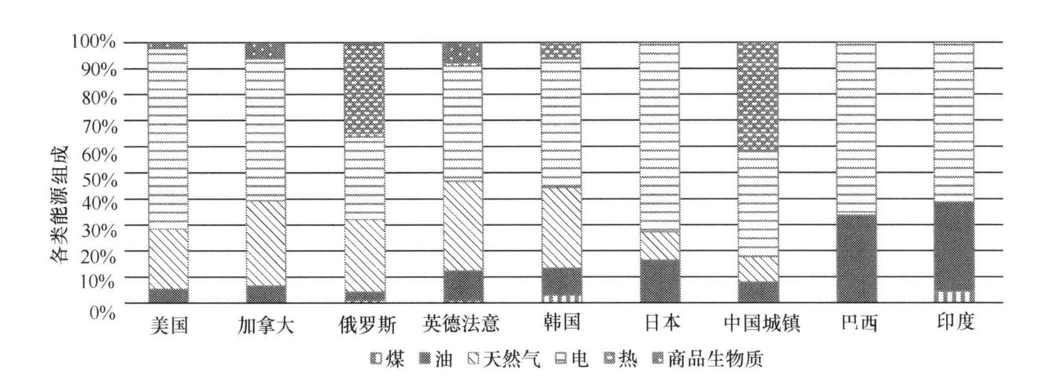

图 1-15 各国住宅商品能源户用能强度比例

炊事用能是家庭用能比例最小的部分，且各国炊事用能强度差别不大，除非出现大的炊事方式变革，炊事能耗不会成为建筑能耗增长的主要因素。而其他用能项均有较大的差异，如果不加以引导控制，都可能导致我国住宅建筑能耗显著增长。以空调能耗为例，美国户均空调电耗约 2000kWh，是中国该项能耗的 5 倍以上；而家电户均能耗是中国的近 7 倍，随着居民收入的提高，家电拥有率继续提高，高能耗电器如烘干机、洗碗机等可能大量进入家庭，家电能耗将大幅增长。

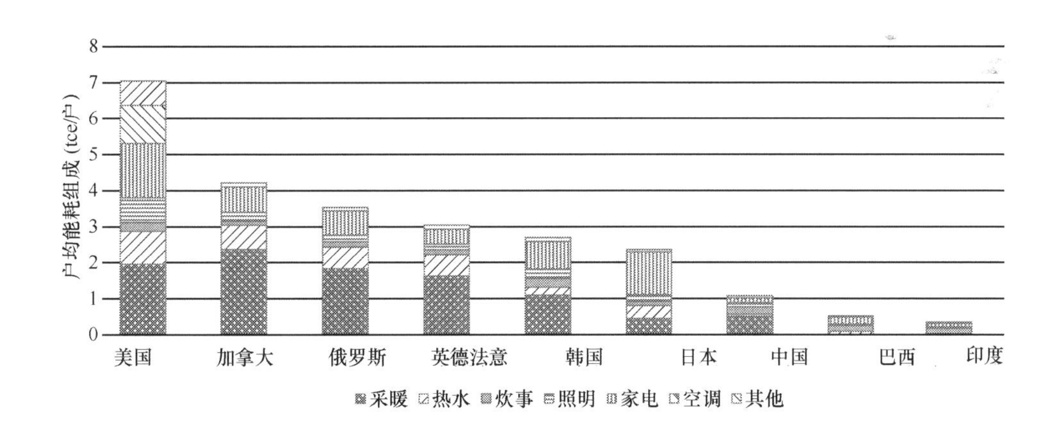

图 1-16 各国家庭用能项强度对比

需要说明的是，中国住宅能耗为城镇住宅用能，包括北方城镇住宅采暖能耗（折合到全国城镇户均为 0.46t/户），采暖能耗约占到中国单元户能耗的 47%（包括夏热冬冷地区采暖能耗）。

1.2.4 公共建筑能耗数据对比

各国公共建筑单位建筑面积的用能状况见图1-17。比较来看，俄罗斯和韩国公共建筑单位面积能耗最高，分别达到150kgce/m² 和110kgce/m²，考虑其有大量的供暖需求；中国公共建筑单位面积能耗最低，约28kgce/m²；其他国家单位面积能耗强度在60～80kgce/m²；而印度的单位面积能耗强度高于加拿大和欧洲四国。

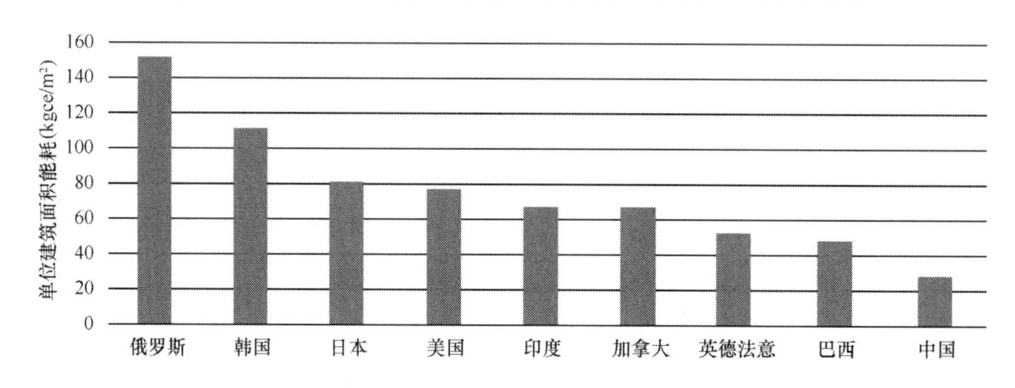

图1-17 公共建筑单位建筑面积能耗对比

比较各国人均公共建筑面积（图1-18），印度的人均公共建筑面积不到1m²（如果考虑印度与中国同样有城乡二元差异的现象，城镇人均公共建筑面积也只有2.2m²，与巴西水平接近），而美国的人均公共建筑面积达到24m²。分析印度人均公共建筑面积较小的原因，可能是未统计某些功能的公共建筑（如中小学校、商铺等），而商业办公楼、商场等类型的公共建筑的建筑形式、系统形式和运行学习发

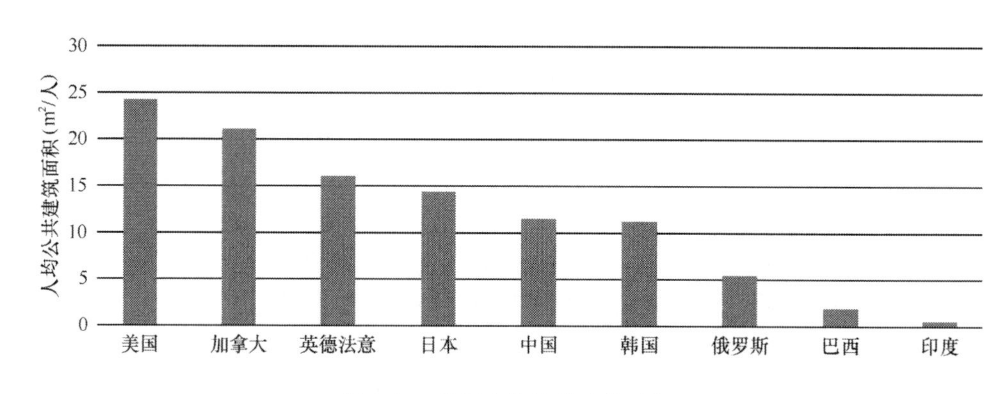

图1-18 各国人均公共建筑面积

达国家，导致其能耗强度与发达国家能耗水平接近。

公共建筑功能类型种类较多（如办公楼、商场、酒店和医院等），由于功能差异，各类型公共建筑的用能特点不同，统计平均各个终端用能项的能耗，难以表征公共建筑能耗的实际用能特点，这里主要对比公共建筑用能强度。

1.2.5 关于中国北方城镇采暖能耗对比的问题讨论

中国北方地区气候寒冷，有大面积的集中采暖，对比世界其他有采暖需求的地区，我国北方地区采暖能耗强度属于较低的水平（图 1-19）。芬兰单位面积采暖能耗超过 60kgce/m^2，而波兰、俄罗斯和韩国采暖能耗约 30kgce/m^2。丹麦、加拿大和中国采暖能耗强度在 15～20kgce/m^2 之间。分析来看，俄罗斯、中国、芬兰和丹麦都有大面积的集中采暖。集中采暖的一次能耗强度，与建筑需热量、输配能耗以及热力生产效率有关。由于供暖技术方式和水平以及气候条件的不同，造成各国采暖能耗差异。

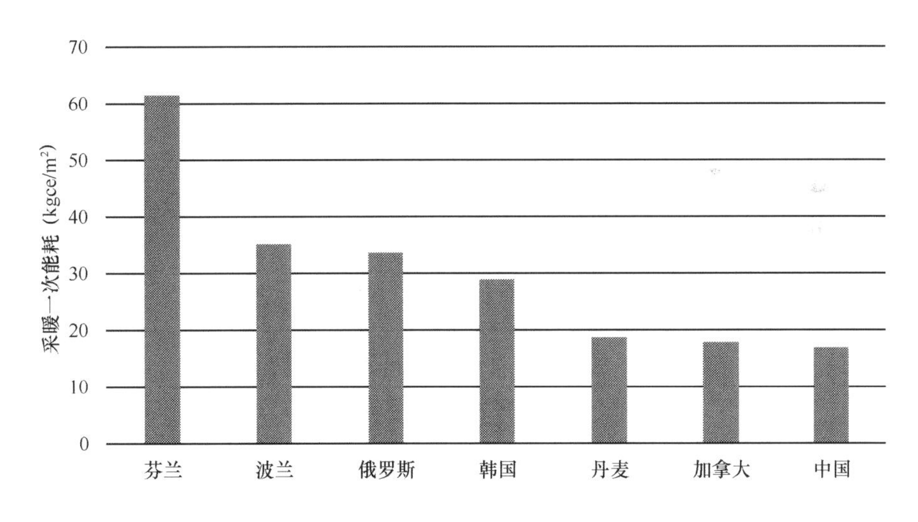

图 1-19 各国采暖能耗强度

1.2.6 小结

中外建筑能耗数据对比，是认识国家建筑用能宏观水平的重要途径。而由于各国的数据内容和表达方式的差异，在进行对比时，首先应定义清楚数据。

通过选择 IEA，EIA，IEEJ 和 CBEM 的数据比较发现，采用人均能耗强度、户均能耗强度或者单位能耗强度进行比较，发达国家建筑能耗强度均高于发展中国家。生活方式和人均建筑规模是造成住宅和公共建筑差异的主要原因，在这两方面发达国家之间也存在差异。

另外，由于资源禀赋和建筑用能项需求的差异，各国建筑对不同类型的能源资源消耗量和能耗结构不同。分析我国资源条件，人均天然气拥有量远低于世界平均水平，建筑中采暖、生活热水与炊事对热的需求，应鼓励利用太阳能、生物质能来满足建筑用能的需求。

分析发达国家建筑能耗强度的发展历史（图1-20、图1-21），可以发现，美国和日本建筑能耗随着人均GDP的增长而呈现阶段性变化：当人均GDP在5000美元时，建筑能耗约20kgce/m²，且随着人均GDP的增长建筑能耗强度快速增长；

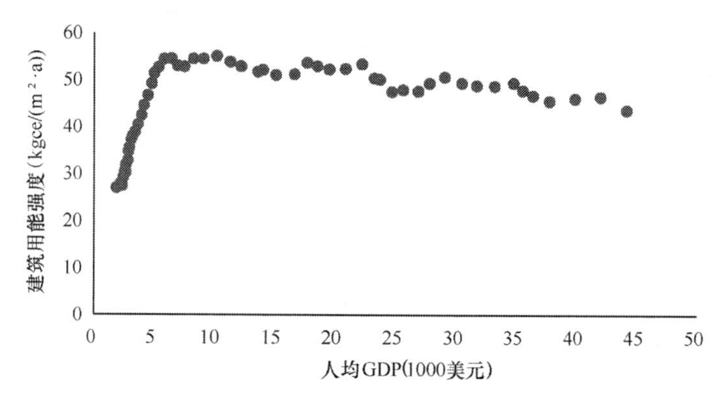

图1-20 美国建筑能耗发展历史

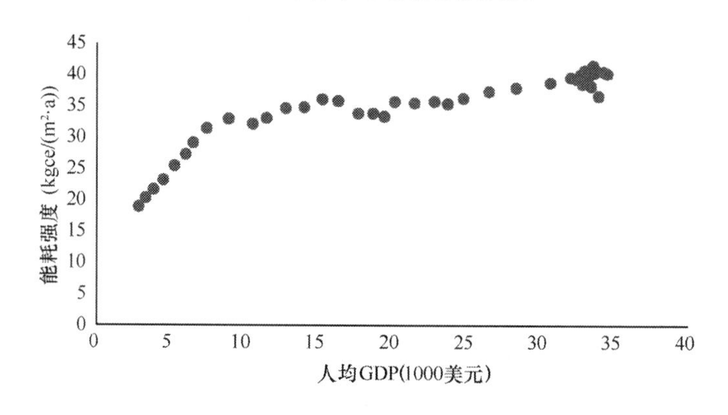

图1-21 日本建筑能耗发展历史

而达到10000美元后，建筑能耗强度基本维持稳定。我国目前人均GDP约6000美元，建筑能耗强度恰好约在 20kgce/m²，在未来我国社会和经济不断发展的情况下，如果人均建筑能耗达到发达国家水平，建筑能耗总量将大幅提高，甚至大大超过国家能耗总量 40 亿 tce[13] 的上限，严重威胁国家能源安全。从这点来看，建筑节能工作承担着十分重大的责任。未来建筑用能应控制在怎样的水平？怎样实现 GDP 持续增长，而建筑能耗维持在合理的水平？这是建筑节能工作亟需解答的问题。

1.3 建筑节能工作思路的转变——以能耗指标为约束条件

自 20 世纪 80 年代以来，我国建筑节能工作走过了从小到大的发展历程。建筑节能涉及的内容包括节能法律法规、各类节能标准、节能技术措施和产品等，政府相关部门、科研院所、建筑开发商、节能技术或产品企业，甚至普通民众都参与到了整个建筑节能工作体系中。而随着能源和环境问题的凸显，建筑节能工作所担当的社会发展责任愈发重要。

在党的十八大提出的“生态文明建设”的宏观思路下，从能源安全和 CO_2 减排的要求出发，建筑节能工作应推进“能耗总量控制”的节能路线，未来建筑用能总量不应超过 10 亿 tce，建筑规模应控制在 600 亿 m²。而对于北方城镇供暖用能、公共建筑用能（不包括北方供暖用能）、城镇住宅（不包括北方供暖用能）和农村住宅用能，也应有总体规划。

国务院先后出台了《节能减排“十二五”规划》（2012 年 8 月）和《能源发展“十二五”规划》（2013 年 1 月），分别提出了国家公共机构单位建筑面积能耗强度指标，以及全国能源消费总量和用电量指标。这样，建筑节能工作就开始逐步由“怎么做”向“耗能多少”转变。用能的总量控制，各个用能分项的分项控制，可构成一个新的建筑节能技术支撑体系。作为这个体系的核心，就是各类建筑的能耗上限。即将出台的《建筑能耗标准》就是我国第一次尝试从总量控制出发给出的建筑用能上限参考值。这一标准的出台将是我国在建筑节能领域从“怎么做”转为“耗能多少”的重要一步。

1.3.1 基于建筑能耗总量控制的标准

《建筑能耗标准》（以下简称《标准》）从建筑能耗总量控制的思路出发，以实际能耗作为约束条件。参照建筑用能规划，从北方供暖、公共建筑用能（不包括北方供暖用能）和城镇住宅（不包括北方供暖用能）等三个方面给出了相应的能耗指标。各类项指标值根据实际能耗数据提出，结合各类建筑面积规划，验证是否符合各类建筑能耗规划的目标，并作相应调整。

这里需要说明的是，《标准》中未提出农村住宅用能的相关指标，原因有以下几点：1）农村建筑当前主要的矛盾是改善农民生活环境，提高农民居住水平；2）农村家庭与城镇家庭用能结构不同，城镇家庭用能以电为主，燃气或液化石油气为辅，而农村家庭用能包括煤、电、生物质等，能耗指标难以约束除电外其他各类用能量；3）根据《中国电力行业年度发展报告》公布的数据[14]，2012年，城镇居民人均用电量500kWh，而农村居民人均用电量约为415kWh，这其中还包括一部分服务于农业生产（灌溉、养殖、食品加工等）的用电，农村居民用电强度大大低于城镇居民用电强度。

考虑到节能工作的阶段性和实际工程的水平差异，《标准》中能耗指标包括约束性指标和引导性指标两类。约束性指标是基准性指标，能耗低于这项指标才算达到节能标准；而引导性指标是先进性指标，能耗低于这项指标，表明节能达到先进水平。随着节能工作的逐步推进，鼓励从约束性指标值向引导性指标值发展。

各类能耗指标包括的项目以及考虑的因素如图1-22所示。下面从各项指标的内容、确定方法以及在各个阶段如何应用等方面进行介绍。

1.3.2 各项指标的确定方法

（1）北方供暖指标

北方供暖是我国建筑用能的重要组成部分，2012年北方供暖能耗达到了1.71亿tce，占建筑能耗总量的24.7%。从建筑能耗总量控制规划，该类建筑用能应控制在1.5亿tce以内。

北方供暖中集中供热建筑面积比例大，约占北方供暖建筑面积的90%。集中供热从能源供应到建筑采暖，主要包括三个环节，包括热源产热、输配以及建

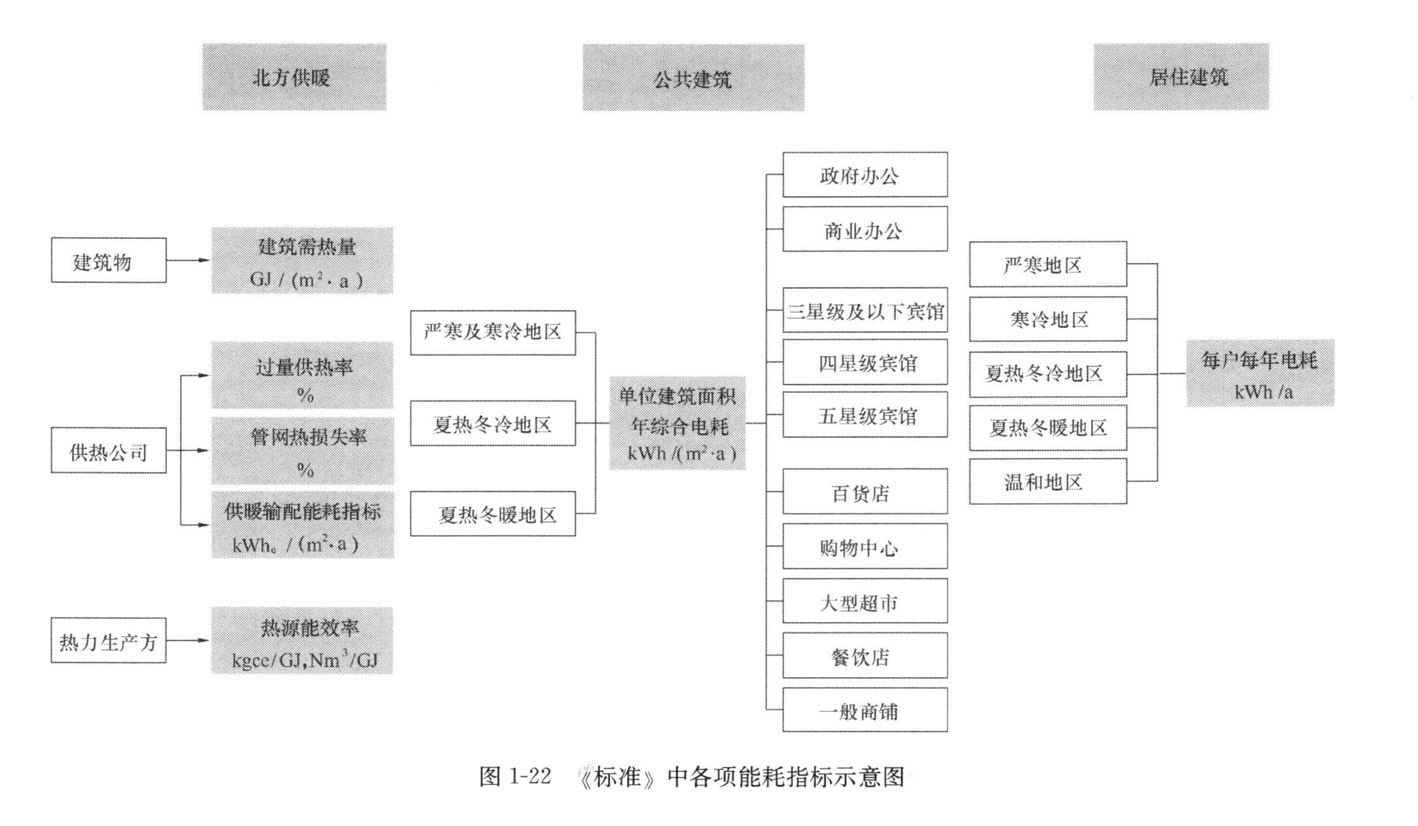

图1-22 《标准》中各项能耗指标示意图

筑需热三个环节（图 1-23）。根据这三个环节及所对应的责任主体，确定了建筑需热量、过量供热率、管网热损失率、热源能耗率和供暖输配能耗五个能耗指标。

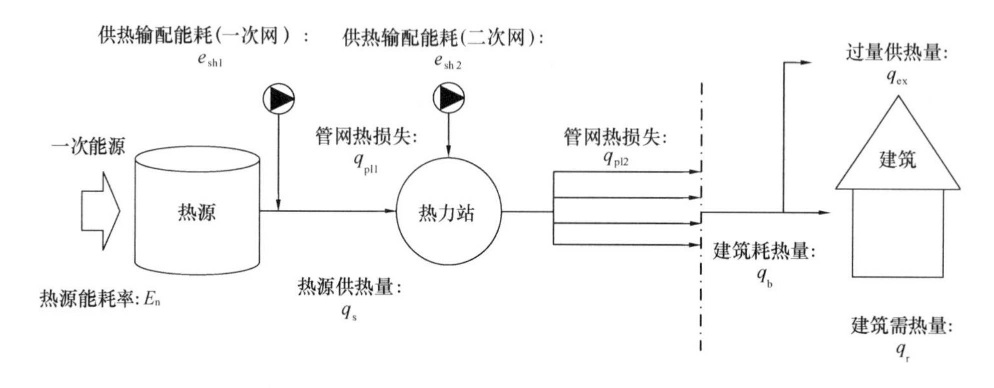

图 1-23　集中供热示意图

1）建筑需热量

建筑需热量指标(单位为 GJ/(m^2 · a))是针对建筑围护结构保温性能提出的。此项指标旨在推动北方地区围护结构性能改善，降低建筑需热量。建筑的设计方和建设方应该严格参照此项标准进行建筑营造。

气候是影响建筑需热量的客观因素，北方供暖所覆盖的地域广阔，各地气候差异明显，综合节能效果和改善保温所增加的初投资之间的平衡及各地供热时间的长短，对不同地区提出不同的需热量指标；同时，考虑到便于地方政府统一管理和进一步深化推进能耗标准工作，《标准》对各省主要城市提出约束值和引导值（图 1-24）。

建筑需热量指标的约束性指标值的确定是依据《民用建筑节能设计标准（采暖居住建筑部分)》JGJ 26—1995 规定的围护结构保温计算得到，对于 1995 年以后建设的建筑，如果符合当时的设计标准，应该能够满足需热量约束值；而引导性指标值主要依据《严寒和寒冷地区居住建筑节能设计标准》JGJ 26—2010，这是自 2010 年后，新建建筑必须执行的节能标准。

2）过量供热率、管网热损失率与输配能耗

这三项指标主要针对供热企业提出，涉及供热系统效率（不含热力生产）和运行调节两方面。

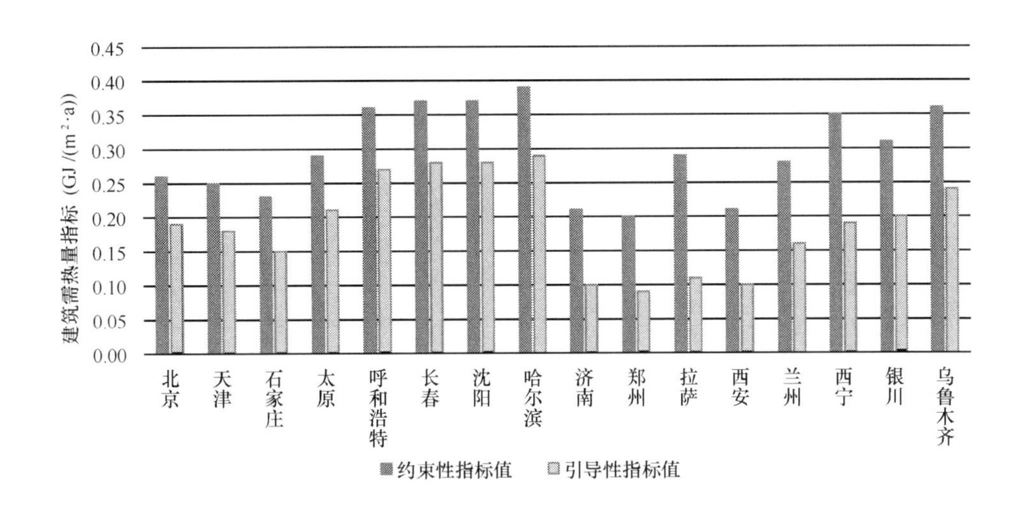

图 1-24 建筑需热量指标

由于初寒、末寒期热源调节不当造成的过量供热，以及由于水力失调冷热不匀造成部分建筑过热而损失的热量，都是过量供热。目前北方集中供热系统平均过量供热量占到建筑需热量的 20%～30%[15]。推行“供热改革”的目的之一就是通过按照热量收费促进末端调节，从而降低过量供热率。过量供热率指标旨在推动末端调节、管理和优化控制，通过降低过量供热率实现节能效果。

管网损失率是衡量管网供热损失的参数，为管网热损失与建筑耗热量之比。该指标旨在热力管网的优化设计，减少供热管网的散热损失。

供暖输配能耗指标针对集中供热系统中输配能耗提出，为单位供暖面积输配电耗强度，其大小与供暖面积和供暖时间长度有关。此项指标的提出是为促进输配系统调节，降低输配能耗。

对于分户供热系统，无过量供热与管网损失的问题，且分户供热基本采用燃气作为热源，因此，对这类系统没有过量供热率指标和管网损失率指标；对于分栋供热系统，无管网损失的问题。

3）热源能耗率

热源能耗率针对的是热源效率，即每产生1GJ的热所消耗的一次能源量[1]。该指标旨在促进热源供热效率的提高，在条件允许的情况下，减少单位热量需要的一次能源量。

北方城镇采暖热源如果按燃料形式可分为热电联产、燃煤、燃气和电四种形式，由于不同形式的能源品位有高有低，而同一能源采用不同供热方式利用效率差异也很大。比较来看，热电联产效率最高，在条件允许的情况下，应该大力发展高效的热电联产；在不能实现热电联产供热，只能采用区域锅炉房时，优先考虑大型燃煤锅炉，并坚持“宜集中不宜分散，宜大不宜小”的原则；当采用燃气锅炉时，应坚持“宜小不宜大”原则，应越小越好，有条件时利用小型天然气锅炉在末端为大型集中供热进行分散式调峰，否则就尽可能采用分户、分栋、小规模方式；当只能用电时，则尽可能地采用各类热泵方式，严格禁止采用集中电热锅炉的供暖方式。

（2）公共建筑（不包括北方供暖）能耗指标

2012年，我国公共建筑能耗达到1.82亿tce，能耗强度为21.9kgce/m^2，是各类建筑用能中，单位面积能耗强度最高的一类。从建筑能耗总量控制规划，该类建筑用能应控制在2.4亿tce以内。

公共建筑能耗与建筑的功能和所在建筑气候分区（考虑空调与夏热冬冷地区采暖能耗）相关，在指标分类上需考虑这两方面的因素（见表1-5）。在内容上，能耗指标值包括了公共建筑中的空调、通风、照明、生活热水、办公设备等终端用能项的用能量。考虑到绝大部分公共建筑以电为主要能源，指标通过考核各类用能并按照等效电法折算后求和得到。

能耗指标按照建筑功能的分类 **表1-5**

类型	主要建筑功能	分类说明
办公建筑	政府办公、商业办公	两者管理和运行模式不同
宾馆酒店	三星级及以下、四星级和五星级[2]	不同星级宾馆，室内环境控制要求以及其他服务设施配置要求差异很大
商场	百货店、大型超市、购物中心、餐饮店和一般商铺[3]	不同类型商场由于运营方式和销售内容不同，用能需求不用

[1] 说明：热源能耗率的单位与消耗的一次能源类型有关，当主要燃料为煤时，取单位kgce/GJ；主要燃料为天然气时，取单位Nm^3/GJ。

[2] 宾馆星级的划分参考国家标准《旅游饭店星级的划分与评定》GB/T 14308—2010。

[3] 商场建筑分类参考国家标准《零售业态分类》GB/T 18106—2004。

能耗指标值的确定依据两方面原则：1）从实际建筑用能现状出发，切实可行；2）符合公共建筑用能规划的总体目标。此外，通过模拟计算分析，验证在能耗指标值下满足使用需求，理论上检验指标的可行性。

分析北京、上海、深圳和广州等地大量的实际工程案例，可以发现，对于“可开窗通风”并且照明、空调等各个系统末端分散可调节的建筑（A类），能耗水平明显低于“不可开窗通风”且各个系统只能集中控制的建筑（B类）。这两类建筑在建筑和系统营造和运行的理念上有巨大的差异，因此，对这两类建筑分别提出能耗指标。

通过分析大量实际能耗数据，并测算不同能耗水平下的公共建筑能耗量，《标准》依据当前建筑单位面积能耗强度分布的中位数提出了约束性指标值，依据能耗强度分布的下四分位提出引导性指标值。意即在实际运行中，认为有一半的建筑达到《标准》所要求的节能水平，而25％的公共建筑达到了节能先进水平（图1-25）。考虑到选取城市均为一线城市，实际能耗强度水平高于同地区其他城市。

实际建筑的使用千差万别，除技术和系统外的差异主要体现在建筑使用时间和实际建筑中的人员密度，这两者均对建筑能耗产生影响。从公平性原则出发，办公建筑可依据年使用时间与人均建筑面积，宾馆酒店建筑可依据入住率与客房区面积比例，商场建筑可依据使用时间进行修正。

（3）居住建筑（不包括北方供暖）能耗指标

2012年，我国城镇住宅建筑能耗达到1.66亿tce，户均能耗强度为665kgce/户。从建筑能耗总量控制规划，该类建筑用能应控制在3.1亿tce以内。

根据住宅用能特点和用能数据统计方法，居住建筑能耗指标以户为单位。在内容上，居住建筑能耗指标值包括了空调、照明、生活热水、家电、炊事以及夏热冬冷地区采暖等终端用能项的用能量；此外，居住建筑公共部分的能耗（包括：电梯、水泵和公共照明等）是居住建筑节能工作的重点之一，将该项耗电量归为住宅能耗指标的内容，有益于调动业主及物业公司的积极性，符合住宅用能总量控制的要求。

居住建筑用能类型主要包括电、天然气、煤气和液化石油气。《标准》中将住宅的能耗指标分为综合电耗指标和燃气消耗指标两个部分。前者针对耗电量和除燃气外的非电能源消耗量，后者针对天然气和煤气的使用量。其中，综合电耗指标数

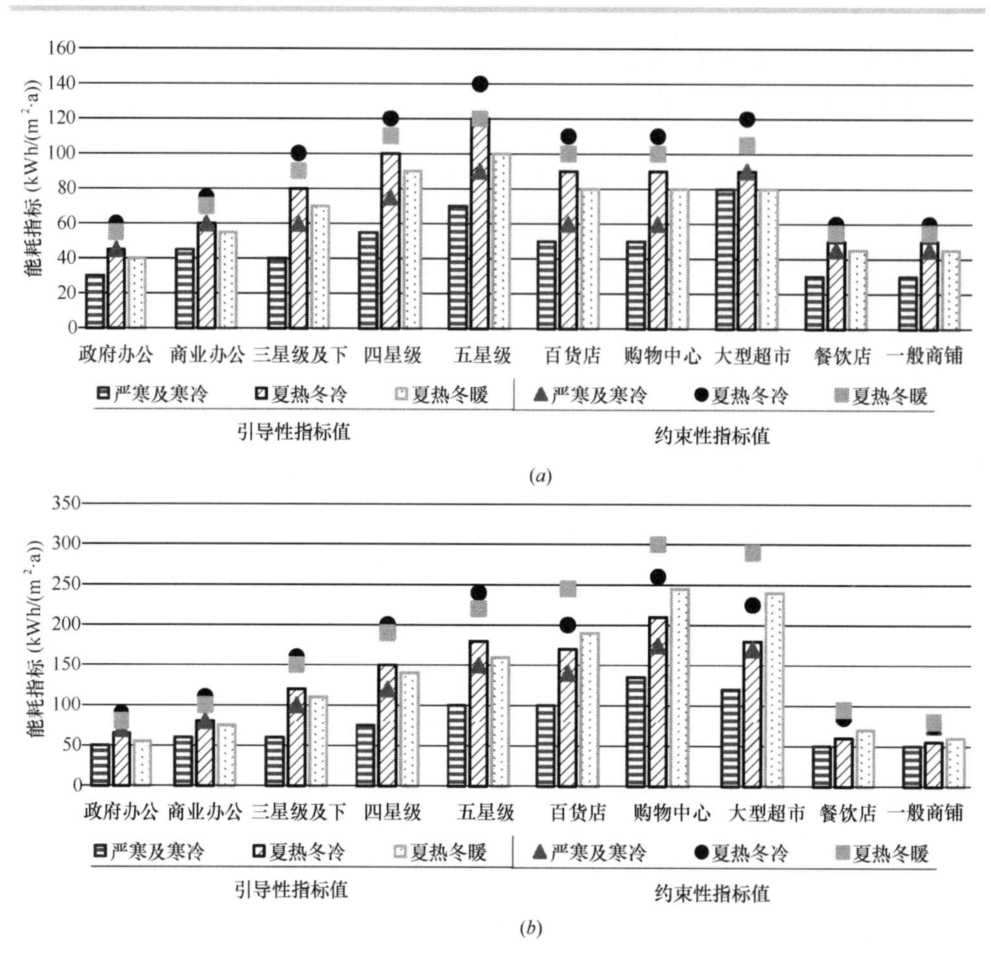

图 1-25 公共建筑约束性和引导性能耗指标值

(a) A类公共建筑；(b) B类公共建筑

值是归纳了各个省市阶梯电价第一档的上限值，并考虑住宅公共部分电耗和住宅除燃气外的非电能耗所占的比例，综合分析得到，主要取值接近能耗较高的大城市，这样取值主要考虑到《标准》是国家标准，为给地方根据实际情况提高节能要求留下空间；而燃气消耗指标是主要依据不同地区的典型代表城市（哈尔滨、北京、上海、深圳以及昆明）的居民天然气消耗统计数据分析后确定的。

以户为能耗指标单位，应考虑户人口对实际能耗的影响。我国家庭规模趋向小型化，但也有很多家庭还是几代同堂，有些住户可能家里的人很多，如果不修正，势必对其不公平，所以需要按照人数进行修正。修正的方法直接采用人数线性修正，主要也是考虑公平原则。

（4）宏观建筑能耗的测算

推进建筑规模总量控制，在未来城镇人口达到10亿时，将建筑总量控制在600亿m^2左右，其中，公共建筑面积约120亿m^2，城镇住宅面积300亿m^2，北方供暖面积达到150亿m^2，城镇约3.5亿户。按照《标准》规定的约束值和引导值分别进行能耗总量测算，得到结果参见表1-6。

各类建筑能耗测算 **表1-6**

	宏观参数	约束目标（亿tce）	引导目标（亿tce）	总量规划（亿tce）
北方供暖	150亿m^2	1.8	1.1	1.5
公共建筑	120亿m^2	2.6	1.9	2.4
居住建筑	3.5亿户	3.0	—	3.1
城镇总量		7.4	6.0	7.0
农村住宅	1.34亿户	—	—	1.5
全国总量		8.9	7.5	8.5

对于各项计算结果做如下说明：

1）北方供暖：除建筑需热量外，北方供暖能耗总量与各类热源比例、过量供热损失、管网损失和输配能耗等相关。在当前的各类热源比例下，降低过量供热损失和管网损失，推广高效热源，供暖能耗约在1.1亿～1.8亿tce之间。

2）公共建筑（不包括北方供暖）：在各类建筑能耗水平达到《标准》约束值目标的情况下，公共建筑能耗量将为2.6亿tce，超过总量规划值。而在能耗水平达到引导值时，公共建筑能耗总量将达到1.9亿tce。

3）居住建筑（不包括北方供暖）：按照《标准》提出的约束性指标值，考虑实际能耗平均值为约束性指标80%的情况下，城镇居民家庭综合电耗为2.4亿tce，燃气消耗为0.6亿tce。城镇住宅用能总量为3.0亿tce，户均能耗达到870kgce，其中电耗为2300kWh/(a·户)，燃气消耗为140m^3/(户·a)，户均用电量仍大大高于当前的城镇住宅生活用电水平（电耗1431kWh/a)。

4）分别对约束性指标和引导性指标情况下，建筑能耗总量测算（居住建筑无引导性指标，求和时采用约束性指标计算）分别为8.9亿tce和7.5亿tce。

通过测算可以发现，严格推动《标准》的各项能耗指标，在未来建筑规模控制在600亿m^2、城镇人口达到10亿时，可以实现我国建筑能耗总量控制在10亿tce以内，应尽可能地使实际能耗值达到节能先进水平。

上述分析是基于未来总的建筑面积为600亿m^2时所得到。但是目前看来各地把房地产业作为拉动经济增长的主要动力，每年新建建筑规模不断增大。如果未来建筑总量超出600亿m^2规模，则即使各项建筑用能强度被控制在上面测算的范围内，建筑总能耗也会超出8.9亿tce。如果各类建筑等比的增加，则当建筑总规模为800亿m^2时，建筑能耗将达到12亿tce；而如果建筑总规模突破1000亿m^2，则建筑总能耗将达到14.8亿tce，恰好为未来可以得到的能源总量的三分之一。然而这将严重影响我国工业和交通用能，制约我国社会和经济的全面发展，也是我国的能源供应系统和大气环境不可能承受的！因此仅从能源供需关系上看，严格控制建筑总量也是一件必须尽快实施的重要措施！

1.3.3 《标准》的应用

在建筑节能工作体系中，《标准》是一个工具。节能工作体系中的政府主管部门、科研院所、节能服务企业和建筑业主等，都可以运用这个工具开展节能工作。例如，政府相关部门可以根据《标准》中的各项能耗指标，在国家能源总量控制的目标下，确定不同阶段的建筑用能整体规划。对不同的工作主体，具体应用可参见表1-7。

《标准》对不同主体的主要用途 **表1-7**

主 体	工 具	主 要 用 途
政府部门	《建筑能耗标准》	1）制定宏观发展规划；2）进行节能监督管理；3）确定各地节能目标
科研院所		1）研究节能技术和措施；2）以能耗指标为约束，进行节能设计
节能企业		1）合同能源管理的依据；2）推动EMC及建筑能效交易；3）建筑节能咨询、改造的依据
建筑业主		1）合同能源管理的依据；2）申报节能评价的依据；3）运行管理节能的参照

《标准》中各项能耗指标针对不同的建筑，建筑节能工作涵盖从技术和措施研究到节能设计、施工和运行管理等多环节。分析《标准》中各项指标在不同阶段的作用，做以下阐述。

(1) 能源规划与城市建设

《标准》提供了全国或地区总量测算的方法，国家或地方相关部门可以根据人口、建筑规模与各项建筑能耗指标，对建筑用能进行总量规划，明确能耗总量控制中建筑用能的具体目标，制定能源发展战略。北方各地可以参考《标准》中北方供暖各项指标，结合当地的能源资源条件，对供暖系统的热源类型和规模进行规划。

城市建设过程中，监管部门依据各项能耗指标，对各个方案的建筑需热量、公共建筑单位面积能耗强度和居住建筑户均能耗强度进行考核，达到指标要求的方案才能获得通过。对于要求以高能耗指标进行考核的公共建筑，需提出详细充分的论证说明。

(2) 建筑设计阶段

在建筑设计阶段，《标准》将作为设计者做方案设计时参考的依据：1) 北方地区建筑设计方案需符合建筑需热量指标要求；2) 对于“可自然通风，分散控制”模式的公共建筑设计方案，通过能耗模拟分析，检验是否能够达到能耗指标要求，否则进行方案修改；3) 对于“需机械通风，集中控制”模式的公共建筑设计方案，需准备详细充分的方案论证说明，并达到高能耗指标的要求；4) 对于居住建筑设计方案，如果采用了集中控制的系统（空调、生活热水和公共区域照明等），需提供集中系统折算到户的能耗强度，以供开发商和购房者参考。

(3) 施工阶段

在施工阶段，施工方如果要修改设计方案，需论证改动后的建筑能耗强度仍然能够满足能耗指标要求，才可进行修改。

(4) 验收阶段

在此阶段，节能监管部门和业主可对建筑试运行能耗进行评估，如果高于能耗指标的，可向设计方和施工方问责，追究能耗高的原因，并要求整改；如果试运行能耗高于设计能耗的，业主可要求设计方和施工提供说明，以维护业主的权利。

(5) 运行管理

在建筑正式投入使用后，节能监管部门可根据能耗指标考核建筑运行能耗水平，高于约束值的，可责令其进行整改或进行相应的惩罚；接近引导值的建筑，可以予以表彰，作为节能工作先进典范。

对于北方地区既有建筑，节能监管部门可依据建筑需热量指标责令未达到要求的建筑进行节能改造。

公共建筑业主可以将能耗指标作为参照，了解当前建筑运行管理水平，并根据自身需求，确定是否进行节能改造；节能服务企业在提供能源管理服务时，可依据能耗指标与建筑业主进行协商。

对于居住建筑，《标准》与阶梯电价结合，激励居民和物业管理方进行行为节能。由于该项指标同时包含家庭用能和公共区域用能，将激励业主参与到公共区域节能中。

此外，《标准》对节能技术和措施的研究与应用起到间接作用。对于某些在运行阶段的能耗水平难以符合指标要求的技术，由于不能在新建建筑的方案中采用而逐步淘汰；激励节能技术和措施研究者从建筑实际运行情况进行技术研发，探索出与发达国家节能技术体系不同的模式，形成我国节能技术的国际竞争力。

1.3.4 与既有节能标准之间的关系

《标准》提出的各项指标主要针对建筑运行效果，属于目标层次的标准，并不涉及如何实现节能效果。

建筑能耗受气候条件、建筑及系统的性能、建筑使用强度（建筑物运行时间，人员密度等）、设备和系统运行方式等因素影响。既有的节能标准主要包括建筑设计与建筑建造（施工）、运行及评价环节的标准，这些标准指导建筑及系统的设计，从技术层面保证《标准》提出的能耗指标的可行性。举例来说，新建建筑严格执行《严寒和寒冷地区居住建筑节能设计标准》JGJ 26—2010，建筑需热量可以达到《标准》的引导性指标。此外，还有一些关于空调、采暖等设备的能效标准，也是从建筑及系统性能角度，推动节能的标准。总结来看，《标准》提出了具体的能耗指标，而以既有的各类节能标准为技术设计参考，可从技术层面保障实现《标准》规定的能耗指标，二者相互支持，不存在矛盾。

值得指出的是，既有节能设计标准中，所列出的标准工况与建筑实际使用工况差异巨大。标准工况是按照设计要求列出的全部空间和时间保障的使用方式，而实际使用过程中，很少出现标准工况列出的情况，且实际使用方式千差万别，由于运行方式不同所产生的能耗差异巨大。因此，通过既有的节能设计标准计算的建筑能耗与《标准》提出的能耗指标不具可比性。

总体来看，建筑节能是一个复杂的系统工程，涉及面广，必须在设计、施工和运行等过程中采取有效措施，才能满足《标准》提出的能耗指标的要求。《标准》和既有的节能设计、运行及评价环节的标准的作用点不同，共同推动节能工作的开展，从这个角度来看，《标准》相当于完善了现有的标准体系，使得建筑节能标准从技术指导到能耗检验形成一个完备的考核体系。

参考文献

[1] 中国国家统计局. 中国统计年鉴 2013. 中国统计出版社.

[2] 中国国家统计局. 中国建筑业统计年鉴 2012. 中国统计出版社.

[3] 中国国家统计局. 中国能源统计年鉴 2012. 中国统计出版社.

[4] International energy agency. World Energy Outlook 2012.

[5] U. S. Energy Information Administration. Annual energy outlook 2012.

[6] The Energy Data and Modelling Center. The Institute of Energy Economics, Japan, Handbook of Energy and economic statistics in Japan 2012.

[7] IEA, Energy Statistics Manual.

[8] DOE, Buildings Energy data book 2011.

[9] IEA. World Energy Outlook 2012.

[10] Michael Grinshpon. A Comparison of Residential Energy Consumption Between the United States and China, Master thesis of Tsinghua University, 2011.

[11] 胡姗. 中国城镇住宅建筑能耗及与发达国家的比较，清华大学硕士论文，2013.

[12] Euro Heat&Power, District Heating and Cooling Country by Country Survey 2013.

[13] 江亿，彭琛，燕达. 中国建筑节能的技术路线图. 建设科技. 2012 年 17 期.

[14] 中国电力企业联合会. 中国电力行业年度发展报告 2013. 中国市场出版社，2013.

[15] 清华大学建筑节能研究中心. 中国建筑节能年度发展研究报告 2011. 中国建筑工业出版社，2011.

第 2 篇　公共建筑节能专题

第 2 章　公共建筑发展趋势及能耗现状

2.1　我国公共建筑发展现状

2.1.1　公共建筑相关概念的界定

公共建筑是指供人们进行各种公共活动的建筑，包含办公楼、教室、旅馆、商场、医院、交通枢纽、文体活动场馆等建筑类型。公共建筑与居住建筑有所区别，但同属于民用建筑。本书中所提到的公共建筑用能仅指运行能耗，不包括建造过程中的能耗与建材生产能耗。公共建筑用能包括公共建筑内使用各种设备来满足办公、商业、娱乐等功能所产生的能源消费，包括空调系统、照明、办公电气设备、建筑内综合服务设备等几个方面所消耗的能源，除采暖外，能源种类主要是电能。

为了使所涉及的数据更有意义并反映真实情况，除特殊说明外，建筑单位面积能耗指除去北方集中供暖外的能耗，即不将秦岭淮河以北的北方集中供暖能耗并入公共建筑能耗中进行分析。因为我国面积广阔，南北方公用建筑采暖能耗差异巨大，而不包括采暖能耗的公共建筑能耗全国各大城市的平均值彼此相差不大，这表明此部分能耗受气候影响已较小，可以相互对比分析。

大量调查研究表明，公共建筑除采暖外的单位面积能耗随地域的变化不大，而与公共建筑的体量和规模相关。当公共建筑通常单栋面积超过 2 万 m^2，并多采用玻璃幕墙等全密闭形式，配以集中空调系统时，其单位建筑面积能耗是普通规模的不采用中央空调的公共建筑能耗的 2～3 倍，并且其用能的特点和存在的主要问题也与普通规模的公共建筑不同。普通公共建筑与此类集中式封闭型公共建筑能耗差别巨大的原因主要如表 2-1 所示。

普通公共建筑与集中式封闭型公共建筑能源消耗差别的原因 **表 2-1**

	普通公共建筑	集中式封闭型公共建筑
建筑设计	通常单栋面积在 2 万 m^2 以下，体形较小；窗可开启	通常单栋面积在 2 万 m^2 以上，体形大，内区大；多采用玻璃幕墙，外窗不可开启
空调系统	电风扇，分体空调器，多联机（VRF）	集中空调系统
电梯	没有电梯或电梯数量较少	垂直交通发达

2.1.2 公共建筑建设规模和能耗的发展趋势

随着我国城镇建设的飞速发展和经济水平的提高，公共建筑总面积和总能耗均迅速增长。其中，电力消耗总量逐年增长很快，而主要用于炊事、生活热水，以及部分建筑的自采暖的热量消耗也随建筑总量增长而增长。

从图 2-1 可以看出，公共建筑总面积从 1996 年的 27.6 亿 m^2 增长到 2011 年的 79.7 亿 m^2[1]，单位面积能耗从 1996 年的 62.0kWh_e/m^2，增长到了 2011 年的 75.7kWh_e/m^2。图 2-2 是我国各类公共建筑的用能强度现状。

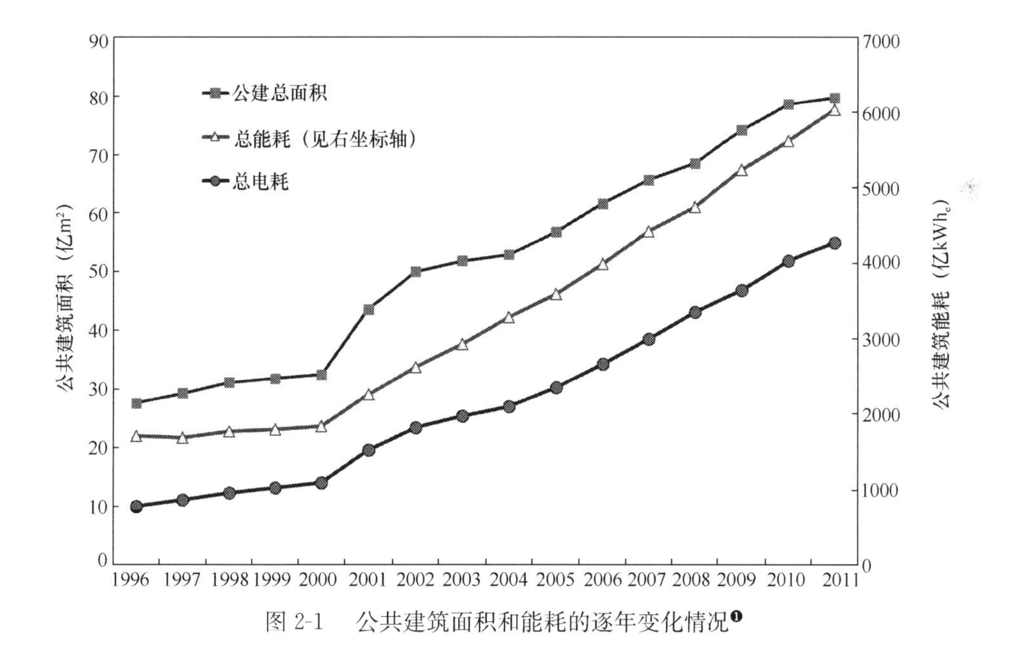

图 2-1 公共建筑面积和能耗的逐年变化情况❶

❶ 图中总能耗、总热耗均为一次能源消耗，统一按照等效电方法折算为电力。

本章下文中，除特别说明外，对于不同能源均采用等效电法进行能源转化，以 kWh_e 表示各种能源转化为等效电后的量纲，而以 kWh 表示电力的量纲。

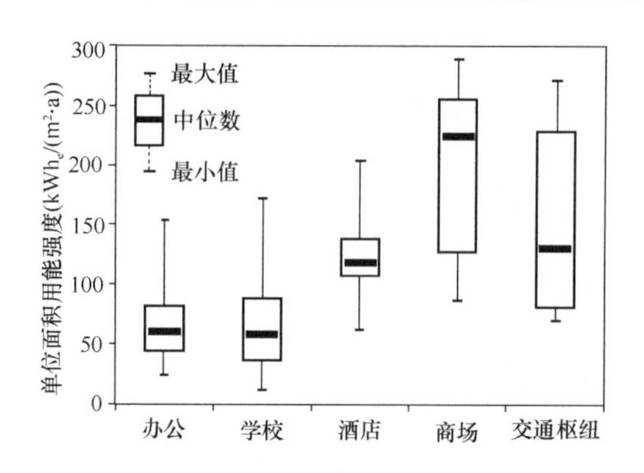

图 2-2 我国各类公共建筑的用能强度现状

2.1.3 二元分布结构：中国公共建筑能耗分布特点

我国公共建筑能耗并不呈现简单的正态分布特点，而存在明显的二元分布特征，大多数普通公共建筑集中分布于 40～120 $kWh_e/(m^2 \cdot a)$的较低能耗水平，少部分公共建筑则集中分布于 120～200 $kWh_e/(m^2 \cdot a)$的较高能耗水平。

表 2-2 和图 2-3 对我国部分城市商务办公楼和政府办公楼的电耗强度和面积进行了聚类分析，抽象出两类办公建筑，其重心 G1、G2 分别代表了不同地区两类办公建筑的典型单体建筑规模及除采暖外的电耗强度。

中国部分城市办公建筑除采暖外电耗强度聚类分析重心比较[2]　　表 2-2

指标＼地区			北京		广州		上海		武汉	
			商	政	商	政	商	政	商	政
面积	G1	●	3.9	2.7	2.5	0.3	1.0	0.4	0.3	0.5
(万 m^2)	G2	▲	12.2	7.5	9.7	3.1	5.1	5.8	3.3	2.5
电耗强度	G1	●	95.1	65.8	93.6	80.4	68.9	65.3	59.6	48.2
[$kWh/(m^2 \cdot a)$]	G2	▲	117.2	72.4	149.8	87.5	70.0	61.6	59.0	59.3
指标＼地区			成都		西安		福州		肇庆	唐山
			商	政	商	政	商	政	商	政
面积	G1	●	1.4	0.4	2.0	0.3	1.6	0.4	0.4	0.3
(万 m^2)	G2	▲	5.8	1.4	5.1	0.5	4.5	1.7	2.6	1.3
电耗强度	G1	●	61.8	52.8	50.9	38.7	56.1	38.5	48.7	35.5
[$kWh/(m^2 \cdot a)$]	G2	▲	65.3	68.6	78.8	49.3	80.9	59.5	71.0	58.3

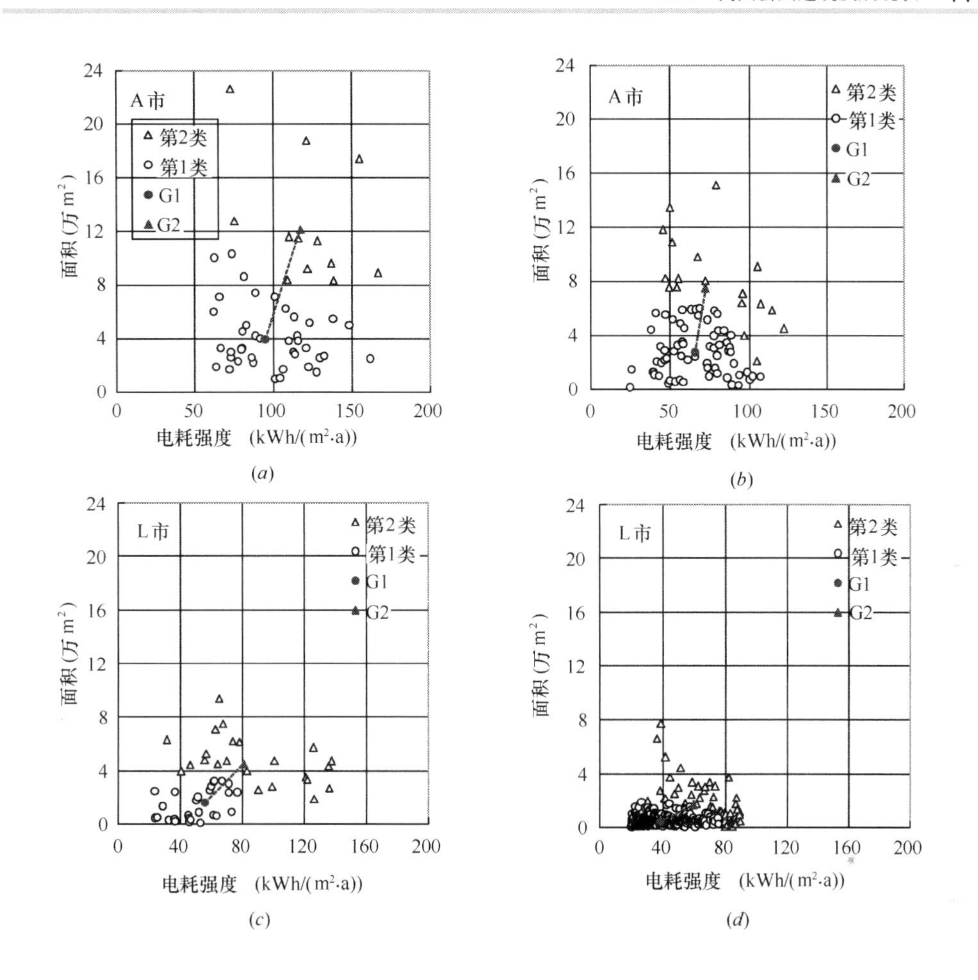

图 2-3 我国公共建筑电耗强度聚类分析结果

(a) 北京市 52 栋商务办公楼；(b) 北京市 84 栋政府办公楼

(c) 福州市 53 栋商务办公楼；(d) 福州市 498 栋政府办公楼

分析表明，我国二三线城市相比一线城市的公共建筑高低能耗群的分化更为明显。城市化水平越高的城市，公共建筑能耗社会差异性越小；而城市化水平越低的城市，其公共建筑能耗社会差异性越大，“二元分布”越明显。其原因在于一线城市经过长时间的发展，小型公共建筑的能耗也逐渐提高了起来；而二三线城市公共建筑的建设正值起步，为了改变其自身形象、打造“标志性建筑”、彰显“现代性”，二三线城市盖起了一批大型高能耗公共建筑，加大了“二元分布”中高能耗群体与低能耗群体的分化。另外，相比之下商业办公建筑的二元差异普遍大于政府办公建筑，城市商业办公建筑分布拟合曲线普遍呈现“双峰分布”特点；而政府办公建筑电耗强度分布则趋于“单峰分布”特点。

近年来新建公共建筑发展的主要趋势是高能耗公共建筑比例不断在提高，档次越来越高。兴建千奇百怪、能耗巨大的超高层建筑、高档政府办公楼、大型商业综合体和大型交通枢纽已经成为某种体现经济发展水平的“标签”。另一方面，既有公共建筑相继大修改造，由普通公共建筑升级为高能耗公共建筑。这些变化导致高能耗公共建筑比例逐年增加，公共建筑分布向高能耗尖峰转移，是公共建筑单位面积平均能耗增长的最主要驱动因素。

2.1.4 新建大型公共建筑的主要类型及其用能特点

(1) 超高层建筑

超高层建筑作为一种标志性建筑，近年来全国各地发展迅速，超高层建筑高度纪录不断被刷新，一批批超高层建筑如雨后春笋一般纷纷破土而出（见表2-3）。不仅是在上海、广州、北京，很多一、二线城市都在打造地标性的“摩天大厦”。

截至2004年底我国大陆已建成180m以上的高层建筑61栋[3]，到2009年底该数据已增长至104栋[4]。据不完全统计，截至2013年底，我国已建成180m以上的高层建筑猛增至465栋。目前全国在建和即将开建的500m以上的超高层项目有14座，300m以上的70多座。其中500m以上的超高层项目只有5个在北上广深等一线城市，其他9个分布在武汉、天津、重庆、苏州、南京等二线城市。一线城市当初规划的中央商务区基本建设完毕，超高层建筑的建设将在五年内进入一个阶段的尾声。而大多数处于非一线城市的新兴中央商务区建设方兴未艾。

我国在建和即将开建的超高层建筑盘点 表2-3

	建筑名称	所在城市	高度(m)	地上层数	开工时间	预计竣工时间
1	深圳平安国际金融中心	深圳	660	118	2011.11	2016.3
2	武汉绿地中心	武汉	636	125	2011.7	2017.1
3	上海中心大厦	上海	632	121	2008.11	2013.8
4	天津高银117大厦	天津	597	117	2012.8	2016.8
5	罗斯洛克国际金融中心	天津	588	115	2011.12	尚未确定
6	苏州中南中心	苏州	598	148	即将开建	—
7	广州周大福金融中心	广州	539	111	2013.9	2015

续表

	建筑名称	所在城市	高度(m)	地上层数	开工时间	预计竣工时间
8	天津周大福滨海中心	天津	530	96	2009.11	尚未确定
9	中国尊	北京	528	108	2011.9	2016
10	亚洲国际金融中心	广西防城港	528	109	2010.3	2015
11	大连绿地中心	大连	518	108	2011.11	2016
12	合肥国际金融中心	合肥	502	112	即将开建	—
13	华润集团总部大厦（春笋）	深圳	525	80	2012.10	2016
14	天空城市（远望大厦）	长沙	838	202	开工后被叫停	

超高层建筑在立面高度跨越了气候分区，高度超过100m以上的建筑部分气温和风速等气象参数均发生很大变化，通常每100m高度的温度下降0.6～1.0K，仅此变化即可导致建筑物移动一个2级气候区[5]。再加上超高层建筑外形设计独特、功能复杂以及必备的运行设备与普通公共建筑有很大的差异，造成超高层建筑单位面积能耗量远高于同功能的一般建筑。

（2）大型商业综合体

近年来，宏观调控对住宅领域实施了“限购限贷”政策，使得住宅市场遇冷。住宅市场的部分资金流向商业地产，加之商业地产的多样化与消费享受化，引导了商业地产的升级与变革，形成了休闲商业聚集的全新创造——大型商业综合体。商业综合体将商业、办公、居住、旅店、展览、餐饮、会议、文娱等多种功能进行组合，代表着各种休闲需求的实现，成为代表城市品牌与生活方式的标志区。如今，大型商业综合体已遍布一线城市，正在向二、三线城市蔓延。每座一线城市大型商业综合体的数量多达30～50个，总面积达2000万～3000万m^2，商业容量已趋于饱和。在二、三线城市，城镇化的快速发展带来了商业地产开发的契机，大型商业综合体正在崛起，商业地产步入了城市综合体的时代。

大型商业综合体的建筑体量大，内区面积大，客流密度和各种照明、电器密度高，多采用集中空调系统，能量传输距离长、转换设备多。其能耗以用电为主，其中空调系统耗电量比重最大，达到50%，其次为照明系统，电耗达40%，其余10%为电梯。大型商业综合体一般每天运行12小时以上，全年基本没有节假日，因此与普通公共建筑相比，单位面积能耗高，全年总耗电量大，达到200～400

$kWh_e/(m^2 \cdot a)$，是普通公共建筑的4～8倍。

表2-4列举的我国各大商业地产未来5年内规划建成的商业综合体面积总计已超过1亿m^2，按其单位面积能耗为300 $kWh_e/(m^2 \cdot a)$来计算，未来每年将消耗300亿kWh_e，折合每年1000万tce。

我国未来5年内规划建成的大型商业综合体盘点[6] **表2-4**

地产商	旗下商业地产项目	未来5年内规划建成的商业综合体数量	未来5年内规划建成的商业综合体面积（万m^2）
万达集团	万达广场	20	1209
华润置地	万象城、五彩城	11	630
龙湖集团	××天街	8	487
万科	万科广场	18	500
绿地集团	绿地中心绿地缤纷城	9	319
中粮置地	大悦城	30	1500
恒隆地产	恒隆广场	3	47
凯德商用	凯德广场	15	633
丰数集团	怡丰城	3	152
远洋地产	未来广场	10	200
中海地产	环宇城	5	85
中航地产	中航城	8	357
金地集团	金地广场	6	328
世茂集团	世贸广场	10	1208
银泰置地	银泰城	6	480
瑞安地产	××天地	4	1014
保利地产	保利国际广场	7	427
鹏欣集团	水游城	8	574
SOHO中国	SOHO	14	270
新世界地产	新世界广场	6	100
总计			10519

（3）大型交通枢纽

机场和火车站作为城市的重要基础设施，是综合交通运输体系的重要组成部分。作为国民经济和城市发展的重要支撑，交通运输业也在向优化综合运输结构、提高综合运输效率方向转变。在此背景下，一些大城市竞相规划和兴建大型综合交通枢纽。交通的交叉聚集同时催生出强烈的商业需求，形成交通枢纽商务区。结合了交通换乘、货物运输、工作人员办公、商业等多重功能为一体的交通枢纽俨然成为一座庞大的建筑综合体。

近年来，我国交通枢纽的总量初步形成规模，密度逐渐加大。2002～2010 年新建机场 52 座（见图 2-4），2015 年前规划新建 82 个机场，同时扩建 101 个机场。而火车站配合铁路的建设，自 2008 年起，开工建设铁路新客站为 1066 座，到 2012 年建成 804 座[7]。

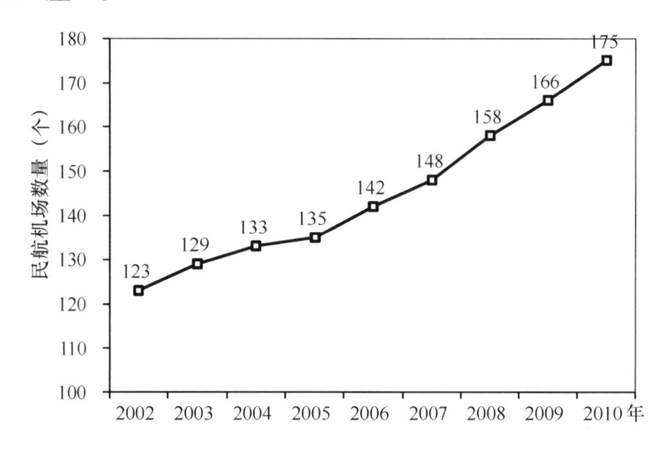

图 2-4 我国 2002～2010 年逐年民航机场数量变化

近年来，新建的交通枢纽呈现出以下几个特征。

其一，单体建筑面积越来越大。就机场航站楼而言，一般通常在 3000～10000m^2；而 2007 年建成的北京国际机场 T3 航站楼面积达 58 万 m^2，2013 年建成的深圳宝安国际机场新航站楼面积达 45 万 m^2。如今正在拟建的大型国际机场有 6 个[8]，其中青岛胶东国际机场与首都第二国际机场的航站楼面积分别达 60 万、70 万 m^2。

其二，部分新建车站人员密度小。由于客运的提速，车辆的班次间隔变短，旅客在交通枢纽中平均等待的时间显著缩短。这就导致在相同的客流密度下，交通枢纽单位面积人员密度减小，巨大的建筑空间没有得到充分利用。设计标准中给出的最大人员密度设计值为 0.67 人/m^2，而对几个新建或新扩建车站人员密度的调研结果表明（见图 2-5），部分车站实际运行中的最大人员密度远小于该设计值，甚至不到 0.1 人/ m^2。

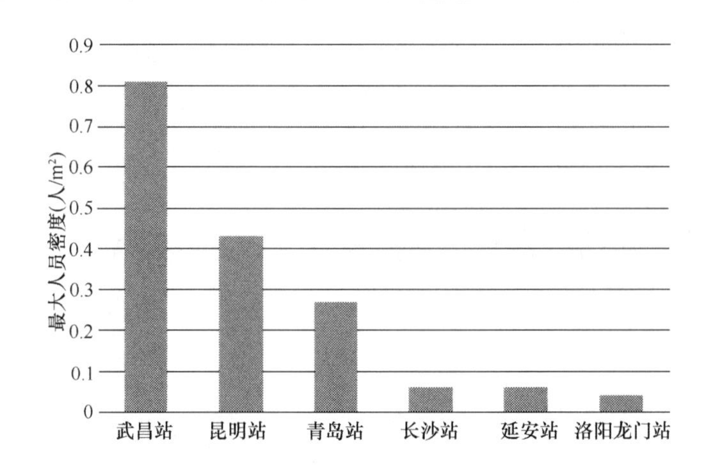

图 2-5 部分新建或新扩建车站人员密度[9]

其三，单位面积能耗大（见表 2-5）。新建的大型航站楼或候车楼的建筑形式通常为高大空间，进深大、室外空气侵入量大、人员密度变化大，通常采用全空气系统，导致系统能耗高。通过对首都机场、上海虹桥机场和广州新白云机场的能耗调查发现，大型国际机场航站楼单位面积电耗约为 180kWh/（m^2·a），是小型机场的 2～3 倍。而新建的大型客站候车面积大多超过 2 万 m^2、层高超过 15m、年客流量达 2000 万、全年全天运行、能耗密度高，单位面积电耗约 160kWh/（m^2·a），一些客站甚至超过 250kWh/（m^2·a）。

新建交通枢纽单体建筑面积成倍增长，单位建筑面积的能耗大幅提高，导致此类建筑整体能耗迅猛增长。然而随着未来经济社会发展，交通枢纽的总数量还会继续增加，因此控制交通枢纽的单体建筑规模和能耗强度尤为重要。

我国部分火车站单位建筑面积电耗 **表 2-5**

客站名	建筑气候区	建成或最新改建年代	建筑面积（万 m^2）	单位面积电耗（kWh/（m^2·a））
抚顺北站	严寒	2008	0.5	70
延安站	寒冷	2007	2.4	77
呼和浩特东站	严寒	2006	9.8	78
乌鲁木齐站	严寒	2004	0.8	80
昆明站	温和	2012	1.4	131
武昌站	夏热冬冷	2008	3.4	218
青岛站	寒冷	1991	3.1	230
深圳站	夏热冬暖	1991	9.0	260
南京站	夏热冬冷	2002	4.1	270

2.2 近年来我国公共建筑节能工作的主要进展

2.2.1 公共建筑节能监管体系建设及节能改造重点城市推进

（1）发展历程

我国全面建设公共建筑节能监管体系的工作是从2007年下半年启动的。2007年10月14日财政部印发《国家机关办公建筑和大型公共建筑节能专项资金管理暂行办法》；同年10月23日，财政部、建设部联合下发了《关于加强国家机关办公建筑和大型公共建筑节能管理工作的实施意见》，以及《国家机关办公建筑和大型公共建筑节能监管体系建设实施方案》，明确在北京、天津、深圳三个城市率先建立动态监测平台，并由中央财政给予适当支持。从2007年至今，我国公共建筑节能监管体系基本实现对主要省、自治区、直辖市和计划单列市的覆盖。

在推进过程中，公共建筑节能监管体系工作的主要目标被细化分解、逐步推进，并围绕三个方面的工作：

1）公共建筑节能监管体系制度建设，主要包括能耗统计、能耗审计、能耗公示、用能定额和超定额加价制度的建立与实施；

2）公共建筑能耗监测平台建设；

3）推动节能改造，提升节能运行管理水平、培育节能服务市场等。

在操作层面，这一工作采取由住房城乡建设部主导、各级建设主管部门负责的方式，选取了国家机关办公建筑和大型公共建筑，以及高等院校校园建筑两个领域，以公共建筑节能监管体系示范省市、节约型校园示范学校的申报、审批、建设、验收进行过程控制，以示范项目（建筑）、示范校园、示范城市、示范省区市等建设为具体考核指标。

（2）主要成果

通过几年来的工作，已经形成相当多的成果。根据《2012年全国住房城乡建设领域节能减排专项监督检查建筑节能检查情况的通报》，截至2012年底，全国累计完成公共建筑能耗统计40000余栋，能源审计9675栋，能耗公示8342栋建筑，对3860余栋建筑进行了能耗动态监测。先后确定六批公共建筑能耗动态监测平台建设试点省（市），确定深圳市、天津市、重庆市为第一批，上海市为第二批公共建筑节能改造重点城市，并且先后确定191所高等院校为节约型校园建设试点，中共中央党校、清华大学、同济大学、浙江大学等14所高校为节能综合改造示范。

1）在能耗统计、审计等工作方面

2007年8月住房城乡建设部决定在北京、天津、上海、重庆等23个城市试行民用建筑能耗统计报表制度，根据获得国家统计局审核批准的《民用建筑能耗统计报表制度》（试行）开展工作，取得经验后再在全国范围内推广。2010年3月，在总结经验的基础上，住房城乡建设部组织制定了《民用建筑能耗和节能信息统计报表制度》，并获国家统计局批准，正式由各省、自治区住房和城乡建设厅，直辖市、计划单列市建委（建设局），新疆生产建设兵团建设局组织实施。2012年5月和2013年10月，住房城乡建设部根据实际工作中积累的经验，先后两次修订《报表制度》，要求各地建设主管部门逐步扩大统计调查的覆盖面，建立统计数据催报和审核机制，切实提高统计数据填报的及时性和准确性，不断加强统计数据分析应用能力建设，充分利用统计数据分析评价本地区民用建筑能源消耗现状和变化趋势，挖掘节能潜力，并加大统计工作的监督管理力度，在全国逐步建立建筑能耗与节能信息统计工作通报制度等。

2）在公共建筑能耗监测平台建设方面

2007年住房城乡建设部组织部信息中心、中国建筑科学研究院、深圳市建筑科学研究院、清华大学建筑节能研究中心、天津大学建筑节能中心参与研究制定了《国家机关办公建筑和大型公共建筑能耗监测系统（以下简称监测系统）分项能耗数据采集技术导则》、《监测系统分项能耗数据传输技术导则》、《监测系统楼宇分项计量设计安装技术导则》、《监测数据中心建设与维护技术导则》和《监测系统建设、验收与运行管理规范》，并于2008年6月下发，规范了各地公共建筑能耗监测系统的建设。在先后六批建设的公共建筑能耗监测系统试点省（市）中，已有深圳、天津、北京、重庆、江苏、上海等多个系统通过验收。

其中，上海市依托上海建科院作为技术支持和技术服务单位，在2012年7月完成200栋建筑大型公共建筑能耗计量系统安装、平台通过验收基础上，向市人大、市政府进行汇报，并得到大力支持。上海市人民政府以《关于加快推进本市国家机关办公建筑和大型公共建筑能耗监测系统建设实施意见的通知》（沪府发

[2012] 49号）的形式，正式决定对上海市17个区县和市机关事务管理局管辖的1600余座大型公共建筑能耗监测“全覆盖”，分批建设、2014年底完成。在49号文中，还要求对新建国家机关办公建筑和大型公共建筑，进行节能改造的和既有国家机关办公建筑和大型公共建筑，建设单位要同步安装与本市能耗监测系统联网的用能分项计量装置，并组织专项验收，验收不合格的，不得办理建筑工程竣工验收备案。对公共建筑节能监管力度之大，前所未有。

3）在推动节能改造方面

公共建筑能耗监管体系建立的最终目标，是实现公共建筑能源消耗数据的切实下降。为此，住房城乡建设部在前期工作基础上，积极推动节能改造。2011年和2012年住房城乡建设部先后确定天津、重庆、深圳和上海为既有公共建筑节能改造示范城市，以单体建筑降低综合能耗20%、示范城市完成400万m^2公共建筑为考核指标。这项工作的完成，不仅为当地节能减排作出具体而重大的贡献，而且将培育出一批高水平、高质量的建筑节能服务商。

（3）存在问题与工作建议

公共建筑能耗监管体系的建设是各级政府按照科学发展观要求提升执政能力、构建数字化城市科学管理体系、打造高科技现代服务产业的重要契机。因此，不断总结经验、鼓励创新、持续提升，是对各级公共建筑能耗监管体系建设的必然要求。从这一要求看，现有公共建筑能耗监管体系建设仍存有不足，亟待解决。

1）在公共建筑节能监管体系制度建设方面

一个突出问题是能耗数据质量参差不齐。技术层面上的统计口径，如建筑面积的界定、建筑能耗的边界、不同能源种类的转换方法等，在具体操作过程中仍不够规范，导致部分统计数据意义不清、可信度不高。因此如何提升和保证公共建筑能耗数据质量是当务之急的工作，也就是在解决能耗数据“有和无”的问题基础上，一定要尽快解决能耗数据“好和准”的问题，在能耗统计、审计过程中严格能耗及相关信息的统计口径。

另一个挑战就是如何发挥能耗数据的作用，特别是充分共享宝贵的能耗数据，吸引全社会的智力资源分析数据、使用数据，将能耗数据的价值发挥到极致，而不是将通过公共事业经费获取的宝贵的数据资料“束之高阁”。数据只有不断地有人看、有人用、有人关心，才能发现错误立即纠正，保证其质量。

2）在公共建筑能耗监测平台建设方面

面临的问题与前一个方面非常类似。前期能耗数据采集的主要问题是，计量仪表安装、接线常有错误，实时能耗数据准确度难以保证，丢失数据、错误传输等现象较多。近年来随着技术的发展和成熟，已经有一批应用较为成熟的软硬件产品和操作规范。目前的突出问题是，计量的用电支路后面带的是什么负载并不清楚，仅凭配电柜或者图纸上的一个标称，就确定其为“照明”或者“备用”，这对于能耗监测系统的后续分析是非常危险的。必须进行现场的用电支路排查，确认每一个监测的支路究竟带了什么样的负载。甚至当负载发生改变时，应当及时更新监测系统的配置文件，确保能耗监测上的“照明”分项能耗真的是照明。现在有相当一部分能耗监测平台的能耗数据定义不明确。曾经有变压器接出回路给其他建筑供电，但配电柜标识上注明“照明”，导致能耗监测系统显示该建筑照明能耗超过150kWh/(m^2·a)，这就完全不能实现公共建筑能耗监测平台建设的初衷了。

另一方面，现有能耗监测数据究竟发挥多大作用，仍有疑问。如何充分利用监测平台的实时分项能耗数据和各种资料，切实推进公共建筑节能，为政府主管部门服务好，为业主服务好，并且促进节能服务产业的健康发展，通过平台产生价值，反过来也促进平台的运行维护，避免平台建设的投资浪费，是当前必须认真解决的。有相当一部分试点城市的能耗监测平台建成后不久即处于停顿甚至“瘫痪”状态，能耗数据未能充分发挥作用。建议建筑节能主管部门避免走“重建设、轻运营”的老路，不仅仅考核“装了多少块表、传了多少栋楼的数据”，而是以平台的实际长期运营效果来进行评价和补贴，让真正能发挥作用的公共建筑能耗监测平台运营下去。

另一个建设过程中的问题就是，如何借鉴已有经验，使得分批建设的各省、市、自治区能够有效、节俭地推进平台建设，特别是利用计算机网络技术的发展，建立能耗数据结构的扁平网络。当前一些省区市在建设能耗平台过程中，出现了一些盲目投资服务器、大屏幕、不间断电源等数据中心硬件设备，或机房过高标准装修的现象，导致重复建设和过度投资，应及时制止。

3）在推动公共建筑节能改造方面

目前看，公共建筑节能改造取得了一定的进展，但仍需重视问题的长期性和艰巨性。以上海市为例，在列入国家既有公共建筑节能改造示范城市后，建设交通委积极推进，截至 2013 年 11 月已有 23 个节能改造示范项目的方案通过公示和评审，节能改造建筑面积将超过 100 万 m^2，已经走在全国的前列，但距离 400 万 m^2 的考核目标仍有较大距离。

目前主要的障碍仍在于缺乏有明显节能效果的实际案例，业主在进行节能改造决策时瞻前顾后，“多一事不如少一事”思想仍然存在，节能改造的推动仍然举步维艰，惟有在制度创新、商务突破、服务升级、技术适用等方面综合考虑，才有可能打开既有公共建筑节能改造的新局面，进一步推进以实实在在节能量为目标的公共建筑节能工作。建议建筑节能主管部门紧盯实际节能量，奖励能做出实际节能量，并且长期坚持、节能效果不反弹的项目，并使之起到真正的示范作用。

2.2.2 公共建筑节能设计标准修编

由中国建筑科学研究院主编的国家标准《公共建筑节能设计标准》GB 50189 自 2005 年颁布实施以来，通过对公共建筑的节能设计进行系统化的规范和约束，积极促进了我国建筑节能事业的健康稳定发展，在实现国家“十一五”节能减排目标以及下一步国家建筑节能目标的制定中发挥了重要作用。然而，另一方面，当前公共建筑节能标准计算过于复杂，难以真正执行；基于办公建筑给出的指标，应用于其他类型公共建筑缺乏科学性；一些近年来广泛应用的设备，标准中没有相应的规定。

为此，2012 年 6 月，住房城乡建设部组织召开了该标准修订编制组第一次工作会议，并于 2013 年 11 月在北京通过标准审查。标准编制组在修订过程中进行深入调研，总结 2005 版标准实施中的经验和不足，借鉴发达国家相关建筑节能设计标准的最新成果，开展了多项基础性研究工作。修订后公共建筑节能设计标准的主要变化有：

首次建立了涵盖主要公共建筑类型及系统形式的典型公共建筑模型及数据库，为标准的编制及标准节能水平的评价奠定了基础；首次采用 SIR 优选法研究确定了本次修订的节能目标，并将节能目标分解为围护结构、暖通空调系统及照明系统相应指标的定量要求，提高了标准的科学性；首次分气候区规定了冷源设备及系统的能效限值，增强了标准的地区适应性，提高了节能设计的可操作性。

需要指出的是，相对建筑节能标准的重要性，我国相关基础研究工作仍然薄弱，影响了标准的科学性。与发达国家相比，我国在标准的研究工作上差距较大。近年来发达国家的经验表明，建筑节能标准已经从原有的“基于措施”的标准，发展为“基于性能”的标准，并逐步发展为“面向能耗数据”的标准，使得建筑节能设计标准与量化建筑节能减排目标相一致，这是降低建筑能耗、实现建筑节能的关键。

2.2.3 建筑能耗标准即将出台

（1）基本情况

目前我国已颁布实施的建筑节能标准，多是以强调建筑节能过程的管理与控制为主，涵盖了建筑设计、建造、运行和评价环节，包括对各种节能技术措施应用的规定，但未能体现结果导向，即对实际建筑能源消费量控制的要求，这在一定程度上导致部分采用多种“先进”“高效”“节能”技术和产品的“节能建筑”，实际能源消耗量相当高，这样的实例在公共建筑领域尤其突出。

“面向能耗数据”的标准是国际建筑节能标准领域的重要发展趋势，特别是欧洲，已逐步从关心建筑物“节了多少能”，到问一问“耗了多少能”。这也是十二五期间我国建筑节能标准的重要发展。此前，由于建筑能耗基础数据以及建筑能耗标准的缺失，使得建筑节能设计标准承担了超出其原本定位的责任。而扭转这一困局的方法就是在近年来建筑能耗基础数据收集工作的基础上，加快建筑能耗标准的出台，使其各司其职、各担其责。2012年，住房城乡建设部明确国家标准《建筑能耗标准》正式立项，成立编制组并开展编制工作。经过两年的努力，已于2013年底发布征求意见稿的《建筑能耗标准》，希望通过规定符合我国当前国情的不同类型建筑能耗的指标数值，以控制实际建筑能耗数据为手段，逐步实现民用建筑能耗总量控制和管理。

（2）主要特点

这一标准的主要特点有：

一是该标准提出了北方供暖，公共建筑和居住建筑三类能耗指标，并且分别给出指标的具体数值，具有较强的针对性和操作性；

二是该标准可适用于新建民用建筑能耗指标控制以及既有民用建筑运行能耗管理，并明确规定：在建筑规划、设计、施工与运行的各个阶段，都应通过实施有效措施，将建筑能耗控制在本标准规定的范围内；

三是将能耗指标分为约束性指标和引导性指标两类。在满足建筑使用功能的前提下，民用建筑能耗应低于该标准规定的约束性指标值，并宜达到该标准规定的引导性指标值（即相对优秀的能耗数值）。约束性指标值为考虑社会公平性及当前平均技术水平下，建筑实现使用功能所允许消耗的能源量。基于建筑能耗总量控制的原则，各建筑的实际能耗不应超过约束性指标值，否则应进行整改。引导性指标值是建筑达到先进节能水平时的能源消耗量。

（3）建筑能耗标准的用途

建筑能耗标准主要为了如下应用：

1）作为“以建筑用能数据为导向”的建筑节能工作的基础，给出各类建筑用能数量的参考值，使得各地可以以此来评估本地区的建筑用能实际状况。这样，建筑节能工作是否“达标”就是看实际的建筑能耗是否控制在“约束性指标值”；建筑节能工作是否“出色”就是看实际的建筑能耗是否达到“引导性指标值”。

2）作为建筑用能定额管理的基础，给出制定建筑用能定额管理超额高价的基础用能参照值。

3）作为新建建筑用能指标的参考值。按照“以建筑用能数据为导向”的建筑节能体系，新建建筑规划阶段就不是做“能评”，而是应该给出用能总量的承诺。这个标准给出不同功能建筑的用能指标，就可以根据建筑规模和功能确定控制用能承诺值的上限，从而从建筑规划期开始对新建建筑实行用能数据全生命周期管理。

4）作为确定实际节能量的参考值。建筑的实际用能量与这一指标给出的约束性指标之差就可以视为实际的节能量。也就是说，只有比这个标准规定的用能量还低，才可以称为节能；只有比这个标准规定的用能量低出的部分才能称为“节能量”。这就使得实际节能量有了科学的评估计算方法。

5）可作为建筑用能“碳交易”的基准线数值确定的参考。

6）为通过节能服务公司模式进行节能投资改造并从节能量中获取收益的企业提供科学计算节能收益的方法。

以上诸点是我国目前实行以建筑实际能耗数据为导向的建筑节能管理方式的瓶颈，这一标准的出台，可以破解目前无能耗参考值的障碍，全面推进我国建筑节能工作转向以能耗数据为导向。

（4）建筑能耗指标数值确定的原则

这一标准的最难之处，也是最重要的工作，就是确定各类建筑能耗指标的具体数值。在标准编制过程中，建筑能耗指标具体数值的确定遵循以下几个原则：

原则一：在前期工作基础上，以实际调查、统计、审计、测试的能耗数据为该标准建筑能耗数值确定的基础。

原则二：按我国建筑能耗总量控制要求，确定各类建筑能耗指标。即：

我国目前城乡建筑总量约510亿m^2，建筑运行所消耗的商品能耗总量为6.87亿tce。根据测算，在城乡建筑总量达到600亿m^2时，我国建筑能耗总量控制的目标应不超过8.4亿tce。其中：

北方城镇供暖能耗以1.5亿tce为约束条件制定能耗指标；

公共建筑能耗（不包括北方供暖）以2.4亿tce为约束条件制定能耗指标；

住宅用能（不包括北方供暖）以3.5亿tce为约束条件制定能耗指标。

如果城乡建筑总量突破800亿m^2，则建筑运行能耗总量应不超过11亿tce。

（5）公共建筑能耗指标的确定

公共建筑能耗指标比较复杂，在这一标准中，根据公共建筑的功能分类和建筑物所属的气候分区分别确定其建筑能耗指标的具体数值。其中，公共建筑能耗包括其所消耗的除北方集中供暖能耗外的所有能耗的总和，包括空调、通风、照明、生活热水、办公设备等。在实际使用中，公共建筑用能以电耗为用能主体，并包括一定份额的天然气、油等其他种类的燃料，该标准明确规定不同能源形式按等效电法进行折算，公共建筑以单位建筑面积综合电耗作为指标的具体形式。

在能耗指标的确定过程中，主要有以下几方面的考虑：

一是根据公共建筑能耗的差异性，将全国分为三个气候分区，即严寒及寒冷地区、夏热冬冷地区与夏热冬暖地区，分别以北京、上海、深圳与广州作为上述三个气候分区的代表城市，以其能耗数据编制公共建筑能耗指标。

二是公共建筑功能较多，在该标准中选择办公建筑、商场建筑以及宾馆酒店建筑先期制订能耗标准。其中，办公建筑再细分为国家机关办公建筑与非国家机关办公建筑，商场建筑再细分为百货店、购物中心、大型超市、餐饮店与一般商铺，宾馆酒店建筑再细分为三星级及以下、四星级与五星级，并分别按上述细分类确定能耗指标。

三是在确定公共建筑能耗的约束性指标与引导性指标时，按建筑物与室外环境之间是密闭还是连通、保障室内空气品质是依靠机械通风还是自然通风、室内环境控制系统是集中还是分散的方式，分别给出能耗约束性指标值和引导性指标值。

（6）公共建筑能耗指标的修正

公共建筑用能非常复杂，因此在实际应用过程中对能耗指标进行一定的修正，可有效地确保该标准的客观公正。其中，公共建筑能耗指标最主要的修正是应根据实际使用强度进行修正。

建筑的使用强度，指实际运行时间、人员密度和设备密度。从影响建筑用能的实质来看，使用强度的影响是对建筑用能合理的需求产生的，如建筑中运行时间更长，使用的人更多等，必然会造成建筑能耗的变化。而该标准在制定建筑能耗指标时，是根据大多数建筑平均的使用强度来确定的，这与实际当中的建筑的使用强度会存在差异，这就需要对此进行相应的修正。在该标准中，办公建筑可依据年使用时间与人均建筑面积，宾馆酒店建筑可依据入住率与客房区面积比例，商场建筑可依据使用时间按照相应公式进行修正。此外，对于信息机房、厨房炊具等特定功能对象的用能，应单独计量，并且在应用该标准时对具体建筑物进行修正。

2.2.4 建筑能耗表述方式

能耗数据是建筑节能工作的基础。然而，由于缺乏统一的建筑能耗表述方法，目前得到的数据定义不一致，可能会导致错误结论而误导节能工作。因此，有必要根据建筑能耗数据采集和统计的需求，研究科学、合理的数据表述方法，对建筑能耗进行统一的表述，以便于建筑能耗的数据采集、数据统计、信息发布、能耗标准、能耗计量、能耗评估和能耗分析等。

基于上述情况，清华大学于 2008 年向国际标准化组织（International Standard Organization，ISO）163 技术委员会申请组织编制了以建筑能耗表述方法为主要内容的国际标准《ISO 12655：2013 Energy performance of buildings— Presentation of measured energy use of buildings》（建筑物的能量性能——测量的建筑用能数据表述国际标准）。该标准于 2013 年 3 月正式颁布实施，这是在建筑节能领域由中国科学家主持编制完成的第一项 ISO 标准。与此同时，根据住房城乡建设部建标［2009］89号文的要求，清华大学联合中国建筑标准设计研究院、北京建筑技术发展有限责任公司、中国国际工程咨询公司等单位共同制定了行业标准《建筑能耗数据分类及表示方法》JG/T 358—2012，于2012年8月正式颁布实施。

国际标准ISO 12655和行业标准JG/T 358在总结国内外建筑能耗计量和能耗统计经验以及存在的问题的基础上，提出从建筑能耗用途、用能边界和能耗数据表示方法三个角度对民用建筑的建筑能耗进行准确的表述。主要内容包括：

（1）建筑能耗按用途表述

标准中明确了“建筑能耗”的含义：指建筑使用中的运行能耗，包括维持建筑环境（如供暖、通风、空调和照明等）和各类建筑内活动（如办公、炊事等）的能耗[1]。在此基础上，根据一般民用建筑中用能情况，将建筑能耗按用途分为供暖用能、供冷用能、生活热水用能、风机用能、炊事用能、冷藏用能（国内标准未单列）、照明用能、家电/办公设备用能、电梯用能、信息机房设备用能、建筑服务设备用能和其他专用设备用能，共计十二类（如图2-6所示）；并对每一类进行了明确的规定。通过上述按用途分类的建筑用能，既可以反映整体建筑中供暖、供冷、生活热水、风机、照明、家电/办公设备和建筑服务设备的用能情况，也可专门针对炊事、电梯、信息机房设备和其他专用设备进行能耗计量。这样的分类方式不拘泥于用能形式和建筑布局，而是充分考虑了实际建筑中的用能情况和能耗计量的可行性，同时避免各分项之间的重叠与遗漏，使得各项建筑用能能够反映建筑真实的用能情况，为进一步能耗分析和评估提供依据。

（2）建筑能耗按用能边界表述：定义了五种按用能边界区分的建筑能耗，用来指示建筑能耗数据对应的能量利用“位置”（如图2-7所示）。

根据能量的转换、输配和利用过程，供暖、供冷和生活热水用能根据实际用能边界，分为建筑实际获得的热/冷量（E_B）、建筑供热/供冷系统用能（E_T）、区域供热/供冷系统提供的热/冷量（E_D），以及与建筑主体结合的主动式可再生能源系统提供的能量（E_R）。风机、炊事、照明、家电/办公设备、电梯、信息机房设备、建筑服务设备和其他专用设备根据实际用能边界，分为建筑各系统用能（E_T）、与

[1] 广义的建筑能耗指建筑材料制造、建筑施工和建筑使用的全过程能耗。本标准中建筑能耗仅指建筑使用中的运行能耗，不包括建筑材料制造和建筑施工用能。

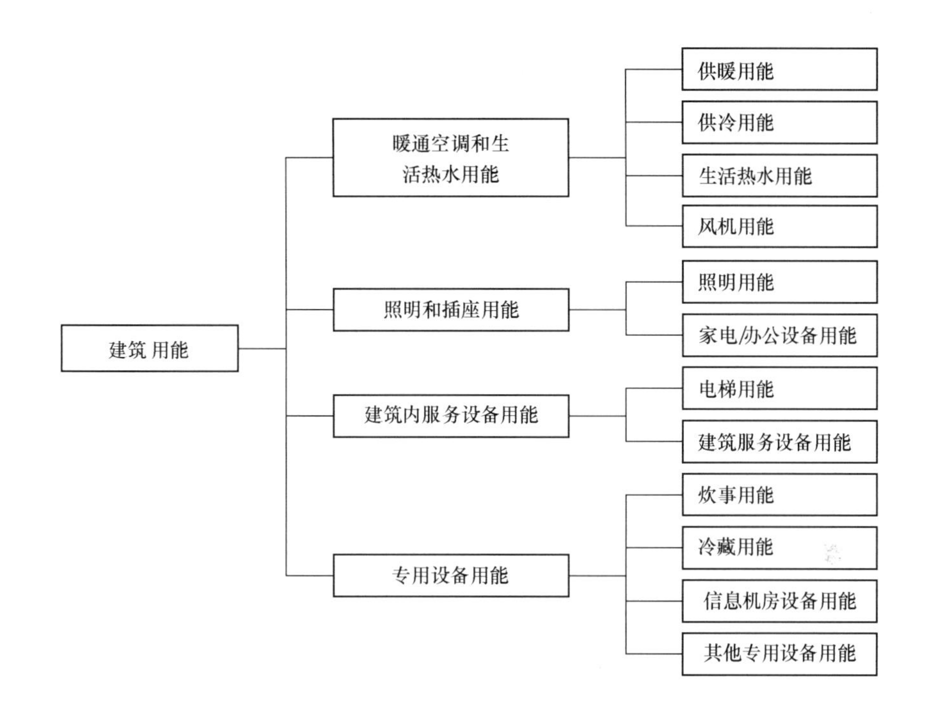

图 2-6 建筑能耗按用途表述

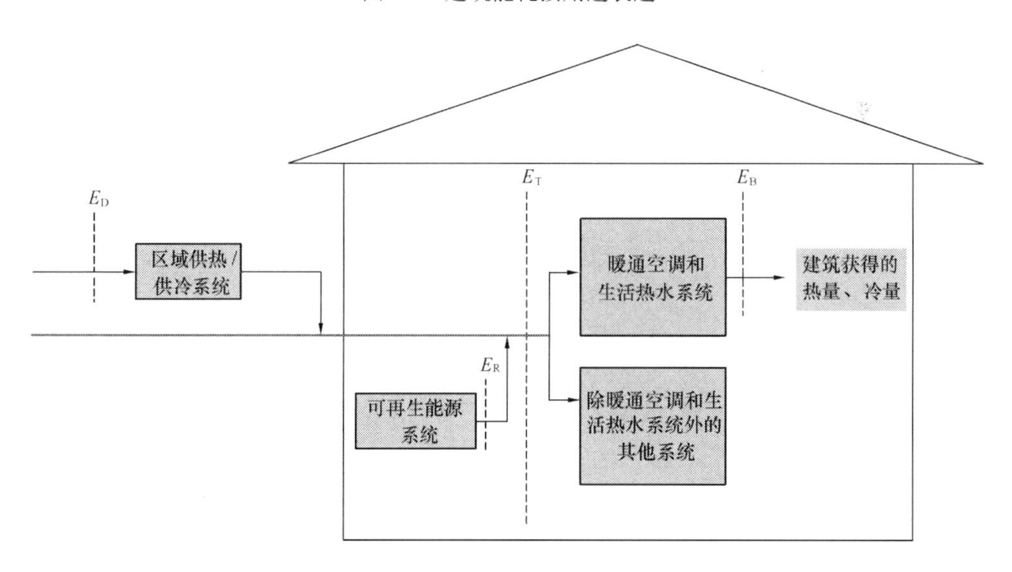

图 2-7 建筑能耗按用能边界表述

建筑主体结合的主动式可再生能源系统提供的能量（E_R）。

（3）建筑能耗数据表示方法：规定了建筑能耗表述的总则，以及建筑能耗数据的换算方法。

在按照用途和用能边界对建筑能耗进行分类的基础上，标准规定了在表述建筑能耗时，应指出建筑能耗用途、具体的用能边界和相应的能耗数据（能源种类和数量）。在对能量的转换、输配和末端应用过程的统计和分析中，会采用折算方法对不同种类的能源进行换算、便于加和和分析。目前采用的折算方法包括电热当量法（CE）、发电煤耗法（CV）、等效电法（EE）、一次能源法（PE）等，不同的方法将对某些节能工作和相关政策做出完全不同的评价，也会引导节能的相关工作向完全不同的方向发展。标准中也明确规定，对于采用了折算方法进行换算的数据，应在结果中标识具体换算方法。

2.2.5 国际能源署建筑与社区节能框架协议第53号课题成果

国际能源署（International Energy Agency，下文简称IEA）建筑与社区节能框架协议（Energy Conservation in Buildings and Community Systems，以下简称ECBCS），主要包括以下三个方面内容：1）全球建筑节能技术开发和信息共享，2）室内环境健康与节能，3）探索新生活方式和工作环境下的节能措施。

2007年，清华大学建筑节能研究中心直接发起了Annex 53（建筑能耗数据的分析与评估方法，http：//www.ecbcsa53.org/）并主持了Annex 59（建筑高温供冷和低温供热，http：//www.annex59.com/）两个国际研究新课题，其中Annex 53历经5年，于2013年底结束课题，不但引导各国研究者规范和统一了建筑能耗科学合理的表述方法，为相关国际标准的进一步制定奠定了坚实基础；而且也充分比较及认识了人员生活行为模式和建筑物运行方式的中外差异，对研究及解决我国建筑节能问题起到了重要借鉴意义。

现研究认为，建筑能耗通常受到六方面因素的影响：(1) 气候，(2) 建筑围护结构，(3) 建筑能源服务系统，(4) 建筑运行维护，(5) 人员行为模式，(6) 室内环境状况。Annex 53（Total energy use in buildings-analysis and evaluation methods，建筑能耗数据的分析与评估方法）主要包括四个子课题的研究内容：(1) 子课题A：建筑能耗定义和表述方法，(2) 子课题B：案例分析与数据库，(3) 子课题C：统计分析，(4) 子课题D：模拟研究。四个子课题的关联和成果如图2-8所示。这一研究成果对了解世界各国尤其是发达国家的实际建筑能耗现状，制定我国今后建筑节能的技术路线，确定我国今后建筑节能工作突破重点，有一定意义。

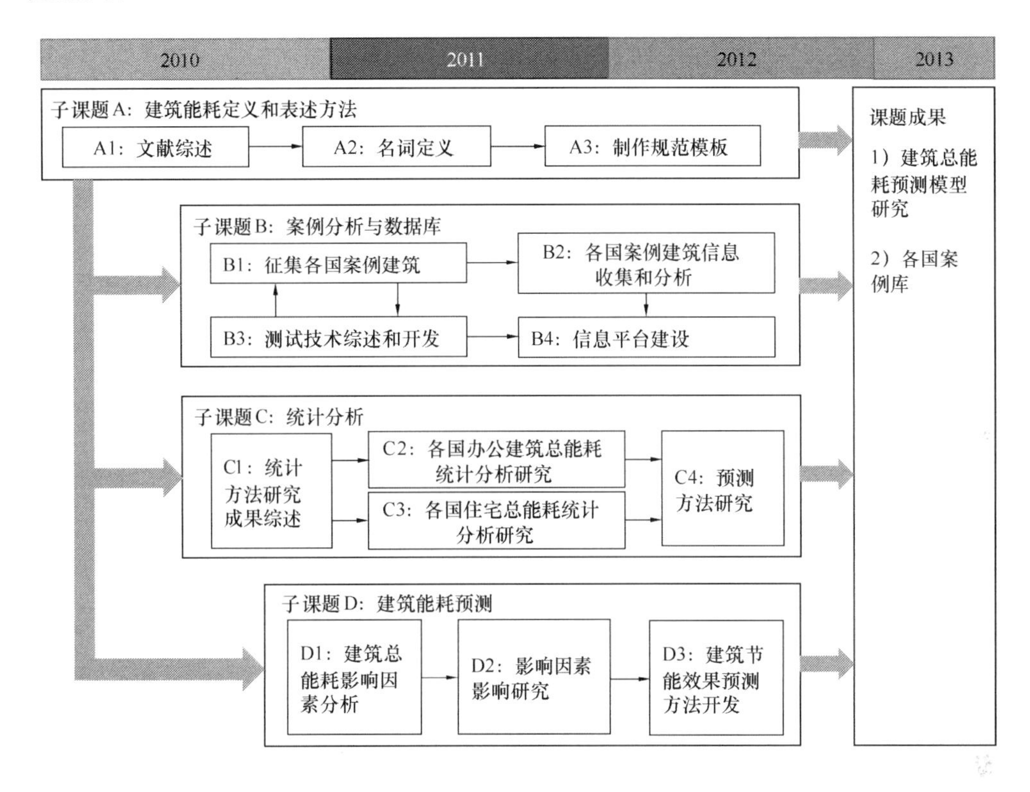

图 2-8 Annex 53 四个子课题框架与相互关系

2.2.6 六城市包含公共建筑的碳交易市场启动

在全球碳交易市场快速发展的全球背景下，国家发改委应对气候变化司牵头多部门，于 2011 年 11 月起正式启动碳交易试点，批准北京市、天津市、上海市、重庆市、湖北省、广东省及深圳市开展碳排放权交易试点。2013 年以来，7 个碳交易试点城市中，已有深圳、上海、北京 3 个城市进入了正式碳交易阶段（见表 2-6）。

我国已经开市的深圳、上海和北京强制碳交易市场概况比较　　表 2-6

	深　圳	上　海	北　京
开市时间	2013 年 6 月 18 日	2013 年 11 月 26 日	2013 年 11 月 28 日
履约时限	2013～2015 年	2013～2015 年	2013～2015 年
履约单位个数	约 635 家	191 家	约 490 家

续表

	深圳	上海	北京
履约单位中公共建筑个数	约350栋	—	约290家服务业法人单位
预计绝对减排量	超过4000万t	—	约3500万t
体系内占该地区2010年碳排放总量	约38%	约40%	约41%
是否允许个人参与	是	否	否
交易配额限定	直接排放+间接排放	直接排放+间接排放	直接排放+间接排放
开市初期碳价（元/tCO_2）	30	27～28	51
纳入强制交易企业门槛	深圳市行政区域内年碳排放总量达到5000 tCO_2 以上的企事业单位，或建筑物面积达到20000m^2 以上的大型公共建筑物和10000m^2 以上的国家机关办公建筑物	上海行政区域内年二氧化碳直接排放量与间接排放量之和大于2万t（含）的工业企业与排放量之和大于1万t（含）的非工业企业	北京行政区域内源于固定设施排放的，年二氧化碳直接排放量与间接排放量之和大于1万t（含）的单位
配额交易场所	深圳排放权交易所	上海环境能源交易所	北京环境能源交易所

在北京、深圳和上海三个示范城市中，其交易的主体范围主要包括高耗能、高排放的能源供应业、制造业和服务业，而其中服务业即包括了大量能耗较高的公共建筑。

对于新建建筑来说，为了实现建筑能耗总量控制的目标，建筑在建造初始规划阶段，就应根据《建筑能耗标准》确定其能耗上限，并相应确定碳排放的约束值和目标值，之后所有阶段的工作都应以不超过能耗上限和碳排放约束值指标为目标。如果碳排放超过约束值，则要承担罚款或出资购买其他交易者的碳排放权，如果低于目标值，则可以灵活出售。依据此思路，现在各个试点城市需要尽快地进行相关行业的基准排放研究，并建立相关数据库。需要特别注意的是，公共建筑碳交易的约束值和目标值研究一定要与《建筑能耗标准》相统一，不应出现碳交易、能耗定额相互独立，甚至标准矛盾的情况。国家相关部门和各级政府，应制定统一的、科学的研究计划，有序地安排公用建筑能耗和碳排放的研究课题和成果应用。

2.3　我国典型地区及典型类型公共建筑能耗状况

本小节分为两部分，第一部分（2.3.1～2.3.3 节）针对我国的典型地区，详细分析了上海、深圳等地公共建筑的能耗现状；第二部分（2.3.4 节）针对典型的公共建筑类型，阐释了医院建筑的能耗现状和发展，对于办公楼、商场、宾馆酒店等其他典型类型公共建筑的能耗特点和情况，可参考《中国建筑节能年度发展研究报告 2010》。

2.3.1　上海地区公共建筑能耗状况

（1）上海地区公共建筑及其节能工作的现状

1）上海公共建筑的发展现状

随着城市人口规模的上升、居民生活水平的提高以及第三产业比重的上升，上海建筑能耗的刚性上升趋势不可避免。根据上海统计年鉴 2012 年统计结果，上海公共建筑总面积为 2.5 亿 m^2，各类公共建筑面积拆分如图 2-9 所示。

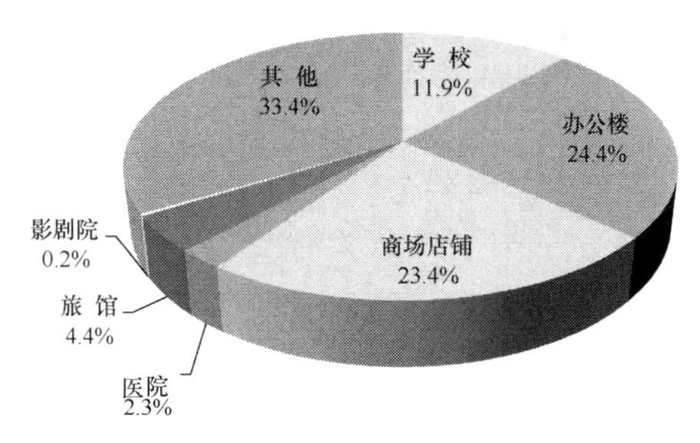

图 2-9　2012 年上海市各类公共建筑面积拆分[10]

图 2-10 为 2005～2012 年上海市公共建筑面积逐年变化统计柱状图。从图中可以看出，建筑行业发展迅速，建筑规模快速扩大，平均增长率可达 10.7%，公共建筑面积年增长量在 800～1500 万 m^2。

随着建筑规模扩大，经济服务要求提高，生活水平提升，用能强度增大，上海

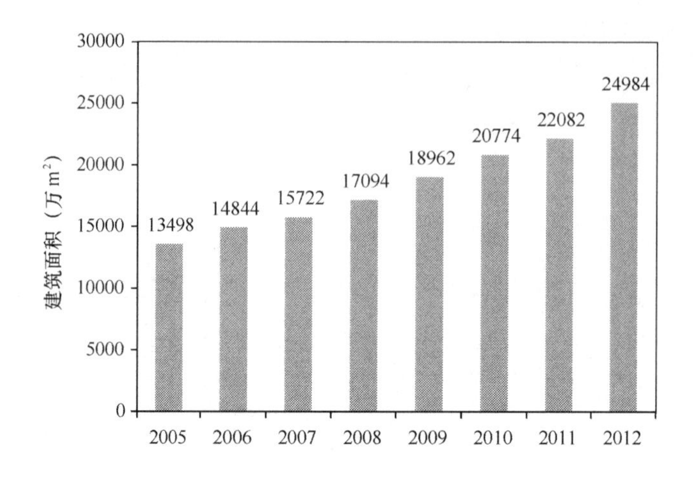

图2-10 上海公共建筑面积总量逐年统计柱状图[11]

市建筑能耗增长迅速。公共建筑面积的增长与城市就业人数密切相关，2010年上海市就业人数达1090万，占全市常住人口数的47%。根据近十年的就业人口比例及人均公共建筑面积的变化规律进行推算，至2030年全市就业人数将达到1571万。基于上述分析，预测上海市民用建筑规模的发展趋势，2030年上海市公共建筑面积在3.8亿m^2左右。

2）上海公共建筑节能工作的进展

过去几年，上海市逐渐加大建筑节能政策的力度，上海地区《公共建筑节能设计标准》已经出台。“十二五”期间，公共建筑被确定为节能降耗主要领域；2012年8月，上海市被列入全国第二批公共建筑节能改造重点城市，到2014年8月前，要完成400万m^2公共建筑节能改造降耗20%的目标。为了促进节能服务产业发展，加快推进合同能源管理，规范合同能源管理项目财政奖励资金的使用，根据国家和上海市的有关规定，上海市经济和信息化委员会、上海市发展和改革委员会、上海市城乡建设和交通委员会、上海市财政局联合制定了《上海市合同能源管理项目财政奖励办法》。同时为贯彻落实国务院办公厅《关于转发发展改革委住房城乡建设部绿色建筑行动方案的通知》（国办发［2013］1号）精神，根据财政部、住房城乡建设部《关于进一步推进公共建筑节能工作的通知》（财建［2011］207号）要求，上海市也制定了《上海市建筑节能项目专项扶持办法》。上海市各区也都制定了各自的《节能降耗专项资金管理办法》，通过财政奖励等政策机制，推进上海市公共建筑节能工作。

上海市既有建筑节能改造工作已由点到面逐步展开，既有公共建筑的节能改造涵盖了政府办公楼、商场、宾馆等大型公共建筑。此外，既有建筑节能改造技术体系逐渐完善，在节能改造的过程中制定符合实际情况的实施方案，根据各类既有建筑的特征采用适宜、经济效益好的改造技术逐渐成为节能改造工程实践的主要原则，节能改造措施也逐渐由单项节能措施向综合技术集成方向发展。坚持观念创新、机制创新、技术创新，继续有重点地稳步推进既有建筑节能改造，降低建筑能耗，提升能效水平。通过财政补贴示范引领、合同能源管理机制政策扶持、建筑节能改造市场培育等措施，对既有建筑重点开展非节能门窗、空调系统、照明系统改造；增加屋顶绿化、遮阳设施等节能措施。目前，上海已经有青松城大酒店、西郊宾馆、奥林匹克俱乐部、仁济医院、永新广场等 20 多个项目通过示范公示和评审。

（2）上海地区公共建筑能耗概况

上海市建筑能耗增长迅速。无论是居住建筑还是公共建筑，其能耗值呈逐年增长趋势，全市民用建筑总能耗从 2000 年的 350 亿 kWh_e[1] 增加到 2010 年的 756 亿 kWh_e，增幅高达 1 倍多。从单位建筑面积能耗变化趋势来看，虽然有小幅波动，但变化不明显，见图 2-11。所以建筑规模的上升是导致上海建筑能耗上升的最主要因素。

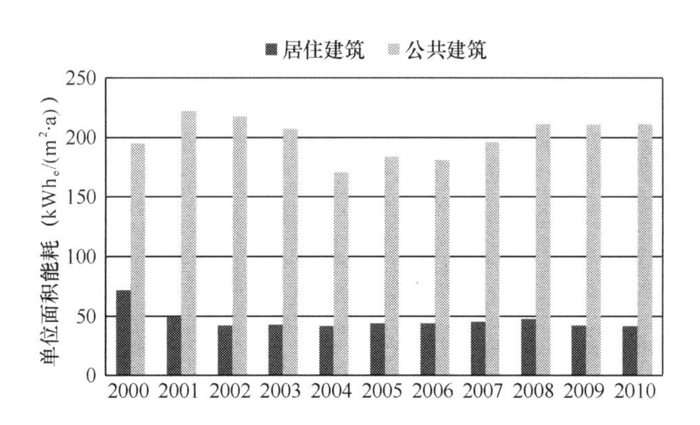

图 2-11　上海市 2000—2010 年单位建筑面积能耗逐年变化情况

[1] kWh_e 表示等效电量纲，2.3.1 节不同能源转换为等效电的折算系数均参照文献：《中国建筑节能年度发展研究报告 2008》，清华大学建筑节能研究中心，中国建筑工业出版社，2008。

通过对上海建筑能耗现状的分析发现，2000～2010年上海建筑能耗的年均增速达到8.0%，高于同期上海能源消费总量7.4%的年均增速。建筑能耗的增长已经成为导致上海能耗增长的主要因素。上海市建筑能耗在社会总能耗中所占的比重越来越高，从2000年的17.5%上升到2009年的19.1%、2010年的18.6%。其中，公共建筑能耗的快速增长是建筑能耗逐年增大的最主要因素，公共建筑能耗占社会总能耗百分比呈持续增加趋势，且相对居住建筑增加幅度较大。根据2011、2012年统计数据，办公建筑、宾馆饭店以及商场的单位面积电耗对比如图2-12所示。

（3）上海地区各类公共建筑能耗现状及特点

1）办公楼

依托上海市国家机关办公建筑和大型公共建筑能耗监测信息平台，上海市建筑建材业市场管理总站对已安装能耗监测系统的600余家大型办公建筑能耗统计数据进行汇总。办公类建筑的单体规模在2万～11.7万m^2之间，平均为4.1万m^2，分布情况如图2-13所示。其中，90%建筑的面积在6万m^2以下，超过10万m^2的建筑有5栋。据调查，办公建筑一般有地下车库、设备层等空间，车库面积占建筑总面积比例平均9.2%左右。

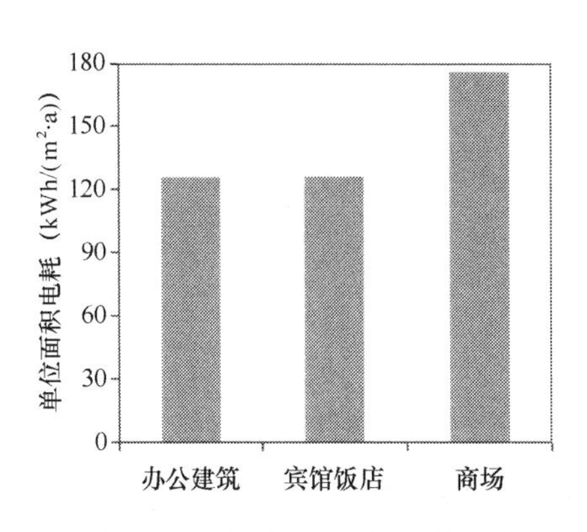

图2-12 上海市2010年各类公共建筑单位面积电耗比较

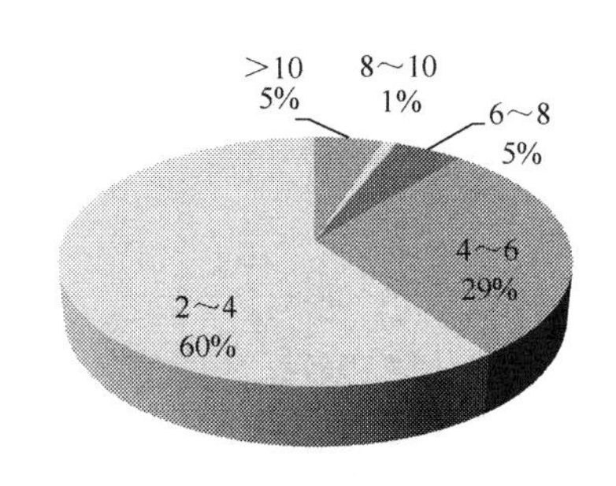

图2-13 办公建筑面积分布（万m^2）

单体建筑总能耗分布情况直观地反映出由于业态差别引起的能源消耗总体水平的高低。若以年能耗700万kWh_e作为判断单体建筑是否为重点用能单位的基准值，建筑年总能耗超过700万kWh_e的建筑比例达到29%，最大值可达3000

万 kWh_e，办公建筑总能耗分布如图 2-14 所示。办公建筑消耗的能源除了电力以外，还有燃气、燃油及其他能源品种消耗。根据能耗统计平台的统计结果，办公建筑能源消耗以电为主，占 90%，其次为天然气，占 5.2%，如图 2-15 所示。

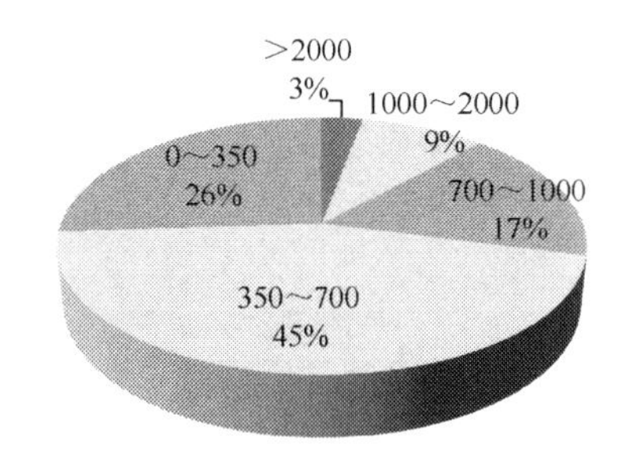

图 2-14 办公建筑总能耗分布（万 kWh_e）

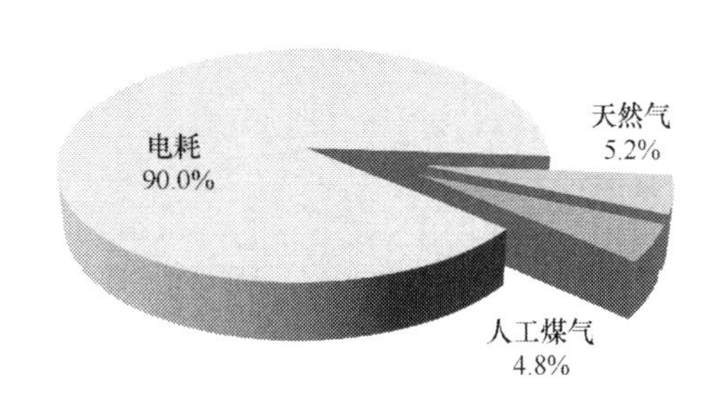

图 2-15 办公建筑能源消耗构成

对办公建筑单位面积能耗统计结果进行异常值检测处理后，采用安德森-达令正态性检验方法观察数据集的分布情况。办公类建筑的单位面积能耗在 94～117.6$kWh_e/(m^2 \cdot a)$之间，呈正态分布，如图 2-16 所示。

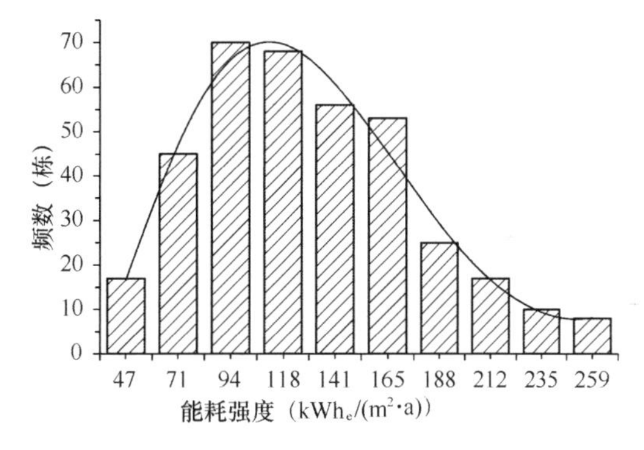

图 2-16 办公建筑样本能耗强度分布图

办公楼能耗主要包括照明、空调、动力、办公用电及其他，其中照明能耗包括公共区域照明以及办公区域照明，空调能耗包括空调主机、冷冻冷却水泵、冷却塔以及空调末端，动力能耗包括电梯、消防泵、排水泵等。

2）宾馆酒店

上海市旅游局委托上海建科建筑节能技术有限公司作为标准主编单位，对全市三星级（含）以上酒店和部分客房数量超过 100 间的旅游饭店进行能源调查工作，剔除部分异常值后，实际样本数量为 94 家。根据此次调查统计数据，上海宾馆酒店类建筑的单体规模在 2 万～20 万 m^2 之间，平均为 4.95 万 m^2，其分布情况如图 2-17 所示，其中 92%建筑的面积在 8 万 m^2 以下。

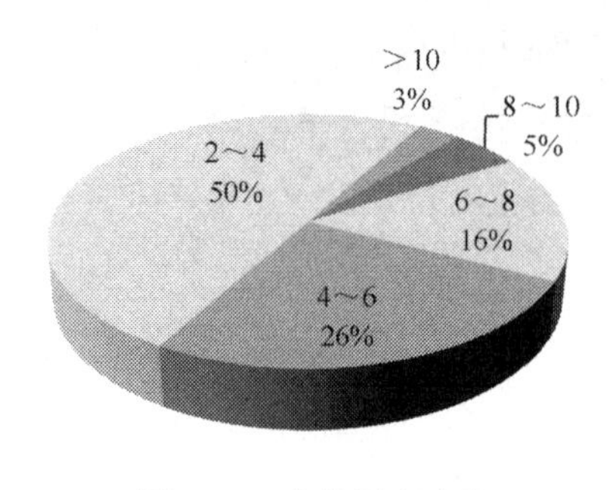

图2-17 宾馆酒店建筑面积分布（万m^2）

根据统计数据，这些宾馆酒店建筑中，建筑年总能耗超过700万kWh_e的建筑比例达到58%，超过2000万kWh_e的建筑比例达到11%，见图2-18。星级越高的酒店，单位面积能耗越高。其消耗的能源除了电力以外，还有天然气、轻质燃油、热网蒸汽及人工煤气等。根据能源调查的数据统计结果，宾馆酒店建筑能源消耗以电为主，占72%，其次为天然气，占25.8%，见图2-19。宾馆酒店建筑由于在实际使用过程中有生活热水、洗衣房等用气需求，所以燃气的消耗比例较大。

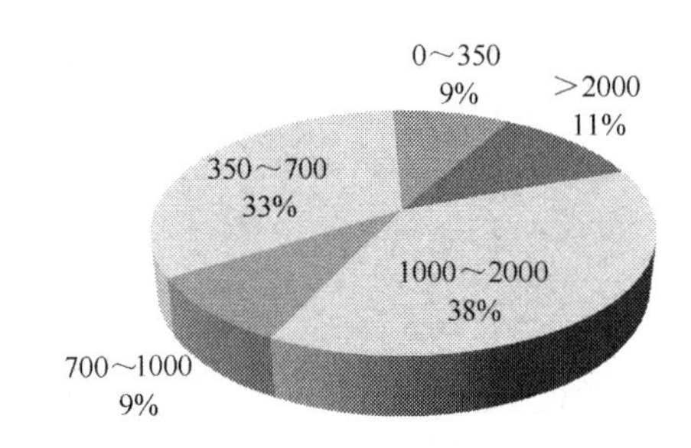

图2-18 宾馆酒店建筑总能耗分布（万kWh_e）

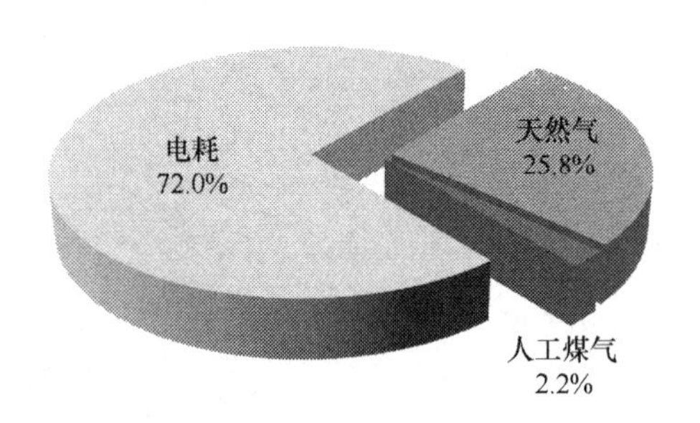

图2-19 宾馆酒店建筑能源消耗构成

对宾馆酒店建筑单位面积电耗统计结果进行异常值检测处理后，采用安德森—达令正态性检验方法来观察数据集的分布情况。宾馆酒店建筑的单位面积能耗在66.7～433.3$kWh_e/(m^2 \cdot a)$之间，呈正态分布，见图2-20。

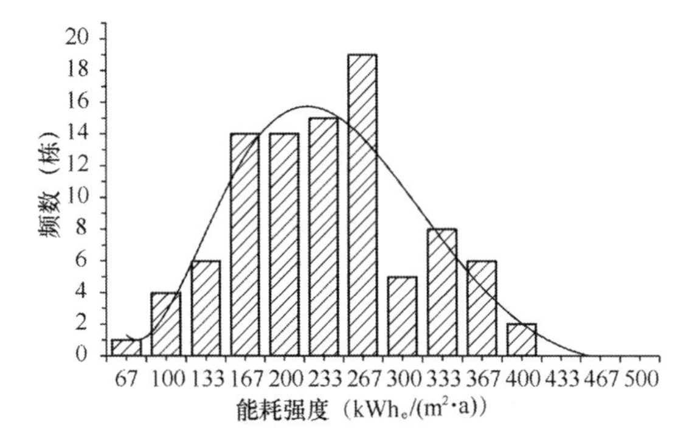

图2-20 宾馆酒店建筑样本能耗强度分布图

宾馆酒店能耗主要包括照明、空调、动力、生活用热及其他，其中空调能耗包括空调主机、冷冻冷却水泵、冷却塔以及空调末端，动力能耗包括电梯、消防泵、排水泵、排风机等，生活用热包括客房热水、桑拿房、游泳池用热、洗衣房用热以及厨房用气等，其他能耗则包括室内设备、插座、特殊用电等。

3）商场

市经委在全市商业重点用能单位开展能源调查工作，由上海市节能监察中心组织上海建科建筑节能技术有限公司具体实施。调查范围涵盖全市百货、超市、家电专业店、餐饮店、浴场五类业态的458家商业重点用能单位，最终获取调研核心数据的有效样本数量为323家。通过本次商业重点用能单位能源调查，得到各类业态商业建筑的能源消费方式、用能结构和能耗水平，并对部分重点用能单位开展能源审计。根据统计数据，商场建筑的单体规模在1.3万～13万m^2之间，平均为3.65万m^2，见图2-21。其中，90%建筑的面积在6.0万m^2以下，超过10万m^2的建筑有2栋。商场建筑相对于办公建筑和宾馆酒店建筑而言单体面积较小，主要原因在于大多数的商场建筑层数较少（4～8层），以方便顾客购物。

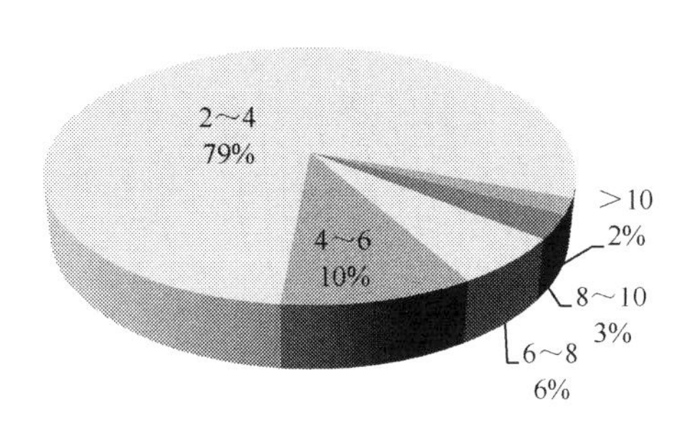

图2-21 商场建筑面积分布（万m^2）

样本商场建筑能耗普遍很大，年总能耗超过700万kWh_e的建筑比例达到73%，超过2000万kWh_e的建筑比例达到13%，见图2-22。商场建筑消耗的能源除了电力以外，还有天然气、轻质燃油及人工煤气等。根据能源调查数据统计结果，商场建筑能源消耗以电为主，占96.8%，天然气和人工煤气所占比例较小，占3.2%，如图2-23所示。

对商场建筑单位面积能耗统计结果进行异常值检测处理后观察数据集的分布情况。商场类建筑的单位面积能耗主要在35.4～489.6kWh_e/（m^2·a）之间，呈双

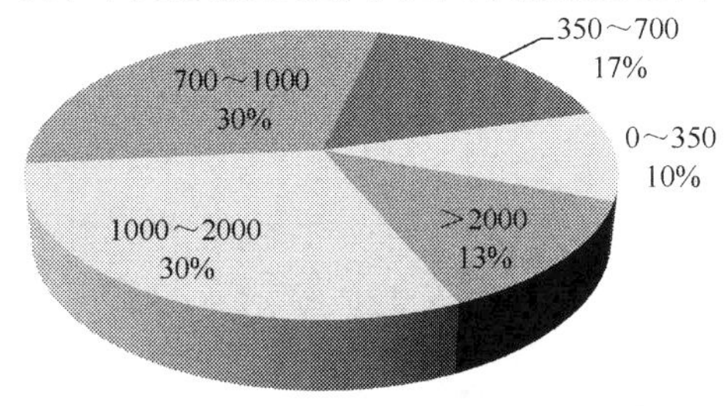

图2-22 商场建筑总能耗分布（万kWh_e）

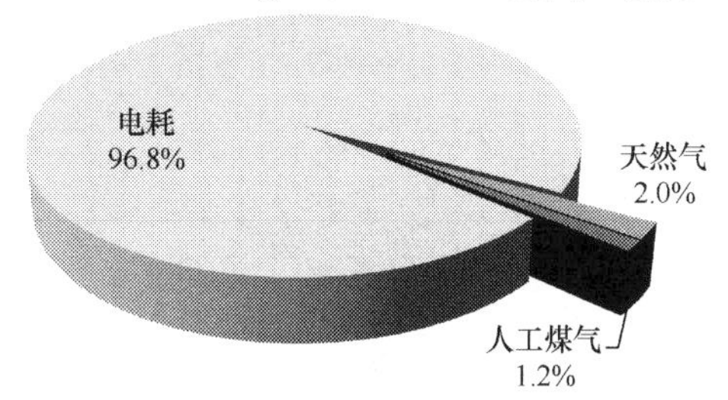

图2-23 商场建筑能源消耗构成

峰分布，如图2-24所示。随着上海城市建设，经济飞速发展，办公楼等公共建筑整体水平不断提高，而商场建筑用能情况参差不齐，所以商场建筑能耗强度并未像办公楼建筑一样呈正态分布，而是呈双峰分布。

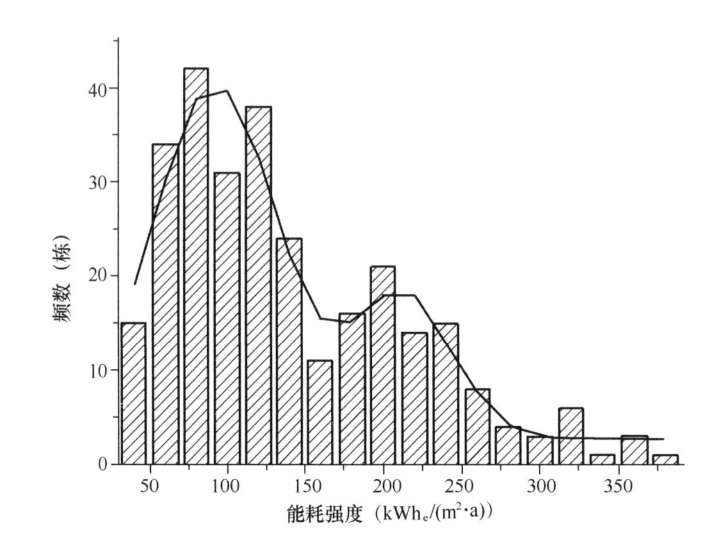

图2-24 商场建筑样本能耗强度分布图

商场能耗主要包括照明、空调、动力及其他，其中空调能耗包括空调主机、冷冻冷却水泵、冷却塔以及空调末端，动力能耗包括电梯、消防泵、排水泵、排风机等，其他能耗是指室内设备、插座、特殊用电等。

2.3.2 深圳地区公共建筑能耗状况

（1）深圳地区公共建筑及其节能工作的现状

1）深圳公共建筑的发展现状

自2008年以来，深圳市持续开展民用建筑能耗统计及审计工作，截至2011年底，已经完成了750栋国家机关办公建筑和大型公共建筑能源审计。根据审计情况，办公建筑面积占比为33.6%、综合体建筑占比为27.4%、商场建筑占比为171%、宾馆酒店建筑占比为8.2%。

根据相关统计数据，目前深圳市公共建筑总建筑面积为1.3亿m^2，结合审计样本中各类型建筑的面积占比，初步估算得出深圳市目前办公建筑面积约为4400万m^2，商场建筑约为1800万m^2，宾馆酒店建筑约为1100万m^2，综合体建筑约为 3500 万 m^2，其他建筑约为 2200 万 m^2。

2）深圳公共建筑节能工作的进展

① 政策机制方面

自 2006 年颁布实施《深圳经济特区建筑节能条例》以来，深圳市先后颁布实施国内首部建筑节材地方法规《深圳市建筑废弃物减排与利用条例》和政府规章《深圳市预拌混凝土和预拌砂浆管理规定》，制定完成了相关配套政策文件；2009 年 11 月颁布《深圳市绿色建筑评价规范》SZJG 30—2009；2010 年 12 月，发布关于贯彻执行《深圳市开展可再生能源建筑应用城市示范实施太阳能屋顶计划工作方案》有关事项的通知；2011 年 7 月 1 日起《广东省民用建筑节能条例》正式实施；2013 年 8 月 20 日，深圳市全面实施《深圳市绿色建筑促进办法》，规定自实施之日起，深圳的新建公共建筑都要符合《深圳市绿色建筑设计标准》。

2011 年，深圳市被列为首批国家公共建筑节能改造重点城市，由中央财政资金 0.8 亿元和地方配套资金 1.2 亿元共同组成 2 亿元专项资金，用于节能改造项目补助、能效测评、技术标准体系建设和项目管理等工作。2012 年发布了《深圳市公共建筑节能改造重点城市建设工作方案》（深建节能［2012］107 号）等文件，提出主要目标是 2012～2013 年对高耗能公共建筑进行节能改造和优化运行，实施节能改造项目总建筑面积不小于 405 万 m^2。

② 工程实践方面

深圳市积极组织开展大型公共建筑能耗监测平台建设工作，已建立大型公共建筑能耗监测平台及建筑能耗数据中心，完成了 2010～2012 年能耗统计工作、750 栋公共建筑能源审计工作、500 栋建筑能耗监测设备安装及 150 栋建筑能效公示等分项内容。

在公共建筑节能改造实践上，深圳市积极引导改造企业或业主自主开展节能改造项目，已有近百个项目提交节能改造方案，改造项目总建筑面积达到 500 万 m^2 其中已完工项目 18 个，计划开工项目 75 个。

③ 产业或行业发展方面

产业建设主要体现在重点产业领域和可再生能源与新能源产业方面。

深圳市积极扶持发展绿色建筑设计与咨询、可再生能源建筑应用、节能服务企业、LED照明、新型建材、钢结构等知识密集型、技术密集型新兴绿色产业和相关产业。建筑工业化初见成效，以建筑构配件工厂化生产和现场装配为主要内容的建筑工业化稳步推进，已形成房地产骨干企业、部品生产企业和大学、科研机构组成的产业联盟。据初步估计，深圳市目前共有建筑节能减排、绿色建筑相关产业企业上千家，有力推动建筑传统产业向绿色产业转变，形成了新的重要的经济增长点。

对于可再生能源与新能源产业，深圳市诞生了全国第一个兆瓦级太阳能并网发电站、第一幢太阳能光伏发电玻璃幕墙。

④ 研究和其他方面

深圳市近三年来共组织开展了100多项重点课题研究，新技术推广项目200余项，累计评审发布市级工法近300项，有力促进了全市建设工程领域整体技术水平的提高。同时积极组织开展“深圳市建筑碳排放权交易机制研究”工作，2013年6月首批197栋大型公共建筑在深圳市碳交易平台正式上线。

在重点领域地方标准编制方面，据统计，截至2012年，深圳市已组织编制绿色建筑系列标准12部，涉及绿色建筑勘察、设计、监理、评价以及绿色施工、绿色物业等涵盖绿色建筑全寿命周期，同时延伸至绿色园区建设和绿色市政配套领域；编制建筑节能减排系列标准16部，涉及建设领域节能减排指标体系、建筑能耗定额、节能65%设计、既有建筑节能改造、太阳能光热系统、光伏系统建筑应用等方面；编制绿色建材系列标准7部，涉及绿色建材指标体系及评价、高性能混凝土、生态混凝土、透水砖、绿色再生骨料、绿色再生混凝土制品等方面；基本完成建筑废弃物再生产品技术标准及建筑废弃物骨料技术标准；编制建筑工业化系列标准7部，涉及全装配钢筋混凝土、部分预制混凝土结构、各类构件、连接、钢结构、废旧集装箱改建为房屋的技术标准等。

(2) 深圳地区公共建筑能耗概况

根据对750个公共建筑样本的审计结果估算，深圳市公共建筑总能耗约为151.6亿kWh_e[1]，公共建筑单位面积能耗约为116.6kWh_e/(m^2·a)。根据2009～

---

[1] kWh_e表示等效电量纲。深圳公共建筑除用电外，主要使用天然气及少量液化石油气，审计和统计时主要考虑了天然气。2.3.2小节均按照7.156kWh_e/m^3的系数将天然气折算成等效电。

2012年的公共建筑能耗统计工作，深圳市公共建筑单位面积能耗的变化趋势如图2-25所示，可以看出深圳市公共建筑单位面积能耗呈现逐渐下降的趋势。从每年的公共建筑单位面积能耗逐月变化图中也可以看出明显的下降趋势，见图2-26。同时可以看出，由于受到夏季空调能耗的影响，7、8、9月份公共建筑能耗较高。

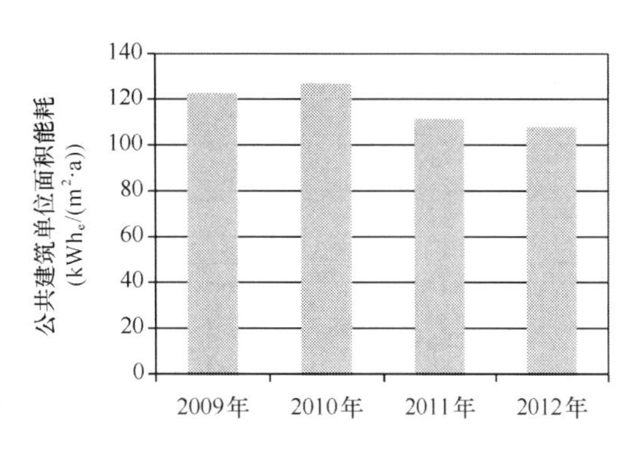

图2-25 统计2009～2012年公共建筑单位面积能耗趋势图

图2-27显示了各类型公共建筑的单位面积电耗和能耗强度的对比。商场的单位面积能耗最高，为197.3kWh$_e$/(m^2·a)，其次为宾馆酒店建筑157.8kWh$_e$/(m^2·a)，综合建筑为112.0kWh$_e$/(m^2·a)，其他建筑为101.0kWh$_e$/(m^2·a)，办公建筑单位面积能耗最低，为85.0kWh$_e$/(m^2·a)。

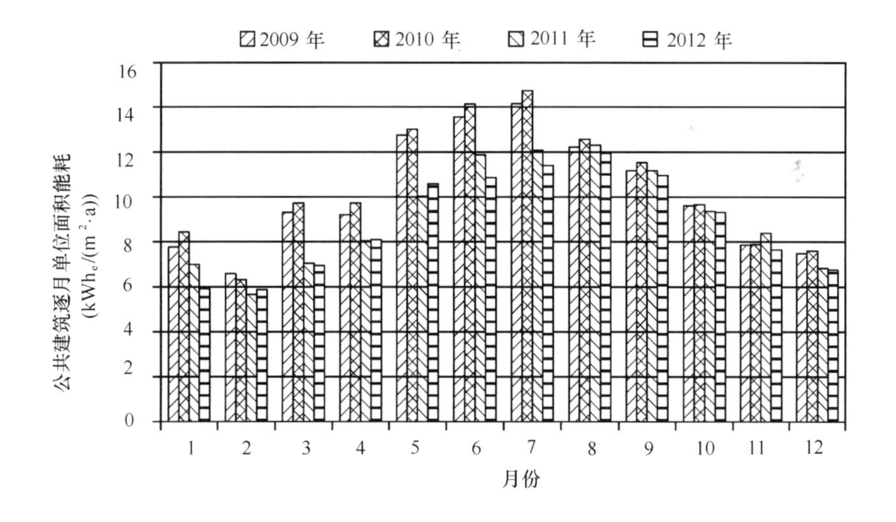

图2-26 公共建筑单位面积能耗逐月变化图（2009～2012年）

样本公共建筑的单位面积能耗强度分布情况见图2-28。可以看出，大部分公共建筑单位面积能耗分布在0～200kWh$_e$/（m^2·a）的范围内，占总数的比例达到84%，但仍有少部分公共建筑能耗强度非常高，甚至达到400kWh$_e$/（m^2·a）以上。

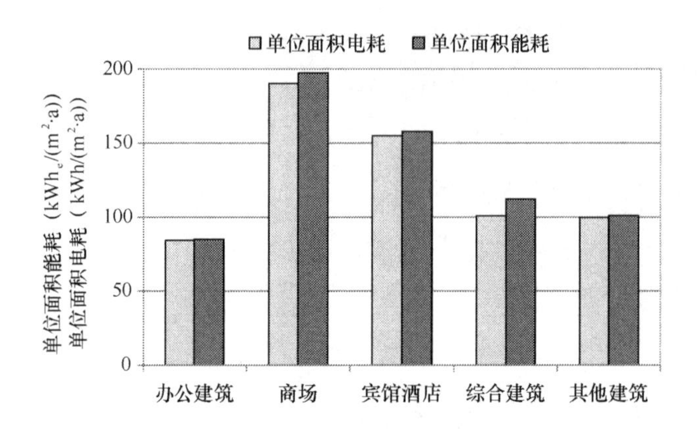

图 2-27 各类型公共建筑单位面积电耗和能耗

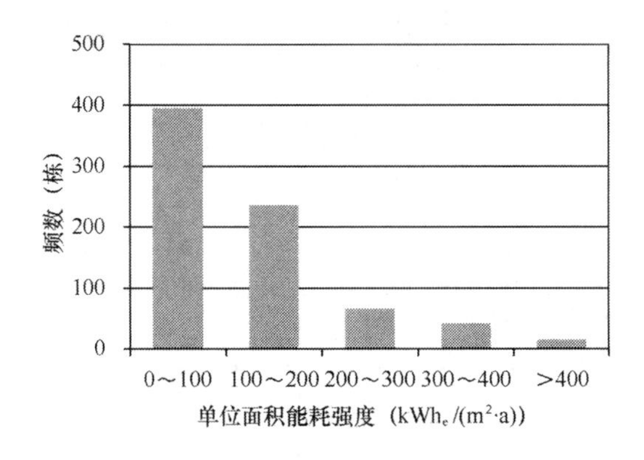

图 2-28 公共建筑单位面积能耗强度分布

（3）深圳地区各类公共建筑能耗现状及特点

1）办公楼

深圳市 277 栋办公建筑样本的单位面积能耗强度由低到高排列见图 2-29，其整体分布非常均匀，最大值不超过 270kWh$_e$/(m^2 · a)，平均值为 85.0 kWh$_e$/(m^2 · a)。图 2-30 显示了能耗强度的分布规律，分布在 0～50、50～100、100～150kWh$_e$/(m^2 · a)的建筑分别占总量的 16%、57%与 22%，大于 200kWh$_e$/(m^2 · a)的数量仅为 3 栋，约占样本总量的 5%。

以一栋典型办公建筑为例，其电耗拆分及单位面积分项电耗强度如图 2-31 所示。该建筑建造于 1995 年，层高 39 层（地上 38 层，地下 1 层），建筑面积 86000m^2。可以看出，空调冷站的单位建筑面积电耗强度为 17.8kWh/(m^2 · a)，

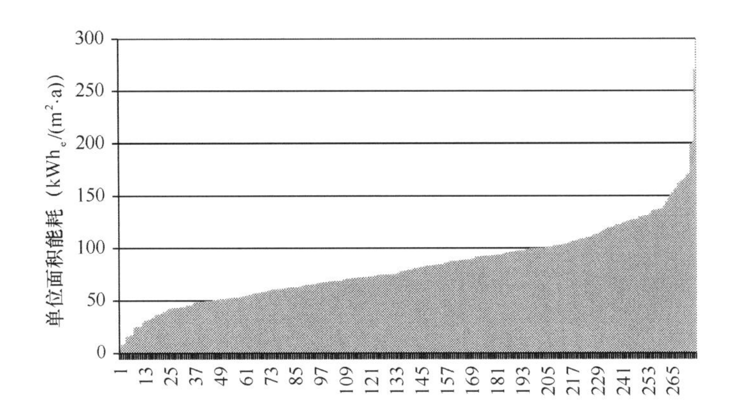

图 2-29 办公建筑单位面积能耗

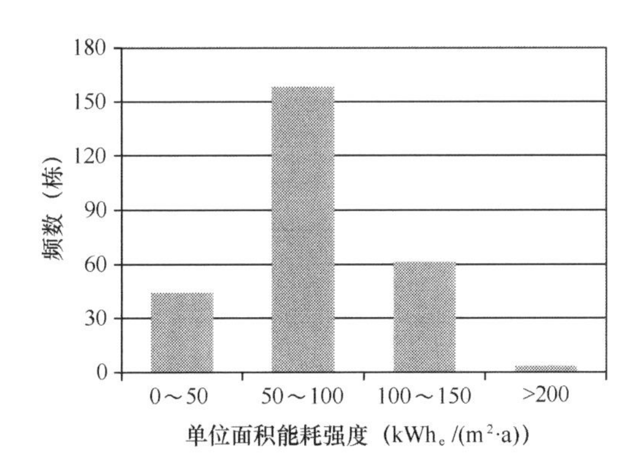

图 2-30 办公建筑单位面积能耗强度分布

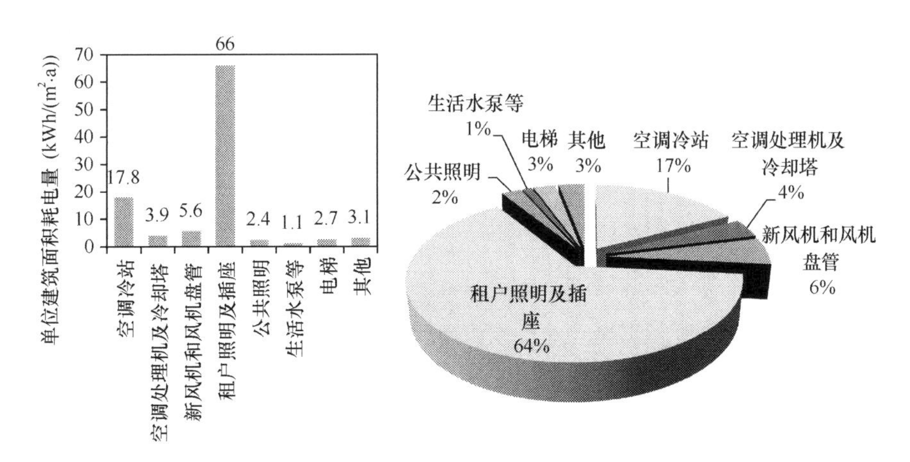

图 2-31 一栋典型办公建筑的分项电耗强度及比例

占建筑总耗电量的17%；空调末端电耗强度约为9.5kWh/(m^2·a)，占总耗电量的10%；因此空调系统单位建筑面积电耗指标为27.4 kWh/(m^2·a)，占建筑用电总能耗的27%。租户照明插座单位建筑面积电耗指标为66 kWh/(m^2·a)，占总耗电量的64%。公共照明用电单位建筑面积电耗指标为2.4kWh/(m^2·a)，占总耗电量的2%，这主要是由于公共照明多采用节能灯，减少了能源浪费。生活水泵、电梯等动力设备单位建筑面积电耗指标为3.8 kWh/(m^2·a)，占总耗电量的4%。

2）宾馆酒店

深圳市76栋宾馆酒店建筑样本的单位面积能耗强度由低到高排列见图2-32，其分布仍然比较均匀，但能耗强度的差别相比于办公楼明显拉大，最大值为455kWh_e/(m^2·a)，平均值为157.8kWh_e/(m^2·a)。分布在0～100、100～200、200～300kWh_e/(m^2·a)的建筑分别占总量的13%、55%和20%，而大于300kWh_e/(m^2·a)的数量为9栋。

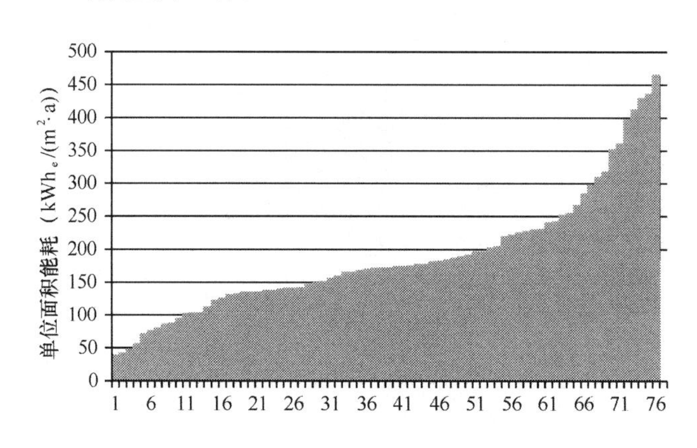

图2-32 宾馆酒店建筑单位面积能耗

样本宾馆酒店建筑的能耗强度与其星级有较明显的关系，3星级及以下宾馆酒店单位面积能耗较低，4星级、5星级单位面积能耗相对较高。同时，宾馆酒店的建筑能耗与入住率有很大的关系。因此二者共同作用下，整体样本能耗强度的分布比较均匀，没有特别明显的集中区域。

以一栋典型宾馆酒店为例，其电耗拆分及单位面积分项电耗强度如图2-33所示。该建筑为五星级酒店，建造于1997年，层高12层(地上11层，地下1层)，建筑面积48948m^2。从图可以看出，空调冷站单位建筑面积电耗指标为47.0kWh/(m^2·a)，占建筑用电总能耗的32%，空调冷站用电量只包括主机、冷冻水泵、冷却水泵、冷却塔的用电量；客房照明插座单位建筑面积电耗指标为 12.6kWh/(m^2 · a)，占建筑用电总能耗的 9%，其中还包含了风机盘管用电；公共照明插座单位建筑面积电耗指标为 43.7kWh/(m^2 · a)，占建筑用电总能耗的 30%，其中还包含了空气处理机组和各层新风机用电，因此用电指标比实际偏高。会议室、厨房、餐厅等单位建筑面积电耗指标为 35.7kWh/(m^2 · a)，占建筑总用电量的 25%，这主要是厨房有炊具、冷柜、烤炉等大功率设备，餐厅人员密度较大，照明灯具功率较大，且营业时间较长，同样，会议室人员密度较大，办公设备较多，因此用电量较大。可见对于酒店建筑空调冷站及空调末端设备和照明插座电耗均较大，对建筑电耗影响较显著。

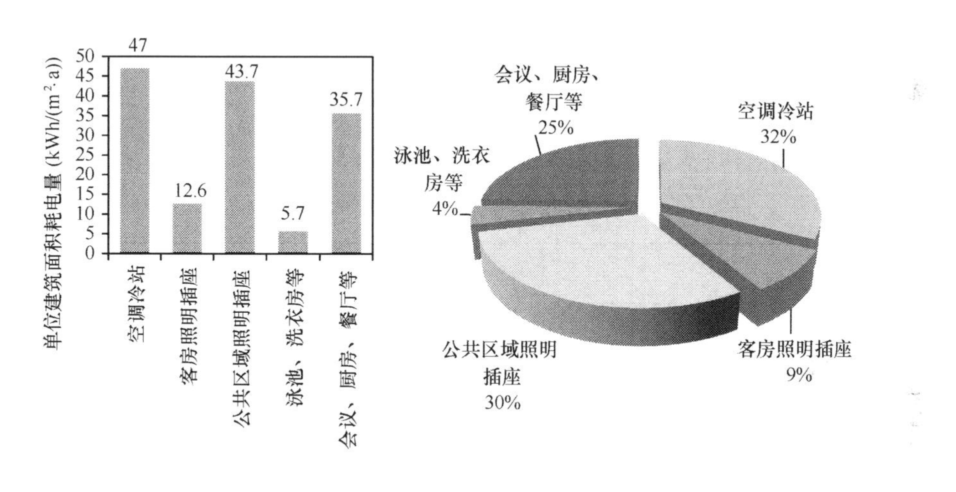

图 2-33 一栋典型宾馆酒店建筑分项电耗强度及比例

3）商场

深圳市 120 栋商场建筑样本的单位面积能耗强度由低到高排列如图 2-34 所示，其分布非常均匀，能耗强度最大值为 455kWh$_e$/（m^2 · a)，平均值为 197.4kWh$_e$/(m^2 · a)。分布在 0～100、100～200、200～300 以及 300～400kWh$_e$/（m^2 · a）的建筑分别占总量的 18%、23%、27%与 28%，其频数分布如图 2-35 所示。

以一栋典型商场建筑为例，其电耗拆分及单位面积分项电耗强度如图 2-36 所示。该商场建造于 2006 年，层高 6 层(地上 4 层，地下 2 层)，建筑面积 50500m^2。从图中可以看出，空调系统单位建筑面积电耗指标为 97.8kWh/(m^2 · a)，占建筑用电总能耗的 34%，空调用电量包括主机、冷冻水泵、冷却水泵、冷却塔和空调

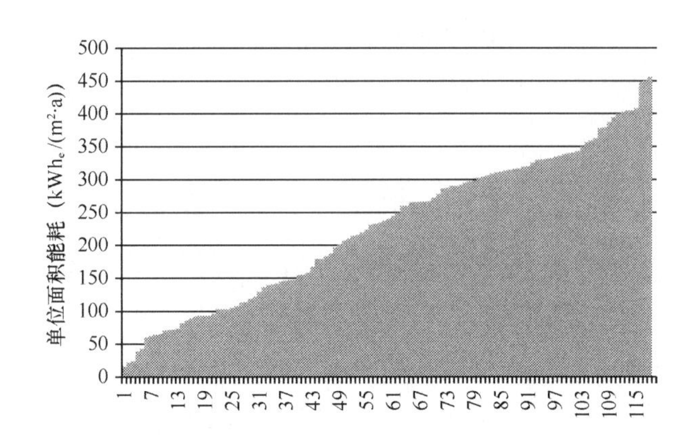

图 2-34　商场建筑单位面积能耗

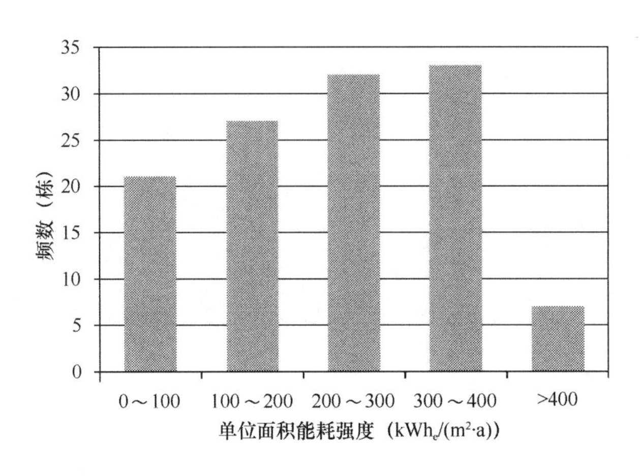

图 2-35　商场建筑单位面积能耗强度分布

末端的用电量；照明及插座单位建筑面积电耗指标为 164.6kWh/(m^2·a)，占建筑总用电量的 58%；电梯单位建筑面积电耗指标为 5.6kWh/(m^2·a)，占总用电量的 2%；动力及其他单位建筑面积电耗指标为 17.3kWh/(m^2·a)，占总用电量的 6%，包括了排风机、排烟排风机、消防中心等用电。

4）综合体

深圳市 149 栋综合体建筑样本的单位面积能耗强度由低到高排列如图 2-37 所示，其单位面积能耗最大值为 550kWh_e/(m^2·a)，平均值为 112.1kWh_e/(m^2·a)。分布在 0～100、100～200 与 200～300kWh_e/(m^2·a)的建筑分别占总量的 52%、40%与 5%。容易看出，绝大多数样本的能耗强度在 200 kWh_e/(m^2·a)以下，且分布非常均匀，但有少部分能耗较高的综合体，其用能强度远高于其他综合体的平均水平。

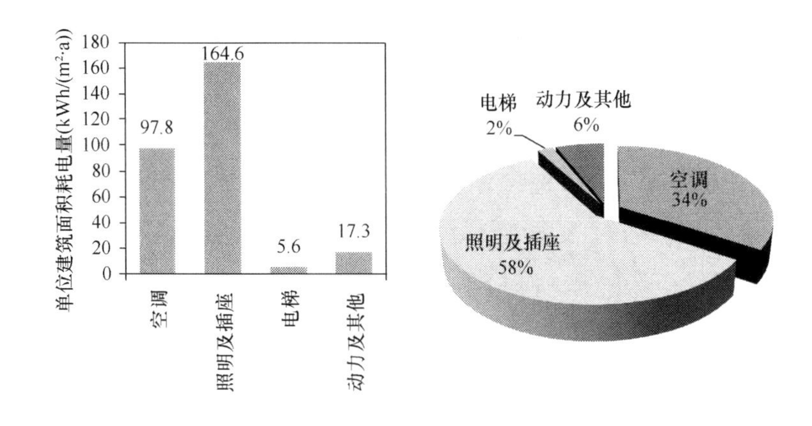

图 2-36 一栋典型商场建筑分项电耗强度及比例

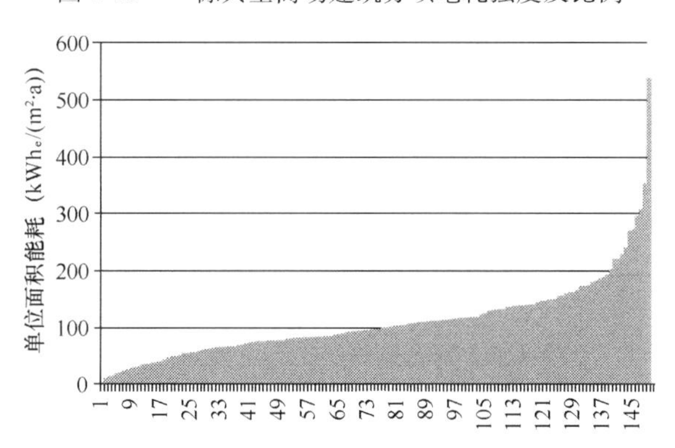

图 2-37 综合体建筑单位面积能耗

2.3.3 其他部分城市公共建筑能耗状况

2007 年建设部、财政部发布《关于加强国家机关办公建筑和大型公共建筑节能管理工作的实施意见》（建科［2007］245 号），统一部署了全国 24 个省区市❶建设行政主管部门对各地区国家机关办公建筑和大型公共建筑进行能源审计、能效公示工作。自 2007 年起，各示范省、自治区、直辖市与计划单列市等均面向社会公示了其国家机关办公建筑和大型公共建筑的能耗信息，主要包括建筑面积和能耗总量。本小节中以建设部统领下各示范地区公示的公共建筑能耗信息为源，选择样本数据量较大的部分地区进行分析，以期得到对全国公共建筑能耗水平的大体认识。

❶ 2007 年示范范围包括：各直辖市、计划单列市；河北、辽宁、江苏、浙江、福建、山东、河南、广东、广西、河南、四川、贵州、陕西 15 个省（自治区）本级及其省会城市。文件指示在经过示范取得经验后，2008 年开始扩大示范范围，在全国逐步推开。

（1）办公楼[2]

以各城市政府办公楼和商业办公楼单位建筑面积电耗强度（不包括集中采暖）的全体样本计算了5个统计分布特征值：最大值、最小值、中位数、上四分位数（即75%百分位数）和下四分位数（即25%百分位数），并且对于电耗强度进行了异常值的剔除。具体来说，统计数据中与四分位数值间距超过1.5倍IQR（四分位数间距）的为异常值。剔除异常值后，各城市政府办公楼与商业办公楼单位建筑面积电耗强度（不包括集中采暖）的统计分布特征如图2-38和图2-39所示。

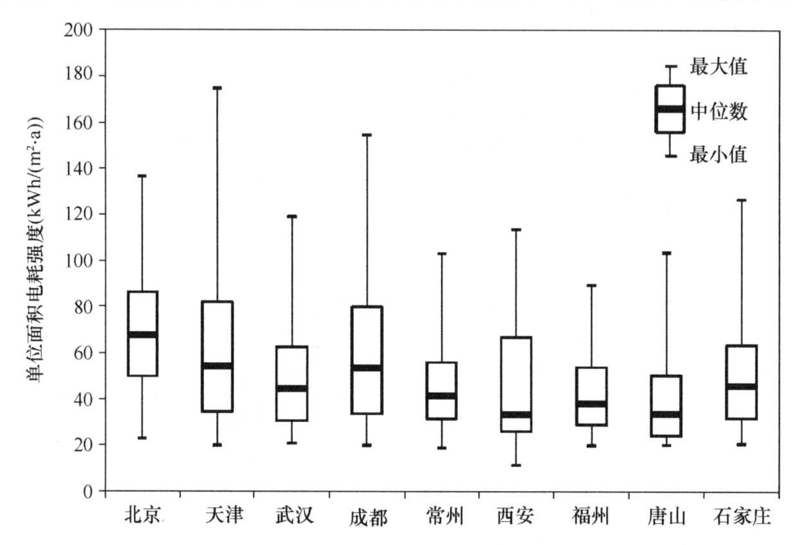

图2-38 我国部分城市政府办公楼单位面积电耗强度（不包括集中采暖）

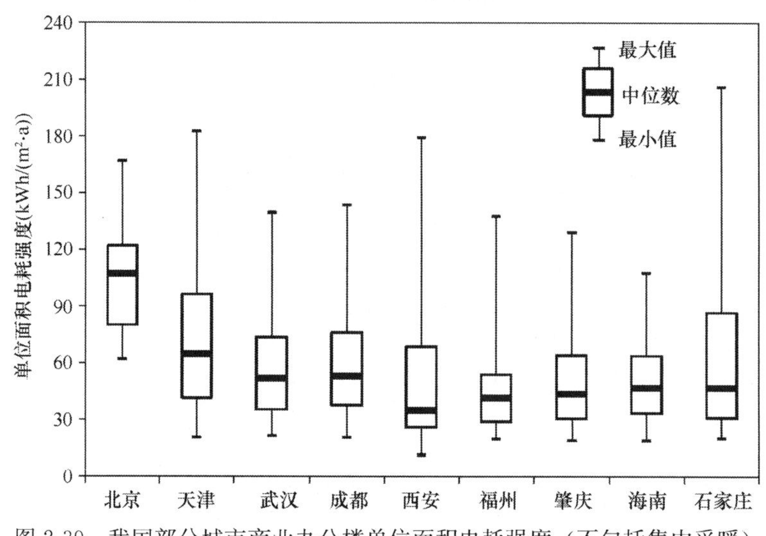

图2-39 我国部分城市商业办公楼单位面积电耗强度（不包括集中采暖）

从图中可以看出：各地区政府办公建筑能耗普遍低于商业办公建筑；北京市政府办公楼与商业办公建筑能耗强度中位数明显高于其他城市，西安、福州办公建筑能耗强度与其他城市相比较低；福州、常州的办公建筑能耗四分位数间距较小，即样本能耗值较为集中，而天津样本能耗值较为分散。

（2）商场、宾馆饭店

图 2-40 和图 2-41 是天津和武汉两地剔除异常值之后的样本数据，包括天津的 41 栋、武汉的 21 栋商场，以及天津的 26 栋、武汉的 28 栋宾馆饭店。从图可见，两地商场单位面积电耗强度非常分散，最低的不足 50kWh/（m^2 • a），最高的则高达 500kWh/（m^2 • a）以上。相比于商场，宾馆饭店的样本比较集中，其单位电耗强度最大值约在 220kWh/（m^2 • a），显著低于商场样本电耗强度的最大值。

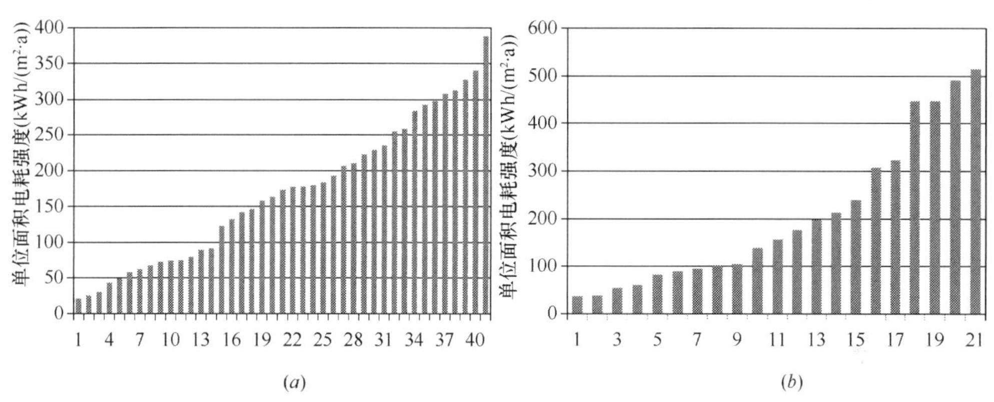

图 2-40 商场单位建筑面积电耗强度

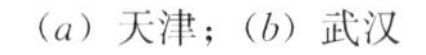
（a）天津；（b）武汉

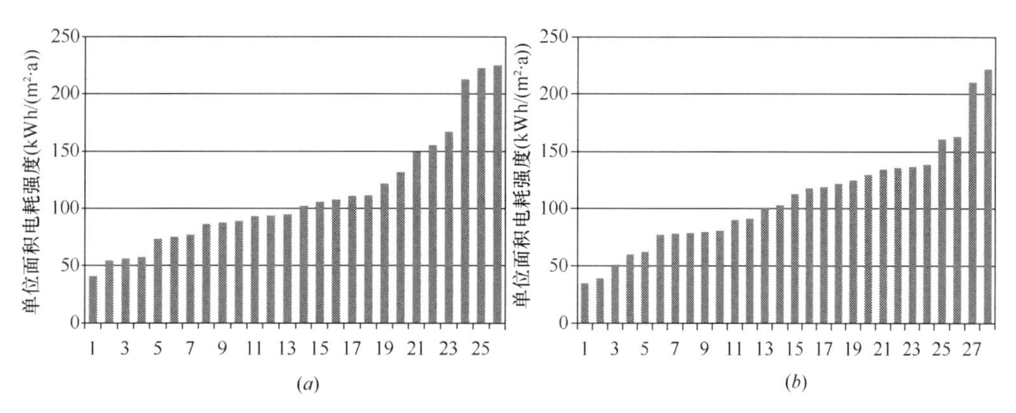

图 2-41 宾馆饭店单位建筑面积电耗强度

（a）天津；（b）武汉

(3) 医院、学校

图 2-42 和图 2-43 是天津和武汉两地剔除异常值之后的样本数据，包括天津的 14 栋、武汉的 8 栋医院建筑，以及天津的 19 栋、武汉的 20 栋学校建筑。可见，在医院建筑的样本中，天津的样本单位面积电耗强度分布于 20～180 kWh/(m^2·a)，而武汉的样本中高能耗的医院建筑相对较少，最大不超过 120 kWh/(m^2·a)。学校建筑的样本中，天津的样本能耗强度相对较低，分布于 10～90 kWh/(m^2·a)，而武汉的样本能耗强度较高，分布于 10～160 kWh/(m^2·a)。

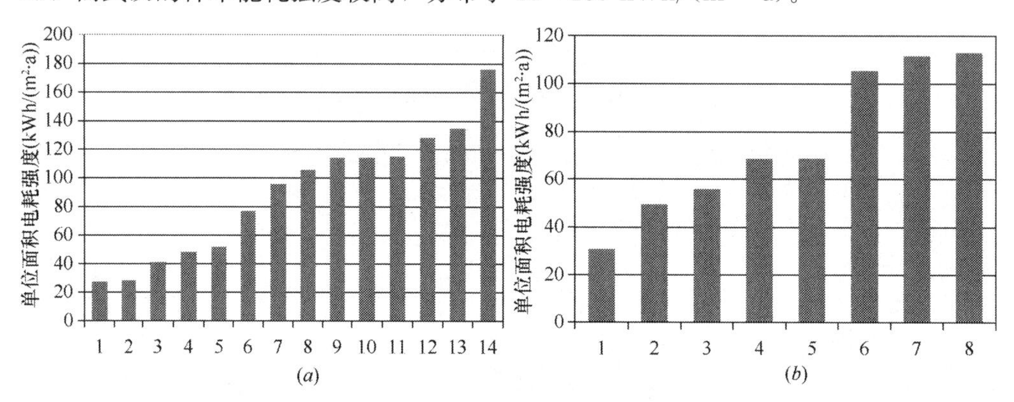

图 2-42 医院单位建筑面积电耗强度

(a) 天津；(b) 武汉

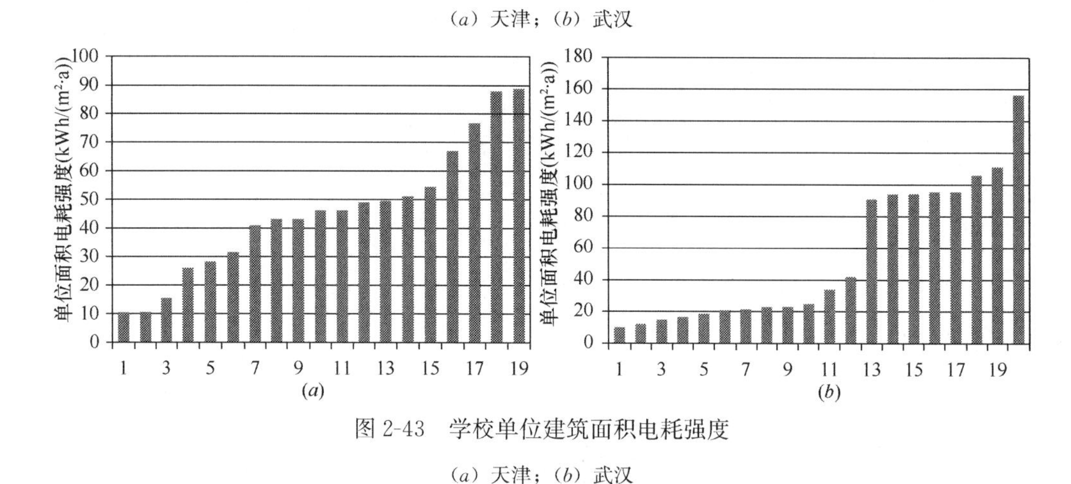

图 2-43 学校单位建筑面积电耗强度

(a) 天津；(b) 武汉

2.3.4 我国医院建筑能耗状况

(1) 我国医院建筑能耗特点概述

随着经济水平的提高，我国公共医疗水平也逐渐提高，医院建设规模增大。截至2010年，我国共有各类医院20918所，其中三级甲等医院813所，500～799张床位的医院1069所，800张床位及以上的医院718所。每千人口医疗卫生机构床位数由2009年3.31张增加到2010年3.56张。

针对医院建筑用能问题，国内很多研究机构针对不同地区医院能耗进行了调研分析。调研数据显示，我国医院单位面积能耗较大，以500床综合医院计算，其能耗值达1400tce/年以上，远超500tce/年的重点用能建筑标准。此外，2012～2013年中德合作项目对我国100家医院能耗进行了调研（见表2-7），结果表明，单位面积能耗费用排名前10位的医院为154.6～227.6元/ m^2。不同类型医院结构不同，能耗费占医院总费用比例不同。各类型医院平均能耗费用占医院总费用的2.09%，其中三类医院（550～850床）能耗费用占总费用比例最大，达到了2.82%，这事实上已经达到了德国的水平（德国医院能耗费用占总费用的2.5%）。

调研医院类型及数量 **表2-7**

	医院数量	三级医院	二级医院	综合医院	专科医院	营利	非营利
宁波	25	13	12	22	3	7	18
青岛	27	8	19	23	4		27
天津	22	6	16	17	5	1	21
乌鲁木齐	26	14	12	18	8	1	25
总计	100	41	59	80	20	9	91

以下根据调研情况，重点介绍我国寒冷地区和夏热冬冷地区典型城市医院建筑能耗情况，并与美国医院建筑能耗情况进行对比。

（2）我国寒冷地区医院建筑能耗情况

北京市医院管理局2013年对市属20多家医院近4年的能耗进行了调研，结果如图2-44所示。可以看出，医院能耗整体呈上升趋势，每年同比前一年的上升速率为6.3%、2.2%、3.0%。

从图2-44和图2-45不难看出：现阶段北京市各医院主要能源消耗以电力、燃气和热力为主，占比分别为电力38%、燃气41%、热力9%，水费约占12%～15%。

从冷热源使用情况看，大部分医院都采用的是中央空调供冷，只有个别几家小医院以分体空调为主，而洁净空调面积占比都比较小。其中各家医院采用水冷机组的10家，风冷机组2家，水源热泵3家，分散空调的4家，直燃机的2家。冬季

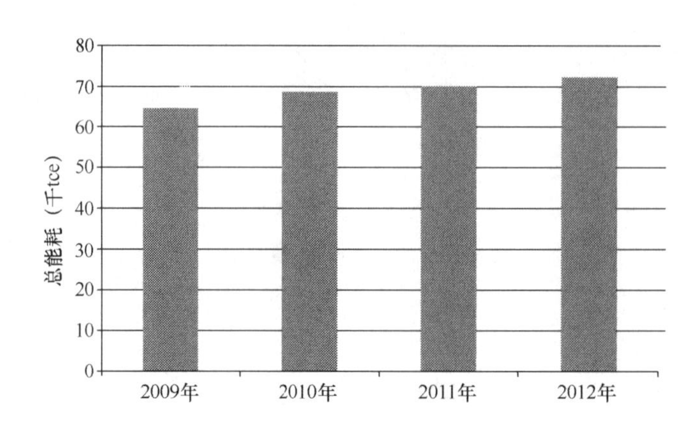

图 2-44 北京市属 20 家医院能耗折标煤总和统计

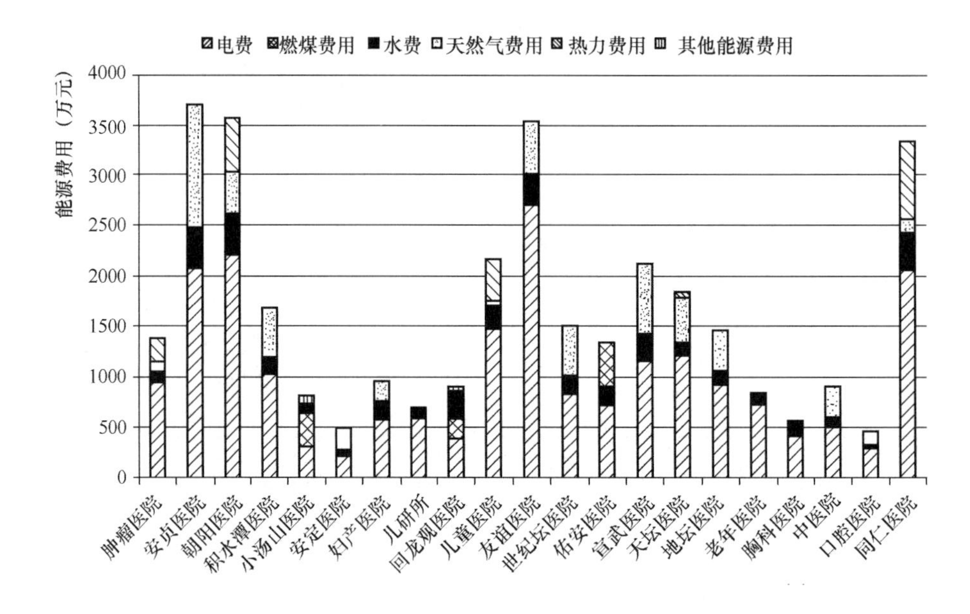

图 2-45 2012 年北京市属各家医院能源费用对比

采暖使用燃气锅炉的 16 家，燃煤锅炉的 3 家，直燃机有两家医院使用。夏季空调基本采用风机盘管加新风的方式，只有一些诸如门诊大厅等高大空间采用全空气系统，住院部基本上全部为风机盘管＋新风。冬天住院部多数仍以散热器为主。此外，手术室单设洁净空调。从运行情况看，北京地区医院全年除了 5 月份和 10 月份之外，基本上都在制冷或供暖，同时不间断地提供生活热水。

通过对市属 21 家医院的调研工作发现，各医院能耗计量系统欠完善，计量方式多为人工抄表，水、电计量情况稍好，但是也只局限于总量的计量或者分楼计量，基本无法清楚各个分项能耗数据，燃气计量大多只有总量和各个锅炉的燃气量，热力计量一般只计量总数。在冬季采暖、夏季空调以及生活热水供应的有效建筑面积的统计上，存在许多不清楚之处，而且不少医院还把家属住宅楼的冬季采暖能耗也包括在内，因此难以拆分各项能耗指标。需要指出的是，因为不同类型医院（综合、专科；一甲、二甲、三甲；不同床位数）的内部功能以及设备情况差别较大，采暖空调的系统形式和使用时间也不同，空调面积占比不同，因此在比较医院能耗水平时，用单位面积能耗方式比较，结果差异性非常大。例如，如果单独看全年电费，调查结果表明在 50～200 元/(m^2 • a)之间不等，平均单位面积电费约为 110～130 元/(m^2 • a)，用电量约 150～180kWh/(m^2 • a)。各医院单位面积天然气费用在 25～90 元/(m^2 • a)之间不等，平均约 20～30m^3/(m^2 • a)（折合 210～320kWh/(m^2 • a)），费用约 55～75 元/(m^2 • a)。可以看出，在电耗和热耗中，不考虑末端电耗，光是热源部分能耗费用占医院总能耗费用的 40%左右，能耗量则占总能耗量的 60%以上。

鉴于上述情况，只能通过床数和能耗费用的关系进行分析比较。通过比较北京市属典型医院 2012 年的能耗总费用及就诊人数的情况，可统计得到的单位就诊人数的能耗水平，如表 2-8 所示。如果不考虑就诊人数少于 100 万人/年的医院，则能耗费用基本上比较接近，平均值约为 12 元/人(次 • a)。如果参考上述的能耗费用，则平均电费和平均燃气费均约为 5 元/(人次 • a)，即平均用电量约为 6kWh/(人次 • a)，天然气用量约为 2m^3/(人次 • a)，约为 2.7kgce/(人次 • a)。

北京市属典型医院单位就诊人数的能耗费比较 **表 2-8**

	就诊人次（万）	能源费用（万元）	单位就诊人次能耗费用（元/（人次 • a)）
A	35	500	14.3
B	40	1400	35.0
C	45	1480	32.9
D	48	2100	43.8
E	48	1350	28.1
F	110	990	9.0
G	125	1600	12.8
H	145	1500	10.3

续表

	就诊人次（万）	能源费用（万元）	单位就诊人次能耗费用（元/（人次·a））
I	200	3600	18.0
J	240	3550	14.8
K	250	3350	13.4
L	265	2100	7.9
M	352	3530	10.0

（3）我国夏热冬冷地区医院建筑能耗情况

有研究者曾经对上海地区11家三级甲等医院建筑的用电状况进行统计，得到2002～2007年单位面积年均能耗均超过200kWh/（m^2·a），其中空调系统与冷热源部分的电耗约占医院总电耗的56.7%。表2-9是2012年上海8家市属医院的总能耗及各季度能耗情况，可以看出能耗平均值约为70.5kgce/（m^2·a），约245kWh/（m^2·a），比2007年增长20%，能耗水平高于办公楼、商场、宾馆酒店等公共建筑。在其能耗中，电力约占总能耗的68%，综合采暖、蒸汽、卫生热力、空调用电的消耗占总能源的70%以上。

上海8家典型三甲医院2012年能耗情况（kgce/m^2）　　表2-9

	全年能耗	1季度	2季度	3季度	4季度
A	74.38	21.18	16.25	23.93	13.03
B	83.85	23.36	18.41	25.95	16.13
C	86.80	24.21	15.83	24.93	21.82
D	59.55	22.31	7.64	17.03	12.58
E	57.29	17.53	11.41	18.3	10.05
F	61.73	17.68	12.76	19.95	11.35
G	71.77	20.96	14.84	22.02	13.95
H	68.94	18.16	14.39	22.91	13.48
平均值	70.54	20.67	13.94	21.88	14.62

表2-10为宁波地区25家医院能耗调研结果。可以看出，医院建筑用电量平均值为88kWh/（m^2·a）；约为7700kWh/（床·a）；约8kWh/（人次·a）。不同类别（床位数）的医院全年能耗无论以单位床、单位面积或单位人次统计比较，均差

别较大。如果以单位面积比较，5 类医院（床位数在 1200～1600 床之间）的能耗强度最高；如果以单位床统计，则是 4 类医院最高。以单位就诊人次看，则是 1 类、5 类和 6 类医院最高。当然因为总的样本数量有限，结果的代表性还有待进一步分析验证。

夏热冬冷（长三角地区）25 家不同医院平均电耗　　表 2-10

医院类别	kWh/（床·a）	kWh/（m^2·a）	kWh/（人次·a）
1 类	7705	81	9
2 类	4973	96	5
3 类	7580	74	7
4 类	9134	93	6
5 类	8252	142	9
6 类	6181	98	9
所有类别	7705	88	8

注：1 类（150～300 病床），2 类（301～550 病床），3 类（551～850 病床），4 类（851～1200 病床），5 类（1201～1600 病床），6 类（>1600 病床）。

（4）典型医院建筑能耗拆分

通过对北京某三甲医院调研，通过新建的分项计量装置以及对锅炉房的能耗拆分等得到了医院全年能耗水平，以及门诊楼、住院楼的用电特征。

1）医院全年能耗水平

医院建筑能耗包括电力和热力两大部分。前者包括了空调采暖（不含热源，含冷源、水泵、风机、末端等）、照明、医疗设备、电梯、锅炉房用电及常规办公设备等能耗。后者则特指锅炉房燃气用量，主要为医院提供热力、解决生活热水和蒸汽，以及部分职工居民楼冬季供热。

统计表明，该医院 2012 年全年单位面积用电量为 172kWh/(m^2·a)。按单位就诊人次计，为 12kWh/(人次·a)，按照单位床位计用电量为 21400kWh/(床·a)，单位面积电费 145 元/(m^2·a)。

关于热耗，由于锅炉房包括了居民能耗，因此需要拆分。按照北京市住宅采暖能耗平均水平扣除其比例后，可以折算该医院 2012 年全年单位面积用气量约

26m³/(m² · a)(约 274kWh/(m² · a))，燃气费用约 67 元/(m² · a)。按照单位床位计用气量为 3210 m³/(床 · a)(约 34100kWh/(床 · a))。

可以看出，该医院中热力部分能耗占总能耗比例的 61.4%，占能耗总费用的 32%，是节能的关键。总体看，我国医院主要用锅炉产生高压蒸汽，在冬季及过渡季提供蒸汽经换热器换出热水供全院各楼的空调系统及采暖系统用；同时还通过汽水热交换器提供医院全年的生活用水；此外部分厨房和洗衣房等直接使用蒸汽工作的设备的用汽，以及医院部分医疗设备的消毒用蒸汽，也由锅炉房提供。

调研表明，目前医院的蒸汽凝水回收率仅为 20%～45%，如果凝水回收率能达到 85%，全年就可以节省燃气费用约为 90 万元，约占总燃气费用的 6%。此外，锅炉是否采用烟气回收装置也是一个有效的节能手段，从调研情况看，80%的医院锅炉采用了烟气回收措施。

2）门诊楼电耗特征

门诊楼空调系统为冬夏两用的风机盘管加新风系统，冷源为离心机，热源为区域锅炉房经板换热水。冷冻水供水温度 7℃，回水温度 12℃，空调热水供水温度 60℃，回水温度 50℃。整理得到 2012 年全年电耗数据如图 2-46 所示。门诊楼单位面积全年总电耗及单位面积分项能耗如表 2-11 所示。由于热力表出现问题，因此冬季热源能耗没有计入。

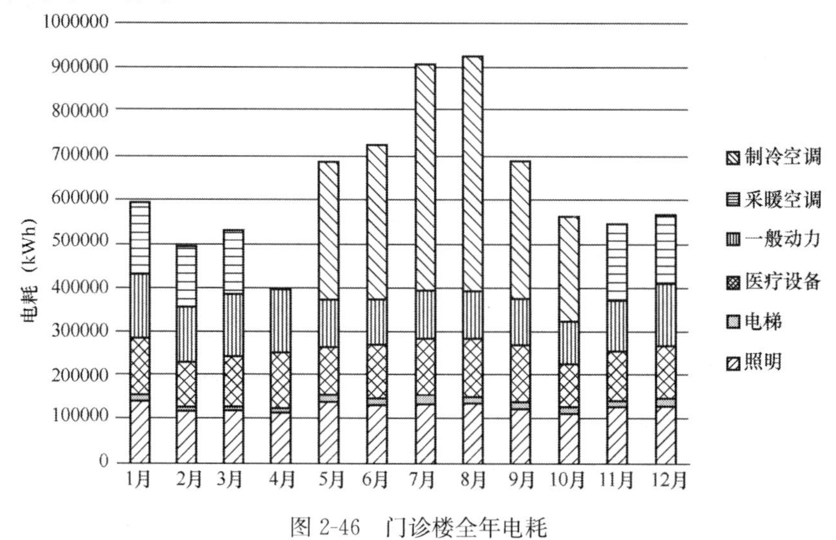

图 2-46 门诊楼全年电耗

门诊楼分项能耗 **表 2-11**

	单位面积全年总电耗（kWh/（m^2·a））
照明	35
制冷空调	53
采暖空调	18
电梯	4
医疗设备	32
一般动力	33
总计	175

可以看出，门诊楼全年总电耗 175kWh/m^2，其中空调电耗 53 kWh/m^2，占总能耗 31%；照明电耗 35 kWh/m^2，占总能耗 20%；医疗设备电耗 18 kWh/m^2，占 18%。门诊楼全年照明、电梯及医疗设备能耗各月均比较稳定。夏季典型月空调能耗占总能耗的一半以上，空调电耗较大。

如图 2-47 所示，从门诊楼空调系统能耗拆分看，冷机全年电耗 18kWh/m^2，与商务办公楼接近。风机电耗达 18kWh/m^2，占总能耗比例 34%，远超商务办公楼的 6kWh/m^2。冷冻冷却泵电耗达 16kWh/m^2，占总能耗比例 30%，远超商务办公楼的 7.2kWh/m^2。

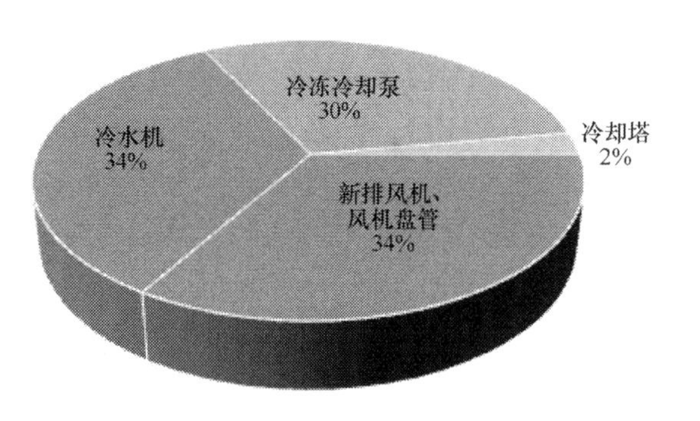

图 2-47 门诊楼空调系统能耗拆分

3）住院楼电耗特征

住院楼空调系统采用多联机＋新风系统，冬季供暖由空调及暖气共同供暖。除新风负荷以外的其他空调冷负荷由变制冷剂流量多联分体式空气调节系统室外机提供。舒适性空调系统新风由新排风换热空调机组或新风机组提供，前者空气换热器为显热换热，效率不小于 60%。过渡季或特殊情况下可关闭热回收系统，直接由室外全部引进新风。冬季新风空调冷热水和净化空调冷热水均由锅炉房板换提供，空调热水供回水温度 60/50℃。

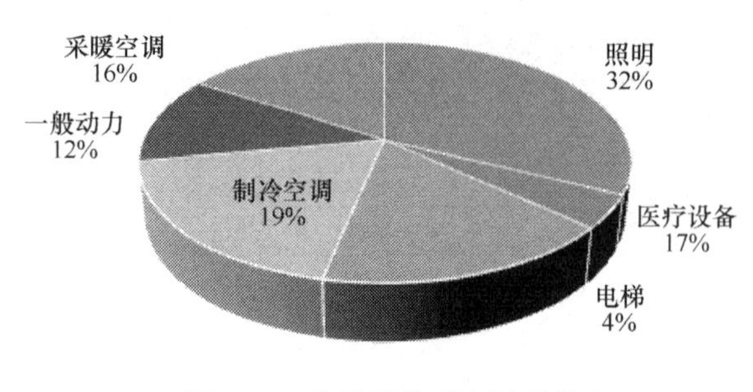

图 2-48 住院楼分项电耗百分比

住院楼全年总电耗 106kWh/m²，其中照明 35kWh/m²，占总能耗的 32%，空调采暖 55kWh/m²，占总能耗 35%。相比较于其他公共建筑，医院建筑采暖季和制冷季较长，采暖制冷电耗大，照明电耗高。具体分项电耗及各月电耗见图 2-48、图 2-49 和表 2-12。由于热力表出现问题，因此冬季热源能耗没有计入。

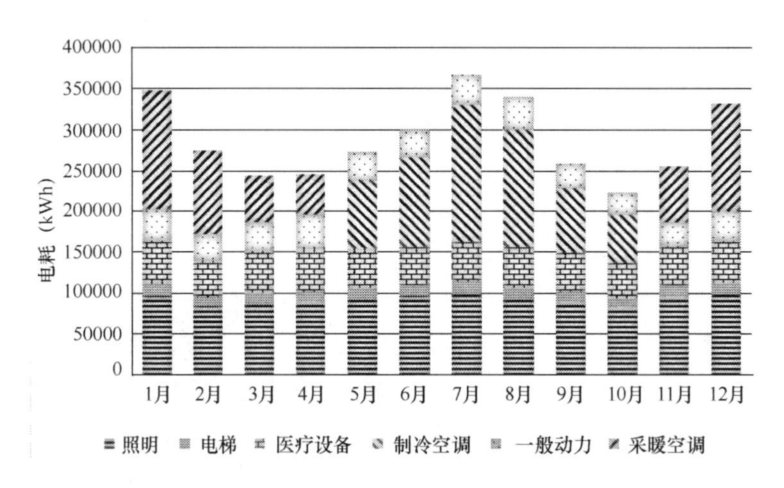

图 2-49 住院楼各月电耗情况

住院楼分项能耗 表 2-12

	单位面积全年总电耗（kWh/（m²·a)）
照明	35
制冷空调	20
采暖空调	16.8
电梯	4.7
医疗设备	20
一般动力	12.7
总计	106

将住院楼空调能耗与北京地区宾馆酒店和商务办公楼对比可以看出（见表 2-13），

住院楼空调使用多联机，相对北京地区商务办公楼和宾馆酒店空调电耗较低，较为节能。住院楼相对于门诊楼，空调能耗和医疗设备能耗均较低。

住院楼空调电耗与商务办公楼及宾馆酒店对比（kWh/（m^2·a））　　表 2-13

制冷空调	住院楼	商务办公楼	宾馆酒店
VRF	16	24	39
新风机	5.5	6	7
总计	21	30	46

（5）与美国医院建筑能耗水平的对比

以下为美国医院建筑的能耗情况。表 2-14 为 2003 年不同气候区全美医院建筑用电量、用气量和燃油量水平。表 2-15 为不同年份美国典型医院建筑用电强度拆分。

美国不同气候区医院建筑用电量、用气量和燃油量❶　　表 2-14

	用电量水平（kWh/（m^2·a））			
	平均值	中位数	下四分位数	上四分位数
气候区 1	261.2	254.4	228.6	314.0
气候区 2	318.9	315.3	259.9	374.4
气候区 3	293.0	312.0	211.7	367.2
气候区 4	325.2	307.8	208.6	410.0
气候区 5	415.9	387.9	326.0	473.0
全美平均值	314.7	310.2	228.1	384.4
	用气量水平（m^3/（m^2·a））			
	平均值	中位数	下四分位数	上四分位数
气候区 1	40.9	42.0	31.4	49.2
气候区 2	47.4	46.9	35.0	60.8
气候区 3	40.0	31.7	25.4	50.8
气候区 4	32.1	32.9	20.6	44.3
气候区 5	32.2	28.7	19.6	45.9
全美平均值	35.8	32.9	22.1	48.7

❶ 气候区 1 指供冷度日数（CDD）<2000 且采暖度日数（HDD）≥7000；气候区 2 指供冷度日数（CDD）<2000 且 5500≤采暖度日数（HDD）<7000；气候区 3 指供冷度日数（CDD）<2000 且 4000≤采暖度日数（HDD）<5500；气候区 4 指供冷度日数（CDD）<2000 且采暖度日数（HDD）<4000；气候区 5 指供冷度日数（CDD）≥2000 且采暖度日数（HDD）<4000。

续表

	用燃油量水平（m^3/（m^2·a））			
	A	M	1/4 Q	3/4 Q
气候区1	1.008	0.272	0.167	0.738
气候区2	1.030	0.208	0.104	0.527
气候区3	1.003	0.538	0.158	1.030
气候区4	1.050	0.275	0.082	1.346
气候区5	0.307	0.243	0.133	0.467
全美平均值	0.905	0.228	0.126	0.667

不同年份美国典型医院建筑用电强度拆分（kWh/（m^2·a））[12]　　表2-15

	总电耗	采暖❶	制冷	通风	生活热水❷	照明	冰柜	办公设备	电脑	其他
2003年	296.0	5.4	40.9	63.5	3.2	125.9	1.1	6.5	3.2	10.8
1995年	285.1	4.4	29.0	22.7	2.8	123.9	0.9	14.8	48.9	
1992年	246.3	4.4	51.4	20.5	3.2	93.7	4.4	10.4	26.8	

总体看，我国医院建筑能耗水平低于美国，用电量约为美国的50%～65%，用气量约为其70%～80%。照明能耗约为其1/3～1/4，空调电耗约为其1/3～1/2，电梯能耗水平相当。

差异的主要原因是，美国绝大多数医院建筑所采用的空调系统为全空气系统（我国为风机盘管＋新风系统，或者VRF系统），其水系统为四管制（我国为两管制），照明、通风系统24h使用，因此总体能耗水平远远高于我国医院建筑能耗水平。

（6）科学评价、引导我国医院建筑节能运行及改造优化

总体看，我国医院建筑能耗具有以下特点：

1）能耗管理相对低效。能源无定额管理、无部门成本考核，缺乏能耗控制手段。

2）无分项计量，各系统的能耗及能效状况无法掌握。用能复杂，涉及水、电、燃气、蒸汽、煤、油等。

3）设备系统效率低下。总体看，设施设备配置过大，存在“大马拉小车”，负荷供应不均等问题。

---

❶ 采暖指采暖所消耗的水泵电耗，非采暖热耗。

❷ 生活热水指生活热水循环泵电耗，非生活热水的热耗。

4）各类医院之间，季节不同、用能形式不同；日间用能时段不同；日均用能负荷不同；用能点多而杂。

5）此外，考虑到医院人流量大，环境要求特殊，病人体质不同对温湿度感受各异，因此医院建筑室内的空气品质和能源安全比其他公共建筑要求高。

总体看，单位面积所承担的业务量越多者，其允许能耗密度限值应相应提高。因此需要从多方面进行能耗控制，不宜用一刀切的方式控制医院建筑总能耗水平。

上海市《市级医疗机构合理用能指南》提出的医院建筑能耗定额控制指标，具有借鉴意义，其思路可作为各地医院建筑能耗控制的参考，见表2-16和表2-17。

上海市综合医院能耗控制指标 **表2-16**

类型		单位建筑面积年综合能耗（kgce/（m^2·a））	
		先进	合理
A	单位床位建筑面积≥100m^2/床，单位建筑面积门急诊人次<20人次/m^2	≤60	≤71
B	单位床位建筑面积≥100m^2/床，单位建筑面积门急诊人次≥20人次/m^2	≤65	≤76
C	单位床位建筑面积<100m^2/床，单位建筑面积门急诊人次<20人次/m^2	≤65	≤77
D	单位床位建筑面积<100m^2/床，单位建筑面积门急诊人次≥20人次/m^2	≤69	≤81

上海市专科医院能耗控制指标 **表2-17**

类型		单位建筑面积年综合能耗（kgce/（m^2·a））	
		先进	合理
A	单位床位建筑面积≥85 m^2/床，单位建筑面积门急诊人次<20人次/m^2	≤62	≤73
B	单位床位建筑面积<85m^2/床，单位建筑面积门急诊人次<20人次/m^2	≤65	≤77
C	单位床位建筑面积<85m^2/床，单位建筑面积门急诊人次≥20人次/m^2	≤66	≤78
D	单位床位建筑面积≥85m^2/床，单位建筑面积门急诊人次≥20人次/m^2	≤70	≤82

2.4 全球公共建筑能耗数据和历史发展

本小节使用的全球公共建筑能耗数据主要来源于国际能源署（International Energy Agency，IEA）、美国能源部能源信息管理局（Energy Information Administration，EIA）和日本能源经济研究所能源数据和模型中心（The Energy Data and Modelling Center，The Institute of Energy Economics，EDMC）。

2.4.1 全球公共建筑宏观数据

根据国际能源署（IEA）的统计数据，2011年全球公共建筑能耗总量为69677亿 kWh_e❶；在各国公共建筑能耗中，美国高居首位，为20823亿 kWh_e，远高于世界其他国家；日本其次，为6237亿 kWh_e。

图2-50是全球部分国家2011年公共建筑单位建筑面积用能强度。其中，空心圆圈的原始数据均来自IEA的统计结果。斜纹圆圈表示的中国公共建筑能耗数据

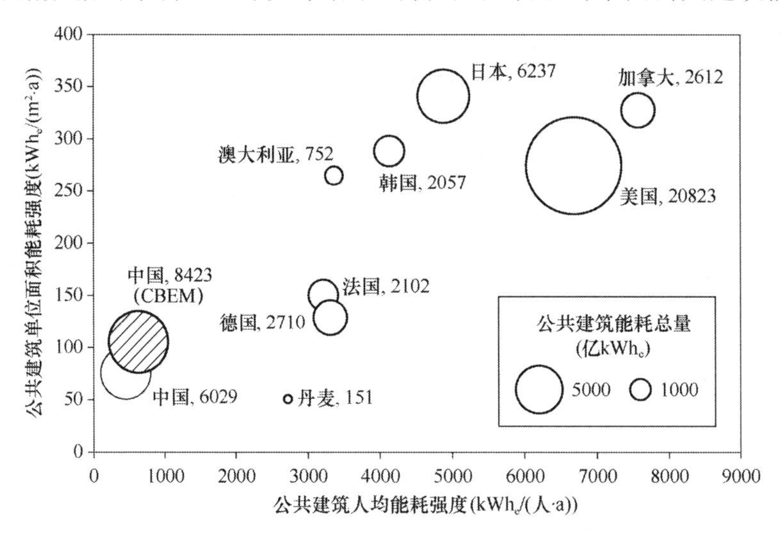

图2-50 全球部分国家2011年公共建筑一次能耗强度❷

---

❶ kWh_e 为等效电量纲，根据IEA给出的各国终端能耗数据计算得到，等效电法转化系数参考文献：江亿，杨秀．在能源分析中采用等效电方法［J］．中国能源，2010，3（32）：5-11。

❷ 图中斜纹圆圈表示的中国公共建筑能耗是以公共建筑能耗（不包括北方集中采暖）和北方公共建筑集中采暖能耗相加得到的。前者利用CBEM结果，后者按照平均16kgce/m² 核算得到。

是来自清华大学根据我国建筑用能特点建立的中国建筑能耗模型（China's Building Energy Model，CBEM）。可见 CBEM 结果表明 2011 年中国公共建筑能耗约为 8423 亿 kWh_e，而根据 IEA 统计结果计算的中国公共建筑能耗为 6029 亿 kWh_e，其统计结果比 CBEM 结果较小。

从图中可见，北美洲的加拿大和美国无论在单位面积还是单位人口公共建筑用能强度上均处于较高水平，日本和韩国与北美国家在单位面积公共建筑能耗上处于相同水平，但是人均能耗强度比后者较低。法国和德国在单位面积和单位人口能耗强度上均比北美和日韩较低。中国无论在单位面积还是人均公共建筑用能强度上均低于上述发达国家。

2.4.2　主要发达国家公共建筑微观数据和历史发展

（1）美国

根据美国能源部能源信息管理局统计数据[13][14]，美国公共建筑一次能耗总量从 1949 年的 3868PJ❶，跃增到 2010 年的 19295PJ，是 1949 年的近 5 倍。但是美国公共建筑能耗并非一直保持单一增长，而是表现出明显的波动周期，如图 2-51 所示。

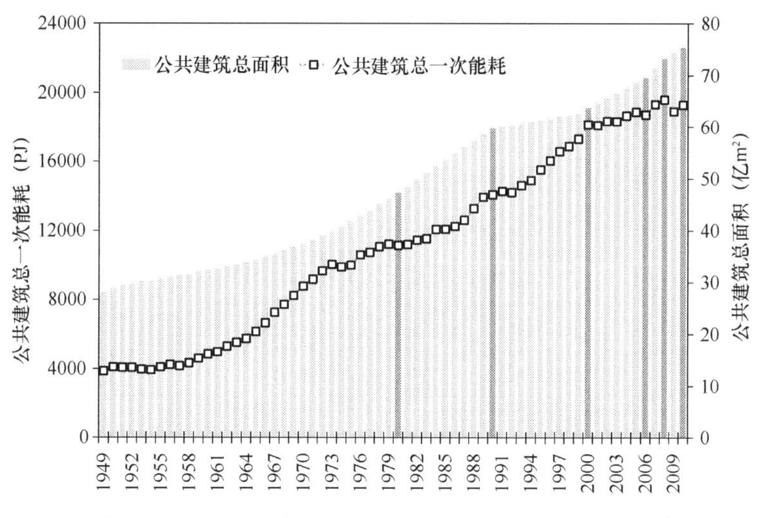

图 2-51　美国公共建筑一次能耗及总面积（1949～2010）❷

---

❶ 根据发电煤耗法折算，$1PJ=1\times10^{15}J$。

❷ 图中深灰色柱表示该年份公共建筑面积有确切统计数据；浅灰色柱表示该年份面积为估算值，其中 1980 年以后用插值法估算，1980 年以前根据人均消费领域 GDP 的增长规律估算。

从能耗强度上可以更明显地看出美国公共建筑能耗的变化过程，如图2-52所示。20世纪70年代以前，美国公共建筑能耗经历一个快速增长期，无论人均能耗强度还是单位面积能耗强度均迅猛增长；约从1973年开始，由于第一次能源危机，公共建筑用能强度开始缓慢下降；能源危机后经历一个稳定而缓慢的增长；进入21世纪，人均能耗强度和单位面积能耗强度均开始显著回落。到2010年，美国公共建筑人均一次能耗为62.4GJ/(人·a)，单位面积一次能耗为2.6GJ/(m^2·a)。

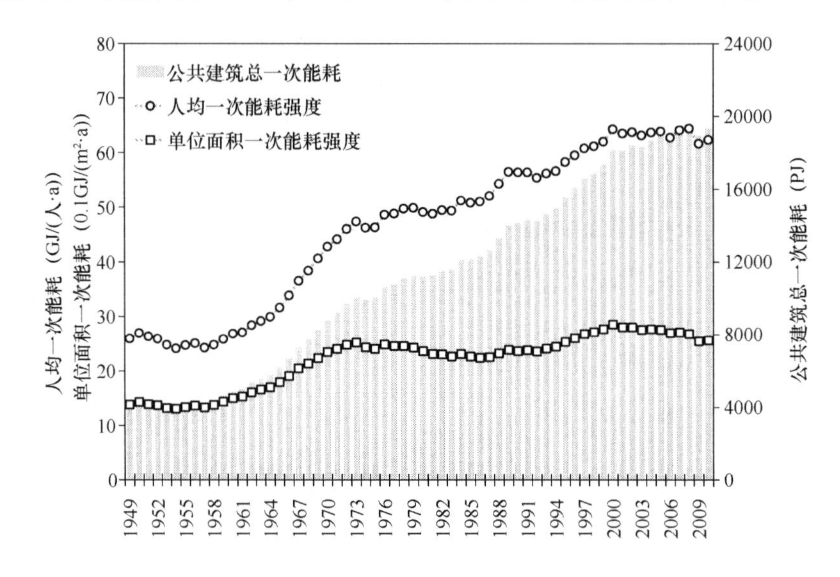

图2-52 美国公共建筑一次能耗强度（1949～2010年）

与中国相比，不难看出美国公共建筑在用能强度上远高于中国。以校园建筑为例，图2-53和图2-54分别是某美国校园和某中国校园的建筑耗电强度的调查结果[15]。这两所校园所处纬度相近，气候相似，功能相同，且均有集中供热，调查结果都是不包括集中供热的纯电耗强度。可见该美国校园建筑平均耗电强度远高于该中国校园建筑平均值。

这种能耗强度的巨大差别反映了营造公共建筑室内环境的两种体系的巨大差别。例如建筑能否开窗通风；对室内采光、通风、温湿度环境的控制是“部分空间、部分时间”的，还是“全空间、全时间”的；对建筑使用者提供任何时间、任何空间的100%保证率，还是允许一定的不保证率；是尽可能通过机械系统提供服务还是让使用者开窗、关灯等参与和活动；是完全依赖自控系统，还是根据实际使用情况进行一定的手动控制；等等。这些“服务质量”的微小差别导致了能源消耗

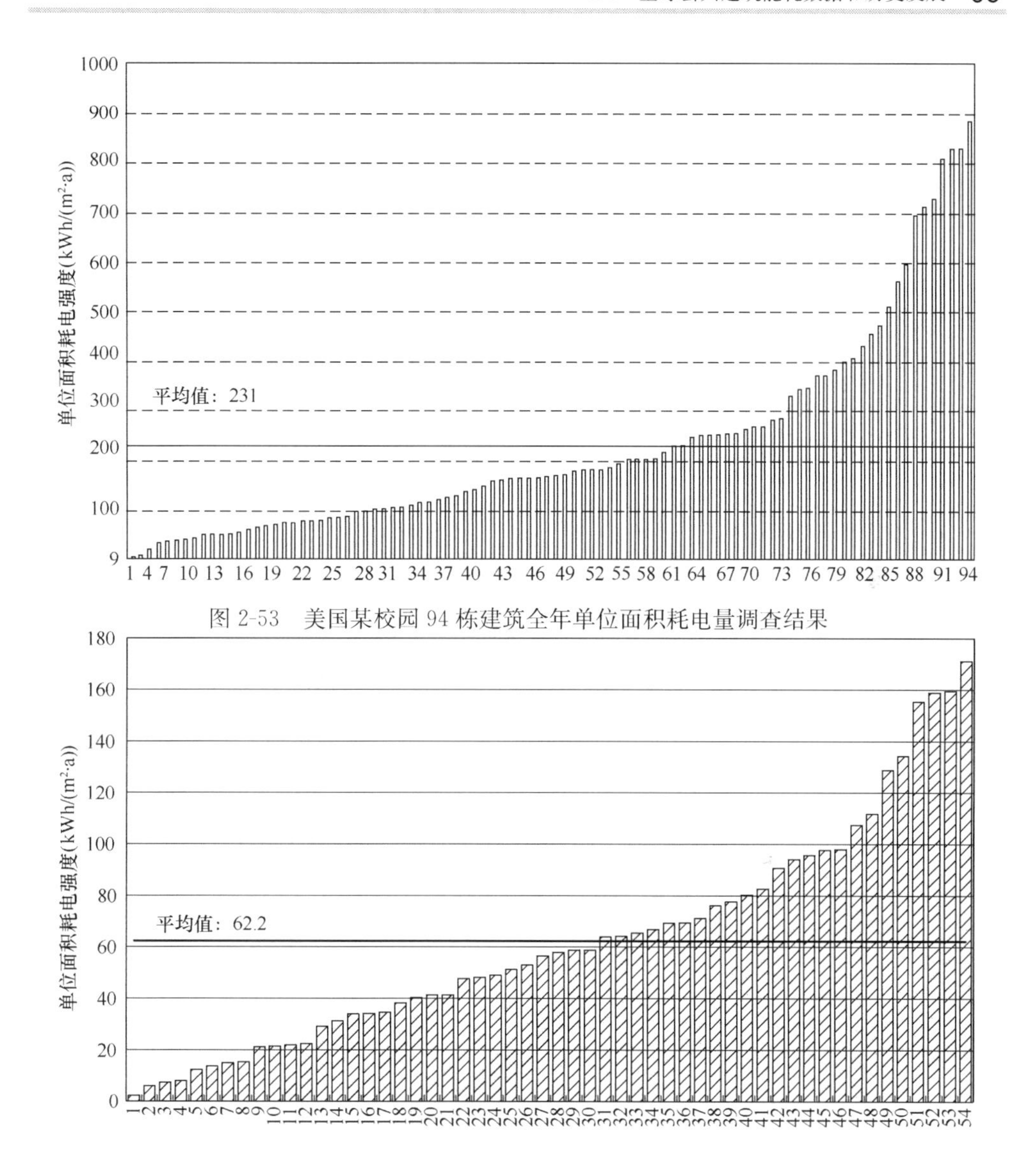

图 2-53 美国某校园 94 栋建筑全年单位面积耗电量调查结果

图 2-54 中国某校园 54 栋办公建筑全年单位面积耗电量调查结果

的巨大差别，而导致追求不同的建筑物服务质量的原因，则更多来自文化、生活方式和理念。

（2）日本

根据日本 EDMC 统计结果[16]，日本公共建筑规模从 1965～2011 年持续增长，其公共建筑总面积由 1965 年的 4.2 亿 m² 增长到 2011 年的 18.3 亿 m²，如图 2-55 所示。

2011 年日本公共建筑总一次能耗为 3469PJ，是 1965 年（506PJ）的 6.9 倍；

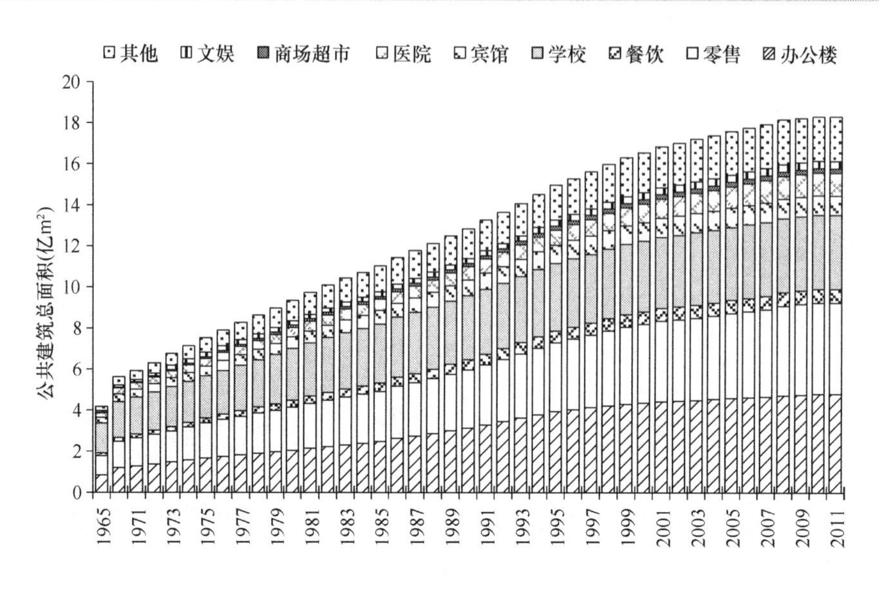

图2-55 日本公共建筑总面积（1965～2011年）

终端总能耗也从335PJ增长到1706PJ。日本公共建筑总能耗同样并非单一增长，其增长变化过程与美国十分相似，同样在1973年之前迅猛增长，并在能源危机中经历一个平台期，之后在20世纪90年代保持稳定增长，进入21世纪后开始回落。从图2-56上可以看出，日本公共建筑在近十年中能耗总量的下降，主要得益于采暖和热水两部分能耗的显著降低。

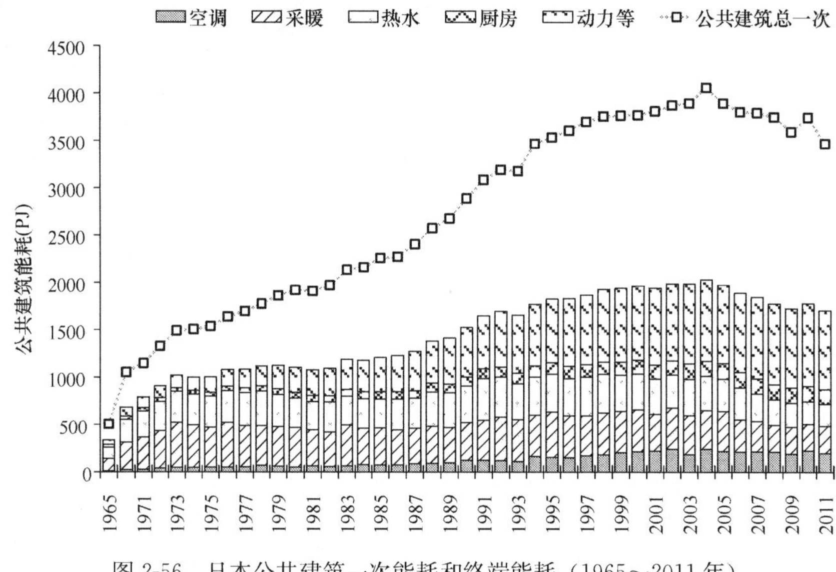

图2-56 日本公共建筑一次能耗和终端能耗（1965～2011年）

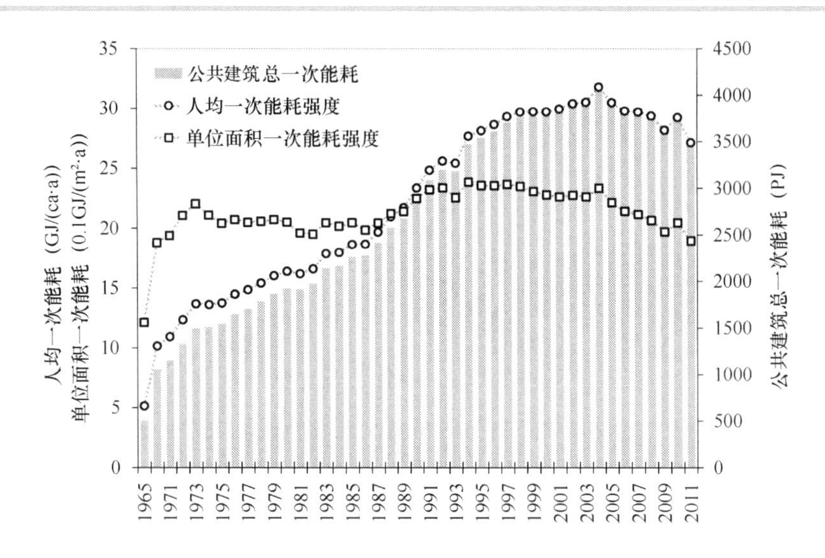

图 2-57 日本公共建筑一次能耗强度（1965～2011 年）

从用能强度的角度，同样可以明显地看出日本公共建筑能耗在 20 世纪 70 年代以前的迅猛增长和 21 世纪以来的显著下降，见图 2-57。2011 年，日本公共建筑人均一次能耗为 27.1GJ/（人·a)，单位面积一次能耗为 1.9GJ/（m^2·a)。

2.4.3 中外公共建筑能耗历史发展的反思和启示

《中国建筑节能年度发展研究报告 2010》中已经对于美国等发达国家公共建筑的“一元分布”特征及中国公共建筑能耗的“二元分布”特征有非常详细的阐述，同时也分析了美国等发达国家随着经济发展而出现的公共建筑能耗的快速增长是由于其从“二元分布”向“一元分布”转化的结果。

回顾美国和日本建筑能耗的历史发展可以看出（见图 2-58），随着社会的进步和发展，其人均 GDP 不断增加，建筑能耗占社会总能耗的比例迅速提高。1949 年，美国建筑一次能耗占社会总一次能耗的 29%，到 2010 年，其建筑一次能耗已经占社会总一次能耗的 41%。而日本在 1965 年建筑一次能耗只占社会总一次能耗的 20%，到 2011 年该比例上升为 37%。

结合 2.4.2 节对美国和日本建筑能耗发展历史的分析，可以非常清晰地看出美国和日本在公共建筑能耗上相同的历史发展规律，他们分别在 20 世纪 50 年代末到 60 年代初、60 年代末到 70 年代初出现了公共建筑能耗强度飞速发展的现象，而他

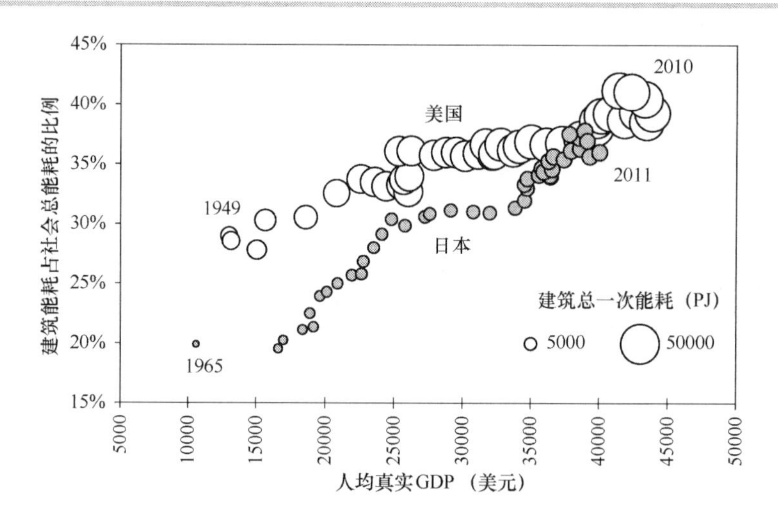

图 2-58 美国和日本建筑能耗占社会总能耗比例和人均 GDP 的历史发展[1]

们当时的人均 GDP 水平恰与中国目前的水平大体相当。那么很容易有这样的疑问，我国的公共建筑是否也会沿着相同的轨迹发展呢？如果这样，我国的能源状况将很难支撑这样大的能源消耗，环境容量和减少碳排放的要求也不允许我国公共建筑向这样的方向发展。因此，我们需要维持公共建筑能耗目前这样的“二元分布”结构，尽量延缓或避免其向“一元分布”转化，这就要求大部分公共建筑维持在“低能耗”群体中，从而保持目前两个群体间的比例。

但是我国目前公共建筑的发展趋势却有悖于这一要求。从 2.1 节的分析中不难看出，我国当前公共建筑建设规模在迅速扩大，而新建的一大批高能耗公共建筑（超高层建筑、大型商业综合体和大型交通枢纽等）将使得“二元分布”的主体结构从“低能耗”建筑逐渐向“高能耗”建筑转移，这样的趋势恰恰是在复制美国和日本等发达国家当年的发展轨迹，应该引起我们的高度重视。

面对我国目前公共建筑节能的严峻形势，一方面需要在新建项目中反对提倡“高、新、大、奇”和盲目现代化，控制新建高能耗大型公共建筑总量，从规划、设计、验收各个环节以能耗指标为导向，尽可能发展与自然和谐的“普通公共建筑”，通过建筑设计、系统设计，实现室内环境控制方式上的创新，来提高其服务质量。另一方面，我们提倡“用数据说话”，即从实际能耗数据出发认识建筑节能

[1] 日本人均 GDP 统一按照汇率为 1 日元＝0.009727 美元计算。

的问题，又把考核各项措施的效果也落在建筑能耗数据上，而不是用安装了多少项节能装置或节能技术来评价，逐渐把公共建筑节能工作从“比节能产品节能技术”转移到看数据、比数据、管数据，真正实现能源消耗量的降低。

参考文献

[1] 中国国家统计局．中国统计年鉴 2013. 中国统计出版社．

[2] 肖贺．办公建筑能耗统计分布特征与影响因素研究[工学硕士学位论文]. 北京：清华大学建筑技术科学系，2011.

[3] 我国大陆 2004 年底已建成 150m 以上高层建筑统计．土木工程学报，2008 年 03 期，103-109.

[4] 我国大陆 2009 年底已建成 180m 以上高层建筑统计．土木工程学报，2010 年 05 期，149-153.

[5] 朱春．浅谈超高层建筑用能发展．绿色建筑，2011 年 03 期，21-23.

[6] 知名房企 2012 年度商业地产大事件盘点，赢商网，2013-01-24，http：//www.winshang.com/zt/2012mqpd/

[7] 铁道部．中长期铁路网规划(2008 年调整).

[8] 中国民用航空局．2012 年民航行业发展统计公报．

[9] 燕达．铁路大型客站建筑节能综合技术研究，铁路客站技术深化研究．

[10] 上海统计年鉴及各区、县各类房屋分布情况 2012.

[11] 上海统计年鉴及各区各类房屋分布情况 2005～2012.

[12] EIA. CBECS (Commercial Building Energy Consumption Survey), End-use data, Sep. 2008 released.

[13] U. S. Department of Energy, DOE. Buildings Energy Data Book. 2000-2011.

[14] Energy Information Administration, EIA. Annual Energy Review. 2011.

[15] 清华大学建筑节能研究中心．中国建筑节能年度发展研究报告 2010. 中国建筑工业出版社，2010.

[16] The Energy Data and Modelling Center, The Institute of Energy Economics, EDMC. Handbook of Energy & Economic Statistics 2013.

第3章　公共建筑节能理念思辨

3.1　从生态文明的角度看公共建筑营造标准

长期以来，公共建筑的设计、建造都遵循“以需求标准为约束条件，以成本和能耗最低为目标函数”的原则。首先提出建筑的需求标准，在满足这一标准的前提下，努力实现成本最低、运行能耗最低的建筑和系统设计。分析这些必须满足的需求标准，可以将其分为两类：涉及建筑和人员安全的标准和涉及建筑可提供的服务水平的标准。前者如结构强度、防火特性、有无放射性危害等，这是为了避免人身伤亡事故所必须的标准，属硬性需求的刚性标准，必须严格满足。而后者涉及的是关于建筑提供的服务水平标准，包括各种建筑环境参数，如室内温湿度范围、新风量、照度等。这些需求很难给出严格的界限，属柔性标准。例如，什么是室内温度的舒适范围？是20～25℃之间？19～26℃之间？还是18～27℃之间？曾有过旅游旅馆标准，对不同的星级给出不同的室内温度范围，似乎星级越高，室内温度允许的变化范围就越小。更有一些房地产开发项目打出“恒温、恒湿、恒氧”的招牌，似乎人类最合适的室内温度环境就应该恒定在某个温度参数上？日本东北大学吉野博教授统计观测了二十年来日本住宅冬季室内温度的变化趋势（见图3-1）。可以看出，随着其经济发展，生活水平提高，冬季室内温度水平不断提高，二十年间北海道冬季平均室温提高了2～6℃。也有研究表明，美国办公建筑夏季室温三十年间降低了5～7℃。表3-1给出美国近四十年来办公建筑室内新风量标准的变化，图3-2给出世界上主要国家的办公建筑室内新风量标准，可以看到新风标准是从$9m^3/(h \cdot 人)$到$50m^3/(h \cdot 人)$的大范围变化。当节能被高度重视时，人均新风量标准曾被降低到$9m^3/(h \cdot 人)$，而当人的舒适和健康被关注时，新风标准在一些国家提高到$50m^3/(h \cdot 人)$，甚至还要更高。那么什么样的数值是满足人的基本需要(最低需求)？或者从室内人员的基本安全保障出发，这些涉及服务水平的标准应该是什么

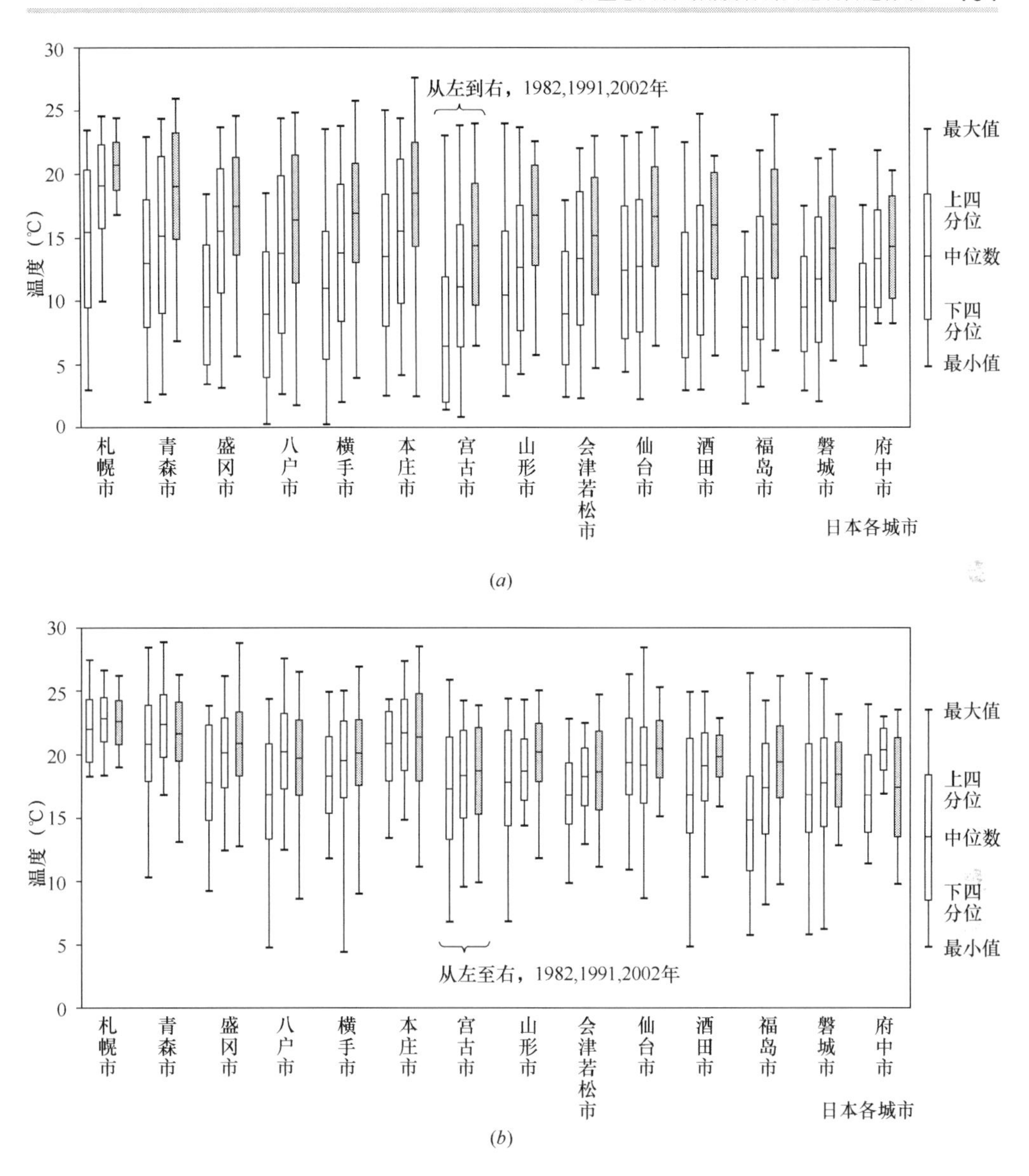

图 3-1 日本各地区住宅冬季平均室温的变化❶

(a)早晨；(b)夜间

呢？显然，可以给出的参数范围远远低于目前的大多数相关标准。再来看室内温度要求。按照室内人员安全保障所要求的室内温度范围是 12～31℃（见《工业企业设

❶ 数据来源为日本东北大学（Tohoku University）的教授 Hiroshi Yoshino 的 PPT《Strategies for carbon neutralization of buildings and communities in Japan》。

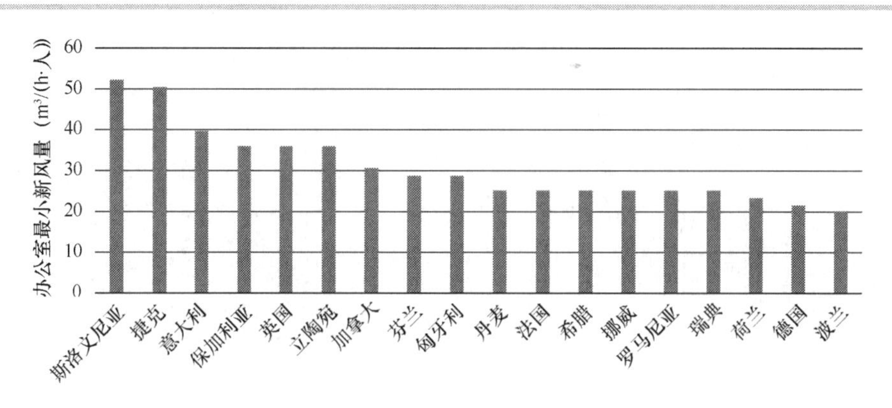

图3-2　欧洲各国当前办公建筑最小新风量标准[2]

计卫生标准》GBZ 1-2010），这显然远远低于目前的各种室内温度需求标准。那么，从这个12～31℃的劳动保护安全标准到22～23℃之间的不同室内温度要求，显然是一种舒适度要求，大量的关于是23℃舒适还是24℃更舒适的研究与争论只是在讨论如何营造更舒适或最舒适的室内环境。假设室内越接近恒温人就越舒适，建筑物提供的水平就越高(实际上近年来的大量研究表明这一假设并不成立，变动的室温和可以调节的室温环境可能更适合人的需求)，但为此需要消耗的能源也越多，那么我们是否就一定要使得室温必须满足这种“最舒适”的标准要求呢？而是否节能也只不过是在满足这一标准的条件下通过技术创新尽可能争取的努力方向呢？从工业文明的原则出发，这是无可非议的，不断满足人的日益提高的需求，是驱动工业文明的动力，也是促进技术进步与创新的原因。但这样带来的另一个结果，就是要求的服务标准越来越高，相应的能源消耗量也越来越大(除了极少数特例，技术创新使能耗降低)。这是为什么近百年来发达国家技术水平不断提高的同时，人均建筑能耗仍然持续上升的原因。这也可以从某种宏观的角度解释图2-52、图2-57所示的美国、日本单位商业建筑面积运行能耗多年来持续上升的原因。

美国办公建筑室内新风量标准历年来的变化[1]　　表3-1

国家	标准（年份）	人均指标		补充说明
		L/s	m³/h	
美国	ASHRAE62-73（1973）	2.5	9	于1977年印发
	ASHRAE62-89（1989）	10	36	允许吸烟的办公建筑
	ASHRAE62-2001（2001）	10	36	指办公区域，吸烟室108m³/h，接待区28.8m³/h
	ASHRAE62-2010（2010）	8.5	30.6	指办公区域，接待区12.6m³/h

然而从生态文明发展模式来看，这种“以服务水平标准为约束条件，以成本和能耗为目标函数”的模式并不适宜。我们追求的是人类的发展与可持续的自然资源与环境间的平衡，这样就不能以某种服务水平作为必须满足的约束条件，进而不断地提高这种服务水平标准不断增加对自然资源的消耗。按照生态文明的发展模式，对于这类“灰色的”柔性标准，就不应该作为约束条件，而应该把自然资源和环境影响的上限作为刚性的约束条件，不得逾越，**将建筑物可以提供的服务水平作为目标函数，通过技术的发展和创新，在不超过自然资源和环境影响的约束条件下，尽可能提高建筑物的服务水平，为使用者提供最好的服务。**

看起来只是把“约束条件”与“目标函数”的对象做了交换，但其结果却大不相同。表 3-2（a）列出改革开放以来我国相继制定颁布的与公共建筑服务水平相关的标准，可以看出随着我国对外开放程度的提高和经济水平的提高，室内环境标准也在不断提高。与此同时，为了实现节能减排的大目标，也陆续发展建立了一批“具体怎么做”的建筑节能标准，见表 3-2（b）。但是，这些关于节能的标准只能指导如何在满足需求（服务水平）的条件下提高用能效率，相对实现节能。当服务水平的标准也就是“需求”不断提高时，即使在这些指导性规范的指导下，提高了用能效率，但其结果还是很难抑制实际用能量的持续增长。这就是为什么近二十年来尽管我国各项建筑节能标准规范的执行力度逐渐强化，新建公共建筑项目实施建筑节能规范的比例越来越大，但公共建筑除采暖外的实际能耗却持续增长，并且按照年代统计，竣工期越晚的建筑，平均状况统计得到的能耗越高。这就是“经济增长—需求增加—技术水平提高—用能效率提高—实际用能量也增长”的过程。工业文明阶段的发展实际就是这样一个过程，西方发达国家建筑能耗与经济发展技术进步同步增长的过程也是这样的过程。

我国公共建筑服务水平相关的标准　　表 3-2（a）

年份	标准号	标准名称
2003	GB 50019—2003	采暖通风与空气调节设计规范
2008	GB 3096—2008	声环境质量标准
2012	GB 3095—2012	环境空气质量标准
2012	GB 50736—2012	民用建筑供暖通风与空气调节设计规范
2012	GB/T 50785—2012	民用建筑室内热湿环境评价标准
2012	WS394—2012	公共场所集中空调通风系统卫生规范

建筑节能设计标准 表3-2（b）

年份	标准号	标准名称
1993	GB 50176—93	民用建筑热工设计规范
1993	GB 50189—93	旅游旅馆建筑热工与空调节能设计标准
2005	GB 50189—2005	公共建筑节能设计标准
2006	GB/T 50378—2006	绿色建筑评价标准
2007	GB/T 17981—2007	空气调节系统经济运行
2010	JGJ/T 229—2010	民用建筑绿色设计规范
2012	DGJ 08—107—2012	上海市公共建筑节能设计标准
2012	DG/TJ 08—2090—2012	上海市绿色建筑评价标准

需要指出的是，目前有一种观点认为，办公建筑其室内环境会对工作效率产生影响：建筑服务水平越高，人员的工作效率越高，工作效率越高所创造的社会经济价值远大于建筑能耗费用，因此认为在办公楼等建筑中提高工作效率是首要的。从20世纪初开始，西方一些学者试图找到室内环境（室内空气质量、热环境、光环境、声环境等）与工作效率之间的定量关系。Wargocki，Wyon和Fanger分别通过实验发现室内空气质量不满意度降低10%，工作效率提升约1.5%。但他们的研究仅以办公室人员的打字、加法运算以及校对工作的速度与正确率为指标来评价工作效率，这些不足以体现现代办公建筑白领的工作内容。同时，1.5%的工作效率提升度是否在误差允许范围内也未可知。与室内空气质量对工作效率的影响研究方法相似，对热环境与工作效率之间的关系的研究也是从对工厂的体力劳动环境发展到打字员、电话接线员等办公室劳动的效率，近年来虽有对中小学教室热环境对学生学习效率影响的研究，但对工作效率或学习效率的评价仍停留在采用简单的成果数量及错误率作为指标的阶段。现代办公建筑中大多数人员的工作并不只是打字、接电话、校对等简单工作，工作效率还与工作难度有一定的关系，但目前还没有非常科学适用的评价现代脑力劳动者工作效率的方法和指标。有一定挑战性的工作能激发工作人员的热情，即使没有外界的刺激也能较好地完成。甚至环境温度略微偏离舒适，人们也会忽略温度的影响，工作效率不会降低。此外，不管环境温度高低，只要人们自己觉得穿的衣服厚薄合适，不觉得冷或热，那么工作效率就没有

差别。

总之，尽管对环境过热或过冷都会影响工作效率这一结论无异议，但至今仍无法回答“到底什么样的环境参数能实现最高的工作效率”。在空调环境下，并非室内温度越低或者温度波动范围越小，工作效率就越高。而且，建筑节能并不意味着室内环境品质和人员工作效率的降低。反之，大量实际案例表明，如果能够从建筑使用者根本的需求出发，优先采用自然通风等被动式技术，实现“天人合一”、“亲近自然”，不仅不会影响人员工作效率，甚至可以在改善室内环境和降低建筑能耗同时还能提高工作效率。

党的十八大政治报告指出“能源节约要抓总量控制”。生态文明发展模式就是要在给定的对自然资源与环境影响上限的约束下实现人类的发展。公共建筑节能就应该同样实行总量控制，先确定用能总量的上限，以这一上限为“天花板”，通过创新的技术，精细的实施，卓越的管理，使得在不超过用能总量上限的前提下，提供高水平的服务，营造舒适的室内环境。由此，除了那些关于安全的刚性需求标准外，就应该取消那些关于服务水平、室内环境的“灰色”柔性标准（或者代之以满足安全和健康基本要求的最低标准，并且这些标准应该不再随经济发展而改变），反过来以用能上限、碳排放上限、对环境影响的上限等作为刚性的约束条件，也就是严格的限制约束标准。这样建筑节能相关的标准体系结构就由原有的：

规定必须满足的需求与服务水平标准，指导性的如何实现建筑节能的技术规范；

改为：规定不得逾越的用能总量和对环境影响，指导性的如何改善室内环境提高服务水平的技术规范。

目前，在住房城乡建设部的指导下经过专家小组的努力，初步形成的“建筑能耗标准”征求意见稿已经上网公示，这是按照上述思路转变我国建筑节能工作着眼点的重要一步，也是按照新的思路开展建筑节能工作的重要基础。按照这样的新的思路一步步走下去，一定会使我国建筑节能工作产生真的成效。

3.2 用能上限应该是多少

按照以上思路，如何确定建筑的用能上限就成为核心问题。为此首先要确定我国未来的总的用能上限，然后再根据各用能领域对能源的需求量得到建筑可以使用的用能上限，进而得到公共建筑的用能上限。可以有如下三种方法来确定我国未来的用能总量：

方法一：根据我国的资源状况和可能实现的能源进口状况估算我国今后二十到三十年间可能获得的能源总量。附录中给出了中国工程院根据能源供给部门的发展研究做出的未来能源总量预测。到2020年，我国有把握的可供应的能源总量约为40亿tec。

方法二：根据IPCC研究控制全球气候变化的要求，2020～2025年全球二氧化碳排放总量应达到400亿吨的峰值，按照我国占全球人口20%来均分排放权，我国二氧化碳排放总量不应超过80亿吨。这样，我国的化石能源年燃烧量上限为31亿tec，如果我国届时的非化石能源量达到30%，则年能源消费上限也是40～45亿tec。

方法三：我国人口峰值约为15亿，达到世界总人口的20%之后，人口占全球人口总量的比例还会逐年下降。由此，从公平性原则出发，我们使用的能源总量不应超过全球能源消费总量的20%。全球未来能源消费总量将在200亿～230亿tec间，这样，我们可以分摊的用能总量也恰好在40亿～45亿tec之间。

根据这一用能总量，综合平衡工业、交通的用能需求和发展，我国未来建筑运行用能上限是每年10亿tec，这个数字仅指建筑外的能源系统可向建筑物提供的能源，不包括建筑本身利用各种可再生能源所产生的能源。表3-3给出目前我国工业、交通、和建筑运行这三大部类的用能状况和未来的用能总量规划。表3-4给出我国各类建筑用能现状和未来达到不同的建筑总规模时，各类建筑可分摊的用能总量和单位建筑面积用能量。

我国分部门用能现状与规划 **表3-3**

单位：亿tce	2011	未来
工业	25.1	23～27
交通	2.9	5～7
建筑	6.9	8～10
总计	34.8	40

我国各类建筑用能现状与规划 表 3-4

	指标	2012	控制能耗强度情景 1	控制能耗强度情景 2
北方城镇采暖用能	面积（亿 m^2）	106	150	200
	能耗（亿 tce）	1.71	1.5	2.0
	强度（kgce/m^2）	16.1	10	10
公共建筑用能（不含北方采暖）	面积（亿 m^2）	83	120	150
	能耗（亿 tce）	1.82	2.4	3.0
	强度（kgce/m^2）	21.9	20	20
城镇住宅用能（不含北方采暖）	面积（亿 m^2）	188	300	450
	户数（亿户）	2.49	3.5	3.5
	能耗（亿 tce）	1.66	3.1	3.9
	强度（kgce/户）	665	890	1110
农村住宅用能	面积（亿 m^2）	238	188	200
	户数（亿户）	1.66	1.34	1.34
	能耗（亿 tce）	1.71	1.5	1.6
	强度（kgce/户）	1034	1120	1200
总计	面积（亿 m^2）	510	608	800
	能耗（亿 tce）	6.9	8.5	10.5

按照表 3-4 的规划，我国未来各类公共建筑除采暖外的平均能耗应在 70kWh/(m^2·a) 以下，具体的分类指标见表 3-5。表中还给出目前北京、上海、深圳、成都各类公建的实际用能量范围（北京的数据不包括集中采暖用能）。其中：

类型 A：建筑物与室外环境之间是联通的，可以依靠开窗自然通风保障室内空气品质，室内环境控制系统采用分散方式。

类型 B：建筑物与室外环境之间是不连通的，需要依靠机械送风保障室内空气品质，室内环境控制系统采用集中方式。

我国公共建筑能耗指标（引导值）与现状范围（单位：kWh/(m^2·a)） 表 3-5

建筑分类	严寒及寒冷			夏热冬冷			夏热冬暖		
	能耗指标		实际范围	能耗指标		实际范围	能耗指标		实际范围
	类型 A	类型 B		类型 A	类型 B		类型 A	类型 B	
政府办公建筑	30	50	21～190	45	65	29～280	40	55	15～255
商业办公建筑	45	60	10～205	60	80	34～300	55	75	25～178

续表

建筑分类	严寒及寒冷			夏热冬冷			夏热冬暖		
	能耗指标		实际范围	能耗指标		实际范围	能耗指标		实际范围
	类型A	类型B		类型A	类型B		类型A	类型B	
三星级及以下	40	60	12～273	80	120	31～253	70	110	79～320
四星级	55	75		100	150	70～451	90	140	92～377
五星级	70	100		120	180	74～537	100	160	86～388
百货店	50	100	11～392	90	170	56～373	80	190	100～378
购物中心	50	135		90	210	31～578	80	245	183～434
大型超市	80	120		90	180	51～453	80	240	150～471
餐饮店	30	50		50	60	36～156	45	70	—
一般商铺	30	50		50	55	22～150	45	60	—

从表中可以看出，上海、深圳多数公共建筑的目前用能量已经超过这一用能上限指标。按照本书第2章分析介绍，公共建筑的实际用能量与当地的经济发展水平有关，我国经济发展尚处相对中下水平的地区，公共建筑能耗基本在上述指标以下，而经济发展相对高水平的北上广深，则正在超越这一上限。那么，这一上限真的能够守住而不被突破吗？怎样守住这一上限？怎样使得公共建筑的实际能耗既不超过这一用能上限，又不降低其服务水平，不会制约当地的经济和社会发展？这就成为必须面对的大问题。

本书第6章给出8个不同功能的公共建筑的最佳实践案例。这些案例基本涵盖了各类功能的公共建筑，多数聚集在北上广深，全部为2000年后新建或改建，符合“现代化”时尚要求。但是它们的实际能耗基本上都满足前面给出的用能上限。为什么？是怎样实现的？本书第4章讨论分析相关技术措施，第5章介绍相关政策和运行管理机制。而最主要的则是理念的创新。这些理念可以总结为：

是充分利用建筑周边自然环境条件，与外环境相协调，还是与外环境隔绝？

是集中还是分散地提供服务？

是完全依靠机械方式实现室内通风换气，还是尽可能优先自然通风？

是让使用者被动地接受建筑服务还是让使用者参与，给使用者以充分调节的能力？

下面逐一对这些理念进行解析，其中部分与第6章的最佳案例有关，部分则超出这些最佳案例的实践，而是其他一些实际工程的提炼与总结。

3.3 建筑内环境与室外是隔绝还是相通

第6章中第一个最佳案例是2009年建成的深圳建科大楼。尽管这也是一座12层的现代办公建筑，但却与目前绝大多数本世纪内建成的大型办公楼不同。这座楼的每层都连接有很大的露台和与室外半开放的活动空间。茶歇、交谈、甚至小组会都在这种半室外空间进行。办公空间也与这些半室外空间很好地相通，并且通过调整门、窗状态还能实现良好的自然通风、自然采光（见本书6.1）。相对于目前大多数与室外隔绝的现代化办公大楼，这座办公建筑尽可能使室内与室外在某种程度上相通，使用者可以从多个角度感觉到室外环境，甚至将一些露台或半室外空间设计成与几百米之外的外界树木和绿地融为一体的感觉。老北京庭院式的内外沟通环境在这座高楼中得以实现。相比于全封闭的现代化办公建筑，绝大多数使用者更偏爱这里的工作、生活环境。由于全年一半以上的时间依靠自然通风、自然采光就可以满足办公需求，所以该建筑单位面积运行能耗远远低于当地的其他办公建筑，而实测室内的温湿度状况、照度水平等，与一般的现代化办公建筑相差不大，有时冬季温度略偏低，夏季温度、湿度都略偏高。尽管如此，这样的办公环境却受到大多数使用者的偏爱，这是为什么？这种建筑环境的营造理念与目前现代化办公大楼的建筑环境营造理念显然很不相同，这一不同的核心到底是什么呢？

在工业革命以前，人类不具备营造人工环境的能力。为了获得较舒适的建筑空间，就精心设计使建筑与室外环境协调，尽可能利用自然条件营造适应人们需求的建筑环境。例如北方建筑精心选择朝向以在冬季得到足够的日照，北墙不设窗或仅设很小的外窗以阻挡西北寒风，南方建筑的通风、遮阳等许多方面都下了很大的功夫，一代代传承下来丰富的经验。大约在三千年前人类就发明了窗户，依靠窗户实现在需要的时候对室内通风、采光，在不需要时则挡风、隔光。以后发明了取暖设施，但其只是当室内过冷，通过调节与自然环境的关系仍不能满足需求时的辅助手段。同样人类逐渐有了人工照明手段，但也只是在自然采光无法满足需求时的补充。直至工业革命中期，“自然环境调节为主，在大部分时间内提供需求的室内环境；机械手段为辅，仅在极端条件下补偿自然环境调节的不足”，仍为人类营造自身生活与活动空间的基本原则。这就是北美20世纪50年代初大多数建筑的状况，也是我国至20世纪末绝大多数建筑的实际状况。这样，为了获得较好的室内环境，就要在建筑形式设计上下很大工夫，充分照顾通风、采光、遮阳、保温、隔热等各方面需求，并且在室内环境与外界自然之间的联通方式上下大工夫，许多出色的建筑都在室内外过渡区域通过各种方式营造出满足不同需要的功能空间。

然而，随着工业革命带来的科学技术的飞速发展，人类已经完全具备营造任何环境参数的人工环境空间的能力。依靠采暖、空调、通风换气、照明等各种技术手段营造出科学实验、工业生产、医疗处理、物品保存等各种不同要求的人工环境，取得了极大的成功，满足了科技发展、社会进步、经济增长的需要。这类人工环境是为了满足其特定的科研与生产需要的，必须严格控制室内环境参数，由此就要尽可能割断室内与室外的联系，尽量避免外界自然环境的温湿度、刮风下雨、日照等因素对人工环境的影响。室内外隔绝得越彻底，室外环境变化对人工环境的影响就越小，营造室内环境的机械系统的调控能力也就越有效。随着为了生产和科研营造人工环境技术的成功，人类开始把这些技术转过来用在服务于人的日常生活与日常工作的民用建筑环境中，尤其是公共建筑中。有了这些技术手段，还可以充分满足建筑师完全从美学出发构成各种建筑形式的需要。于是建筑就不再需要考虑与当地气候和地理条件相适应，建筑就不再承担联系室外自然条件、营造室内舒适环境的功能。任意造型，只要密闭，剩下的事就可以完全由机械系统解决！这时，窗户传统上通风采光的功能也可以完全抛掉，只剩下外表装饰和满足观看室外景观的功能；只有彻底的割断全部自然采光，才能通过人工照明实现任意所需要的室内采光效果；只有使建筑彻底气密，才能通过机械通风严格实现所要的通风换气量和室内的气流场；只有使建筑围护结构绝热，才能完全由空调系统调控，实现所要求的温湿度条件和参数分布。这就是现代公共建筑室内环境控制几十年来的发展模式！工业和科研要求的人工环境从工艺过程出发可以清楚地提出严格的室内环境要求条件，为了使民用建筑室内环境也同样能够提出相应的条件和参数，大量的研究开始探讨人的最佳温湿度条件、最佳的室内流场、最佳的温湿度场。按照同样的技术途径，把为人服务的民用建筑室内空间环境调控完全按照工业与科研的人工环境营造方法来做，固然也可以构成使用者满意的室内环境（如果真正研究清楚了人的需求的话），但由此也造成巨大的能源付出！美国从20世纪50年代的传统方式发展到现在的模式，单位面积建筑运行能耗增加了150%（是原来的2.5倍），日本从20世纪60年代的传统方式发展到现在的模式，单位建筑面积能耗增长1倍。而反过来的问题是：人类生活与工作真的需要这样严格控制的人工环境吗？这样与外界自然环境隔绝，全面控制的人工环境真的适合人的需要吗？以这样几倍能耗的代价来营造这样的环境，符合生态文明的要求吗？

英国建筑研究院（BRE）在2000年曾对英国的各类办公建筑进行了调研，图3-3为他们发表的能耗调查结果。从图中可以看出，除掉前面一段表示采暖的能耗外，不同建筑的除采暖外其他各项能耗相差巨大，典型的自然通风办公建筑，每平方米建筑除采暖外能耗约为30kWh/（m^2·a），而典型的全封闭中央空调办公建筑则超过300kWh（m^2·a），十倍之差！更值得注意的是对使用这些办公建筑的人员进行满意度的问卷调查，这些自然通风办公楼的满意程度最高，而那些全封闭的中央空调大楼却被投诉为“空气不好、容易过敏、易瞌睡”等，满意程度最差！到底我们应该从哪种理念出发去营造我们生活工作的空间呢？

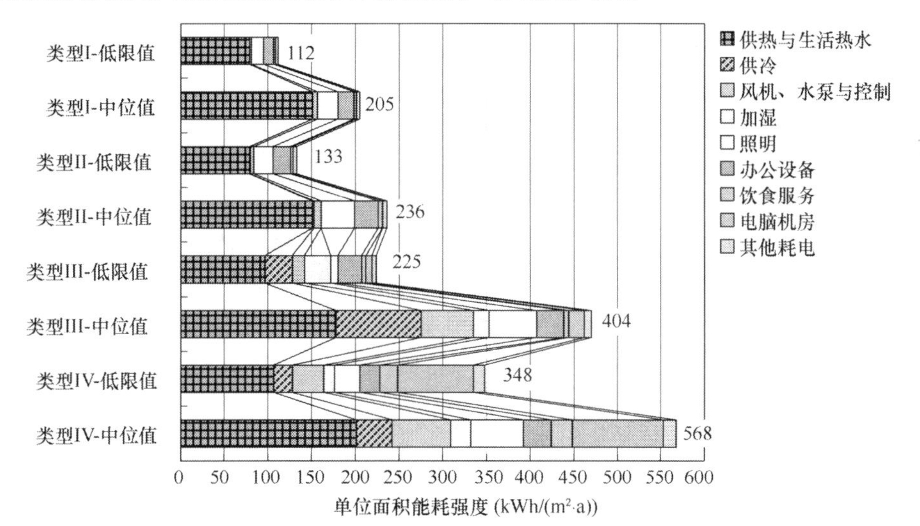

图3-3 英国办公建筑能耗调查

表3-6给出两种不同的室内环境营造理念和由此产生的具体作法及结果。考虑到生态文明的发展原则，就不能追求人类极端的舒适，而应在资源和环境容量容许的上限下适当地发展，在对资源与环境的影响不超过上限的条件下通过技术创新尽

可能营造健康舒适的居住与生活环境。这样一来，是否要质疑这种营造现代的人工环境的理念与做法，并且在我们传统的基于自然环境的基本原则下，依靠现代科学技术进一步认识室内环境变化规律及人真正的健康与舒适需求，从而发展出更多的创新方式、创新技术去创造更好的人类活动空间呢？本书6.1节介绍的深圳建科大楼的案例是这个方向上的一个有益的探讨，也值得我们去研究、借鉴。

两种营造和维持室内环境的理念、做法与效果　　表3-6

	营造人工环境	营造与室外和谐的环境
基本原则	完全依靠机械系统营造和维持要求的人工环境	主要依靠与外界自然环境相通来营造室内环境，只是在极端条件下才依靠机械系统
对建筑的要求	尽可能与外环境隔绝，避免外环境的干扰：高气密性、高保温隔热，挡住直射自然光	室内外之间的通道可以根据需要进行调节：既可自然通风又可以实现良好的气密性；既可以通过围护结构散热又可以使围护结构良好保温；既可以避免阳光直射又可以获得良好的天然采光
室内环境参数	温湿度、CO_2，新风量、照度等都维持在要求的设定值周围	根据室外状况在一定范围内波动，室外热时室内温度也适当高一些，室外冷时室内温度也有所降低，室外空气干净适宜则新风量加大，室外污染或极冷极热则减少新风
谁调整和维持室内环境状态	运行管理人员或自动控制系统，尽可能避免建筑使用者的参与	使用者起主导作用（开/闭窗，开/关灯，开/停空调等），管理人员和自控系统起辅助作用
提供服务的模式	机械系统全时间、全空间运行，24小时全天候提供服务	“部分时间、部分空间”维持室内环境，也就是只有当室内有人、并且通过自然方式得到的室内环境超出容许范围，才开启机械系统
运行能耗	高能耗，单位面积照明、通风、空调用电量可达100kWh/m^2	低能耗，大多数情况下单位面积照明、通风、空调能耗不超过30kWh/m^2

3.4 室内环境营造方式是集中还是分散

长期以来一直争论不休的话题之一就是在建筑设备服务系统上是采用集中方式还是分散方式？主张集中者认为集中方式能源效率高，相对投资低，集中管理好，技术水平高，一定是今后的发展方向；而主张分散者则是列举出大量的调查实例，说明集中方式能耗都远高于分散方式。那么，问题的实质是什么？集中与分散这两种不同理念在各类建筑服务系统中是否有共性的东西？

还是先看一批实际案例：

（1）办公室空调，全空气变风量方式、风机盘管＋新风方式、分体空调三种方式在其他条件相同时其能耗比例大约是 3∶2∶1，而办公室人员感觉的空调效果差别不大。变风量方式即使某个房间没人，空调系统仍然运行，而风机盘管、分体空调方式在无人时都能单独关闭；晚上个别房间加班时，变风量系统、风机盘管系统都需要开启整个系统，而分体空调却可以随意地单独开启；

（2）集中式生活热水系统总的运行能耗一般是末端消耗热水量所需要的加热量的 3 到 4 倍，因为大部分热量都损失在循环管道散热和循环泵上了，末端使用强度越低，集中生活热水的系统的整体效率就越低；

（3）在河南某地区水源热泵作为热源的集中供热系统，单位建筑面积耗热量为分散方式采暖的 3 倍多；而把末端改为单独可关断的方式、并按照实际开启时间收取热费时，实际热耗就与分散方式无差别，但此时集中式水源热泵的系统 *COP* 却下降到不足原来的 40%[3]；

（4）大开间敞开式办公室的照明采用全室统一开关时，白天照明基本上处于开的状态，而类似的人群分至一人或两人一间的独立办公室时，白天平均照明开启率不到 50%。办公室额定人数越多，灯管照明处于全开状态的频率就越高；

（5）新风供应系统：分室的单独新风换气，风机扬程不超过 100Pa；小规模新风系统（10 个房间），风机扬程在 400Pa 左右；大规模新风系统（一座大楼），风机扬程可高达 1000Pa。如果提供同样的新风量，则大型集中新风系统的风机能耗就是小规模系统的 2～3 倍，是分室方式的 10 倍！同时，大型系统经常出现末端新风不匀，某些房间新风量严重不足；而小型系统很少出现，单独的分室方式则不存在新风不足之说。在每天实际运行时间上，大系统或者日开启时间很短，或不计能耗长期运行耗电严重；而小系统此类问题却很少。

既然集中式如上面各案例，出现这样多的问题，那么为什么还有很大的势力在提倡集中呢？大体上有如下一些理由：

（1）如同工业生产过程，规模越大，集中程度越高，效率就高？工业生产过程确是如此，能源的生产与转换过程如煤、油、气、电的生产也是如此。但是建筑不是生产，而是为建筑的使用者也就是分布在建筑中不同区域的人提供服务。使用者的需求在参数、数量、空间、时间上的变化都很大，集中统一的供应很难满足不同个体的需要，结果往往就只能统一按照最高的需求标准供应，这就是为什么美国、中国香港的中央空调办公室内夏季总是偏冷、我国北方冬季的集中供热房间很多总是偏热的原因。这也就造成晚上几个人加班需要开启整个楼的空调，敞开式办公只要有一个人觉得暗就要把大家的灯全打开。这种过量供给所造成的能源浪费实际上要远大于集中方式效率高所减少的能源消耗。而且，规模化生产，就一定是全负荷投入才能实现高效，而建筑物内的服务系统，由于末端需求的分散变化特性，对于集中方式来说，只有很少的时间会出现满负荷状态，绝大多数时间是工作在部分负荷下甚至极低比例的负荷下。这种低负荷比例往往不是由于各个末端负荷降低所造成，而是部分末端关断所引起。这样，集中系统在低负荷比例下就出现效率低下。反之分散方式只是关断了不用的末端，使用的末端负荷率并不低，效率也就不会降低。图3-4为实测的河南某热泵系统末端风机盘管风机开启率分布状况。这个系统冷热源绝大时间都运行在不足20%～50%的负荷区间，但从图中可以看出，这是由于很低的末端使用率所造成。大多数情况下末端开启使用时，对单个末端来说其负荷率都在70%以上，是瞬间同时开启的数量过低才导致系统总的负荷率偏低，

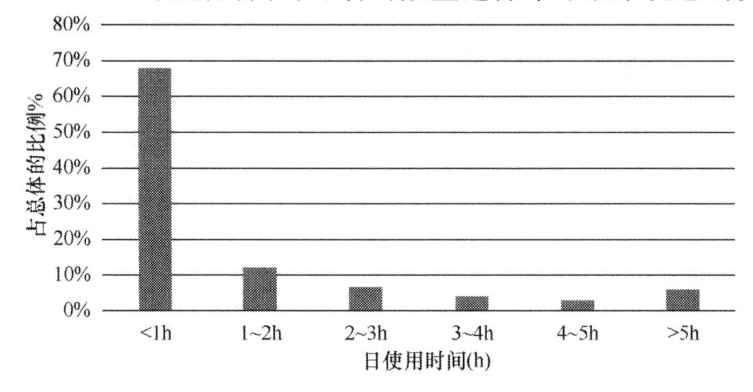

图3-4 实测河南某热泵系统末端风机盘管日开启时间分布

注：1）图中数据统计了该小区2012年7月的风机盘管开启情况，共统计风机盘管数1462台。

2）图中时间范围和比例表示了该开启时间范围下风机盘管数量占总风机盘管数的比例。

系统规模越大，出现小负荷状态的比例越高。这样，系统越是分散，各个独立系统运行期间平均的负荷率就越高（因为不用的时候可完全关闭），从而使得系统的实际效率离设计工况效率差别不大；而系统越集中，由于同时使用率低造成整体负荷过低导致系统效率远离设计工况。这样，面对末端整体很低的同时使用状况，大规模集中系统就面对两种选择：放开末端，无论其需要与否，全面供应；这就和目前北方的集中供热一样，系统效率可能很高，但加大了末端供应，总的能耗更高。末端严格控制，这就导致由于系统总的使用率过低而整体效率很低。这样，建筑服务系统就不再如工业生产过程那样系统越大效率越高，而转变为系统规模越大整体效率越低；而分散的方式由于其末端调节关闭的灵活性反而实际能耗在大多数情况下低于集中方式。系统规模越大，出现个别要求高参数的末端的概率就越高，为了满足这些个别的高参数需求系统所要提供的运行参数就会导致在大多数低需求末端造成过量供应或“高质低用”；系统规模越大，出现很低的同时使用率的概率就越高，这又导致系统整体低效运行。与工业生产过程大规模同一参数批量生产的高效过程不同，正是这种末端需求参数的不一致性和时间上的不一致性造成系统越集中实际效率反而越低。

（2）“系统越集中，越容易维护管理”？实际上运行管理包括两方面任务：设备的维护、管理、维修；系统的调节运行。前者保证系统中的各个装置安全可靠运行，出现故障及时修复和更换；后者则是根据需求侧的各种变化及时调整系统运行状态，以高效地提供最好的服务。集中式系统，设备容量大，数量少，可以安排专门的技术人员保障设备运行；而分散式系统设备数量多，有可能故障率高，保障设备运行难度大。这可能是主张采用集中系统的又一个重要原因。但实际上，随着技术的进步，单台设备可靠性和自动控制水平有了长足的改善。目前散布在千家万户的大量家电设备如空调、彩电、冰箱、灯具的故障率都远远低于集中式系统中的大型设备。各类建筑中使用的分散式装置的平均无故障运行时间都已经超过几千至上万小时。而这类设备的故障处理就是简单地更换，完全可以在不影响其他设备正常运行的条件下在短时间完成。相反，集中式的大型设备相对故障率高，出现故障时影响范围会很大，在多数情况下大型设备出现故障时难以整体更换，现场维修需要的时间要长。由此，从易维护、易维修的需要看，系统越分散反而越有优势，集中不如分散！再来看运行调节的要求，集中式系统除了要保证各台设备正常运行外，调整输配系统，使其按照末端需求的变化改变循环水量、循环风量、新风量的分配，调整冷热源设备使其不断适应末端需求的变化，都是集中式系统运行调节的重要任务。系统越大，调节越复杂。目前国内大型建筑中出现的大量运行调节问题主要都集中在这些调节任务上。可以认为至今国内很少找到运行调节非常出色的大型集中式空调系统（第6章案例6.8香港PP1和CPN是很难得的工程实例）。反之，分散方式的运行调节就非常简单。只要根据末端需求"开"和"关"，或者进行量的相应调节即可，不存在各类输送系统在分配方面所要求的调节。目前的自动控制技术完全胜任各种分散式的控制调节需要，绝大多数分散系统的运行实践也表明其在运行调节上的优势。如此说来，"集中式系统易于运行维护管理"是否就不再成立？随着信息技术的发展，通过数字通信技术直接对分布在各处的装置进行直接管理、调节的"分布式"系统方式已经逐渐成为系统发展的主流，"物联网"、"传感器网络"等本世纪正在兴起的技术使得对分散的分布的系统管理和调节成为可行、可靠和低成本。从维护管理运行调节这一角度看，越来越趋于分散而不是趋于集中才是建筑服务系统未来的发展趋势。

（3）"许多新技术只适合集中式系统，发展集中式系统是新技术发展的需要"。确实，如冰蓄冷、水蓄冷方式，只有在大型集中式系统中才适合。水源热泵、地源热泵方式也需要系统有一定的规模。采用分布式能源技术的热电冷三联供更需要足够大的集中式系统与之配合。如果这些新的高效节能技术能够通过其优异的性能所实现的节能效果补偿掉集中式系统导致的能耗增加，采用集中式系统以实现最终的节能目标，当然无可非议。然而如果由于采用大规模集中式系统所增加的能耗高于这些新技术获得的节能量，最终使得实际的能源消耗总量增加，那么为什么还要为了使用新技术而选择集中式呢？实际案例的调查分析表明，对于办公楼性质的公共建筑，如果采用分体空调，其峰值用电甚至并不比采用冰蓄冷系统中央空调时各级循环水泵、风机的用电量高。这样与分散方式比，带有冰蓄冷的中央空调对用电高峰的缓解作用也并不比分散系统强。采用楼宇式电冷联产，发电部分的燃气-电力转换效率也就是40%，相比于大型燃气一蒸汽联合循环纯发电电厂的55%的燃气一电力转换效率，相差15%的产电率。而电冷联产用其余热同时产生的冷量最多也只为输入燃气能量的45%，按照目前的离心制冷机效率，这只需要不到9%的电力就可以产生，而冷电联产却为了这些冷量减少发电15%，因此在能量转换与充分利用上并非高效。如此状况为了用这样的“新技术”而转向大型、巨型集中式系统显然就没有太多道理了。当然，有些公共建筑由于其本身性质就不可能采用分散式，例如大型机场、车站建筑，大型公共场馆等，建筑形式与功能决定其必须采用集中的服务系统。这时，相应地选用一些支持集中式系统的新技术，如冰蓄冷、水蓄冷等，无可非议。实际上，并非新的节能高效技术都面向集中方式，为了适应分散的服务方式与特点，这些年来也陆续产生出不少面向分散方式的新技术、新产品。典型的成功案例是 VRF 多联机空调。它就是把分体空调扩充到一拖多，既保持了分体空调分散可独立可调的特点，又减少了室外机数量，解决了分体空调室外机不宜布置的困难。近年来这种一拖多方式的 VRF 系统在中国、日本的办公建筑中得到广泛应用，在欧洲也开始被接受，成为在办公建筑替代常规中央空调的一种有效措施，就是一个很好的例证。类似，大开间办公建筑照明目前已经出现可以实现对每一盏灯进行分别调控的数字式照明控制。通过新技术支持分散独立可调的理念，取得了很大成功。

“集中还是分散”的争论实际反映的是对民用建筑服务系统特点的不同认识和对其系统模式未来发展方向的不同认识。也涉及到从生态文明的发展模式出发，如何营造人类居住、生活和工作空间的问题。与工业生产不同，民用建筑的设备服务系统的服务对象是众多不同需求的建筑使用者。系统的规模越大，服务对象的需求范围也就越大，出现极端的需求与群体的平均需求间的差异就越大。面对这些极端的个体需求，通常有三个办法：1）依靠好的调节技术，对末端进行独立调节，以满足不同的个体需求。此时有可能解决群体需求差异大的问题，可以同时满足不同需求，但在大多数情况下导致系统整体效率下降，能源利用效率降低；2）按照个别极端的需求对群体进行供应，如仅一个人需要空调时，全楼全开；夏季按照温度要求最低的个体对全楼进行空调，冬季按照温度要求最高的个体对全楼进行供暖。这样的结果导致过量供应，技术上容易实现，一般情况下也不会遭到非议，但能源消耗却大幅度增加。这实际上是我国北方集中供热系统的现实状况，也是美国多数校园建筑的通风、空调和照明现状；3）不管个别极端需求，按照群体的平均需要供应和服务，这就导致有一部分使用者的需求不能得到满足（如晚上加班无空调，需要较低温度时温度降不下来，每天只在固定时间段供应生活热水等），这是我国一些采用集中式系统的办公建筑的现状。这样使得能耗不是很高，但服务质量就显得低下。这大致是为什么我国很多采用集中式系统方式的办公建筑实际能耗低于同样功能的美国办公建筑的原因之一，同时也是很多在这样的办公建筑中使用者抱怨多，认为我们的公共建筑水平低于美国办公建筑的原因。

我国目前正处在城市化建设高峰期，飞速增长的经济状况、飞速提高的生活水平以及飞速增加的购买力很容易形成一种“暴富文化”、“土豪文化”。从这种文化出发，觉得前面第二类照顾极端需求的方式才是“高质量”，“高服务水平”。一段时间某些建筑号称要“与国际接轨”，要达到“国际最高水平”的内在追求也往往促成前面的第二类状况。觉得一进门厅就感到凉快一定比到了房间了才凉快好，24小时连续运行的空调一定比每天运行15小时的水平高，冬季室温25℃、夏季室温20℃的建筑要比冬季20℃、夏季25℃的建筑档次高。按照这样的标准攀比，集中式系统自然远比分散式更符合要求。这是偏爱集中方式，推动集中方式的文化原因。但是这种“土豪文化”与生态文明的理念格格不入。按照这种标准，即使充分采用各种节能技术、节能装置，也几乎无法在预定的公共建筑用能总量上限以下实现完全满足需求的正常运行。公共建筑用能上限是根据我国未来可以得到的能源使用量规划得到，也是从用能公平的原则出发对未来用能水平的规划。要实现这一标准，不出现用能超限，同时又满足绝大多数建筑使用者的需求，集中方式可能是一条很难实现其能耗目标的艰难之路，而分散方式则是完全可行易于实现之路。本书第6章介绍的三个办公建筑案例（6.1深圳建科大楼、6.4上海现代申都大厦、6.6广州设计大厦）都是业主为自己使用而设计建造（或改造）的办公楼，都低于每年70kWh/m^{2}的未来用电上限，也都实现了室内较好的舒适环境。无一例外，这三个案例都采用了分散式或半分散式系统，在节能和满足需求上都获得了成功。飞速发展的信息技术和制造业水平的不断提高，使得分散式系统会不断进步，系统更可靠、管理更容易、维护更方便。这样，核心的问题返回来还是：向集中式努力还是向分散式发展？

3.5 保障室内空气质量是靠机械方式还是自然通风

维持室内良好的空气质量，是营造建筑室内环境的又一重要目的。这对于室内人员的健康、舒适、高品质生活也至关重要。室内污染既源于室内各类污染源所释放出各种可挥发有机物（VOC），又会在室外出现高污染时污染物随空气进入室内。维持室内良好的空气质量的途径主要是通风、过滤净化。那么又该怎样通风和过滤净化呢？观察国内外各种办公建筑运行能耗，可以发现单位建筑面积为通风换气全年所消耗的风机用电有巨大差别：同样的校园办公建筑，依靠开窗通风，无机械通风系统的通风耗电几乎为零，而完全依靠机械通风换气的建筑风机电耗可高达130kWh/(m^2 · a)下面是几种通风方式风机用电量的计算：

1）自然通风，卫生间排风，排风量折合换气次数0.5次/h，排风风机200Pa，年运行1450h，风机效率50%，单位面积风机电耗0.24kWh/(m^2 · a)。

2）机械通风，分室小型送排风机，换气次数0.5次/h，风机扬程500Pa，年运行3000h，风机效率50%，单位面积风机电耗1.25kWh/(m^2 · a)。

3）集中式机械通风，换气次数0.5次/h，送排风机扬程共1000Pa，年运行3000h，风机效率50%，单位面积风机电耗2.5kWh/(m^2 · a)。

4）集中式机械通风，换气次数3次/h，送排风扬程2000Pa，年运行8000h，风机效率50%，单位面积风机电耗80kWh/(m^2 · a)。每小时换气3次并非奢侈性通风换气，按照北欧的办公建筑标准，每个人每小时室外空气通风换气量应为90m^3/h · 人，如果建筑层高3米，人均建筑面积10m^2，就应该是每小时3次的换气。2000Pa的送排风风机扬程也并非过高，当考虑长距离输送、排风热回收、和空气过滤器等因素后，这是一个合理的数值。

第6章中上海现代设计集团自己的一座办公建筑单位建筑面积年用电量50.8kWh/(m^2 · a)，其中空调通风风机的总用电量为1.78kWh/(m^2 · a)。而美国位于费城的某教学建筑实测全年通风风机耗电量就是191kWh/(m^2 · a)[4]。与上面的通风风机耗电数据对比，可知，建筑的不同通风换气方式，仅风机耗电就会对建筑能耗有巨大影响。那么，从维持室内健康的空气质量和建筑节能这两个需求出发，公共建筑该怎么通风和维持其IAQ呢？

室内外通风换气，对营造室内环境有重要作用。通过通风换气可以排除室内人员等释放的臭味、二氧化碳，也可以排除室内家具、物品产生的VOC等污染物，因此自古以来，屋子要通风换气，是一辈一辈传下来的祖训。但是当室外污染严重、出现沙尘暴、雾霾、PM2.5超标时，引入室外空气就加剧了这些污染物对室内的污染。因此，通风换气对室内空气质量具有两重性：可以排除室内污染，又在室外出现严重污染时引入室外污染。

通风换气除了影响室内空气质量，对室内的热湿环境与供暖空调能耗也有很大影响。当室外热湿条件适合时，通风换气可以有效排除室内的余热余湿，从而可以延缓空调的开启时间，降低空调能耗。当室外高热高湿，或者寒冷时，通风换气就又增加了室内热、湿、冷负荷，导致供暖空调能耗增加。这样，通风换气对供暖空调能耗也具有了两重性：室外环境好时，可以节能；室外环境差时，增加能耗。

怎样实现通风换气呢？我们祖先千年传统留下来就是开窗通风。根据室内外状态，在需要时开窗通风，排热、排湿、排污、换气。只需要人来操作，不直接消耗任何能源。工业化以来，开始有机械通风方式。典型的办公建筑标准的通风方式为：外窗不可开，建筑尽可能气密；通过专门的新风系统引入室外空气；对进入的空气进行过滤，以消减通过空气进入室内的污染物；通过与排出的空气进行热交换或热湿交换，回收排风中的能量；再进一步对空气进行热湿处理，使其满足室内温湿度要求；处理后的空气定量地均匀送入各个房间。这两种通风方式在本质上有什么不同呢？

开窗通风往往是间歇式通风换气，在需要通风时打开外窗，由于室内外温度的差别造成的热压和室外空气的流动形成的风压可以驱动通过外窗的通风换气，如果建筑设计得有利于自然通风，在一些情况下开窗可以形成每小时几次到十几次的换气次数。这样，经过一段时间换气后，有必要的话又可以关闭外窗，所以是一种间歇通风过程。反之，依靠机械方式通风换气很难实现高强度换气。一般新风量为每小时半次换气，按照规范办公室通风量每小时每人 $30m^3/(h \cdot 人)$话，人均 $10m^2$ 时也要求每小时一次新风换气。如果建筑物做到充分气密，无其他通风途径，则按照这样的通风换气强度，机械通风换气系统应该在建筑物被使用期间连续运行。自然通风无直接的能源消耗，而机械通风需要风机耗电，其耗电量完全如前面所述，取决于系统风阻导致对风机扬程的要求。考虑过滤器、热回收器、和通风管道的阻力，送排风机一共需要 1000Pa 扬程是典型数据。这样根据运行时间不同，年用电量会在 $5 \sim 10kWh/(m^2 \cdot a)$ 或更多。

当室外热湿环境适宜时，通风换气有利于排除室内热量，减少空调负荷；而室外环境过热或过冷时，通风又导致从室外引入热量或冷量，增加室内负荷。主张机械通风的理由之一就是通过新风回风间的换热器回收排风中的能量，实现节能。然而，只有在室外高热高湿或低温时，热回收才有意义；而在室外温湿度适宜时，热回收就提高了新风温度，不利于通过新风换气降温，起反面作用。当室内外温差较小时，尽管热回收有一定作用，但由于温差、湿差小，可以回收的能量有限，但空气通过热回收器造成的压降，损失的风机电能一点也不小。由于一份电能至少可以通过热泵制取 4 份热量，考虑热回收器的压降后可以得到，当采用显热回收时，一般情况下只有当室内外温差大于 10K 以上时，热回收才有收益，否则是得不偿失；当采用全热回收时，室内外焓差也需要在 10kJ/kg 以上才有收益。而开窗自然通风，使用者一定选择室外气候适合的时候开窗通风。一般会避开室外出现桑拿天、或严寒天气。当室外温湿度适宜时，如果有较好的自然通风，可以在很小的温度差、湿度差下排除室内的余热余湿，缩短空调使用时间。而机械通风即使让热回收器旁通，由于通风量远低于自然通风，因此可以实现免费利用室外冷源的时间就会比自然通风短。综合全年总的效果对二者进行比较，可以发现除了在北方寒冷气候区带热回收的机械通风方式占优，其他气候区机械通风方式或者无明显优势，或者能耗要高于自然通风方式。

机械通风方式的又一个优越性是可以对室外空气进行过滤，有利于消除室外空气污染对室内的影响。结果真是如此吗？实际上只有当室外出现严重污染时，才希望对进入室内的空气进行过滤，而当室外空气清洁时，并不需要过滤。然而机械通风系统很难根据室外状况选择过滤器是否运行，绝大多数系统只要通风运行，过滤器就工作。这样，当室外空气清洁时，清洁的空气通过过滤器会带走部分以前积攒在过滤器中的污染物，形成对新风的二次污染。机械通风系统中的过滤器不可能实现天天清洗，因此过滤器集灰和二次污染是不可避免的。此外，进入机械通风系统中的室外空气中的污染物从大粒径颗粒(PM10)到小粒径颗粒(PM2.5)都存在，一个大颗粒粉尘的体积可以是一个小颗粒粉尘的数百倍。用一种滤料，通过一种过滤方式在这种情况下就只能对大颗粒有效，而对小颗粒效果不大。然而大颗粒在室内会靠沉降作用自然消减，真正危害大的是微小颗粒。这需要用不同的过滤原理去除，并且在大颗粒存在时效果不会太好。这样看来，机械通风方式靠过滤器进行全面过滤并不是解决室外空气污染的好措施。室外严重污染时，它消除微颗粒的能力并不强，室外干净时它又造成二次污染。

再来看自然通风方式。为了改善室内粉尘污染现象，可以在室内布置空气净化器，也就是让部分室内空气经过空气净化器中的过滤器滤除部分污染物，然后再放回到室内，由此实现对室内空气的循环过滤。由于大颗粒在室内的自沉降作用，这时进入到空气净化器的主要是微小颗粒，由此就可以采用消除小颗粒的过滤原理和滤料。此时空气净化器的功能是捕捉室内微颗粒，而不是一次性过滤微颗粒，因此并不追求一次过滤的效率。只要能不断地从空气中捕捉污染物，空气就会逐渐净化。这就不同于安装在机械通风系统中的过滤器，如果污染物从过滤器逃脱而进入室内，它就再无机会被捕捉。相比机械通风系统中的过滤器，空气净化器中的过滤器灰尘积攒的少(因为主要是微颗粒)，这就使得净化效果更好。与机械通风方式更重要的差别是：空气净化器由使用者管理，当他觉得室内干净时，就不会开启，而只有他觉得有必要净化时才会开启空气净化器。这样，很少有二次污染的可能。此时，使用者同样还会管理外窗的开闭。当室外出现重度污染时，使用者很少可能去尝试开窗，而当室外空气清洁、舒适宜人时，才是使用者开窗换气的时候。这样，无论是针对室外的颗粒污染还是针对室内的各类污染源污染，由使用者掌管的开窗通风换气和空气净化器方式都可以获得比机械通风加过滤器方式更好的室内空气质量。这里主要依靠的是使用者自行对外窗、对空气净化器的调节。这种调节涉及室内外空气污染状况、室内外温湿度状况等诸多因素。采用传感器去感知这些因素，再进行智能判断，以确定外窗和空气净化器的开闭，在目前还是一件很困难的事。不仅判断逻辑复杂，传感器的误差也会经常造成误判，从而严重影响室内环境效果。然而这件工作却可以由一位不需要任何训练只有一般常识的使用人员出色完成。这就是使用者可以发挥的作用，也是人与智能机械之间的巨大差异。

由以上分析我们得到，通过窗户的通风换气是窗户的重要功能，至今在维持室内空气质量上仍具有无法取代的作用。通过由使用者控制的外窗形成的间歇的自然通风和安放在室内的空气净化器来消除各类污染物，不仅远比机械通风方式节约运行能耗，还可以获得更好的室内空气质量。除了通风换气与消除污染物的理念不同，自然通风的模式还依靠使用者直接参与调节控制，这也是能够获得较好效果的重要原因。

以上对自然通风方式的分析，都建立在一个基本假设上：这个建筑开窗后能够实现有效的自然通风。这要取决于建筑体量和建筑形式设计。当建筑的体量不很大时，如果把自然通风作为一项重要功能，通过认真设计并且能够平衡自然通风与造型、外观、使用功能之间的矛盾，良好的自然通风总是能够实现的。当建筑体量很大，尤其是进深过大，且无天井、中庭等通道时，自然通风就很难实现了。这时只好采用庞大的机械通风系统，增加投资、占据空间、增加运行能耗，而且还很难获得良好的室内空气质量。既然如此，为什么还要设计建造这些大体量、大进深建筑？难道造型和外观真的比室内环境、运行能耗还重要吗？只有出于某些建筑功能的需求而必须大进深者，才需要全面的机械通风换气。例如大型机场、车站这种大型公共空间，体育场馆、大型剧场这种公众活动聚集的空间，以及某些大型购物中心、综合商厦出于使用布局的原因而必须大跨度、大进深的公共建筑。这时很难有可以调控的足够量的自然通风，只好依靠机械通风方式维持室内的空气质量。怎样有效地使有限的室外新风集中解决人的活动区域的空气质量，从而减少无效通风量和过度通风，则是另外一些需要讨论的议题。

3.6 建筑的使用者是被动地接受服务还是可以主动参与

在第3.5节讨论了民用建筑与工业建筑最大的区别是为使用者服务而不是为生产工艺服务，第3.6节则讨论了使用者在维持室内空气质量中自行调节的重要作用。实际上，公共建筑实际的运行效果，包括能耗水平、室内环境效果、空气质量都取决于建筑、建筑服务系统、和建筑的使用者。这三者共同作用相互影响的结果最终决定建筑实际的性能。这里所谓建筑物的使用者指建筑物最终的服务对象。如办公建筑，使用者即使用办公室的办公人员，而并非建筑运行管理者或维护管理建筑物服务系统的运行操作者。那么，是应该由使用者还是由建筑物的运行管理者(对于全自动化的“智能建筑”来说是自动控制系统)决定建筑的运行状态，从而确定建筑物的实际性能呢？这是如何营造建筑环境这一主题下的又一个重要问题。

以办公建筑为例，实际建筑环境的调控状态是建筑运行管理者和使用者双方博弈的结果。一个极端是全自动化的“中央管理”系统，完全由自动控制系统或中央管理者操控管理建筑服务系统的每一个环节，例如灯光调控、窗和窗帘的开闭、空调系统、通排风系统等。使用者无需参与其中的任何活动，也不需要调整任何设定值，可完全被动地享受系统所提供的服务。这实际上是很多“智能”建筑所追求的目标；另一个极端则是完全由使用者操控管理室内状态，自行对灯光、窗和窗帘、空调、通排风装置进行开、关及调整，这往往被认为是无智能、落后的建筑。当然，实际的办公建筑，往往处于这两种极端状态之间，是管理者与使用者共同操控或者相互博弈的结果。那么，从营造生态文明、人性化的建筑环境出发，使用者与建筑服务系统之间的“人—机界面”应该是什么样的呢?

对于以满足工艺要求为主要目标的生产、科研性质的建筑环境，服务对象是生产和科研过程，使用者是这一过程的附属者，因此建筑环境的操控就完全是为满足工艺过程的要求，就应该是“中央调控”方式，在满足工艺参数的前提下优化运行实现节能。然而，以建筑的使用者为服务对象、以满足使用者要求为最终目的的民用建筑却很不相同。每个人对环境温度、通风情况、照明、阳光等的需要都不相同。即使是同一个人，当处在不同状态时，对环境的需要也会有很大的不同。当然，使用者并不苛刻，对各项环境指标都有可容忍范围。那么怎样把建筑环境状况调整到每个人都容忍的范围内，并尽可能使最多的使用者感到舒适满意呢? 这就是智能建筑的中央调控方式所努力争取的目标。然而，由于使用者个体之间的差异，由于一位使用者在不同状态下对环境需求的差异，也由于中央调控系统与使用者之间沟通渠道与方式的局限性，协调的结果往往使系统处在“过量供应、过量服务”状态：夏天温度过低、冬季温度过高、新风只能依靠新风系统而不可开窗、遮蔽全部太阳直射光等等。这样可以使得建筑使用者基本满意，或者通过一段时间的“训练”后逐渐适应，但其建筑方式不可能是前面3.4节所倡导的基于自然环境的建筑模式、建筑服务系统也只能是集中供应系统，不可能如3.5节所提倡的分散式，更谈不上3.6节的自然通风优先的保障室内空气质量模式，其结果就是高能耗。这就是为什么在美国、日本、中国香港和内地的多座高档次办公大楼中调查得到的结果：智能程度越高，实际能耗越高[5,6]。

实现建筑系统与终端使用者沟通的渠道一般为“需求设定值”。例如使用者通过改变温控器上的室温设定值来表述他对室温调节的要求。然而，大多数建筑的实际使用者并没有对舒适温度范围和室温设定值意义的专业知识，一座楼里会出现室温设定值分布在18～30℃的大范围。自动控制系统真的按照这样的设定值对各个建筑空间进行温度调控，就必然出现大量的冷热抵消、效率低下，也不可能实施什么利用室外环境的节能调节。面对这样的普遍现象，有些建筑或者尝试统一设定值、取消使用者自由调节的权利，或者把设定值可以调节的范围限制在一个很小的范围（如 22～25℃之间）。但这样取消或削弱末端使用者的调控权力实质上也就中断或弱化了服务系统与被服务对象之间的沟通，这又怎么能提供最好的服务呢？

实际上使用者对室内环境的需求并非是对单一参数的要求。温度、湿度、自然通风状况、室内气流场、太阳照射情况、噪声水平等多种因素综合相互作用影响。并且这种多因素对舒适与适应性的相互影响程度还因人而异，是一种辩证的综合的影响。目前很难通过人工智能的方法识别、理解使用者对诸多环境因素的综合感觉，因此只能是机械地对各个环境参数分别调控。这也极大地制约了中央调控方式充分利用自然环境条件实现节能的舒适调节的可能性。

什么是使用者的真正需求？对国内外办公建筑组织的多个问卷调查研究中，得到一致的结论是：使用者认为最好的服务系统是可以自行对室内各种环境状态（如温度、照明、遮阳、通风等）进行有效的调控。如果使用者能够开窗通风、拉开或拉上窗帘、自由开关灯、调控供暖空调装置给室内升温和降温，改变室内通风状况、平衡噪音与通风量等，使用者成为调控室内状况的“主人”，也就不再抱怨，而对服务感到满意。面对诸多调控手段，尽管智能系统难以做出正确判断和选择，但对任何一个普通的使用者来说却很容易。当室外出现雾霾或高温高湿的桑拿天气，使用者一定会关闭门窗；而当室外春风和煦时，开窗通风一定是必然选择。这些对人来说极简单的判断和操作，对智能系统却不易实现。这就是在试图满足分布在一定范围内的需求时，集中的智能控制与需求者的自行控制间的巨大区别。那么怎样最好地满足使用者的自行可调的需求？就需要建筑、系统和调控的三方面协同配合：

（1）建筑应为性能可调的建筑：开窗后可以获得良好的自然通风，关闭后可以保证良好的气密性；需要遮阳时可以完全阻挡太阳光射入，而喜欢阳光时又可以能够得到满意的阳光照射；需要时可以使使用者感觉到与自然界的直接联系，不需要时又可以让使用者避开与外界的联系从而感到安全、安静。

（2）服务系统应为独立可调的系统：可以在使用者的指令下，对室内温度、湿度、照明状况，通风状况、室内空气自净器状况进行调节，满足不同时间的不同需要。

(3) 使用者对建筑和服务系统的调节，可以是最传统的操作（如人工开窗、人工调整窗帘），也可以通过各种开关按键调动末端执行器去实现调节操作。在办公室工作的人不会因为需要起身开窗或启停空调器而抱怨或觉得建筑物的服务水平低下。反之，那些所谓的智能调节反而经常是给使用者一个无思想准备的突然干扰，或者在需要调节时迟迟不动，引起使用者抱怨。科学技术发展把人类从繁重的体力劳动和危害健康的劳动环境中解放出来，使得工作成为享受生活的一部分，但并不是取消人的任何活动，取消建筑使用者为调控自身所在环境所需要的一切简单操作。

(4) 此时，智能化节能系统可以起到什么作用呢？应该是协助性地弥补使用者可能疏忽的环节，避免不合理的能源消耗。例如，当识别出室内有一段时间无人，判断出办公室已经下班停用时，关掉照明、空调等用能设备；测出室内依靠自然采光获得的照度已经可以达到使用者开灯之后的室内采光水平时，关闭照明；判断出如果关闭空调供暖装置室温也可以维持舒适水平时，尝试关闭空调供暖装置；判断出室外环境恶化时，提醒使用者关窗等。也就是，各类调节由使用者主导，智能化系统辅助。智能化系统不主动启动任何耗能装置，只是在使用者由于遗忘而未关停时关闭不该开的装置。这样，既给予使用者以主人的地位，又尽可能避免由于遗忘造成的设备该关未关而出现的能源浪费。这样的智能化才真有可能实现进一步的节能！

国内外近二十年来都有不少公共建筑（尤其是办公建筑）能耗状况的调查，发现同功能办公建筑实际能耗相差悬殊的主要原因之一正是使用者行为的不同。而这种不同在很大程度上又是由于建筑与系统的调控模式给使用者不同程度的可操作空间所造成。对于相同的环境，与不具备调控能力的使用者相比，具有调控能力的使用者对环境的满意度更高。具有调控能力的使用者对环境的承受范围更广，不具有调控能力的使用者对环境的要求更为苛刻。这为平衡室内环境与建筑节能问题提供了新的思路。通过改变调控理念，给予使用者更大的调控力，同时再通过各种方式的文化影响去营造人人讲绿色、人人讲节能的文化气氛，才有可能实现最大程度的建筑节能，实现我们规划的未来建筑用能目标。

3.7 市场需要什么样的公共建筑

本书第6章介绍了一批低能耗办公建筑的最佳案例：深圳建科大楼、上海现代申都大厦、广州设计大厦、山东安泰节能示范楼等。从这些办公建筑的实践中可以在不同程度上找到以上诸理念的影子。很可能这些设计者并不一定有意识地从这些理念出发，而是我们从他们的这些成功实践中以及我国更多的建筑实践的正反两方面的工程案例中逐渐提炼出来得到如上认识。进一步分析的话，可以发现从上述理念出发确定建筑形式和服务系统形式，采用创新的技术措施进一步提高建筑和系统性能，精心管理从每一个环节入手优化运行，这三点是这些案例得以在提高服务质量和实现低能耗运行间达到平衡，既提供了上乘的建筑服务，又真正实现了低运行能耗的关键。值得注意的是，这些最佳案例的业主同时也都是设计者和建筑物的最终使用者，都是自己出资为自己营造的办公楼。为什么就没找到一座按照建筑市场目前的标准模式由投资方、设计方、经营方合作建造成功的真正具有显著节能效果、可以与前面几座办公楼有一比的建筑呢？为什么各地许多集成了各种节能技术的示范楼最后都背离了前述理念，也并没有真正实现低能耗呢？本节试图分析一下这些事实背后深层次的原因。在总结这些最佳实践案例的设计与建造过程，发现如下两个特点：

（1）这些项目的基本出发点是什么？是为了自用，不为出租、不为出售，不必追求市场形象。项目的基本出发点就成为怎样使得盖好的楼最好用，最节能。而如果建造的目的是为了出售、为了出租，则首先追求的是建筑的“档次”、“形象”，这对于在销售和出租市场上运作和获得成功至关重要。例如：现在很多地区认为VAV（变风量空调）是高档办公楼空调方式的必选方案，否则就不够“五星级”。而如果是采用分体空调，可能连“两星级”都不够了。这样，VAV这种空调就成了“屡战屡败、屡败屡战”的办公室空调形式。尽管很多实际工程运行案例表明，VAV方式的空调能耗高、新风保障程度差，很难真正实现理想的调节效果，但由于已经形成这种VAV文化，为了上档次，投资、效果都可以让位。为了迎合客户的需求，设计部门也只好违心地采用这些他们也知道并不节能或者并不好使的技术。“说实话”、实事求是的原则在这里大打折扣。反之，一些社会上流行的节能新技术、高技术却无论其是否真的节能、真的好使，即使作为装饰和招牌，也可以采用。这种“土豪文化”可能是目前真正的节能理念和有效的节能技术不能被业主接受，而许多并不实用的装置、并不节能的高新技术却能够得到市场的吹捧的实质原因。也是这种土豪文化，在新建的大型公共建筑领域比最高、比豪华、比各类玻璃幕墙的采用、比各种超大型LED屏幕的兴建，巨大的社会资源投入，既不能给使用者带来真正的舒适环境，又增加了运行维护费。同时对城市环境还是一种文化污染和亵渎，使城市更加远离宁静，使人心浮躁。这种土豪文化是目前城市建设中贪大求洋不求实效的文化根源，也是导致目前建筑市场这种图虚名不看实效的文化基础。重新回到“安全、实用、经济、美观”的建筑基本原则来，需要重塑城市文化！

（2）前面提到的这些案例，由于都是给自己盖的办公楼，舒适否、经济否将直接构成对自己的未来使用的效果，所以这些项目在设计中做了大量的分析论证。例如，深圳建科大楼项目的前期设计研究与论证工作所投入的人力大约十倍于同样规模的办公建筑设计所需工作量。正是这种不计成本的精心设计，反复论证，才能使得在方案上能够找到最适合当地环境又适合于自己未来实际使用模式的建筑和系统方案，也才能使得部品的选取、建筑的细部、施工图设计等都能体现总体方案和理念，使得设计理念得到真正的实现。这种不计人力成本的精心设计是这几个案例得以实现的又一原因。而现今激烈竞争的设计市场，除了在建筑师方案上的非理性竞争，剩下的就是压缩成本，抢时间、赶速度、比功效。这就很难容许设计院这种并不增加图量、并不增加花销的这种巨额人力投入。而实际上正是这样的深入研究论证和在每个细节上的严格落实才是出真正的精品建筑的关键。在这些环节上的投入远比虚的炒作投入和实的部件投入更能对业主产生长远效益。盖楼是百年之计，为什么不能在建造过程中投入更多的理性，使其在百年中得到更大的效益呢？

在这样的设计市场和文化下，比高，比豪华，比奢侈的“土豪文化”，加上各种设备厂家以“节能环保”、“最新技术”为标牌的轮番轰炸，再加上低廉的设计费用、苛刻的研究条件，连推带拽，自然就成就了目前这些大量技术堆砌、毫无实用价值、既不舒适又不节能的“高档建筑”。而为自己建造办公楼时，清醒者却能“狂风暴雨”不动摇，求实、求真，并做出好作品，产生好效果。这是因为在为自己干，做自己的窝。一成一失，一左一右，其区别是建筑文化和建筑设计与建造市场的机制。那么，在我们大规模城镇化建设的时候，是否应该同时关注和开始文化的建设与机制的改革？营造适宜的土壤，使得这些符合生态文明理念的真正绿色建筑也能在通常的设计和建造市场上产生出来呢？

3.8 生态文明的发展模式

党的十八大提出要“把生态文明融入到经济建设、政治建设、文化建设和社会建设中”。这给出了我国今后社会发展和经济发展的基本原则，也更明确了开展建筑节能工作的总纲。纵观人类的文明发展史，可以认为是经过了原始文明、农耕文明、工业文明和生态文明四个历史阶段。在农耕时代，人类无驾驭自然的能力，受科学技术与生产力发展的限制，人类完全拜倒在自然面前，只能在自然条件容许的框架下进行人类活动。这是农耕文明的产生和发展的经济基础，也形成至今的宗教、神。进入工业革命后，人类驾驭自然的能力得到空前的提高，从而进入了大规模开发利用自然资源，以满足人类的各种需要的工业文明阶段。科学技术的进步使得生产力有了前所未有的发展，人类的生存条件、文化、社会也得到充分的发展。在工业文明阶段，人与自然的关系是人类充分挖掘利用各类自然资源，以满足人类发展的需要，满足人类的欲望。在工业革命初期，人类对自然的开发利用的活动还很少能影响到自然界状况，而这种开发却极大地促进了人类的进步，因此无可非议。然而随着工业文明的发展，人类对自然的挖掘活动已经强大到足以影响到自然界本身的变化时，人类与自然应该是什么关系就需要重新考察和审视了。面对“资源约束趋紧、环境污染严重、生态系统退化的严峻形势”，人类就必须改变自己的文明发展模式，由最大程度的挖掘自然以满足自身的无限需求的发展模式改变为在人类自身的发展与自然环境的持续之间相协调的发展模式。这就是生态文明的发展模式。这是人类发展史上的一个新的阶段，也是一个新的飞跃。从生态文明的发展模式出发，反思以往的工作，就会对许多事情有新的认识和看法。对发展绿色建筑的目的、方式，对实现建筑节能的途径、做法，对城镇化建设模式、方向等方面的争论实质上都可以从生态文明还是工业文明这样两种不同的人类与自然的关系上找到答案。所以，从理论上弄清生态文明对城镇化发展的要求，从实践上真正把生态文明融入到建筑节能的各项具体工作中，才可能真正从“形式”到“实质”，从根本上实践好建筑节能工作。

参考文献

[1] Hiroshi Yoshino, Strategies for carbon neutrailization of buildings and communities in Japan (PPT), Tohoku University.

[2] C. Dimitroulopoulou, J. Bartzis. Ventilation in European office: a review, University of West Macedonia, Greece.

[3] Xin Zhou, Da Yan, Guangwei Deng. Influence of occupant behaviour on the efficiency of a district cooling system. BS2013-13th Conference of International Building Performance Simulation Association, P1739-1745, August 25th-28th, 2013, Chambery, France.

[4] 常良，魏庆芃，江亿．美国、日本和中国香港典型公共建筑空调系统能耗差异及原因分析，暖通空调，2010年第40卷第8期，25-28.

[5] 王福林，毛焯．实现智能建筑节能功效的技术措施探讨，智能建筑，2012年第11期，54-58.

[6] 张帆，李德英，姜子炎．楼控系统现状分析和解决方法探讨，2011年第10期．

第4章　公共建筑节能技术辨析

4.1　自然通风与机械通风

通风是维持室内良好的空气质量的重要手段，如何通过合理的通风方式，营造一个健康、舒适、节能、可靠的建筑室内环境，一直以来都是建筑环境领域的重要课题。特别近年来，一方面室内由于装修、家具等产生各种可挥发有机物（VOCs）的室内污染，另一方面室外由于雾霾、PM2.5等室外大气污染，都对如何合理设计室内通风提出了新的挑战。而实现室内通风的方式主要包括自然通风和机械通风两种方式，因而自然通风和机械通风两种方式下实际室内环境状况怎样，如何设计合理的室内通风方式，提高室内空气品质水平，改善舒适性与保证健康，是一项亟待解决的问题。

4.1.1　自然通风与机械通风系统运行状况调研

为了深入了解不同通风方式下实际室内环境状况的差异，清华大学2013年暑期对北京的8栋自然通风的办公楼，以及北京、广州、中国香港地区的10栋机械通风的办公楼室内逐时温湿度、CO_2浓度、开窗状态等进行了测试，并采用CO_2浓度作为表征室内污染物浓度的一个总体指标，用以分析不同通风方式下的室内环境水平。同时对这些测试案例办公建筑中的160余名职员进行了问卷调查和访谈，对开窗通风的方式、个体感受等进行了调研，以作为不同通风系统实际运行状况研究的基础数据。

（1）自然通风案例测试结果

本次调研测试共选取位于北京地区的8栋自然通风办公建筑，进行了室内逐时温湿度、CO_2浓度和开窗状态等测试，其中测试案例建筑的基础信息如表4-1所示：

自然通风案例建筑基础信息表 表 4-1

案例	地点	建筑面积（m^2）	楼层数	系统方式	外窗是否可开启
A	北京	20000	20	FCU+新风不开	是
B	北京	40000	30	VRF+无新风	是
C	北京	10000	5	FCU+新风不开	是
D	北京	30000	25	水环热泵+新风不开	是
E	北京	7000	4	VRF+无新风	是
F	北京	30000	11	VRF+无新风	是
G	北京	8000	12	VRF+无新风	是
H	北京	9000	10	VRF+无新风	是

图 4-1 为北京地区的 8 栋自然通风办公建筑的逐时室内 CO_2 浓度测试结果，从测试结果可以看到，案例中 CO_2 浓度在 400～1800ppm 之间，浓度最低的案例 CO_2 浓度为 400～900ppm。CO_2 的浓度日变化显著，这是由于人员的在室和开窗通风所共同造成的。

图 4-2 为此 8 个案例建筑 CO_2 室内浓度范围的测试结果对比，可以看到大多数案例的 CO_2 浓度可以控制在 1200ppm 以下，基本满足室内需求。

（2）机械通风案例测试结果

本次调研测试同时也选取了位于北京、广州、中国香港地区的 10 栋机械通风办公建筑，进行了室内逐时温湿度、CO_2 浓度和开窗状态等测试，测试案例的新风系统在工作时间段内连续工作，其中建筑的基础信息如表 4-2 所示。

机械通风案例建筑基础信息表 表 4-2

案例	地点	建筑面积（m^2）	楼层数	通风方式	外窗是否可开启
A	北京	100000	25	机械通风	否
B	北京	300000	22	机械通风	否
C	广州	150000	30	机械通风	否
D	北京	80000	27	机械通风	是
E	北京	65000	20	机械通风	否
F	广州	100000	30	机械通风	否
G	香港	150000	11	机械通风	否
H	香港	60000	5	机械通风	否
I	北京	70000	20	机械通风	是
J	北京	30000	11	机械通风	是

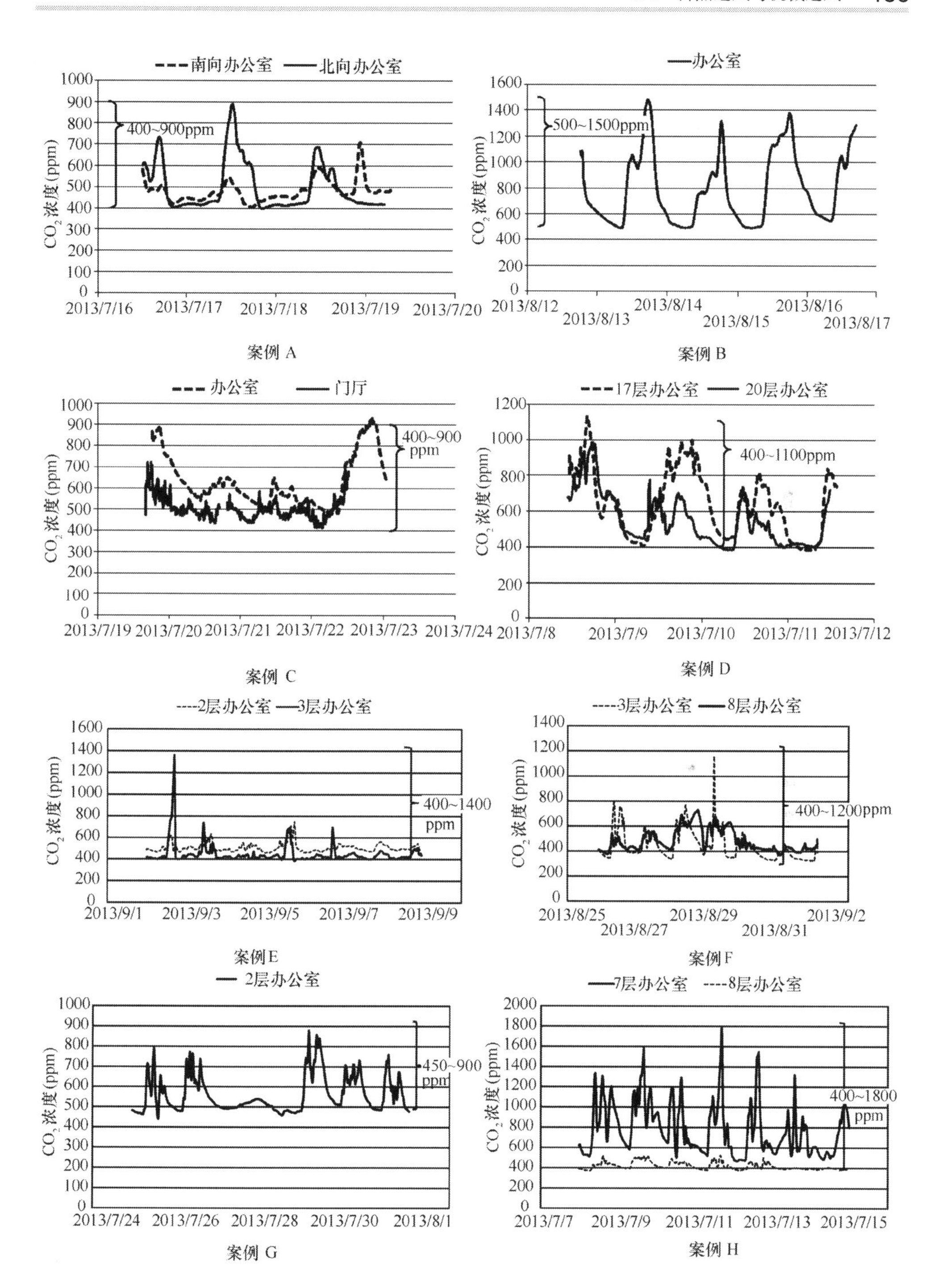

图 4-1 自然通风办公建筑逐时室内 CO_2 浓度测试结果

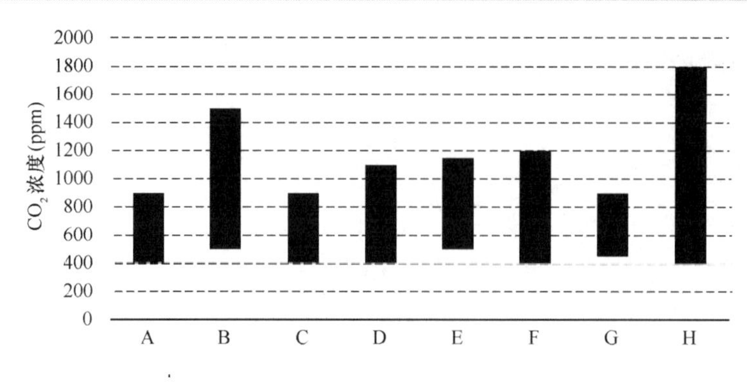

图4-2 自然通风案例建筑 CO_2 室内浓度范围对比

图4-3为10栋机械通风办公建筑的逐时室内 CO_2 浓度测试结果，从测试结果可以看到，案例中 CO_2 浓度在400～1800ppm之间，浓度最低的案例 CO_2 浓度为400～1600ppm。CO_2 的浓度日变化与自然通风案例相比同样显著，这主要是由于人员的室内活动所造成的。

图4-4为此10个机械通风案例建筑 CO_2 室内浓度范围的测试结果对比，可以看到与自然通风案例类似，大多数案例的 CO_2 浓度可以控制在1200ppm以下，基本满足室内需求。从另一个角度来看，在本次调研测试的案例中，自然通风与机械通风案例的室内 CO_2 浓度差异不大。

(3) 关于开窗通风需求的问卷结果

为了深入了解案例办公建筑中职员开窗通风的行为方式，以及他们对外窗的个体感受以及外窗可开性的要求，对这些测试案例办公建筑中的160余名职员进行了问卷调查和访谈，以作为不同通风系统实际运行状况研究的基础。

如图4-5和图4-6分别为开窗通风行为和关窗行为的驱动力调研结果分布图，可以看到，这种开关窗行为是用户的一种非常重要的室内环境调控手段，用户通过开关窗可以同时实现通风换气和维持室内良好的热环境。而且这种调节是一种动态的主动的调控，这与机械通风提供的恒定通风是非常不同的。

同时，如图4-7所示，在160个问卷调查样本中，82.5%的受访者非常希望工作环境中有外窗，同时80.6%的受访者觉得非常希望外窗可以开启。这在一定程度上说明用户期望能够通过开启外窗来实现自己主动的室内环境控制。

(4) 调查与测试的总结

通过以上案例测试和问卷调查的工作，可以得到以下初步结论：

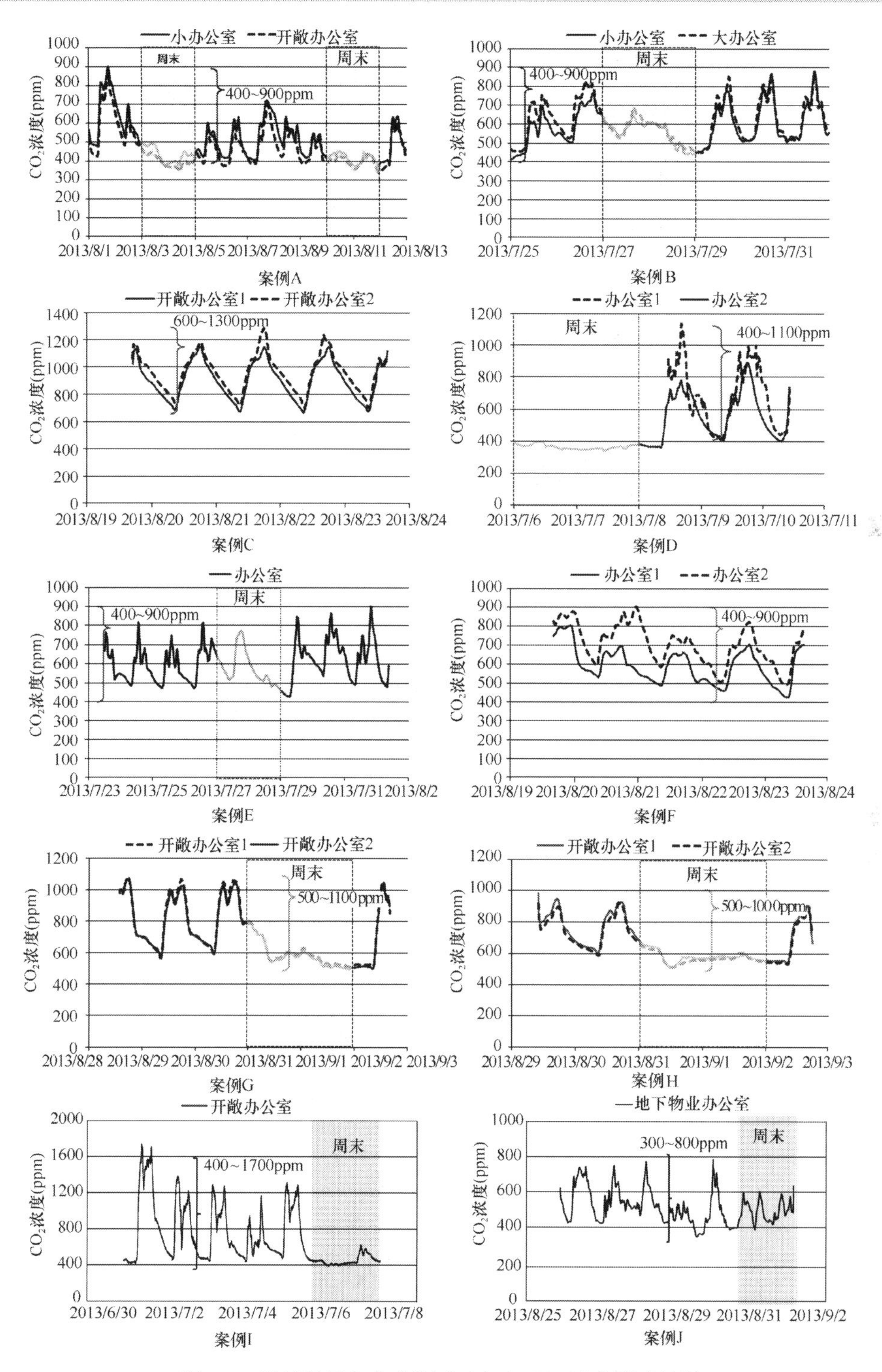

图 4-3 机械通风办公建筑逐时室内 CO_2 浓度测试结果

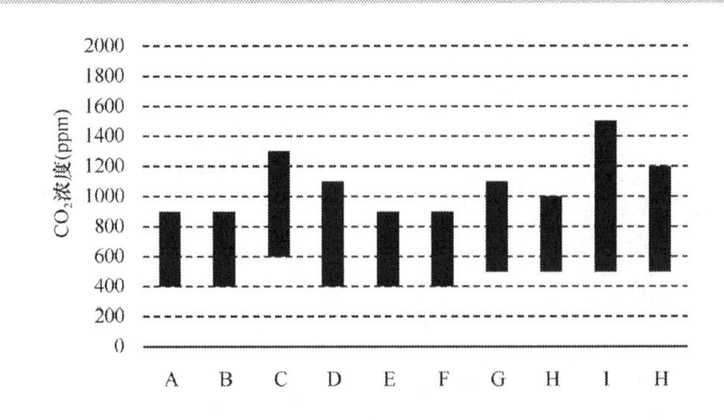

图 4-4 机械通风案例建筑 CO_2 室内浓度范围对比

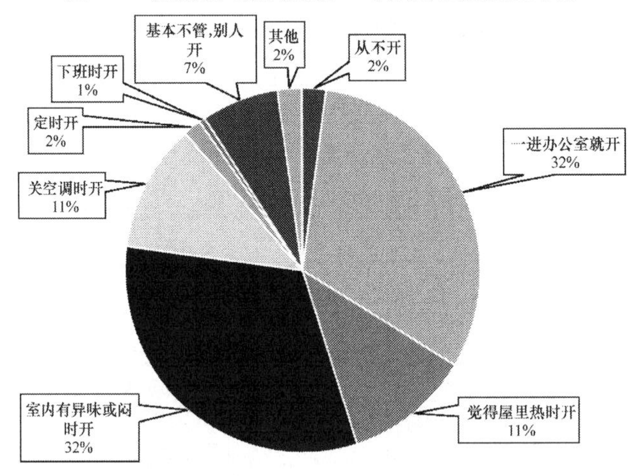

图 4-5 开窗通风行为的驱动力调研结果分布图

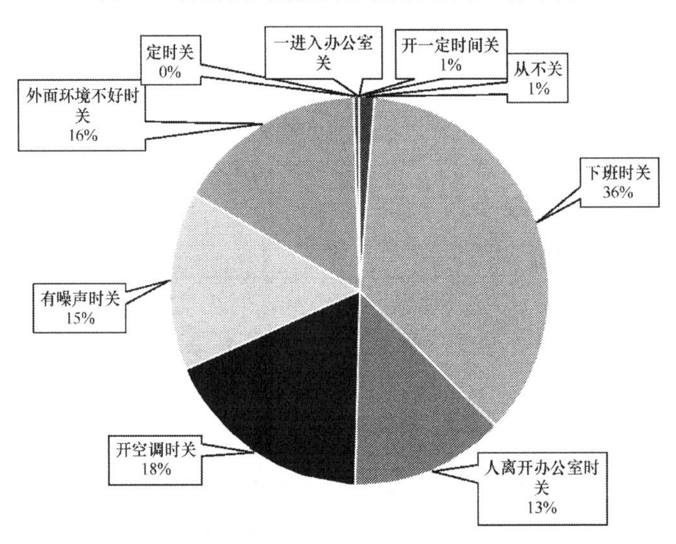

图 4-6 关窗行为的驱动力调研结果分布图

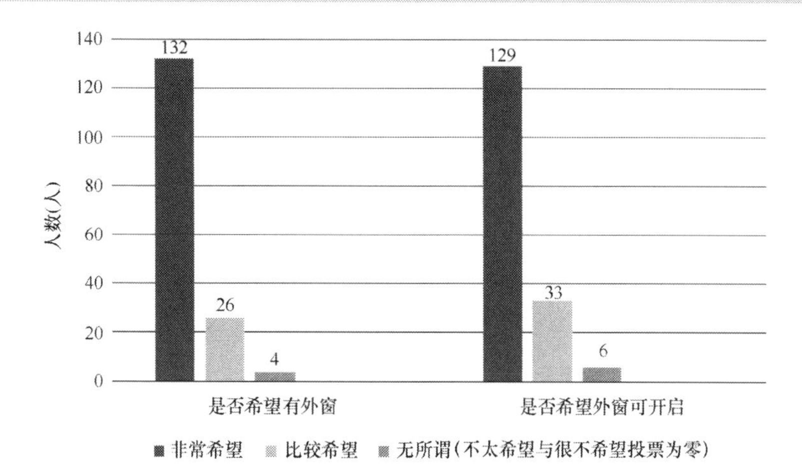

图 4-7 对外窗的个体感受和外窗可开性要求的调研结果

1）在本次调研测试的案例中，自然通风与机械通风案例的室内 CO_2 浓度差异不大。

2）这种开关窗行为是用户的一种非常重要的室内环境调控手段，用户通过开关窗可以同时实现通风换气和维持室内良好的热环境。

3）绝大部分用户期望能够通过开启外窗来实现主动的室内环境控制。

4.1.2 自然通风与机械通风方式的分析

（1）连续式通风与间歇式通风对室内 CO_2 浓度影响的对比

通过以上案例测试的工作，可以看到自然通风与机械通风案例的室内 CO_2 浓度差异不大，为什么连续式的通风方式与间歇式的开窗通风方式的室内 CO_2 环境却很接近？是否可以通过短时间的几次开窗大量通风来替代持续定量的通风方式？为了进一步分析这一问题，对一间 30m^2 的普通办公室进行逐时的室内 CO_2 浓度计算，来分析这两种不同方式通风的影响。

案例房间的计算设定如下：层高为 3m，最多人数为两人，在室人数的逐时变化如图 4-8 所示，额定新风量为 60m^3/h，即 30m^3/（h·人），每人的 CO_2 产生量为 20L/（人·h），无新风时窗户渗风为 0.3 次/h，开窗通风时换气次数为 2.0 次/h，室外 CO_2 浓度按 400ppm 进行计算。

如该案例办公室采用连续式定量的机械通风方式，其逐时通风量如图 4-9 所

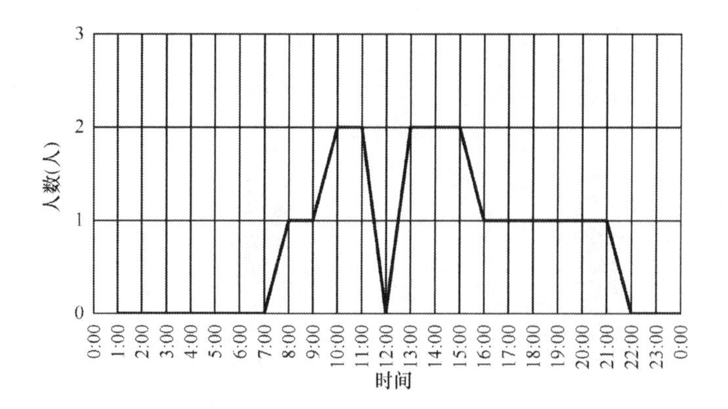

图 4-8 案例办公室在室人数的逐时变化

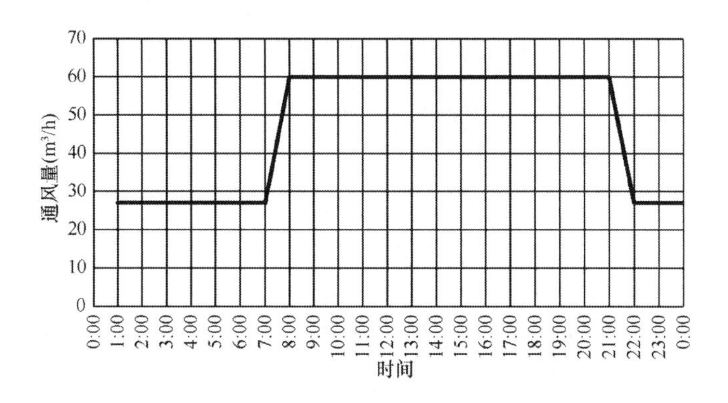

图 4-9 机械通风案例办公室通风量的逐时变化

示，其中 8：00～21：00 通风量为 $60m^3/h$，其余时刻为 0.3 次/h 的渗风量。图 4-10为机械通风案例中办公室室内 CO_2 浓度的逐时变化，通过计算结果可以看到，

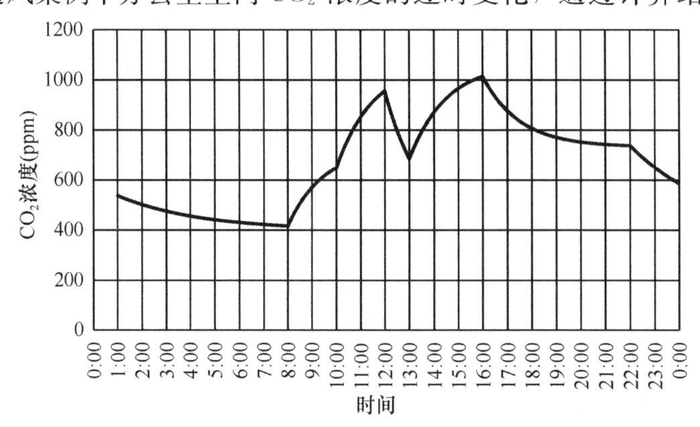

图 4-10 机械通风案例办公室室内 CO_2 浓度的逐时变化

机械通风方式可以将室内 CO_2 浓度控制在 1000ppm 以内，室内 CO_2 浓度随着室内人数的变化而产生波动。

如果该案例办公室采用间歇式开窗实现的自然通风方式，其逐时通风量设定如图 4-11 所示，其中早晨 11：00 和下午 14：00 开窗通风，通风量为 2.0ACH，每次一小时，其余时刻关窗为 0.3ACH 的渗风量。图 4-12 为自然通风案例中办公室室内 CO_2 浓度的逐时变化，通过计算结果可以看到，自然通风方式同样可以将室内 CO_2 浓度控制在 1000ppm 左右，而无需持续提供定量的新风，这是由于当开窗大量通风换气后，可以将室内的 CO_2 水平置换为室外 CO_2 的水平，而室内具有一定

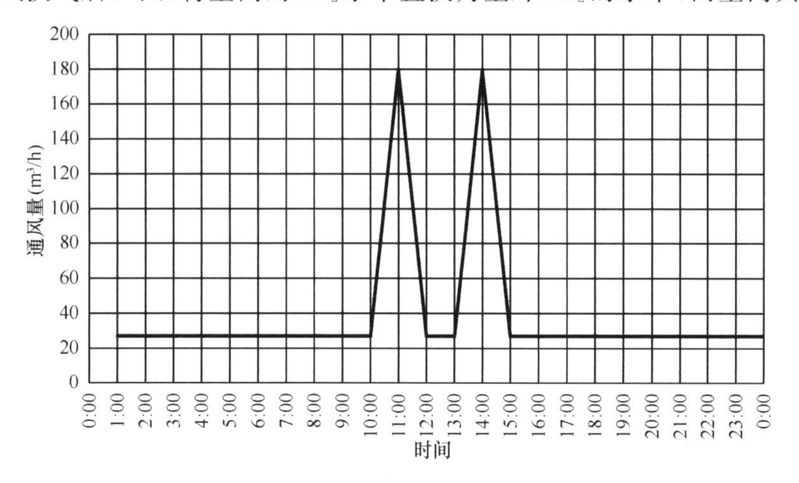

图 4-11 开窗通风案例办公室通风量的逐时变化

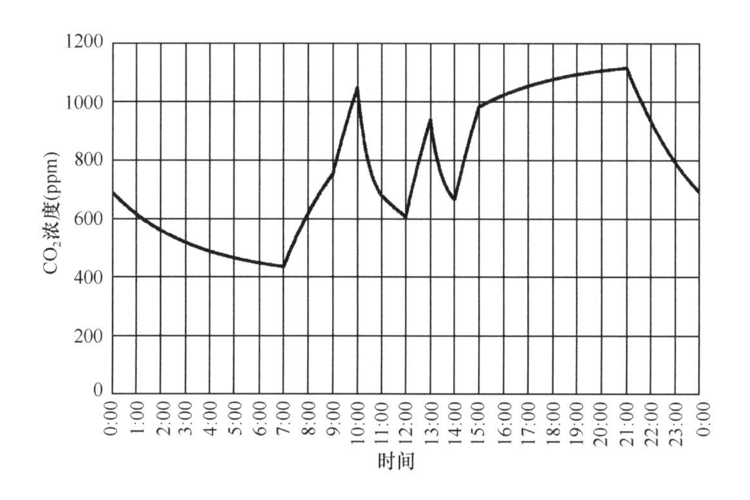

图 4-12 开窗通风案例办公室室内 CO_2 浓度的逐时变化

的体积，关窗后还需要一定的时间才能使 CO_2 水平升至1000ppm，而另一方面室内人员数量也是不断变化的，开窗通风的方式可以很好的适应这一人员数量变化而带来的通风量需要。

因此以上计算案例可以解释为什么案例测试中看到连续式的通风方式与间歇式的开窗通风方式的室内 CO_2 环境却很接近的原因。由于开窗通风的方式具有快速置换的能力，而且可以根据室内实际人员的需求进行适应，而由于房间具有一定的空气容积，因此 CO_2 的浓度变化不是瞬时变化的。因而对于具有室内人员密度低、人员活动随机性大、房间进深小特点的中小型办公室而言，可以通过开窗通风的方式来替代持续定量的机械通风方式来满足室内空气品质的需要。

（2）连续式通风与间歇式通风对空调耗冷量的对比

如果采用间歇式的开窗通风方式，是否会由于大量通风而造成空调耗冷量的大量增加，从而大幅增大空调系统能耗？为了进一步分析这个问题，采用建筑能耗模拟软件DeST对上节相同的 $30m^2$ 的普通办公室进行逐时的空调耗冷量的计算与分析，用以分析这两种不同方式通风对空调能耗的影响。

图4-13～图4-15为机械通风案例与开窗通风案例在夏季最热典型日的逐时耗冷量、通风量和室温对比，可以看到由于开窗通风，造成在11点和14点时的耗冷量要大于机械通风案例，但由于末端容量的限制，因而在这两个时刻室内温度高于空调设定值26℃。而在其他一些时刻，由于渗风量小于新风量，因而在这些时刻

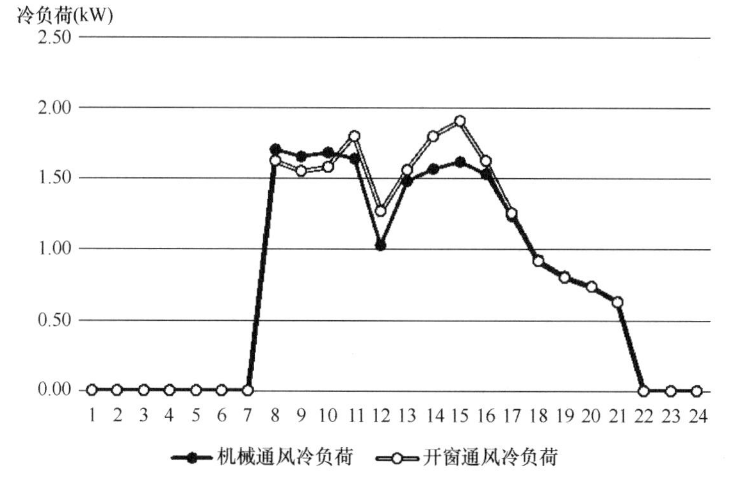

图4-13 夏季最热典型日机械通风与开窗通风案例逐时耗冷量对比

开窗通风案例的耗冷量要略小于机械通风案例。综合起来，在最热典型日，开窗通风案例的累计耗冷量要略大于机械通风案例。

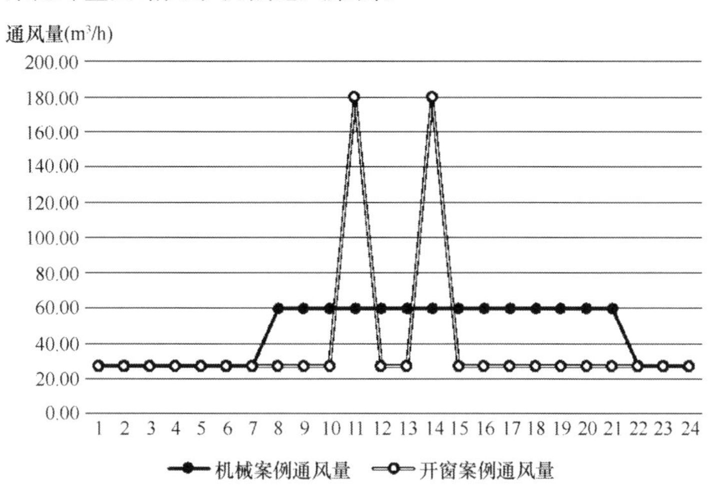

图 4-14　夏季最热典型日机械通风与开窗通风案例逐时通风量对比

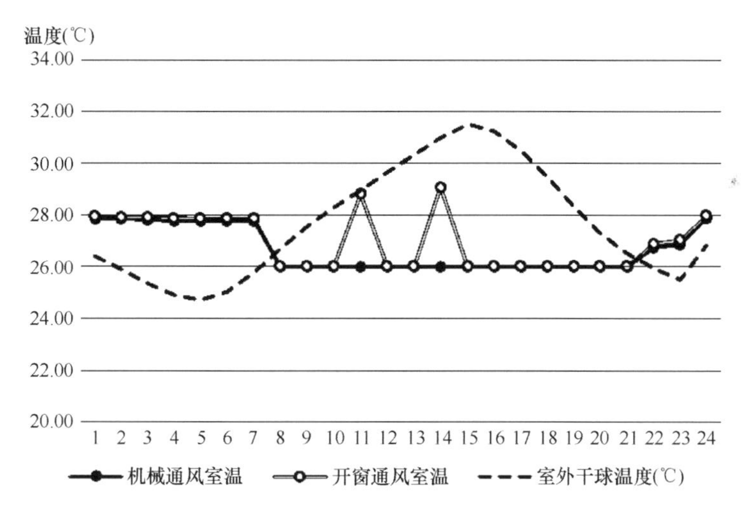

图 4-15　夏季最热典型日机械通风与开窗通风案例逐时室温对比

图 4-16～图 4-18 为机械通风案例与开窗通风案例在初夏季典型日的逐时耗冷量和室温对比，可以看到由于在初夏季，室外温度较为凉爽，开窗通风案例的耗冷量要显著低于机械通风案例。在初夏季等过渡季节，开窗通风案例的累计耗冷量仅为机械通风案例的 1/2。

综合到全年累计耗冷量方面，图 4-19 为机械通风案例与开窗通风案例累计耗

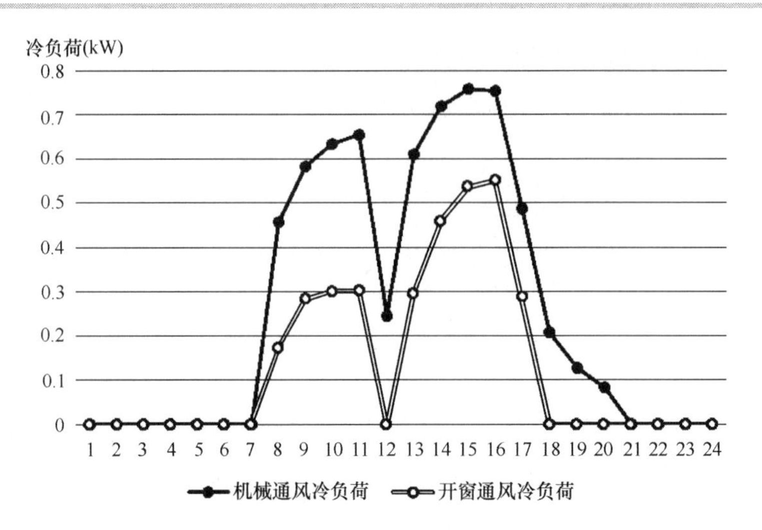

图 4-16 初夏季典型日机械通风与开窗通风案例逐时耗冷量对比

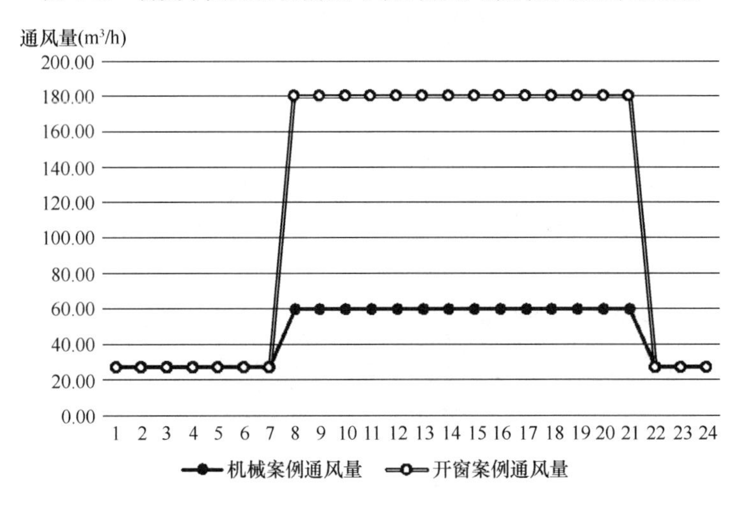

图 4-17 初夏季典型日机械通风与开窗通风案例逐时通风量对比

冷量的对比，可以看到开窗通风案例的累计耗冷量反而要低于机械通风案例，这说明由于开窗通风，虽然在最热季节略增加了耗冷量，但是在过渡季等时间，开窗通风的耗冷量将大幅低于机械通风的案例。同时考虑到机械通风系统的耗电量，因而自然通风系统可以在实现同等室内空气品质的同时，也可以有效降低空调系统的能耗。此外开窗通风时，当室外出现极端高温或空气品质差的天气，用户可以选择不开窗，或改时间开，从而实现空气质量与冷热之间的需求平衡，这可使极端天气下的能耗有所降低，同时室内热状态不会太恶化。同时当室内无人时，开窗通风的案

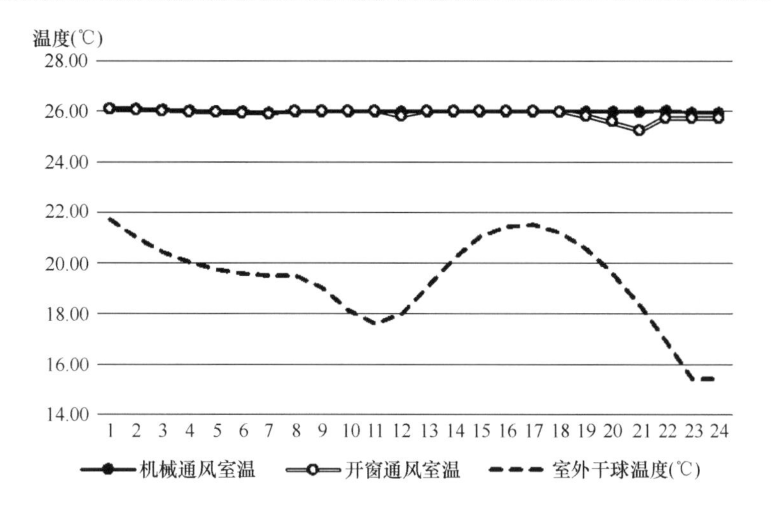

图 4-18 初夏季典型日机械通风与开窗通风案例逐时室温对比

例中风机盘管或分体空调可以不开，无需风机的能耗，而机械新风系统却无法关闭对这间房间的送风。以上因素都造成了开窗通风的系统的实际用能量低于机械通风系统的用能量。

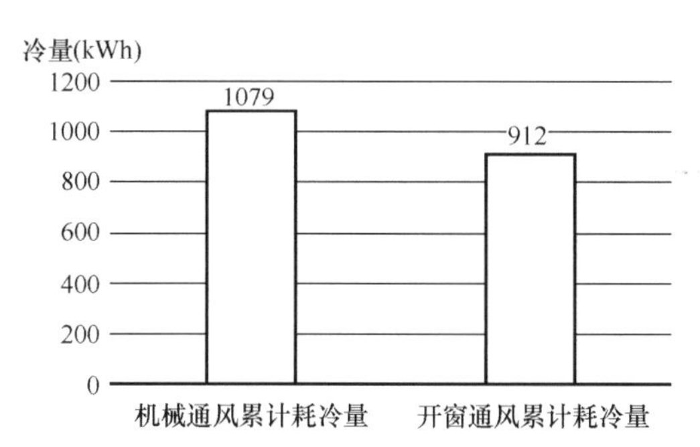

图 4-19 机械通风与开窗通风案例累计耗冷量对比

4.1.3 总结

通过开窗的自然通风方式与机械通风方式是两种不同的室内环境营造方向和理念，一种是与室内用户密切结合，通过不定量、间歇、反馈的方式调节室内的空气品质、热湿参数和降低能耗，另一种是通过定量、持续、恒定的方式为室内提供服务。通过以上室内环境的测试与计算分析我们看到，通过开窗的自然通风换气方式是目前我国目前广泛接受且期望的一种方式，其室内空气品质的实际状况与机械通风系统的案例水平相同，而用能量却普遍低于机械通风系统。因而对于具有室内人员密度低、人员活动随机性大、房间进深小特点的中小型办公室而言，这种通过开窗的自然通风方式应该是更为适宜和推荐的技术方式。

4.2 空调系统末端的能耗、效率及影响因素

空调系统末端风机电耗占建筑总电耗比例较大，例如，图4-20为4个分处不同气候区的公共建筑各项电耗的比例，都采用全空气空调系统形式，其中风机能耗与冷站能耗接近，占到总电耗的15%～30%（图中："空气侧"表示空调系统末端风机电耗）。本节讨论风机盘管和全空气这两种公共建筑中常见的空调末端形式的能耗状况，主要围绕两个问题：一是对于办公室来说，变风量系统和风机盘管系统哪个更好；二是当公共建筑确实需要采用全空气系统时，如何让系统能够高效节能的工作。

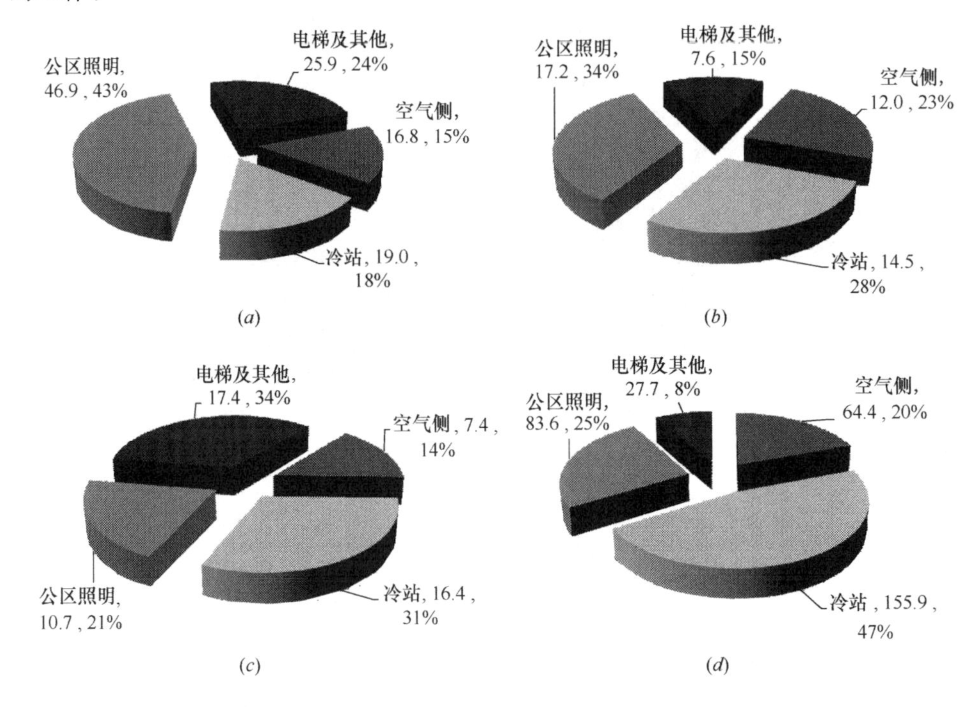

图4-20 分处不同气候区、采用全空气空调系统的典型公共建筑各项电耗比例

(*a*) 北京某商场全年电耗；(*b*) 沈阳某商场全年电耗；(*c*) 成都某商场全年电耗；

(*d*) 香港某商场全年电耗

4.2.1 办公楼末端是变风量还是风机盘管?

办公楼末端采用变风量还是风机盘管，这是近年来不断争论的一个问题。办公建筑采用变风量方式（即 VAV）被市场上认为是高档办公楼的“标配”，还被认为是提供高品质空调的方式，那么，和我国办公建筑最常用的风机盘管加新风系统相比，变风量系统的能耗到底怎样呢?

变风量空调系统作为全空气系统的一种，是在以前多房间、多区域定风量空调系统上，为了改善末端风量分配不均造成冷热失调而发展出来的。与末端不能调节的系统相比，可以较好地满足同一个系统、不同房间的不同需要，与定风量加末端加再热调节的系统相比要节能。但在我国，相对于风机盘管系统，变风量系统运行能耗高，实际使用效果舒适性并不令人满意，并且存在一定隐患。

(1) 运行能耗高

大量的研究和实测表明，变风量系统的运行能耗明显高于风机盘管系统，如图4-21所示为体量、功能、地区相近相似的位于内地的5座采用风机盘管系统、4座采用变风量系统的建筑，另外还有位于中国香港的4座采用变风量系统的建筑共13座建筑的空调总运行能耗，其中风机盘管建筑的空调总运行能耗均在25kWh/(m^2·a) 以下，而变风量系统的空调总运行能耗是风机盘管系统的2～4倍以上。变风量系统的能耗高，原因有如下几个方面：

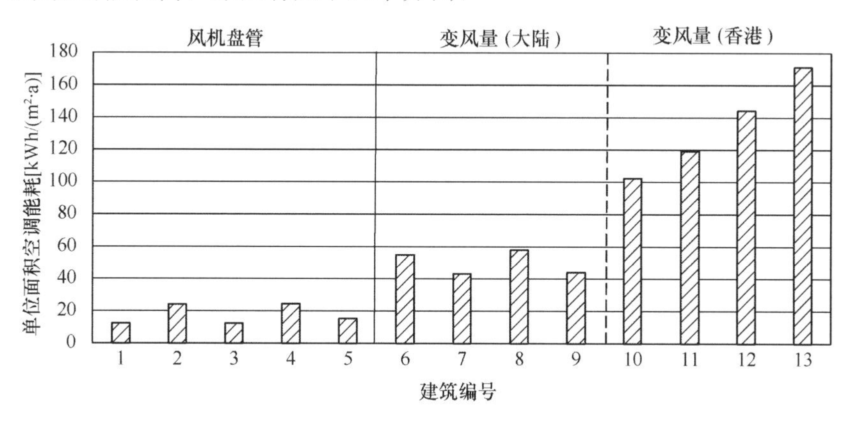

图4-21 风机盘管与变风量系统空调电耗

1) 风机扬程

由于采用空气输送冷热量，全空气系统风机需要提供更高的风机扬程，通常为几千帕，表4-3为5个建筑中主要使用的空调箱的风机扬程列表；而风机盘管风机只需要克服局部空气循环的阻力，所用风机扬程只需要几百帕，表4-4为市场上5个较知名厂商的风机盘管的风机扬程。因为风机功率正比于空气体积与风机扬程的乘积，所以处理同样体积的空气，全空气系统的风机功率是风机盘管系统的7～10倍。

空调箱风机扬程 **表4-3**

	风机扬程（Pa）			
项目1	371	634	736	1536
项目2	518	704	1293	1587
项目3	813	1152	1440	1728
项目4	1165	1267	1280	1850
项目5	1440	1702	2125	5606

风机盘管风机扬程 **表4-4**

	风机扬程（Pa）		
品牌1	160	189	259
品牌2	179	218	230
品牌3	198	230	275
品牌4	211	269	314
品牌5	250	262	269

2）部分房间使用时的关闭特性

办公室经常处于部分房间使用的状态，此时不使用的风机盘管可以关闭，减少系统的能耗。而变风量系统并不能单独关闭某个末端，甚至一个变风量系统中只有少数几个房间使用时，也要开启整个系统，在房间使用量减小时，风机输配能耗不能降低，同时给系统增加了没有必要处理的冷热量，使得整个空调系统的能耗无法降低。多房间同时使用率越低，相应空调系统的能耗浪费就越严重。

3）负荷不均匀时的调节特性

首先，对于不同的房间温度设定值，风机盘管可以很容易的调节，而变风量系统则调节困难，为了达到控制目标，会导致系统的风量过大。第二，在各房间之间负荷差异较大时（尤其是过渡季），风机盘管的水阀采用通断控制，风机采用低速或者通断运行，风机电耗和水系统电耗都会相应降低。而国内变风量系统不能加装再热装置，所以为了降低冷热失调时，系统只能提升送风温度，大幅度降低送回风温差，导致总风量加大，风机电耗增加。

虽然系统送回风温差减小，但同时系统总负荷也降低，而总风量是二者的商，为何一定增大呢？这里以一个案例进行说明。图 4-22 所示为某坐落于香港的建筑，同一变风量系统包括 55 个房间，对比在 8 月 1 日 10：00 和 2 月 1 日 10：00 两个时刻的情况。图中右边主图为各房间的负荷一风量特性，纵坐标为负荷大小，横坐标为风量大小，各房间均落在该系统送风温度所对应的一条直线上；左边副图表示两个时刻各房间的负荷分布，纵坐标与主图相同为负荷大小，横坐标为各负荷的房间个数；下边副图表示两个时刻房间的风量分布，纵坐标为各风量的房间个数，横坐标与主图相同为风量大小。由图中可见，在 8 月该时刻，系统用 17℃送风，各房间落在主图 17℃所对应的直线上，该变风量系统能够处理 600～3000W 的负荷，即图中实横线范围内，此时除两个房间过热外，其余房间均能控制到所设定的温度；而在 2 月该时刻，若依然采用 17℃送风，会有 14 个房间出现过冷，为了减少过冷的房间数量，系统必须降低送风温度，而此时会出现过热的房间，即此变风量系统已经无法满足所有的房间了。此时按照过冷与过热房间总数最小的情况，选择 19℃送风，各房间落在主图 19℃所对应的直线上，该系统只能处理 400～2200W

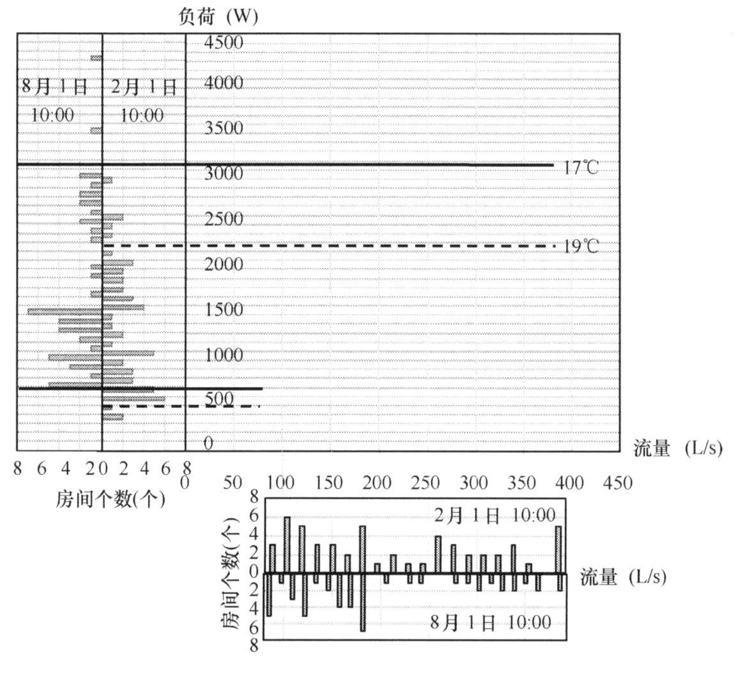

图 4-22 整体负荷下降导致风量上升

范围内的负荷，即图中虚横线范围内，此时有3个房间过冷、5个房间过热。对比两种情况，由于负荷一风量直线的斜率减小，在2月该时刻有更多的房间风量处于较高的风量，所以总风量要高于8月该时刻的总风量。

（2）舒适性差

在投入了较高的投资和运行能耗后，变风量系统却表现出了更差的舒适性，表现在两个方面：

1）冷热失调

由于变风量系统的调控范围较小，在房间负荷差异较大时会出现比较明显的冷热失调。图4-23所示房间温度与设定值之差是某个基于变风量系统所控制房间的效果。在8月某一时刻，在55个房间中同时出现了7个过热房间和10个过冷房间。在2月某时刻，更是有近半数的房间出现了过冷。因此，由于调节能力的局限，变风量系统的整体舒适性远差于可以独立调节的风机盘管系统。

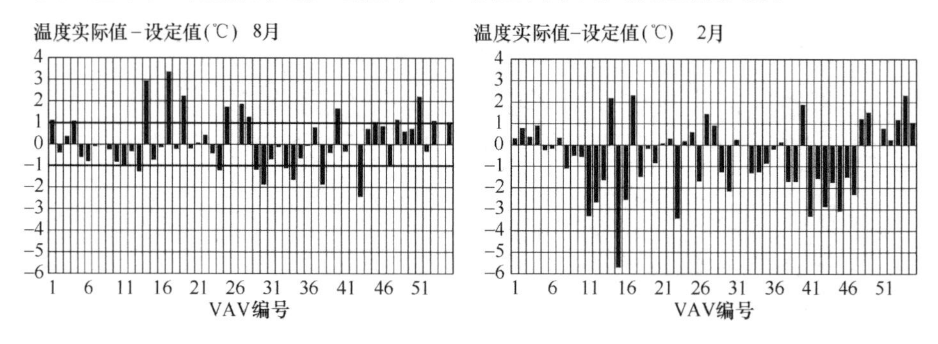

图4-23 房间温度与设定值之差

2）新风供给不均

由于变风量系统固定新风比，对于负荷较低的房间新风供给较小。然而新风需求与负荷并不是正相关的关系，因此就容易出现部分房间新风供给过量，而部分房间新风供给不足的情况。为了降低新风供给的不均，只能采用加大新风比的办法，使得新风供给过量，增加了新风处理能耗。而风机盘管的新风独立供应，不会出现上述问题。

（3）安全隐患

变风量系统还存在严重的安全隐患。由于各房间的空气统一返回到空气处理室集中处理，就使得污染物在一个系统中相连的各房间扩散。不得不警惕如2003年的“非典”爆发这样的极端情况时，一个房间出现感染者就会危及其他各房间。即使在非极端情况，变风量系统也会存在烟味、香水味、食物味扩散等问题，所以在欧洲一些国家法律严禁回风相互掺混，宁可高能耗，也要采用全新风空调。而风机盘管由于空气仅在一个房间内循环，可以保证使用者之间互不串通。

另外，变风量系统因为具有较长的风道，积灰严重，在空气干净时反而对空气造成二次污染。而风机盘管系统风道非常短，不会产生大量积灰现象污染空气。

综合上述三点，变风量系统存在能耗高、舒适性差和安全隐患三个问题，但变风量系统相比于风机盘管具有如下的优点：1）变风量系统在末端不会出冷凝水，也就不存在冷凝水泄漏的问题。而风机盘管系统施工不当会出现冷凝水排水不畅，造成泄漏，无法运行；2）变风量系统即使出现风阀卡住、漏风等问题时，依然可以使用，容错性较高；3）在维修维护时，工作人员可以不进入客户区，保护了客户的隐私。基于上述原因，依然有大量的项目主张采用变风量系统。但不应该为了迁就国内施工质量不高的情况，就采用并不适宜的变风量系统，而应该加强工程的规范管理，保障施工质量，克服风机盘管冷凝水泄漏、故障的问题。此外，采用温湿度独立控制的风机盘管系统不再产生冷凝水，可以彻底解决冷凝水相关问题。而维修进入客户区的问题，对于隐私要求较高的客户，可以采用合理的设计来解决，比如将风机盘管置于公共区域吊顶或暗装于墙体中，通过送风管道连接附近的若干个房间等办法加以解决。

综上所述，变风量系统的“高档”很大程度源于商业宣传。在美国，变风量箱的价格低于风机盘管，才在工程中大量使用。只有贵宾室、经理办公室等场所才会使用价格较高的风机盘管。而我国风机盘管全部国产，变风量箱进口，变风量箱价格反而高于风机盘管，造成“高档”的错觉，成为高档办公空调的“标配”。实际在发达国家，风机盘管是比变风量更“高档”的空调系统。我国在20世纪90年代起即开始在办公楼大量使用风机盘管系统，经过二十余年的发展，技术成熟，设备成本低廉，是适应我国国情的“物美价廉”的空调选择。

风机盘管系统优于变风量系统的深层次原因，是分散、独立可调的系统一定比集中的系统更适用、节能；水输送冷热量比风输送冷热量更节能。因为空调系统的各个区域负荷情况各有不同，所需要的空气参数也不同，分散、独立可调的系统可以根据各个空调区域的要求切合的进行调节，而集中处理的系统，则为了满足各种不同的要求，只能采用大风量等办法，牺牲能耗来弥补调节范围有限的问题。另外，分散、独立可调的系统能够充分的利用人的控制能力，给予各区域使用者更高控制权限，使得无人时关闭、过渡季开窗等重要节能手段能够很方便地实现。而集中系统过于依赖自动控制，使用者即使想采用无人关闭等节能手段也无法实施。另外，由于水的比热远高于空气，在采用分散系统时，靠水将冷热量输配给各个末端要比风输送更加节能。近年发展的辐射方式空调，进一步发展了此思想，减少了风输配的环节，输配能耗更低。

4.2.2 商场公区的全空气系统

对于大空间大进深的商场公区，出于管理的考虑采用全空气系统。采用全空气作为末端的空调系统中，空调风机输配电耗一般占到全楼空调总电耗的15%～25%，是重要节能潜力分项。全空气系统的节能高效，需要从以下几个方面进行：

（1）系统宜小不宜大

与4.2.1节的原理相同，全空气系统应在可能情况下尽量减小单个系统的规模，并尽可能按照负荷分布进行系统划分。比如建筑不同朝向的负荷规律不同，内外区的负荷规律不同，功能不同（比如舞台与观众席，大厅与贵宾室）的负荷规律不同，都应该划分为不同的系统。

系统较小首先可以使风道长度较短，降低风机扬程需求，从而降低能耗。其次较小的系统可以使得被控制区域负荷差异较小，可以减少冷热失调的出现，便于降低系统能耗。另外区域功能的一致，可以使系统更易于控制，减小因为几个房间就开启整个系统的情况发生。

国内有些建筑，采用大系统甚至超大系统，即使经过仔细的调节，能耗依然非常高。比如图4-24所示为某商场，全部公区只使用4台超大空调箱处理，单台风机装机功率90kW、风量14万m^3/h，虽然经过非常严格的节能改造与优化，公区风系统电耗依然达到31kWh/（m^2·a），难以进一步降低。

而图4-25所示的分散系统建筑，建筑位置、体量、功能与图4-24所示建筑相似，但因为采用分散的空调设计，总装机功率虽然为626kW，但运行灵活，很多区域开启时间很短，所以虽然并没有做特别仔细的节能优化，公区风系统电耗也只有17kWh/（m^2·a）。

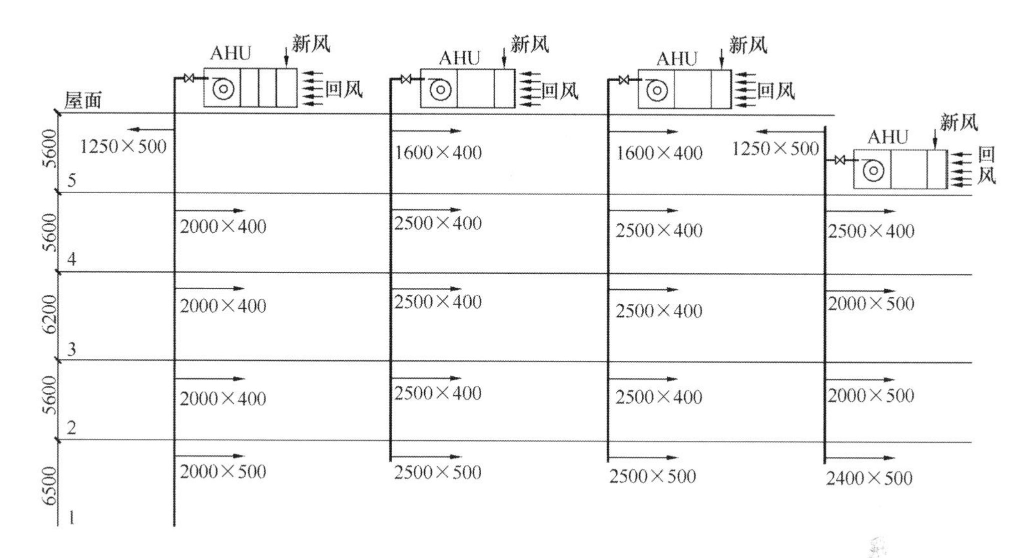

图 4-24 超大系统建筑

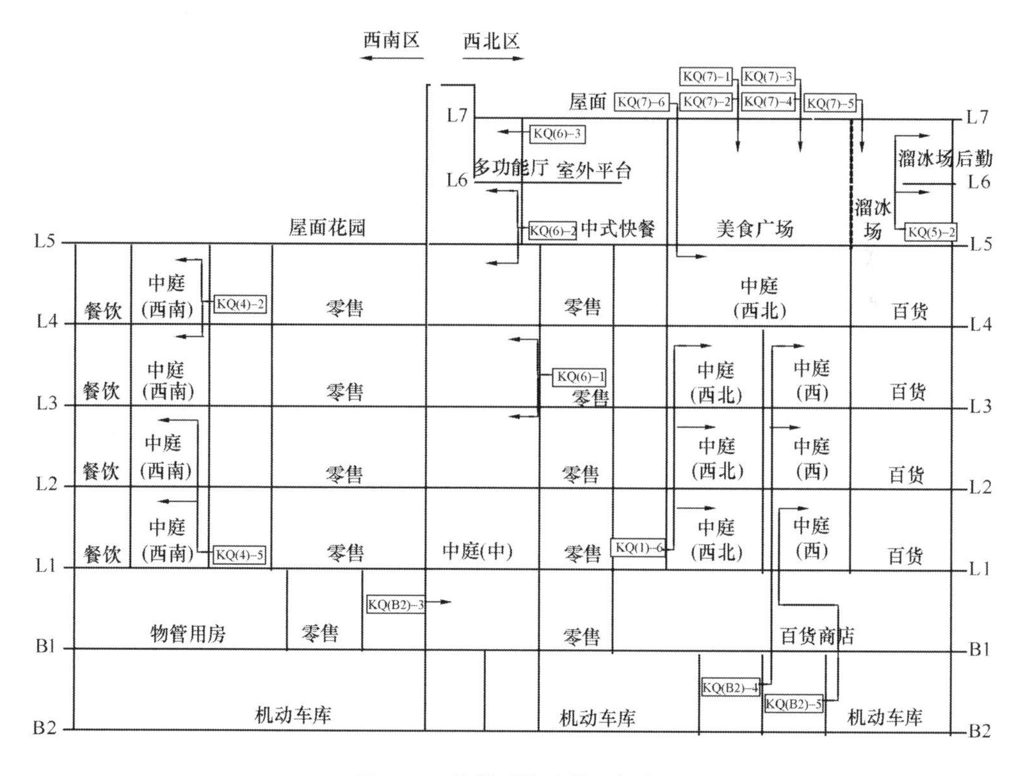

图 4-25 分散系统建筑（部分）

（2）防止漏风

实测表明，实际建筑中风道漏风严重，导致能耗浪费。比如表4-5为某建筑的13台主要空调箱的实测情况，其中7台空调箱漏风量超过20%，甚至有3台超过50%。风道漏风是由于风管连接处的损坏或者施工问题，如图4-26所示。风道漏风不但浪费风机电耗，而且使得空调系统处理得到的冷热量没有进入被调节区域，在机房、走廊、吊顶等地方损失掉，整个空调系统，包括冷却塔、冷机、水泵、风机等全部已经付出的能耗在最后的环节被浪费掉，是空调系统能耗浪费非常重要的因素，需要得到充分的重视。因此应该在施工验收时，对漏风现象进行严格的测试与检验。

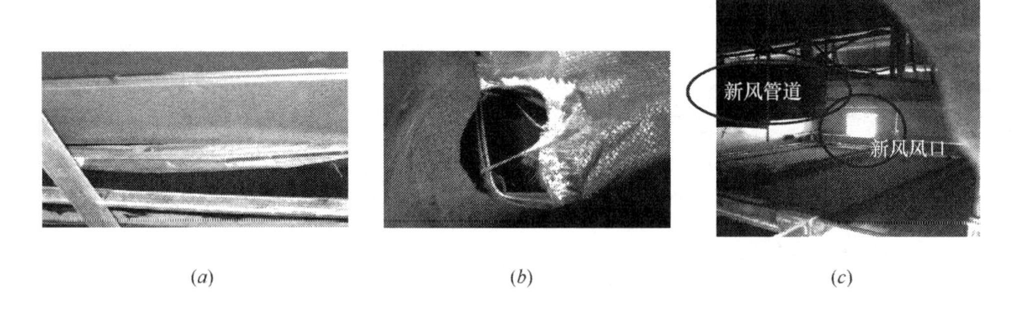

(*a*) (*b*) (*c*)

图4-26 施工问题导致的漏风

(*a*) 风道连接处未连接；(*b*) 软连接损坏；(*c*) 风管与风口未连接

空调箱漏风情况 **表4-5**

总送风量 (m^3/h)	末端风量和 (m^3/h)	漏风量 (m^3/h)	漏风百分比 (%)
19436	18320	1116	6%
17016	16560	457	3%
32220	26761	5459	17%
31574	24249	7325	23%
13972	4293	9679	69%
24357	15748	8609	35%
17866	15698	2168	12%
14185	12825	1360	10%
13801	6518	7283	53%
13801	10830	2971	22%
21754	17529	4225	19%
21754	8844	12910	59%
20518	14508	6010	29%

(3) 风量达不到设定值

实测表明，全空气系统风量达不到设定值的问题严重，图 4-27 为 6 个建筑中随机抽测的 30 台空调箱，其中 26 台风量未达到其额定值，15 台风量低于额定值的 80%。除设备厂商以小充大的情况外，风量不足的主要原因是系统阻力偏大，主要出现在两个环节：1）风道阻力偏大。图 4-28 给出了某建筑中的送风管道的实测阻力系数值与送审资料中的设计送风管道阻力系数的比值。其中半数空调箱末端阻力系数高于设计值的 2 倍，04 号和 09 号空调箱的风道阻力更是高达设计值的 10 倍左右。造成风道高阻力的原因是不合理的设计、施工导致的风管形状弯曲、变径不合理，如图 4-29 所示，从而造成了巨大的局部阻力产生压降。2）过滤器阻力偏大。图 4-30 给出了 4 个建筑的 24 台空调箱，前 12 台空调箱很少清洗过滤器，其过滤器压降均高于 300Pa，甚至达到 600Pa；后 12 台空调箱每月清洗一次过滤器，过滤器压降不超过 200Pa。

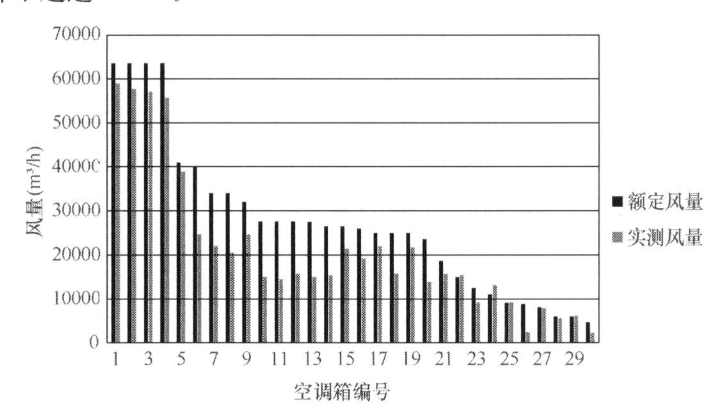

图 4-27 空调箱额定风量与实测风量

与之对应的，为了使空调箱风量达到额定要求，需要减小全空气系统阻力，应从风道和过滤器阻力两部分入手：风道设计应合理安排风道走向，并严格按照设计标准设计风道各分支、弯头、变径段；过滤器应加强压降的监控，对于压降偏高的过滤器应及时清洗。

(4) 控制调节

因为空调系统是按照最大负荷情况设计的，但实际运行中必然存在部分负荷工况，采取风机变频的形式可以在部分负荷时大幅度的降低风机电耗。因此这里讨论针对变频空调箱的控制方法。

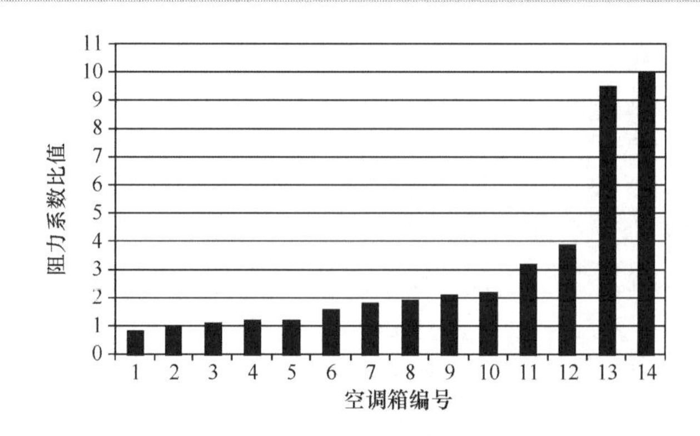

图 4-28 实际与设计风道阻力系数比值

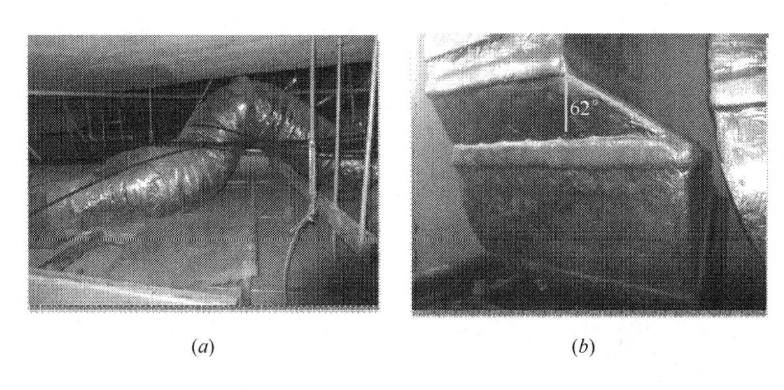

(*a*) (*b*)

图 4-29 复杂弯头造成的显著压降

(*a*) 弯折；(*b*) 变径

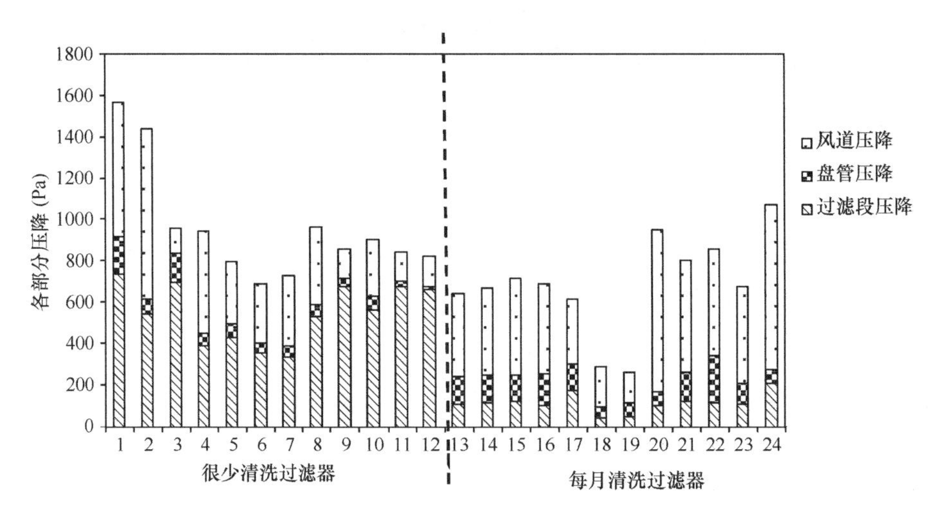

图 4-30 过滤器清洗与过滤段压降

首先，应该在不影响气流组织的前提下，尽可能维持恒定的送回风温差，靠风量调节室温。此时，应该根据送风温度调节水阀，根据回风温度调节风机频率，即：根据除湿要求、舒适度与气流组织的要求，设定合适的送风温度设定值，将送风温度与其设定值比较，带入特定控制算法计算得到风机频率，通过调节风机频率调节风量；将回风温度与其设定值比较，将结果代入特定控制算法计算得到冷冻水阀门开度，通过调节阀门开度实现对回风温度，即室温的控制。控制的对应关系如图 4-31 所示。

（5）注意高大空间、多出入口的风平衡

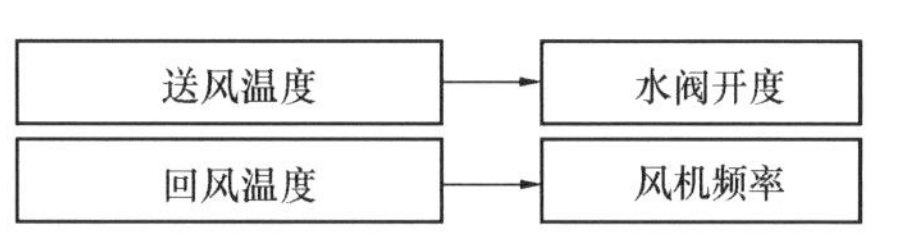

图 4-31 变频空调箱控制

对于商场等具有大空间的建筑，在设计、施工、运行环节，都需要重视风平衡的问题。在设计环节，需要注意采用隔断的方式，降低冬季烟囱效应带来的热压通风，比如地下室、一层入口采用旋转门、多层门等。另外，还需要隔断厨房、餐厅与大堂的空气连接通道。注意厨房的补风设计，不能只排不补，在维持厨房负压的情况下，做到厨房的排、补平衡。在施工环节，要注意所有空间的垂直方向的隔断，尤其是楼顶、一层与地下室的气密性检查。实际项目中发现，有的建筑在外立面与楼板之间不封堵，冬季产生严重的热压通风，并通过吊顶进入楼内，极大的浪费了能源并影响舒适性。在运行环节，首先要注意防止常开门的出现，另外需要定期检查建筑的风平衡，并及时地维修、封堵。

在商场大中庭由于空间较大，垂直方向上空气流动性较强，所以上热下冷情况较为明显。夏季供冷时，由于冷风下坠，所以各层空调末端风量应该由下而上逐渐加大；而冬季由于热风上浮，各层空调末端风量应该由下而上逐渐减小。首先，在设计时需要仔细设计空气的流场，某些场合可以采用置换通风的方式，甚至局部辐射的方式。另外，由前面的讨论可知，采取分散布置空调箱的形式能够降低温度垂直失调的情况出现，如果确实需要采用集中的空调箱，则各层必须具有调节手段。如果仅在各层末端设置手动调节阀，在施工验收时进行风平衡初调节后便不再进行调节，便会出现夏季上层过热，冬季下层过冷等情况。实测中，某商场冬季中庭上下温差高达 18.4℃，就是因为采用集中空调箱，但没有仔细计算流场也没有合适的调节手段导致。

4.3 排风热回收技术应用分析

4.3.1 排风热回收的基本矛盾

为了维持建筑物的室内空气品质，空调系统一般会为室内送入新风，为了维持室内空气量的平衡，同时需要将等量的室内空气排到室外。在夏季，室内温度低于室外新风温度，室内含湿量也低于室外新风含湿量，利用热回收装置使室内排风和室外新风进行热交换，可以降低新风温度和湿度，减小新风冷却除湿能耗。在冬季，室内温度高于室外新风温度，室内含湿量也高于室外新风含湿量，利用热回收装置使室内排风和室外新风进行热交换，可以提高新风温度和湿度，减少新风加热加湿能耗。基于上述原理，排风热回收被认为是减小新风能耗的有效手段，得到广泛应用。

不能忽视的是，设置排风热回收装置后，会增加新风与排风支路的通风阻力（包括热回收装置本身、配套过滤器、风管连接构件），因此会增加新风机与排风机的电耗，可见，排风热回收获得的能量也是需要消耗能量的，排风热回收装置的能效比即为其回收的能量与消耗的风机电耗之比，见式（4-1）、（4-2）、（4-3），只有热回收装置的能效比 COP_R 超过原空调系统时，热回收装置才能起到节能效果。以夏季空调为例，常规制冷系统效率按 4.2 计（冷水机组全年平均能效比 6.0，冷冻水全年累计工况输送系数 30，冷却水全年累计工况输送系数 35，冷却塔全年平均能效比 100），排风量与新风量相等，热回收效率 65%，风机效率 70%，送风机和排风机扬程均增加 300Pa，则室内外的焓差要达到 4.6kJ/kg（采用全热回收）或者温差要达到 4.6K（采用显热回收）时，热回收装置才节能；同理，如冬季热泵系统效率 3.6，冬季室内外的焓差达到 4kJ/kg 或者温差要达到 4K 时，热回收装置才节能。我国大部分地区在夏季或者冬季大多数时间，室内外都会超过以上的焓差或温差，可见在以上的设计工况下，排风热回收装置在冬季或夏季确实具备节能潜力。

$$Q_R = \frac{\rho G_e (h_{in} - h_{out}) \eta_R}{G_f} \tag{4-1}$$

$$W_{fan}=\frac{(G_f+G_e)\Delta P}{1000\eta_{fan}G_f} \tag{4-2}$$

$$COP_R=\frac{Q_R}{W_{fan}}=1000\times\frac{G_e}{(G_f+G_e)}\times\frac{\rho(h_{in}-h_{out})\eta_R\eta_{fan}}{\Delta P} \tag{4-3}$$

式中 Q_R——单位新风量下热回收装置回收的热量，kW/(m^3/s)；

W_{fan}——单位新风量下，风机增加的电耗，kW/(m^3/s)；

COP_R——热回收装置的能效比；

ρ——空气密度，kg/m^3；

G_e——排风量，m^3/s；

G_f——新风量，m^3/s；

ΔP——风机增加的扬程，Pa；

h_{in}——室内空气焓值（温度），kJ/kg（℃）；

h_{out}——室外空气焓值（温度），kJ/kg（℃）；

η_R——热回收效率；

η_{fan}——风机效率。

从式（4-3）可见，热回收装置的节能效果与室内外的温差（焓差）有直接关系。从全年的角度，室外的气象参数变化范围很大，过渡季有很多时刻是不能从排风回收能量的，而风机的电耗却全年都增加了，因此在冬季或者夏季具有节能空间并不意味着全年累计也可以节能。同时，由式（4-3）可见，热回收装置的节能效果与排风量大小、热回收效率、风机效率、系统增加的阻力都有直接关系，实际项目中这些因素的具体情况，都会对其节能效果产生直接影响。

从以上简要分析可见，理论上，排风热回收装置应该具备一定的节能潜力，但因为会增加风机的电耗，其节能效果取决于回收的能量与多消耗的风机电耗的关系，受当地的气象参数影响很大，也与系统设计中的具体参数直接相关。排风热回收技术的应用效果如何、是否能实现节能、是否经济合理、如何设计运行才能保障其效果，是在确定排风热回收方案时必须考虑的问题。

4.3.2 实际项目的应用情况

排风热回收技术在国内民用建筑中的应用超过 20 年，在节能标准提出要求后，应用范围迅速扩大，在对投入使用的排风热回收系统的调研测试中，发现了很多问题，可归结为以下几类。（注：由于目前转轮热回收装置应用最广泛，因此调研测试的案例都是转轮热回收装置。所调研测试项目为随机挑选，并非发现运行问题才去测试，可以一定程度体现目前热回收装置的应用现状。）

（1）热回收效率低

在北京的某节能示范楼，转轮系统的实测热回收效率为59％，南京某项目的四台转轮，热回收效率分布在45％～65％之间，广州一写字楼的转轮实测热回收效率不足40％，以上在多个项目测试的多台机组的热回收效率均低于设计参数（一般转轮的设计效率可达75％），更远低于设备样本中能够达到的80％～90％的热回收效率。热回收效率偏低，直接减少了能够回收的能量。

是什么原因导致热回收装置效率偏低呢？图4-32为根据某品牌产品性能参数绘制的转轮热回收效率和风阻与迎面风速的关系曲线（排风量等于新风量），由图可见，迎面风速对其效率和通风阻力均有显著影响。比较理想的迎面风速应控制在2.5m/s以下，这样热回收装置的效率可达70％以上，初始通风阻力不超过100Pa。

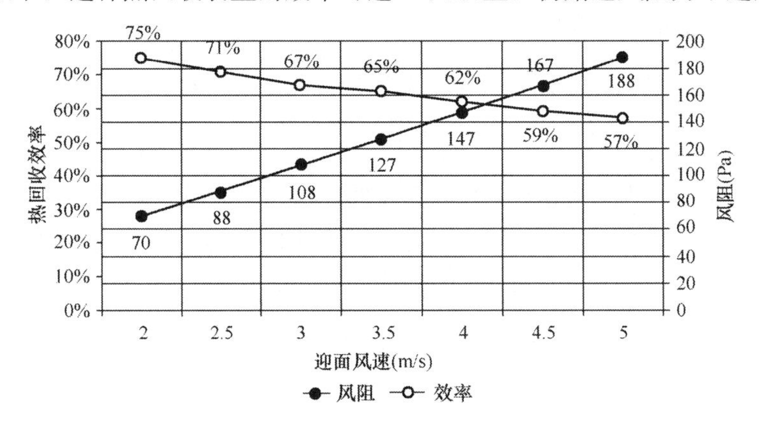

图4-32 热回收装置效率、风阻曲线

对转轮热回收器，在应用中有两种安装形式：一是转轮装置单独供货再与组合式空调箱连接，如图4-33所示，按照转轮的设计风速选型的转轮尺寸比空调箱尺寸大很多，超出空调箱部分的转轮面积没有作用，转轮的有效面积偏小，从而迎面风速会偏高，某项目按此方案设计，转轮实际迎面风速高达3.85m/s；二是组合式空调箱集成转轮热回收装置，如图4-34所示，组合式空调箱并不会因为转轮装置的尺寸增大整体尺寸，而是选择尺寸能够符合空调箱尺寸的转轮，这样转轮的有效

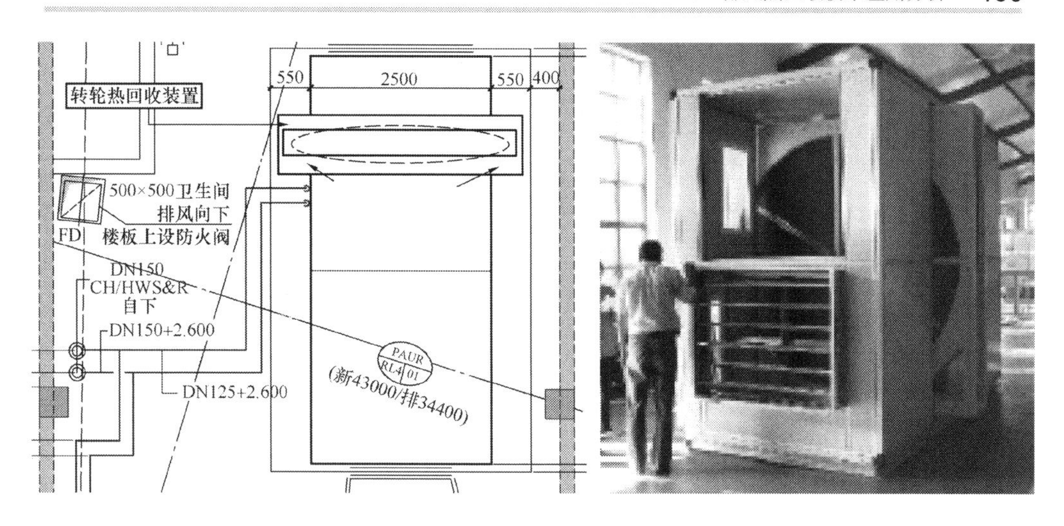

图 4-33 转轮热回收装置安装方式一

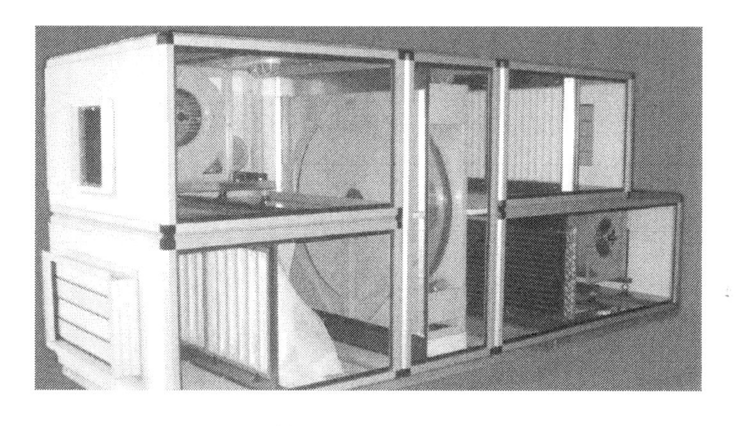

图 4-34 转轮热回收装置安装方式二

面积更小，迎面风速更高，某设备供应商提供的组合式转轮热回收机组，其所有规格的转轮迎面风速均超过 4.2m/s，最高风速超过 6m/s，在此风速下，转轮的理论效率已低于 60%，风阻则近 200Pa。转轮热回收装置的这两种常用方案，都存在迎面风速过高的问题，会造成实际运行时的效率偏低。

造成转轮热回收效率低的另一个原因是设备自身构造问题，如图 4-35 所示，转轮芯体部分和框架部分在运行中出现较大缝隙，形成空气绕过转轮的旁通，旁通的新风其热回收效率为零，旁通的排风减少了可回收的排风量，从而减少了新风回收的能量。这种情况在大尺寸的转轮装置中较易发生。

针对此问题，在排风热回收系统设计选型时，应采用以下措施：

图4-35 转轮装置自身构造密封不良

1）选用热回收装置时控制迎面风速低于2.5m/s；

2）系统设计时，保证热回收装置连接、安装方式不影响有效通风面积；

3）独立于组合式新风机组的热回收装置，必须采用适宜长度的渐扩管、渐缩管与风管连接，保证经过热回收装置时风速均匀；

4）选用高效设备，避免设备的自身漏风。

（2）热回收装置、过滤器阻力大

北京某20世纪90年代运行的酒店，新风机组设置了转轮热回收，虽然定期有工人进行冲洗，转轮还是积满灰尘，堵塞严重，造成客户反映新风量不够。测试发现新风量仅为设计值的40%，为了保证客房的新风量，只得拆除了此转轮。广州2011年投入运营的某写字楼的转轮热回收机组，其转轮和过滤器压降高达400Pa，几乎达到了整个新风机组压降的1/3。因热回收装置及其配套的过滤器阻力过大，会使得风机能耗增加过多，从而影响排风热回收装置的节能效果。

上面分析的实际工程中，转轮迎面风速偏高同样是造成阻力偏大的原因之一，同时因为未能及时进行有效清洁造成的脏堵，会进一步增加通风阻力。此问题的对策是，必须定期及时对热回收装置及其过滤器进行有效的清洁保养。

（3）排风量小

目前的排风热回收系统设计方案，由于需要维持室内微正压以及部分排风无法收集的原因，使得排风热回收装置的设计排风量都小于新风量，一般设计排风量最多达到新风量的80%，而在实际运行中，往往连80%都难以达到，北京某2011年投入使用的综合楼转轮装置的排风量仅为新风量的20%。由于排风热回收装置是从排风中回收能量，排风量过低，也直接减少了能够回收的能量。

排风量比新风量小，多数是设计方案造成。如对办公区域，往往卫生间的排风不便收集到空调机房直接排放，再考虑到室内微正压的要求，可收集的总排风量会远低于总新风量。另外，因为空调机房面积紧张，设置排风热回收后接管难度增加，经常会出现图4-36所示的风管无法合理连接的情况，此案例存在风管弯头曲率变径小、风管拐180°弯、用连接箱代替弯头、风管接热回收装置无渐扩管和渐缩管等一系列增加通风阻力的问题，这些阻力在风机选型时又难以准确计算，导致风机选型不当，扬程偏小，从而会使风量偏小。

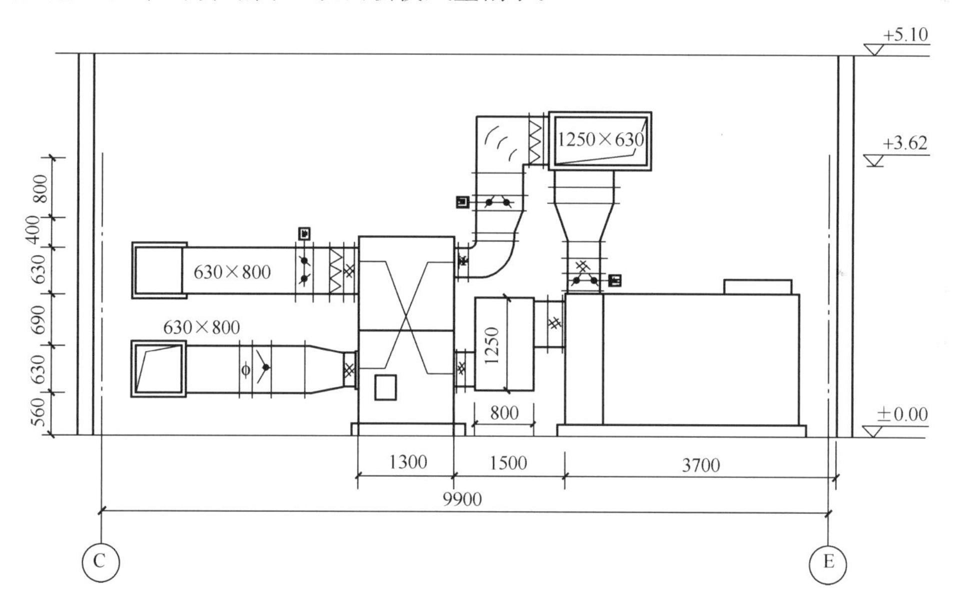

图4-36 某项目空调机房接管图

针对此问题，可以在空调系统设计时考虑风平衡，可不对所有新风机组进行热回收，考虑卫生间、厨房等不可收集的排风，计算可收集的总排风量，按照热回收装置排风量与新风量相等的原则，选择部分新风机组设置排风热回收。

另外，要保证热回收机房通风管道设计合理，保证弯头连接的曲率半径、设置导流叶片、避免使用风速偏高的连接箱、避免风管超过90°的急转弯，避免过高的通风阻力。

（4）热回收装置漏风

热回收装置漏风是指，排风在经过热回收装置时，直接通过热回收装置或者排风与送风侧之间的缝隙，进入送风侧，与新风混合后送入室内的现象。

上述几个项目，北京某酒店的转轮，测试发现排风漏风量占新风侧送风量的50%，北京某节能示范楼转轮系统排风漏风量占新风侧送风量的17%，北京某商业项目转轮热回收机组排风漏风量占新风侧送风量的18%。热回收装置漏风会减少实际送入室内的新风量，直接影响室内空气品质。在排风存在污染时，则更加无法接受。

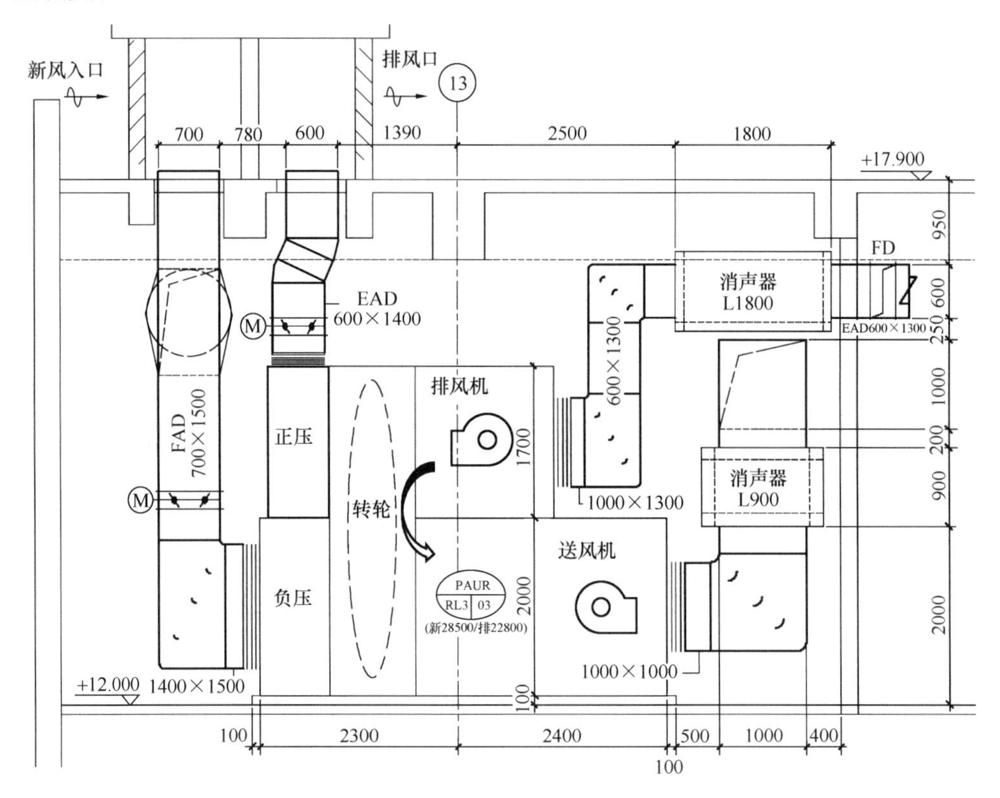

图 4-37 转轮漏风示意图

对转轮热回收机组来说，因为自身构造会导致少量的漏风，较难以避免，在系统设计存在问题时会加大漏风量。图 4-37 所示的某项目设计方案，转轮的排风侧位于排风机出口侧，为几百帕正压，转轮的新风侧位于新风机的入口侧，为负压，转轮的排风侧和新风侧的压差达数百帕，这样在转轮本身无法密封的情况下，导致了实际运行中18%的漏风量。

漏风问题的对策是：通过机组合理设计，避免排风侧和新风侧压差过大，同时应选用漏风率低的热回收装置，对组合式机组的排风侧和新风侧连接部位严格密封。

（5）风机效率低

在部分项目的测试发现，新风机与排风机的效率仅为50%左右，由式（4-2）可见，这会使因设置排风热回收增加的风机电耗更大，影响其节能效果。

风机效率低，一般是由于未进行详细的水力计算，导致风机选型不当，运行中偏离高效点造成。可在施工图深化设计后（包括机房布置详图），对通风管道进行详细水力计算，保证风机选型适当。

以上在项目调研测试中发现的问题，具有一定的普遍性，其对排风热回收的节能效果的影响有多大，难以通过测试时的短时间数据来体现，下面通过模拟计算来研究各项因素对排风热回收效果的影响。

4.3.3 影响因素分析

以一个广州地区的办公建筑新风机组作为算例进行模拟分析，空调开启时间为每周一～周五的8：00～18：00，采用转轮热回收机组，机组风量15000m^3/h，新风机组运行时间与空调时间一致。模拟中，基于典型年逐时气象数据，逐时计算热回收装置回收的冷热量，并根据常规冷热源的效率折算为节约的制冷电耗或燃气消耗，逐时计算热回收设备增加的风机和驱动装置能耗，根据逐时的能源价格，计算逐时节约的费用，并根据供应商提供的设备价格来进行经济回收期分析。基于测试调研发现的问题，分析热回收效率、热回收装置和过滤器阻力、排风量、风机效率对排风热回收效果的影响。

（1）热回收效率分析

在对某个因素进行分析时，对影响热回收效果的其他因素，按照正常设计目标值确定，例如在分析热回收效率时，排风侧和新风侧增加的热回收装置、过滤器、管道总阻力取300Pa，排风量等于新风量，风机效率取70%（以上参数取值均为较理想状态），在此基础上，研究热回收效率变化对节能量和经济性的影响。

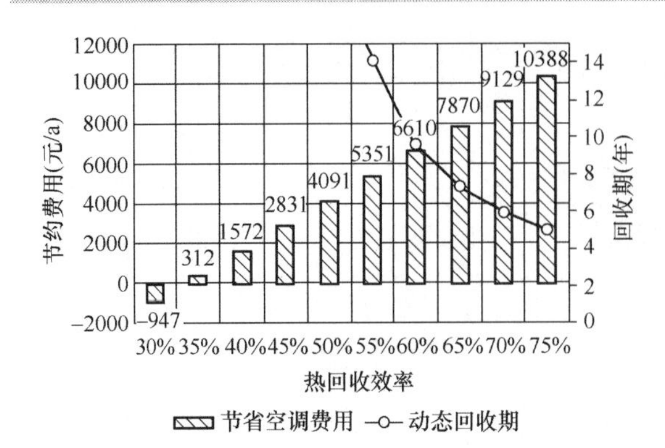

图 4-38 热回收效率对排风热回收效果的影响

图 4-38 的模拟结果显示，热回收效率每降低 10%，节约的空调费用降低 25%（节约的电能和燃气费用总和，可以理解为节能量）；根据模拟数据，当热回收效率低于 34%时，热回收装置会增加能耗。热回收装置的动态回收期随着热回收效率下降增加的速度很快，当热回收效率低于 65%时，其动态回收期增加到 7 年多，经济性已经比较差了。热回收效率对系统的经济性有显著影响。

（2）通风阻力的分析

分析热回收装置通风阻力影响时，热回收装置的热回收效率取 65%，排风量等于新风量，风机效率取 70%，在此基础上，研究热回收装置、过滤器及连接管件通风阻力变化对节能量和经济性的影响。

图 4-39 的模拟结果显示，风阻每增加 100Pa，节约的空调费用降低 30%，当风阻超过 550Pa 时，热回收装置会增加能耗。热回收装置的动态回收期随着通风阻力的增加而延长的速度非常快，当通风阻力达到 350Pa 时，其动态回收期已达 10 年多，经济性已经非常差了。通风阻力对系统的经济性也有显著影响。

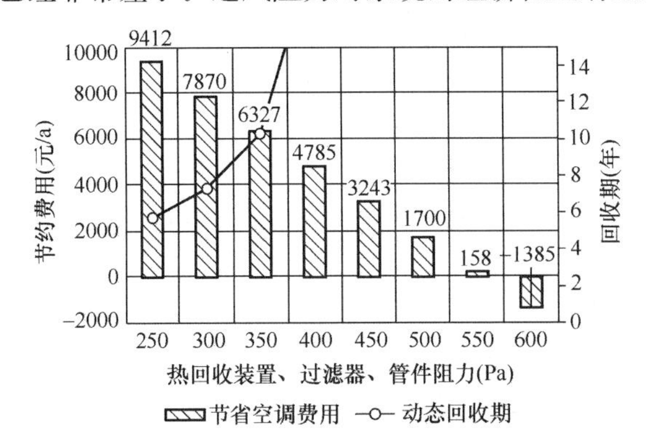

图 4-39 风阻对排风热回收效果的影响

（3）排风量的分析

分析热回收装置排风量的影响时，热回收装置的热回收效率取 65%，排风侧和新风侧增加的热回收装置、过滤器、管道总阻力取300Pa，风机效率取70%，在此基础上，研究排风量变化对节能量和经济性的影响。

图4-40的模拟结果显示，排风新风比每降低10%，节约的空调费用降低15%，当排风量与新风量之比低于30%时，热回收装置会增加能耗。热回收装置的动态回收期随着排风量的减小而延长的速度也非常快，排风量降低到80%时，其动态回收期已达13年，经济性非常差。排风量与新风量的比例对系统的经济性也有显著影响。

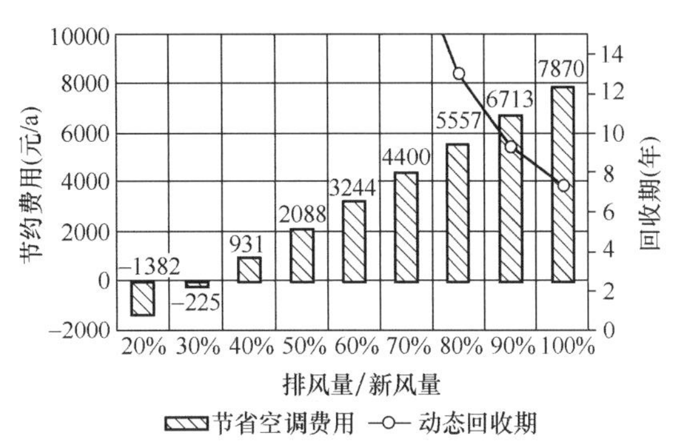

图4-40 排风量对排风热回收效果的影响

（4）风机效率的分析

分析风机效率的影响时，热回收装置的热回收效率取65%，排风侧和新风侧增加的热回收装置、过滤器、管道总阻力取300Pa，排风量与新风量相等，在此基础上，研究风机效率变化对节能量和经济性的影响。

图4-41的模拟结果显示，风机效率每降低10%，节约的空调费用降低15%；模拟可得，当风机效率降低到38%以下时，热回收装置会增加能耗。当风机效率从80%降低到70%时，其动态回收期增加1年多，而风机效率从70%降低到60%时，其动态回收期会增加3年多，可见风机效率同样对系统的经济性有着显著影响。

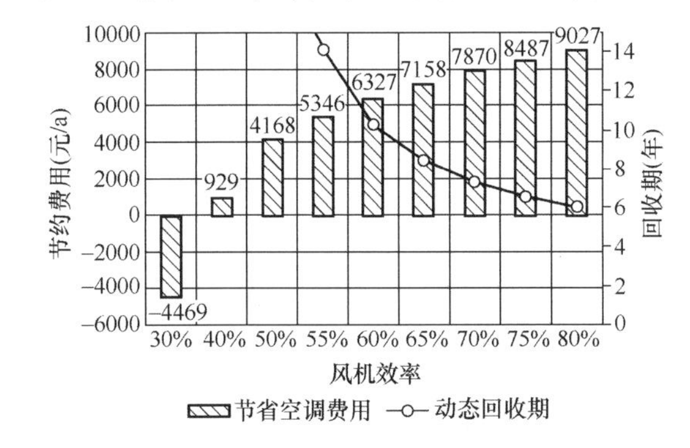

图4-41 风机效率对排风热回收效果的影响

综合上述分析，热回收效率、热回收装置及过滤器风阻、排风量、风机效率对热回收系统的节能效果和经济性有显著影响，在实际项目中出现的上述问题会摧毁排风热回收的节能效果，导致有些项目不仅不能收回成本，甚至根本就不节能。

热回收装置高效、风机高效、热回收装置的风阻低、排风量不低于新风量是热回收系统经济合理的前提，任何一个因素出现一定偏差时，都将导致系统经济性很差。应用热回收系统必须控制以上因素！

除以上因素外，热回收装置的类型、机组的规模、机组运行时间、室内设计参数、是否削减冷热源容量等也会直接影响到热回收装置的节能效果和经济性，仍以上面的案例进行分析，结果见表4-6～表4-8。

热回收装置选择的影响分析　　表4-6

参数	单位	热回收设备类型		热回收设备规模	
		全热转轮	显热转轮	6000m³/h	15000m³/h
节约制冷电耗	kWh/a	17714	2948	7086	17714
节约燃气量	Nm³/a	6	6	2	6
风机增加电耗	kWh/a	9816	9816	4224	9816
节省空调费用	元/a	7870	−6791	2853	7870
增加成本	元	43500	36975	25500	43500
静态回收期	年	5.5	—	8.9	5.5
动态回收期	年	7.3	—	—	7.3

由表4-6，对此案例，全热回收转轮具有一定的经济性和节能效果，而显热回收转轮则根本不节能；大风量的15000m³/h机组比小风量的6000m³/h机组的回收期短很多（因为规模较小的设备，单位风量的造价较大）；以上说明热回收装置的选择会对方案的经济性有显著影响。

空调设计参数的影响分析　　表4-7

参数	单位	室内空调温度		空调新风机组运行时间		
		夏季室温：26℃ 冬季室温：20℃	夏季室温：24℃ 冬季室温：22℃	周末不运行，每天运行7h	周末不运行，每天运行10h	周末运行，每天运行10h
节约制冷电耗	kWh/a	17714	23705	12413	17714	24667
节约燃气量	Nm³/a	6	7	0	6	57
风机增加电耗	kWh/a	9816	9816	6871	9816	13728
节省空调费用	元/a	7870	13823	5502	7870	11137
增加成本	元	43500	43500	43500	43500	43500
静态回收期	年	5.5	3.1	7.9	5.5	3.9
动态回收期	年	7.3	3.5	13.3	7.3	4.6

表4-7显示，当室内设计参数为夏天24℃、冬天22℃时，比室内设计参数夏天26℃、冬天20℃时的节能量增加75%，动态回收期短一半时间（这是因为当室内设计标准较高时，室内外的温差或焓差更大，热回收装置具备更大的节能空间）；新风机组运行时间对节能量和经济性影响也很显著，本项目如果新风机组每天运行不超过7h，动态回收期达13年，经济性很差，而如果每天运行10h，经济性尚可（热回收装置运行时间长，则全年可以回收更多的能量，热回收装置的运行时间取决于新风机组的运行时间）。

是否削减冷热源容量的影响　　**表4-8**

参数	单位	不考虑削减冷热源容量	削减冷热源容量
节约制冷电耗	kWh/a	17714	17714
节约燃气量	Nm^3/a	6	6
风机增加电耗	kWh/a	9816	9816
节省空调费用	元/a	7870	7870
增加成本	元	43500	14980
静态回收期	年	5.5	1.9
动态回收期	年	7.3	2.0

当空调系统中采用了热回收装置后，因为回收了排风的冷热量，从而减小了处理新风的能耗，即减小了新风的空调负荷，这会降低整个建筑的空调冷热负荷，如果在设计中充分考虑热回收装置对冷热源容量的影响，则会减小冷热源的初投资，使设置热回收装置增加的投资大大减小，从而改善采用热回收装置的经济性。表4-8显示，如削减冷热源容量，动态回收期只有不削减冷热源容量时的1/3不到。在实际设计中，设计师往往不考虑热回收装置对冷热源容量的影响，其原因可能包括热回收装置的可靠性、运行管理水平限制等导致热回收装置不能实现设计的节能量，削减冷热源容量会使冷热源容量有不足的风险。所以削减冷热源容量的前提是要使排风热回收系统运行良好。

通过上述分析可知，机组运行时间、室内设计标准、单台机组容量、对冷热源容量的削减、全热/显热类型也是热回收装置选用时不可忽视的因素。同样一个建筑的新风机组，以上因素的不同，会导致排风热回收的节能效果和经济性有质的差别。

除以上分析的因素，气候、建筑功能、能源价格也显而易见的影响排风热回收的经济性，此处用特定地区、功能的案例分析的各项数据结论虽然不能直接作为所有项目的参考，但可以说明的是，排风热回收的节能效果和经济性影响因素很多，其节能量和经济性非常脆弱，即使通过理论分析计算具备节能潜力的项目，也会因为一两个参数的偏差严重影响节能量，严重时会导致无法收回成本，甚至浪费能源。

4.3.4 适应性评价及应用要点

（1）相对于排风热回收增加的风机能耗和投资，只有回收的能量足够多，排风热回收才可能节能和经济；民用建筑中排风与新风的温差或者焓差有限，特别是气候相对温和的地区或者过渡季比较长的地区，随着季节的变化，很多时间还不能回收能量，但风机能耗全年都会增加，因此综合全年，不同地区、不同建筑采用排风热回收并不一定节能，更不一定有好的经济性。

（2）排风热回收的节能效果受众多影响因素制约，并且往往某一因素存在问题对热回收效果的影响都是致命的，比如热回收效率低、风阻大、排风量小等问题，而这些问题在实际应用中普遍存在，这一点在排风热回收应用中必须充分重视并加以解决。

（3）由于运行时间、室内空调参数、能源价格、设备价格等诸多可变因素，很难统一描述某个地区的某类建筑，是否适合采用排风热回收技术、采用何种热回收技术，因此我国大多数地区的节能设计标准中提到的需经过技术经济分析计算来确定排风热回收方案是比较合理的。关键是在计算节能量时需要合理考虑以下因素：热回收效率、风阻、排风量、风机效率、室内空调参数、新风机组运行时间、设备类型、设备规模、削减冷热源容量、能源价格、建筑功能。

在计算热回收节能量时有一点需要特别注意：不能直接用室内外温度差、湿度差乘风量和热回收效率来计算有效的热回收量，比如，很多区域过渡季或者冬季室内需要供冷时，室内要求温度 22℃，室外 16℃，此时新风更适合直接送入室内，如果经过热回收系统，反而降低了新风的冷却能力，回收的能量非但不起到节能的作用，甚至有可能起到相反的作用。因此，热回收设备实际节能量，与房间的供冷供热需求是密切相关的，绝不只是新风和排风之间的焓值差或者温度差决定的，在排风的能量回收分析中充分考虑这一点。热回收设备逐时回收能量的计算，应在逐时气象数据的基础上，根据房间负荷情况，确定系统的送风要求，然后再以此为基础确定此时热回收装置能够节省的能量。

（4）在合理的计算分析后，如果排风热回收技术节能可行，那么在具体实施过程仍必须注意以下环节，避免某一个因素影响到热回收的节能效果，具体如下：

1）提高热回收装置效率

①选用热回收装置时控制迎面风速低于 2.5m/s；

②系统设计时，保证热回收装置连接、安装方式不影响有效通风面积；

③独立于组合式新风机组的热回收装置，必须采用适宜长度的渐扩管、渐缩管与风管连接，保证经过热回收装置时风速均匀；

④选用高效设备，避免设备的自身漏风。

2）减小风机能耗

①保证机房通风管道设计合理，保证弯头连接的曲率半径、设置导流叶片、避免使用风速偏高的连接箱、避免风管超过 90°的急转弯，同时控制热回收装置和过滤器的迎面风速低于 2.5m/s，减小风阻。

②进行通风系统的详细水力计算，对风机合理选型，保证风机工作在高效区。

3）提高排风量比例

①在空调系统设计时考虑风平衡，可不对所有新风机组进行热回收，考虑卫生间、厨房等不可收集的排风，计算可收集的总排风量，按照排风量与新风量相等的原则，选择部分新风机组设置排风热回收。

②通过机组合理设计，避免漏风，选用漏风率低的热回收装置。

4）设计分析

①合理考虑机组运行时间、室内空调控制参数的影响；

②通过系统方案设计，优先选用大容量热回收机组；

③应考虑热回收装置对冷热源容量的削减。

5）运行维护

①监测过滤器、热回收装置的阻力，及时清洗；

②监测运行参数，确定适合的运行控制策略。

4.4 集中空调系统冷站能效分析和节能途径

4.4.1 冷站能源效率现状

在公共建筑中，中央空调系统能耗约占建筑总能耗的50%～60%，而冷站能耗占中央空调能耗比例为50%～80%不等。综合评价冷站整体用能效率时，使用制冷站全年能效比指标 *EER*，即制冷站全年制冷量与能耗之比。

$$EER_{\mathrm{plant}}=\frac{W_{\mathrm{plant}}}{Q_{\mathrm{e}}} \tag{4-4}$$

根据全年能效比的高低，可将制冷站能效分为四个区间：出色、良好、一般、亟需改善，清华大学调研了我国多个商业建筑的集中冷站，将 *EER* 实际测试结果汇总于图4-42的标尺上（标尺引自 ASHREA 标准。项目 R、S 和 P 位于中国香港，其余位于中国内地，均为设有集中冷站的商场、办公楼或酒店）。不同建筑的冷站能效比相距甚远，且绝大多数处于“一般”和“亟需改善”区域，我国公共建筑冷站能效偏低问题十分严峻。

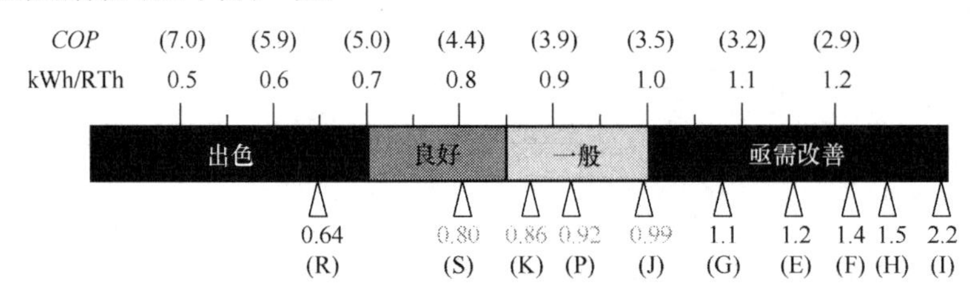

图4-42 部分调研冷站能效在标尺上的位置

通过详细的诊断和节能改造，部分冷站能效值进入“良好”区间，个别项目进入“出色”区间（图4-43）。由此可见，集中空调冷站在能源效率上普遍有很大提升潜力，并且有可能通过提高设备效率、改善运行模式等方法实现节能运行。

空调系统中，除空气处理设备及风系统外，均属于冷站，其一般结构绘于图4-44。冷站可以拆分为4个子系统，分别是“冷冻水系统”、“冷机”、“冷却水系统”、“冷却塔”，有的冷站还包括蓄冷、热回收等其他子系统。各个子系统可以看做一个个热量传递装置，将室内产生的热量一步步排至室外。

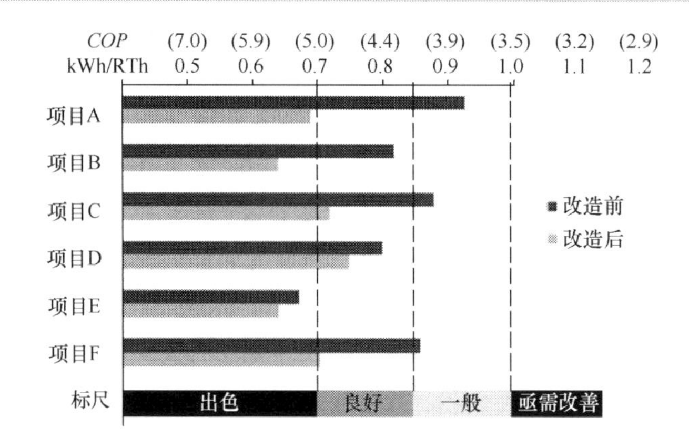

图 4-43 冷站改造后 *EER* 提升

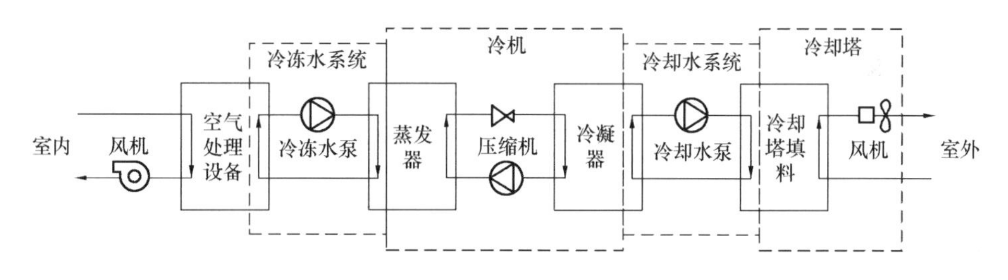

图 4-44 冷站一般结构

和冷站能效指标类似，每个子系统也可以用相应的能效指标进行评价，即产生或输配的能量与耗电量之比，列于图 4-45 中。每个系统的运行状态都直接影响了其自身能效指标，同时，相邻的子系统之间也会相互影响：例如提高冷却塔效率可以降低冷却水温度，而较低的冷却水温度能够提升冷机的工作效率等等。因此，提升冷站整体能效需要做到两点：

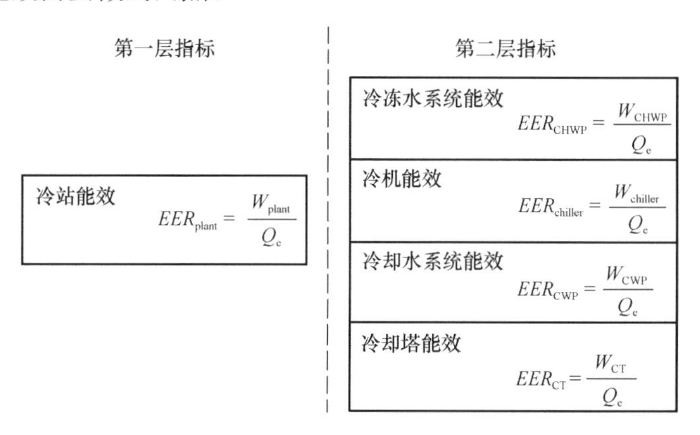

图 4-45 冷站能效分项指标

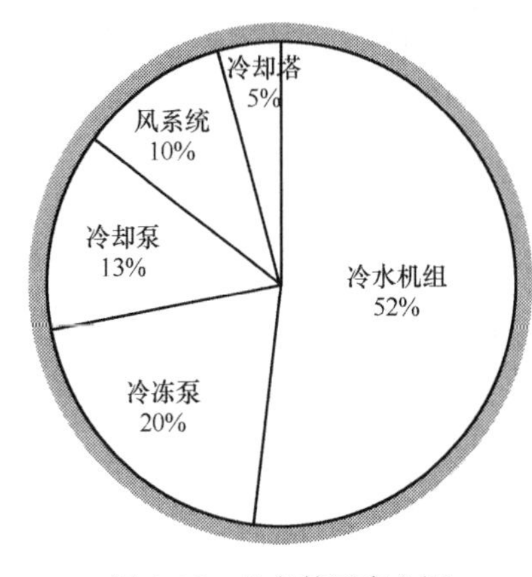

图4-46 北京某酒店空调系统能耗拆分

(1) 提升各个设备的运行效率（如提升冷机 *COP*、提升水泵效率等）

(2) 各设备之间合理搭配运行（如冷机群控策略、冷却塔与冷机联合运行等）

中央空调设备中，能耗最高的是冷机，一般达到空调能耗的40%～50%；其次是冷冻泵和冷却泵，合占30%左右。图4-46为北京某五星级酒店的中央空调系统能耗拆分，其中冷机能耗达到52%，而冷冻水系统和冷却水系统各占约20%。因此在节能运行中，应优先考虑提升冷机能效 *COP*，然后提高冷冻水系统和冷却水系统能效。冷冻水系统和风系统的节能问题将在其他章节展开，本节将重点介绍冷机和冷却水系统在节能运行中的一些关键问题。

4.4.2 冷机高效运行关键问题

冷机是冷站设备中能耗最高、最有节能潜力的部分，其运行状况直接影响了冷站整体能效指标，是节能的重点。冷机节能在设计选型和运行管理时都要考虑到，一方面要选择最合适的冷机，另一方面要保持冷机运行在最高效率点上。此外，还需及时对冷水机组，尤其是压缩机、冷凝器、蒸发器进行定期保养，保证其工作效率、换热效率，延长冷机寿命。

冷机在全年运行中，每一时刻的工作状态均在变化，冷却水温度、负荷率等的变化都会使其工况改变。图4-47为中国香港某大型商业中心冷机在全年的运行结果，横坐标为负荷率（实际冷量占额定冷量比例），纵坐标为蒸发温度与冷凝温度之差，颜色越深的区域 *COP* 越高。冷机最高效率点出现在75%负荷率、15K两器温差时，*COP* 高达7.5；随着负荷率降低、两器温差增大，*COP* 会下降，负荷率低于50%时，*COP* 明显降低，只有最优值的50%左右。

为解耦冷机的各个影响因素对冷机能效的影响，更直观准确地描述冷机本身性能，需要将冷机效率的影响因素进行拆分为“外部因素”和“内部因素”两部分，前者决定了制冷设备的工作温度区间，即决定了卡诺循环效率 *ICOP*（Ideal Coeffi-

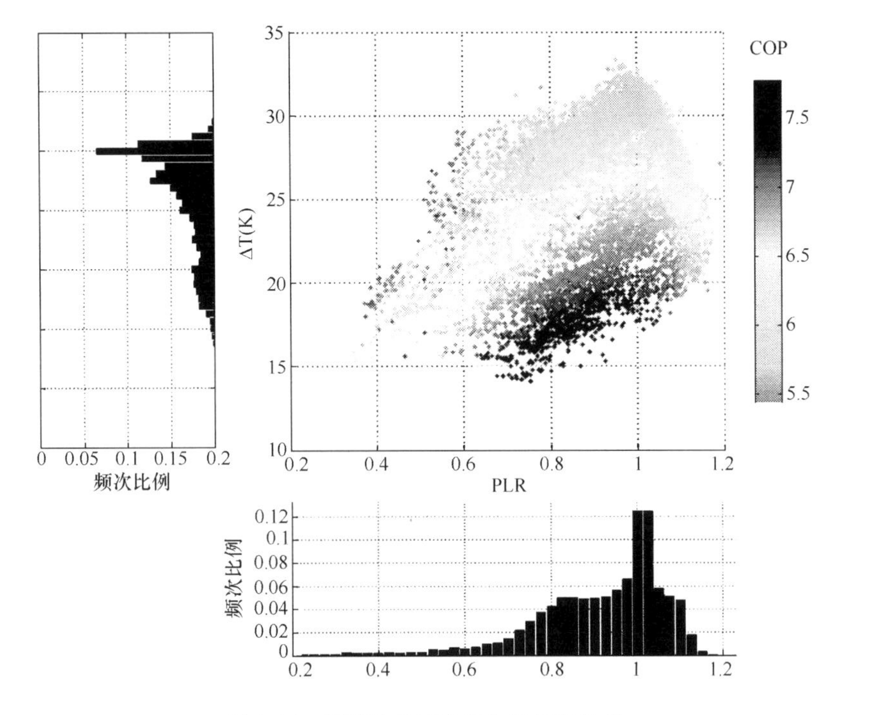

图 4-47 某商业项目冷机全年运行效果

cient of Performance)；后者影响制冷设备实际工作能力与理想循环的差距，即影响了热力完善度 *DCOP*。如此便可将 *COP* 拆分为 *ICOP* 与 *DCOP*，定义式如下：

$$ICOP = \frac{t_e}{t_c - t_e} \quad DCOP = \prod_{i=1}^{n} \eta_i = \eta_i \eta_m \eta_d \eta_e \tag{4-5}$$

式中 t_e——蒸发温度，K；

t_c——冷凝温度，K；

η_i——从电机输入功率到压缩机实际有效做功的各段效率，包括电机效率、传动效率、压缩机摩擦损失、回油系统能耗、漏热等。

拆分后，有 $COP = ICOP \times DCOP$，即实际运行效率等于理想循环运行效率和各项损失效率百分比的乘积。冷机在空调系统中的实际运行影响因素，如冷凝温度、冷负荷等，都是先对 *ICOP* 或 *DCOP* 产生了影响，进而影响 *COP* 高低的，具体影响因素拆分如图 4-48。

压缩机效率和设计选型、运行调节都有关系，可以进行优化；设备本身性能和保养等情况相关；蒸发温度受到建筑负荷需求限制（尤其是空调除湿要求），一般很少人工调节，但若蒸发器传热性能恶化，则蒸发温度会降低；冷凝温度虽然受到

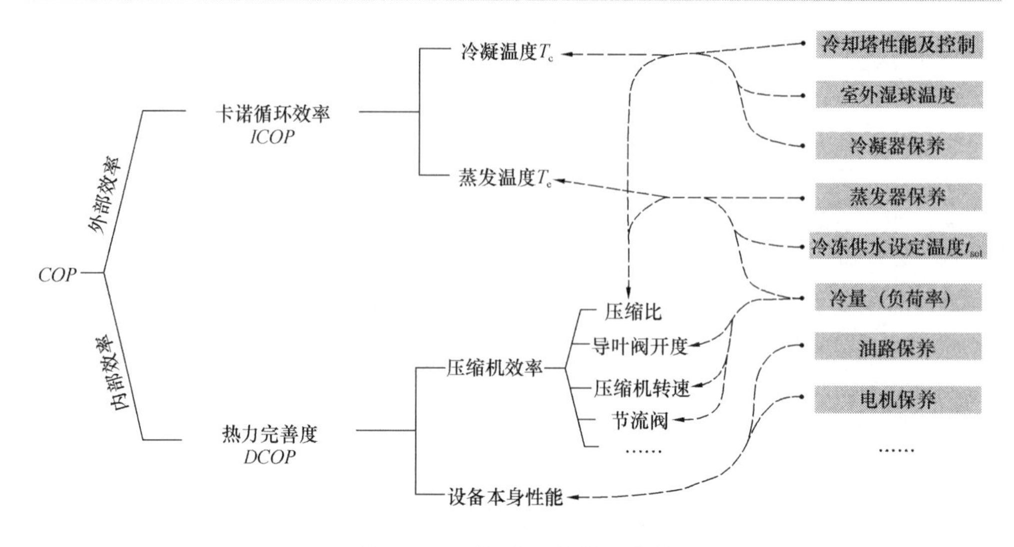

图 4-48 冷机 COP 的影响因素

室外天气情况限制，但可以通过改善冷却系统运行而降低。冷凝温度的优化与冷却系统相关，将在 4.4.3 节冷却系统高效运行关键问题中详细介绍，接下来会说明如何提高压缩机工作效率。

一般来说，冷机在额定工作点的压缩机效率最高（即额定压缩比、额定制冷剂流量时），当偏离额定点时，压缩机效率会下降。因此在设计选型时，要将额定工作点选在全年冷机运行中最常出现的压缩比、冷量下，才能保证压缩机大部分时间内高效运行。图 4-49 为某冷站的冷机工作情况，散点是全年逐时实际工作点，右上角的大圆点是额定工作点。横坐标为制冷剂流量与额定值的比，相当于负荷率；纵坐标是两器压差与额定值的比，小于 1 时说明实际压缩比偏低，偏离设计工况。图 4-49（*a*）是改造前的情况，大部分时候都远远偏离额定工作点；图 4-49（*b*）是改造后，重新选了一台冷机，大部分工作点都接近了额定点，压缩机效率有明显提升。

而在实际运行中，压缩机效率偏低的最主要原因就是单机负荷率偏低。在大型项目里，通常需配备多台冷机联合运行，且冷机额定冷量不同，当控制逻辑不合理，或冷机设计配备不合理时，可能会造成单机冷量负荷率偏低的现象。

在深圳某设计负荷为 7500RT 的项目中，配备了 3 台 2000RT 冷机和 3 台 650RT 冷机；但运行时，实际冷量很少达到设计负荷。一般夏季冷负荷在 4200RT 左右，会开 2 台大冷机和 2 台小冷机，负荷率仅 80%；有时为了保障供应，在负

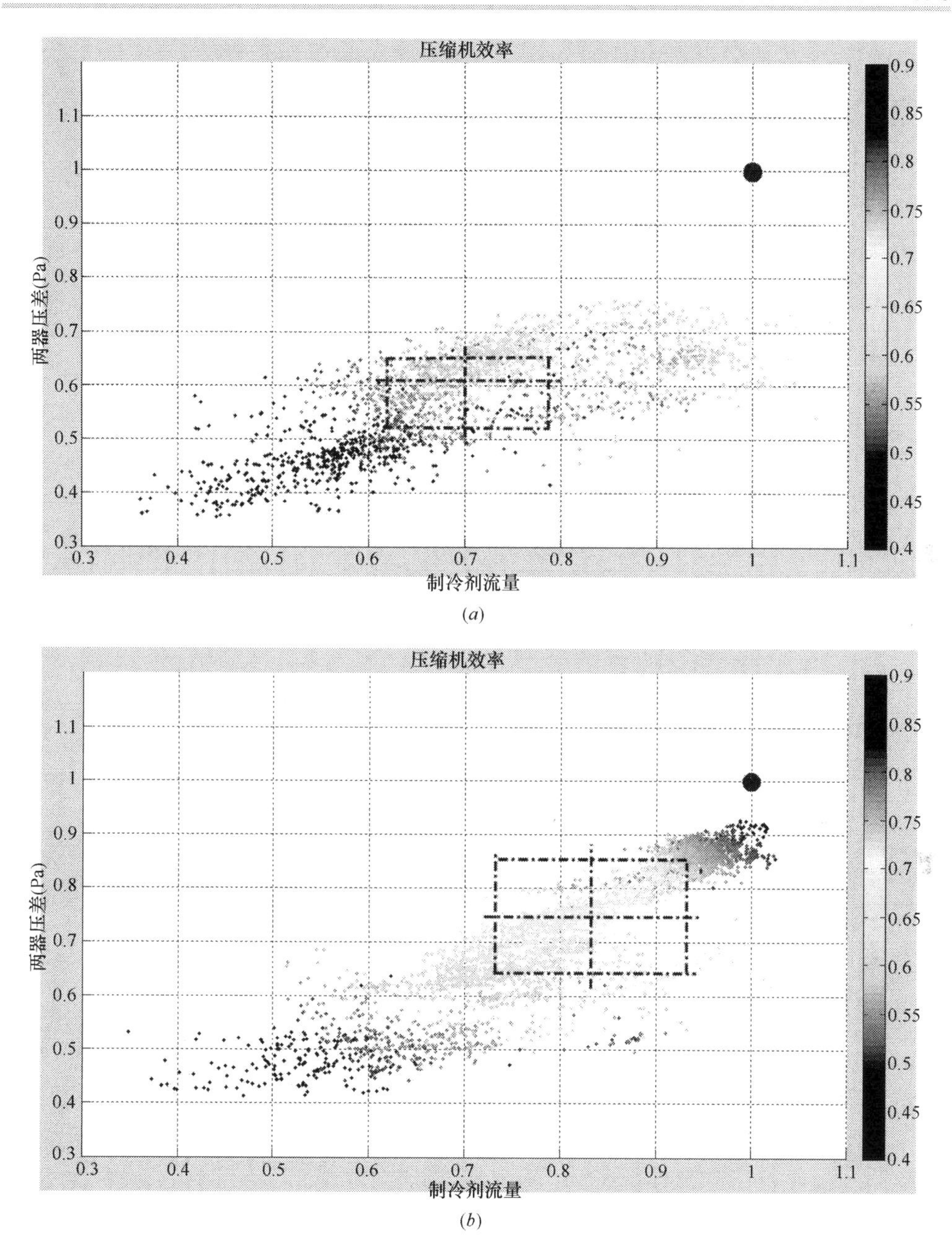

图 4-49 冷机压缩机效率提升途径

(a) 改造前；(b) 改造后

荷略有上升（4500RT）时会加开 1 台小冷机，但冷机单机负荷率进一步下降，仅75%。实际上，完全可以在原先基础上减少一台小冷机，使整体负荷率上升至

90%以上。

图4-50是该项目全年实际运行状况，在目前的冷机群控策略下，*COP*大部分时间只有4.5～5，而在同样供冷量下，是有可能达到5.5～6的，其原因就是单机负荷率过低。虚线框范围内的工作点都是控制策略不合理，导致多开了冷机，进而造成*COP*偏低的情况。在同样的冷量下，选择减少一台冷机，或将一台大冷机换成一台小冷机，则*COP*将提高至虚线框正上方的工作点处，能有明显提高，甚至超过额定值。

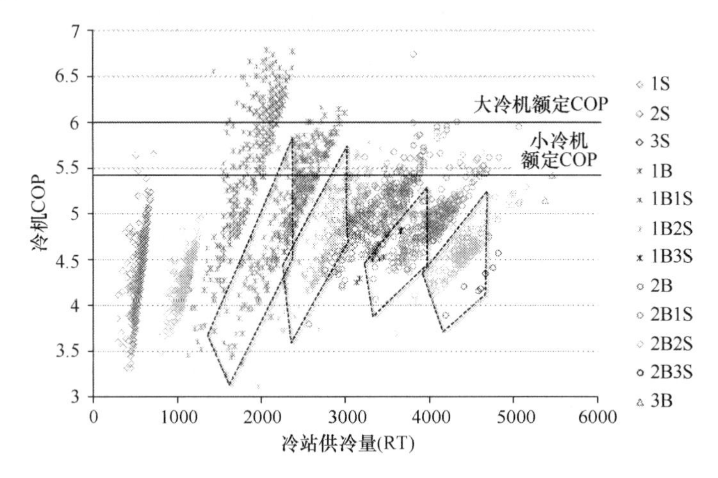

图4-50 群控策略下全年冷机能效指标*COP*

（1B表示一台大冷机，1S表示一台小冷机，以此类推）

在选择合理群控策略、控制良好情况下，可以让单台冷机负荷率高于85%的时间占总供冷期的80%以上，保证冷机高效运行。若建筑负荷变化复杂、不易预测，也可将其中一台冷机改为变频离心冷机等在部分负荷工况下仍能保持较高效率的冷机，调节负荷；或与蓄冷系统结合，用冷水或融冰来调节峰值负荷。

除设计和运行外，冷机的保养也不容忽视。保养包括很多方面，有些会影响压缩机效率、冷机寿命等，有些会导致蒸发温度下降、冷凝温度上升，从而恶化冷机性能。尤其是蒸发器、冷凝器的换热能力会直接影响冷机*COP*。冷冻水系统、冷却水系统在不断的循环中可能掺入杂质或产生锈蚀，尤其冷却水，经常与外界空气接触，容易混入灰尘、树叶等杂物。若过滤和水处理不完全，则这些杂质可能沉积在蒸发器或冷凝器的盘管上，导致换热能力下降，从而使冷凝温度提高、蒸发温度降低，造成*ICOP*降低（图4-51）。

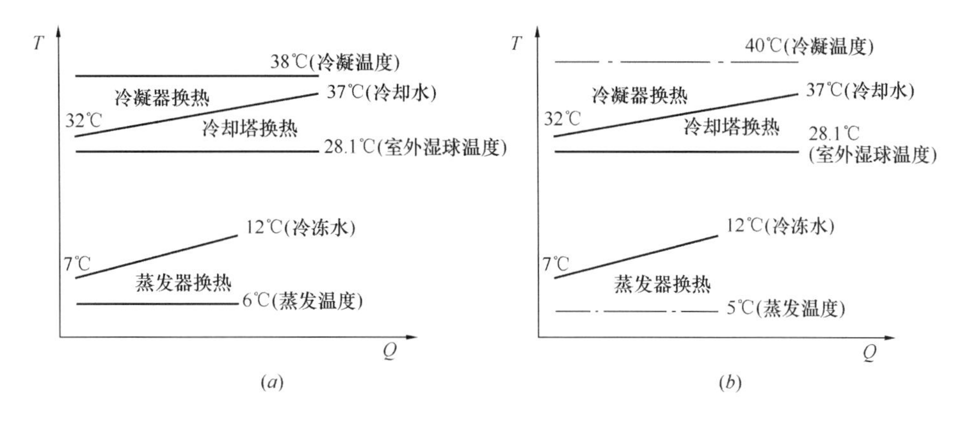

图 4-51 两器换热温差对蒸发冷凝温度的影响

(a) 换热良好；(b) 换热不良

可以用冷冻出水温度与蒸发温度之差来表征蒸发器的性能，定义这个差值为蒸发器“趋近温度”；同样，冷却水出水温度与冷凝温度之间的差值定义为冷凝器“趋近温度”。忽略水量的影响，这个差值越小，说明蒸发器、冷凝器的性能越好。一般趋近温度应至少控制在 2K 以内，优秀标准为 1K 以内。若趋近温度偏高，则可能是长期缺乏清洗所致。

深圳某商业综合体的 5 台冷机，蒸发器的趋近温度为 1.9～3.6K，是长期运行未清洗的缘故。当蒸发器完成清洗后重新测试，发现趋近温度有明显改善，普遍下降了 1K 左右（图 4-52）。在冷冻供水温度不变的情况下，蒸发温度可以提高 1℃，*ICOP* 将提升 5%。

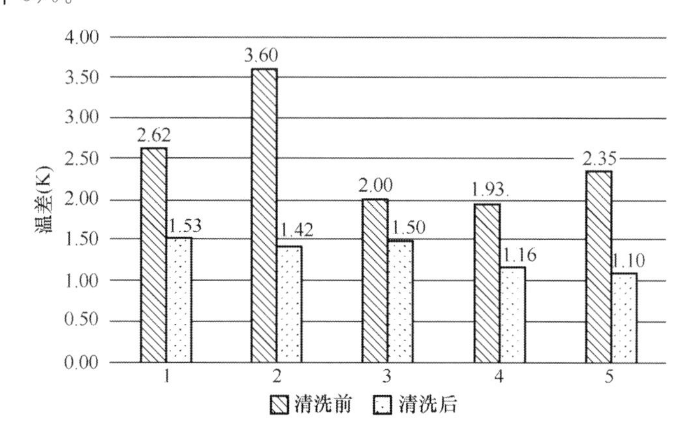

图 4-52 清洗蒸发器后趋近温度变化

综上所述，在设计选型时，应给出建筑全年逐时负荷，以及各个负荷区间中的冷机开启台数、单机负荷率，选择全年综合能效最高的方案；实际运行时，应尽可能避免冷机在部分负荷下运行，只有当各台冷机负荷率均接近100%、供水温度仍有上升趋势时才加开冷机，冷机负荷率均下降至85%时应选择关一台冷机，或切换为一台小冷机运行，保障冷机尽量满载；日常维护保养也应当及时进行，提升冷机能效，延长冷机使用寿命。

4.4.3 冷却系统高效运行关键问题

根据4.4.2节冷机高效运行关键问题中提到，冷却水温度越低，冷机能效越高；而冷站能耗拆分中可以看出，冷却塔的能耗所占比例非常低。因此冷却系统的运行目标是：尽可能降低冷却水供水温度，使冷机冷凝温度降低、*COP*提高。

目前的冷却水系统设计一般为“一机对一泵一塔”，有的是冷却塔与冷机一一对应、不相连（图4-53*a*），有的则用一根冷却水总管将不同冷机的冷却水掺混后统一送上冷却塔（图4-53*b*）。其中（图4-53*b*）的设计更加合理，冷机在非全部开启时，可以共用冷却塔，降低冷却水温度，而（图4-53*a*）不能。此外，（图4-53*a*）的冷却水池会导致系统增加一个自由水面，浪费一部分冷却泵扬程。在冷却系统设计时，推荐采用（图4-53*b*）的模式。

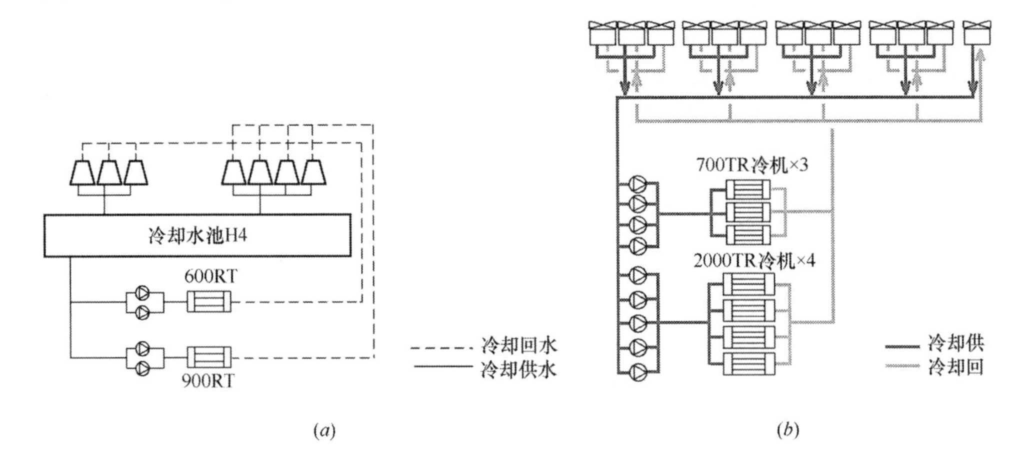

图4-53 冷却水系统的两种常见形式

冷却系统运行的原则是：充分利用换热面积，降低冷却水温度。因为冷却塔在安装好后，填料的换热面积是“免费”的资源，即不会增加任何能耗的换热装置，所以要尽量多利用。冷却泵与冷机一一对应运行，开几台冷机就对应开启几台泵；但冷却塔布水应保持全开，这样免于调节平衡的麻烦，也可以有效降低冷却水温度，从而降低冷机能耗。冷却塔风机则根据水量进行变频调节或高低档调节，维持恒定的风-水比，避免风量太大造成水飞溅损失。同时，还可根据室外天气状况调节，在湿球温度低、水温过低时，适当降低转速。

有些建筑冷却塔全面布水，但冷却塔风机开启的台数却根据冷机开启台数确定，冷机运行台数少时，一部分冷却塔风机开，出水温度低，一部分冷却塔只淋水、不开风机，出水温度高，混合到一起进入冷机，使得冷凝温度还是高，室外低温条件得不到充分利用。

降低冷却水温度主要是提高了冷机 *ICOP*。在蒸发温度为 5℃的情况下，冷凝温度从 38℃降低至 37℃，冷机 *ICOP* 可以提高 3%，能耗也会降低 3%；冷凝温度降低至 35℃，*ICOP* 可以提高 10%，能耗也同样降低 10%。优化冷却系统，对冷机的节能量非常明显。

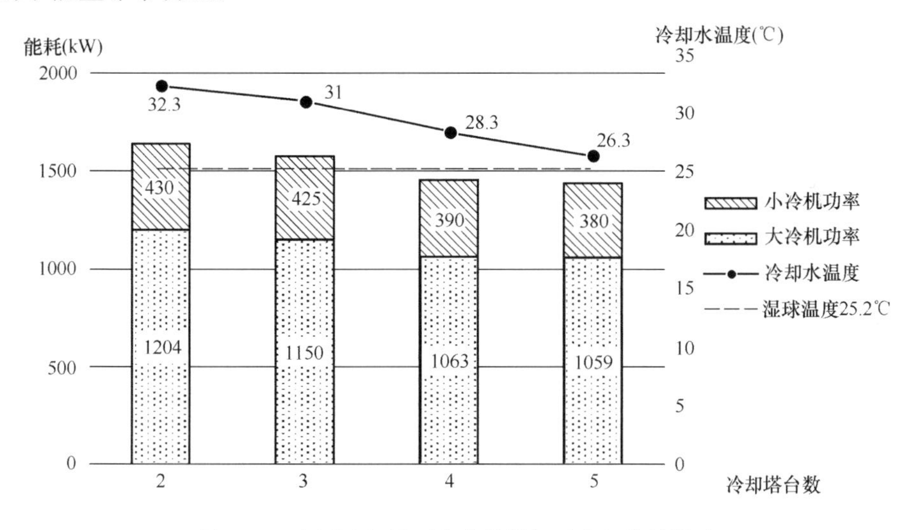

图 4-54 实测冷却塔开启台数增加对冷机能耗影响

图 4-54 为某冷站实测的冷却系统实验结果。在冷机台数不变、冷负荷不变的一段时间里，增加冷却塔台数（冷却水量不变，但增加布水的冷却塔，同时开启风机调至低速），能够有效降低冷却水温度，使冷机效率明显上升，能耗下降。冷却塔全开（5 台）时，冷机能耗比一对一开启（2 台）降低了 12%，节能效果非常明显。

4.5 蓄冷系统高效运行关键问题

4.5.1 蓄冷系统的基本原理及其优势

当能源的生产与使用不能完全匹配时，就产生了空间转移和时间转移的需求，即能源输配和能源存储。在空调系统中，冷热负荷出现的高峰往往和电力需求的高峰重叠，导致电力系统峰谷负荷差加大，装机容量上升，负荷率偏低等问题；采用蓄冷技术可以在电力负荷低的夜间制取冷量，利用蓄冷介质的显热或潜热特性，将冷量储存起来，在白天负荷高峰期使用。

20世纪30年代，蓄冷技术开始出现，在美国工业空调制冷中被用于节省设备投资；70年代至今，随着能源问题日益严重，蓄冷技术作为重要的电力负荷调峰手段在全球逐渐得到广泛关注和应用。截至2008年，日本蓄冷项目达到29017个（包括很多小型蓄冷项目），总移峰电量达到179万kW；我国近年来蓄冷项目数量也直线上升，从1993年深圳电子科技大厦启用第一个冰蓄冷系统以来，截至2006年，全国（内地）已有300多个蓄冷项目[14]。

在峰谷电价等一系列政策的支持下，蓄冷空调系统具有了很明显的经济性优势；同时，蓄冷系统也有节能的可能。设计、运行良好的蓄冷系统能够有效实现省钱、省能，一般的蓄冷系统能做到不省能、但省钱，而有着严重问题的蓄冷系统，运行费用甚至可能还高于常规空调系统，费钱又耗能。

蓄冷系统的能效评价指标与冷站能效指标相同，采用*EER*。另外由于其运行时利用了峰谷电价的特点，应增加一个经济性指标*PCL*，即单位冷量价格（一个完整蓄冷周期的全部能耗费用，除以实际供冷量）。表4-9是清华大学对我国5个商业综合体蓄冷项目在夏季典型日的实测能效指标、经济性指标对比。

深圳地区是全国惟一一个拥有夜间蓄冷优惠电价的城市，23：00～7：00蓄冷设备电价仅为0.2788元/kWh，而正常谷电为0.4408元/kWh。所以项目A计算*PCL*时，前一个冷量价格为实际结算时的价格，括号中的则是用一般谷电价计算的价格。北京的峰谷平电价和其他城市相差不多，但增加了第四种价格——“尖峰电价”，即中午有3个小时电价高达1.4409元/kWh；因此，对于项目C和项目D，括号中为按照深圳电价计算的冷量价格。项目B没有申请夜间蓄冷电价，不影响计算。

实测商业项目空调系统能效指标比较 表4-9

项目	地点	实测蓄冷率	系统形式	能效 EER (kWh_c/kWh_e)❶	冷量价格 PCL (元/kWh_c)
项目A	深圳	25.7%	钢盘管内融冰	3.04	0.204 (0.228)
项目B	深圳	26.1%	塑料盘管内融冰	2.45	0.276
项目C	北京	48.0%	冰球	2.50	0.285 (0.257)
项目D	南宁	67.6%	水蓄冷	3.20	0.22 (0.227)
项目E	深圳	0	常规系统	3.66	0.245

* 注：各地电价不同，括号中为换算成深圳标准电价时的冷量价格。

比较分析可得出以下结论：

1）常规系统能效最高，但运行费不低，作为参考值；

2）蓄冷项目中，水蓄冷项目D优势明显，能源效率最高、费用最低。由于该水蓄冷项目仍存在一些运行问题，所以能效水平仍有提高空间，预计EER可提高至3.4～3.5，运行费用可能进一步降低；

3）冰蓄冷项目中，项目A水平最高，EER可以达到3.04，是国内目前最高水平。蓄冷率虽然只有25%，但单位冷量价格低至0.228元/kWh，接近水蓄冷，远低于常规系统；

4）项目B和C虽然也是冰蓄冷系统，但由于系统运行较差，能效低，单位冷量价格甚至高于常规系统，没有起到节省运行费用的效果（在实地测试中发现，项目B和C的蓄冷系统都有非常严重的问题，导致效率低下；A、D、E问题较小，运行基本正常）。

除了利用峰谷电价实现经济性优势以外，蓄冷系统也有可能通过合理设计、运行实现节能。有可能利用蓄冷来维持或提高制冷系统能效的途径主要有三个：

1）充分利用夜间室外低温，降低冷凝温度；

2）尽可能使冷机工作在最高效率点；

3）避免过多的循环回路。

---

❶ kWh_c为冷量量纲，kWh_e为电力量纲，与第2章中以kWh_e表示等效电量纲不同。

但是，目前提升冷机能效的问题得到的关注较少，国内大部分项目在设计和运行时对此都没有足够的认识，认为蓄冷系统能耗高是理所应当的。实际上蓄冷技术完全可以在削峰填谷的同时，降低系统用电量。其关键点为：

（1）利用低室外温度，提升夜间蓄冷 *COP*

冷机理想循环效率为 $ICOP=\dfrac{t_e}{t_c-t_e}$，与冷机能效 *COP* 正相关。*ICOP* 提高百分之几，能耗就同比例下降。其中 t_e 为蒸发温度，t_c 为冷凝温度，单位 K。无论冰蓄冷系统还是水蓄冷系统，都不同程度地降低了蒸发温度 t_e；但夜间室外湿球温度低，蓄冷时冷凝温度 t_c 也可以相应降低，处理得好的话制冷的用能效率不一定会下降。

常规系统在设计工况的蒸发、冷凝温度一般为 6℃、38℃，运行时蒸发温度基本不变（过渡季可能略调高）、冷凝温度根据室外湿球温度和冷却塔运行情况而变化，如果夜间蓄冷期间平均的湿球温度比白天低 8K，表 4-10 给出冰蓄冷和水蓄冷在不同的白天室外湿球温度时白天与夜间制冷机 *COP* 的比值。

降低夜间冷凝温度提升蓄冷冷机能效　　表 4-10

白天室外湿球温度（℃）	常规冷机 *COP*	蓄冰 *COP*/常规 *COP*	蓄冷水 *COP*/常规 *COP*
32	5.34	0.81	1.25
28	6.05	0.79	1.30
24	6.98	0.77	1.36

由表 4-10 可以看出，一般情况下，冰蓄冷一般都会比常规方式 *COP* 低约 20%，但水蓄冷由于蓄冷时温度降低的不多，但夜间冷凝温度却有很大的下降，因此完全可以提高冷机的能效。要实现这一点，就需要使冷机能够工作在较低的冷凝温度下。目前很多冷机厂家的产品可以接受低至 18℃的冷却水，不会影响压缩机回油，为夜间运行效率提高提供了支持。

（2）保持冷机满负荷运行

常规冷源系统中，在末端冷负荷变化时，制冷量也需要相应进行调节。调节时，冷机大部分时间在非满负荷状态下运行，导致 *COP* 降低；而蓄冷系统如果能通过蓄冷装置进行补偿，使冷机总工作在满负荷状态，总处在高 *COP* 状态，则可以从提高冷机实际运行效率上获得很大的节能收益。

比较某常规冷机和一个蓄冷项目基载冷机的 *COP* 全年分布（图 4-55），可以明显看到负荷率分布区间不同，导致了 *COP* 高低不同。常规系统的冷机大多时间里工作在 70%～80%负荷率下，全年平均 *COP* 为 3.87；蓄冷系统的基载冷机大部分工作在 90%～110%负荷率下，平均 *COP* 达到 5.66。两种系统的冷机是同一品牌，相似型号的冷机，额定 *COP*（*COP*=5.5）相同。

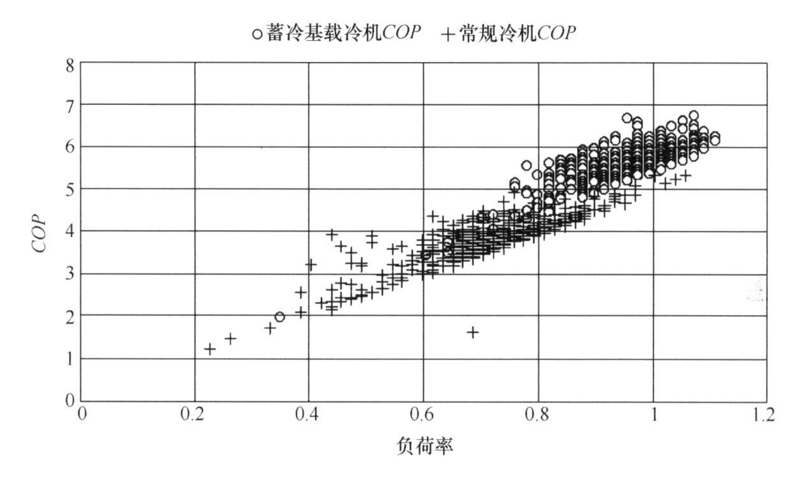

图 4-55 蓄冷基载冷机和常规冷机的全年负荷率、*COP* 比较

要实现这一点，就要求：1）蓄冷过程冷机能够始终在高负荷下高效运行，蓄冷装置接收冷量的能力不随蓄冷量改变，直到冷量蓄满；2）蓄冷装置的冷量最小释放能力不低于制冷量最小的一台冷机，直到蓄存的冷量释放完毕。是否能达到这两点，与蓄冷装置的性能有关，也与系统的形式、运行方式、控制策略有关。

（3）避免过多循环回路

相比常规空调系统，蓄冷空调系统更加复杂。一般简单的常规系统只有一个回路，冷机、冷冻水泵、末端等串联运行；而蓄冷系统则会再增加一个蓄放冷循环，冷量输送系统要增加一个换热环节，这既可能增加输送系统的水泵电耗，还可能在正常工况下要求制冷温度低从而降低冷机的 *COP*。为了避免或减少这些问题，需要系统的精心设计和优化运行。

蓄放冷循环中，增加了蓄放冷输配水泵，如乙二醇泵、融冰换热泵、蓄水泵等，这些水泵在蓄冷、放冷期间都要开启，运行时间为常规系统水泵的 1.5～2 倍，其能耗比例比常规制冷站高。在常规空调系统中，冷冻水泵能耗一般占 20%左右

（包含一次泵和二次泵）；在蓄冷系统中，这个比例会上升至22%～25%。蓄冷期间，由于冷负荷固定，水泵一般定频运行；放冷时，可以通过水泵变频进行放冷量的调节，在冷负荷较小时降低流量，节省泵耗。

4.5.2 冰蓄冷分析

目前全世界的蓄冷空调系统中，水蓄冷系统和冰蓄冷系统最为普遍。冰蓄冷是最早发展的蓄冷空调系统，由于其蓄冷密度高、技术成熟，目前在蓄冷项目中市场份额最大。在美国约有86.7%的蓄冷项目是冰蓄冷，我国冰蓄冷项目则达到了91.2%，是蓄冷市场中的主力。

与水蓄冷方式比，冰蓄冷具有相变蓄冷密度高的优势，即同样体积的蓄冷体，蓄冷量约为显热水蓄冷的6倍。但冰蓄冷的冷机*COP*不高，冰池换热能力也比水池差，因而存在能效低、蓄放冷速率随蓄存的冷量而变化等问题。此外，冰蓄冷需要增加乙二醇等载冷剂循环，系统更为复杂，流动阻力大，也可能导致泵耗高。

（1）特点1：蓄冷温度低，冷机*COP*下降、能效低

常规空调系统设计供水温度为7℃，因此常规冷机的制冷剂蒸发温度为5～6℃，两器温差为32℃。而对于冰蓄冷系统，常压下水的相变温度为0℃，蓄冰时随着冰层加厚，载冷剂温度必须降至更低才能增大传热温差、蓄入冷量，所以冰蓄冷系统的蒸发温度一般在－6～－10℃不等（和蓄冷体具体设计有关，常见为－8℃）。与常规系统相比，冰蓄冷的两器温差增大至40℃左右（考虑了夜间冷凝温度下降），冷机*COP*只有常规冷机的75%。因此如前面表4-10所示，冰蓄冷即使利用了夜间低温，*COP*也低于常规方式，能耗必然增加，很难实现节能。

（2）特点2：冰池换热能力有限，蓄冷速率会逐渐降低

冰蓄冷系统在蓄冷期间，随着蓄冷量增加，往往出现蓄冷速率逐渐降低的现象。冷机制出低温载冷剂送入蓄冷体，由于冷机控制、载冷剂流量、蓄冷盘管或冰球换热能力（换热面积和系数）等问题综合作用，导致冷量逐渐下降。图4-56为实测的某个冰蓄冷装置的夜间蓄冷过程。可以发现只有蓄冷前期20%时间里，冷机能够达到额定*COP*、冷量；而之后冷量、*COP*明显下降。其主要原因是蓄冷体换热能力不足，如冰盘管外圈开始结一层冰后，由于冰的导热能力差、换热能力明显下降等，而冷机蒸发温度已降到最低，无法继续提高蓄冷速率，最终导致冷机出

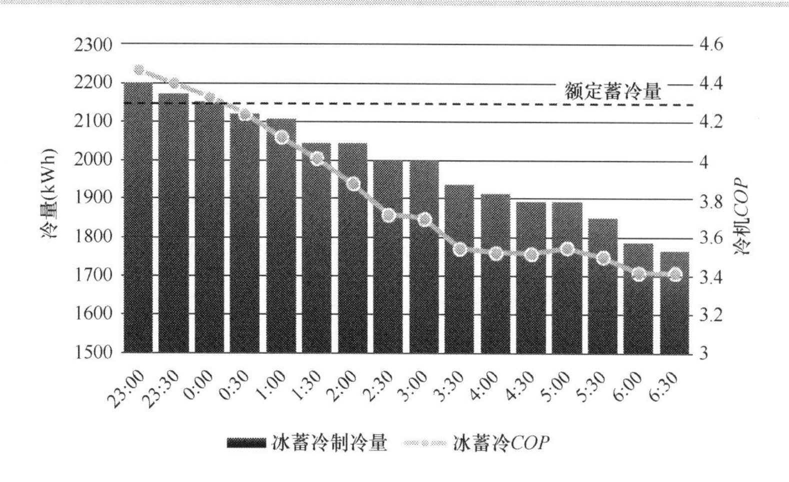

图 4-56 冰蓄冷系统的蓄冷速率衰减现象

力下降、效率下降。怎样使冰蓄冷系统能够实现稳定的蓄冷，从而提高蓄冷期制冷机的效率，是冰蓄冷系统能否实现节能的关键之一，也是目前冰蓄冷装置改进、完善的主要方向。

（3）特点 3：系统复杂

冰蓄冷系统与常规空调系统相比，增加了蓄放冷循环，将双工况冷机、冰池与建筑水系统分隔开，通过换热器传递冷量。该循环需要特殊载冷剂，保养要求高；且蓄放冷泵基本上全天开启，运行时间长，导致了系统输配能耗提高。

冰蓄冷的低温制冷循环需要的特殊载冷剂，如乙二醇溶液等，是腐蚀性比水强的物质，因此其管道要做特殊防腐处理。表 4-9 的项目 B 采用了盘管内融冰系统，载冷剂是 25%的乙二醇溶液，但由于管道防腐没有做好，运行仅 2 年多就出现了严重锈蚀现象，乙二醇溶液由无色透明液体变为砖红色液体，冷机、水泵损坏明显，换热能力、输配能力下降，最终导致整个系统 *EER* 降低，经济性甚至不如常规空调系统。

（4）特点 4：可以结合大温差输配系统、低温送风系统

当冷源选用冰蓄冷空调系统时，可以对外提供 1～5℃低温冷冻水，使得大温差输配系统等容易实现。盘管外融冰一般可以提供 1～3℃冷冻水，适合远距离输配的区域供冷系统；一般冰蓄冷系统需要载冷剂与冷冻水通过板式换热器换热，有温度损失，但也能提供 2～5℃冷冻水，可以在建筑内结合低温送风系统，节省输配能耗。

4.5.3 水蓄冷分析

日本冰蓄冷项目比例虽然也高达86.9%，但其中多数是小型家庭冰蓄冷系统；集中空调系统中冰蓄冷只占44.5%，剩余55.5%基本都是水蓄冷[12]。这是因为将水蓄冷系统与建筑设计结合好，就不会额外增加占地和投资；甚至由于制冷机组容量降低，可能使得造价与常规系统持平。与此相对，独栋式家庭住宅和街边小型店铺是因为没有建造水蓄冷系统的条件，只能选用蓄冷密度高的冰蓄冷系统。未来大型集中蓄冷空调的发展方向应是集中空调朝水蓄冷的方向发展。

（1）水蓄冷系统的优势

1）蓄冷设备能效高

由于蒸发温度高，水蓄冷冷机额定*COP*为冰蓄冷的1.5倍，如前面表4-10所示，利用夜间室外低温，水蓄冷可以比常规制冷系统的*COP*高20%以上。

2）蓄冷、放冷速率高

如果能够实现蓄冷水箱有效地温度分层，就可以在蓄冷期间保持制冷机的满负荷运行，直到蓄冷为止。而冰蓄冷冷机会随着冰量增加，制冷量降低。同样，如果冷冻水系统调控得当，一直维持较高的供回水温差，水蓄冷装置就可以有优良的放冷性能，放冷能力不随尚存的冷量而变化。然而，要实现这些长处，必须通过蓄冷水箱、布水器、取水管等装置的精心设计和精心调节，从而实现有效的温度分层才能实现。

3）系统简单，能量品位损失小

冰蓄冷在制冷时需要－7～－10℃的低蒸发温度，但供冷温度与常规系统几乎相同（7℃），期间经过蓄冷时乙二醇与冷机换热、乙二醇与冰池换热，放冷时乙二醇与冰池换热、与冷冻水换热共4个步骤，温差损失超过15℃。牺牲设备效率制取高品位低温冷水，再高温利用，浪费了冷机能耗。而水蓄冷的蓄冷温度和供冷温度非常接近，即使经过一层池水与冷冻水换热，温差也只损失1℃，总损失不超过5℃，能量品位损失很小。

4）冬季可以蓄热

实际上，冬季水池还可以兼具蓄热功能，当配合热泵、热电冷联供系统运行时，能够发挥协调作用，储存部分热量，解耦热能的使用和制备。而冰蓄冷系统无法实现。

（2）水蓄冷发展的制约因素

日前限制水蓄冷发展的原因主要有两个：一是蓄冷密度低的问题，二是定压问题。但二者都可以通过合理方式解决。

水蓄冷系统属于显热蓄冷，在同样蓄冷量要求下，水池体积远大于冰池体积，使得国内很多工程在方案设计阶段因占地太大而放弃了水蓄冷。实际上，在日本这样土地资源紧张的国家，人们为大型公共建筑设计系统时仍然更加青睐水蓄冷系统。这是因为他们将水蓄冷与建筑设计紧密结合起来，如利用消防水池作为水蓄冷池，或将水池与建筑地基结合、作为配重等，就不会多占用额外建筑面积，也不会增加太多投资。这需要在建筑设计初期，各专业的紧密配合才能实现，因此我国设计院在建筑设计流程上也需要做出改变，才能更利于水蓄冷系统的推广。

大多水蓄冷的水池是直接与大气连通的开式水池（闭式蓄水池成本太高，很少使用），若直接与建筑水系统直接相连，则会出现压力不平衡问题。解决方法是用板式换热器将蓄冷水系统和供冷水系统分开，虽然会增加1℃换热温差，但不会出现溢水现象。相比冰蓄冷的低温，增加1℃温差不会带来很大影响。

（3）水蓄冷的关键：温度分层

做好水蓄冷系统，最重要的一点是做好温度分层。

在水蓄冷的蓄水池中，各处水温并不相等，例如供水处温度为6℃，回水处为11℃。若水池内不同温度的水出现掺混，则会出现能量品位损失，使得放冷时供水温度会持续上升、供冷能力下降，蓄冷时回水温度降低、蓄冷速率下降。因此水蓄冷系统最重要的问题是做好温度分层控制，让不同温度冷水尽量不要掺混。

温度分层的效果可以用图4-57的形式表示。纵坐标为测点层数，横坐标为水温，每条线表示某个时刻的温度分布情况。理想的蓄满状态用左边虚线表示，放空状态是右边虚线，而理想的蓄放冷过程是在其间平行移动的温度分布线。这是我国某水蓄冷项目的典型日实际测试结果，图4-57（*a*）蓄冷过程中左上角第一条线与左边虚线之间的面积为未蓄满的冷量，由于顶层水温降低而提前结束了蓄冷；图4-57（*b*）放冷过程最下面一条线与右边虚线之间的差为未放尽的冷量，由于供水温度上升结束了放冷。该差距是由于存在掺混、水池死区等原因造成的，应尽量在设计和施工时避免。

实现温度分层的方法很多，例如多个水槽并联、依次使用，或增加水槽高度、自然形成温度分层等。图4-58列举了几种常见的分层做法（引自2005年清华大学节能论坛，中原信生先生的报告）。

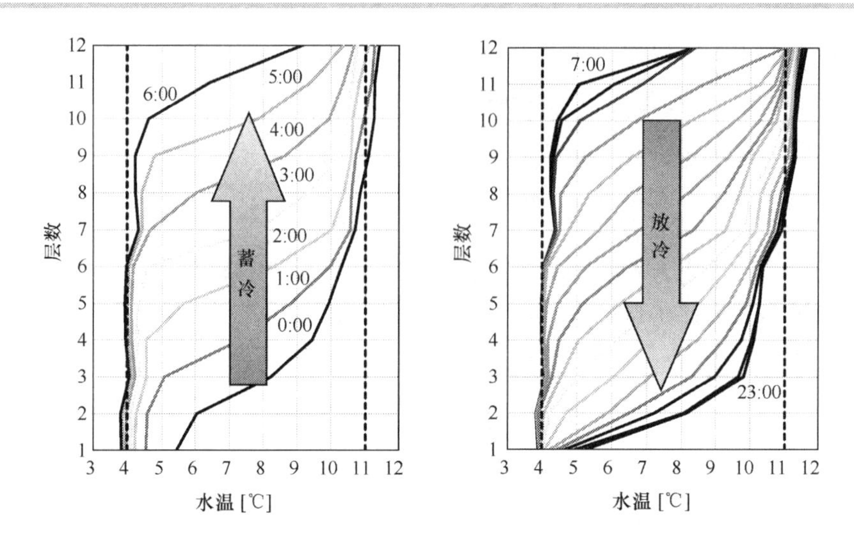

图 4-57 某水蓄冷项目的蓄放冷温度分层变化

（a）蓄冷时段（0：00～6：00）；（b）放冷时段（7：00～23：00）

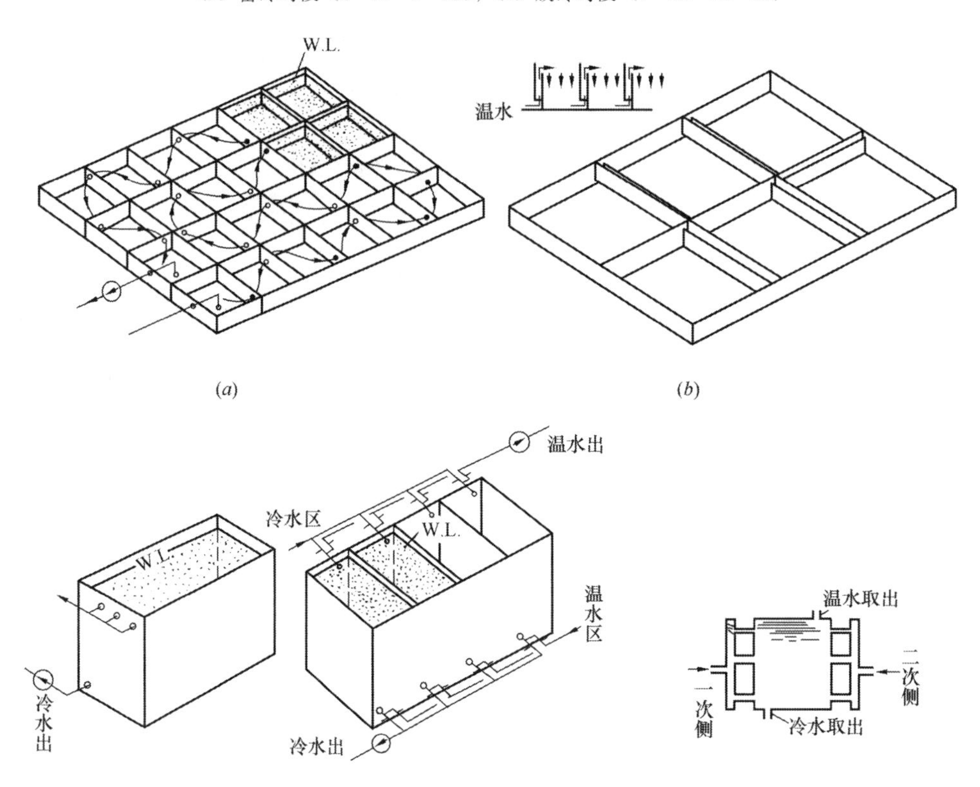

图 4-58 实现蓄冷水池温度分层的几种做法

（a）连结完全混合槽形；（b）连结温度成层形

4.6 冷冻水输配系统能耗问题分析

4.6.1 冷冻水输配系统节能的重要性

在中央空调系统中，冷冻水输配系统负责将制冷机提供的低温冷冻水输送到各个末端，再将各末端的高温回水返回制冷机中。图 4-59 展示了在我国内地和香港特别行政区共 39 座建筑中冷冻泵全年能耗与中央空调制冷站全年能耗之比，大多数建筑集中在 10%~20%之间，一些建筑要高于此值。可见，冷冻泵能耗是中央空调系统能耗的重要组成部分，在建筑节能工作中需要引起充分重视。

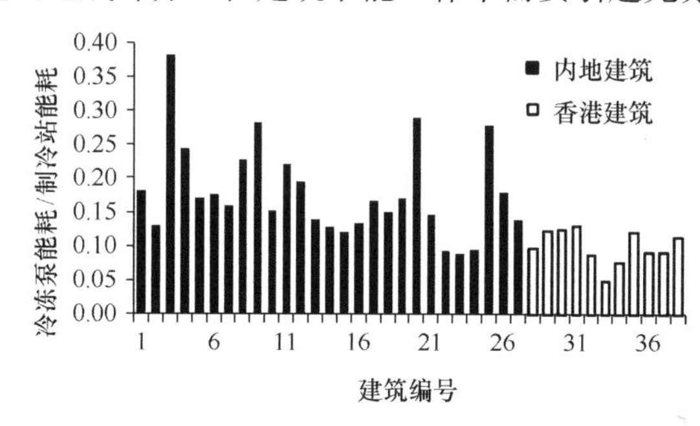

图 4-59 冷冻泵全年能耗与制冷站总能耗之比

当评价冷冻水输送效率时，可用冷冻水输配系数 WTF_{chw}，表示冷冻水系统输送的冷量与消耗的水泵能耗之比。冷冻水输配系数越高，系统越节能。根据《空调调节系统经济运行》GB/T 17981—2007，对于全年累计工况，冷冻水输配系数不应低于 30。图 4-60 为 39 座建筑全年累计工况冷冻水输送系数的实测结果，其中大部分建筑都达不到 30，特别是内地建筑，其冷冻水输送系数明显低于香港建筑。可见，大部分建筑的冷冻水系统都还有很大的节能潜力。

本节将讨论影响实际系统冷冻水输送系数的几个关键问题，包括末端控制、是否应当安装平衡阀、水系统的总压差应该控制在何种水平以及应当选择一级泵系统还是二级泵系统，在此基础上总结如何保证水系统的节能运行。

4.6.2 保证空调末端有效自控是实现水系统节能运行的基础

由图 4-60 所示，在调研的 39 座建筑中（内地 28 座，香港 11 座），内地建筑

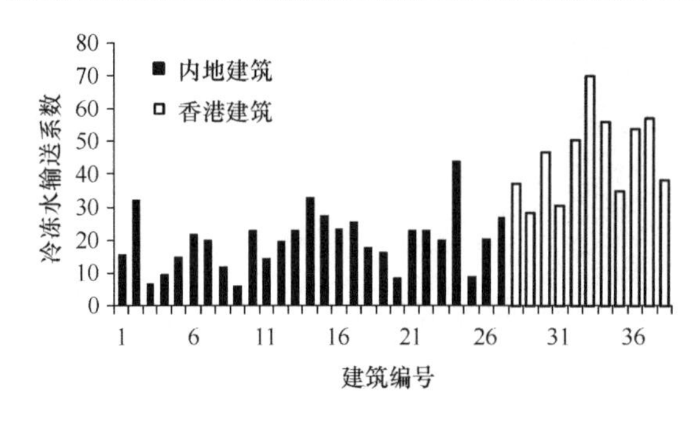

图4-60 冷冻水输送系数的实测结果

的冷冻水输送系数明显低于香港建筑。这是为什么呢？最主要的原因并非在于水泵、而是在于空调末端。调研发现许多内地建筑的空调末端不能有效地根据负荷变化调节冷冻水流量。其原因有的是由于未安装水阀从而不能根据末端负荷变化而改变流量，也有的虽然安装了水阀，但水阀由于故障等原因处于常开状态。在这样的系统中，无论水泵是否采用变频控制，都无法实现水系统有效的变流量运行。图4-61是某内地建筑的总冷量一总流量关系图（其中相对冷量等于冷量与设计最大冷量之比，相对流量等于流量与设计最大流量之比），该建筑安装了变频水泵，但由图4-61可以看出，该建筑的冷冻水流量无法随总冷量连续变化，而只能根据冷机和水泵的台数在几个固定值之间变化。对于这样的系统，采用变频水泵只是起到了将水泵变小的作用，并不能有效调节。这是由于如果水泵的转速根据压差控制，由于末端水阀开度不变，系统阻力不变，所以供回水压差不会有变化，水泵频率也就无法改变；如果根据总管的供回水温差控制，由于各末端回水温度不一致，总供回水温差并不能代表各末端的出力情况，盲目调节总温差可能引起部分末端不满足需要。因此，没有末端调节的系统只能运行在定流量下，这显然是不节能的。

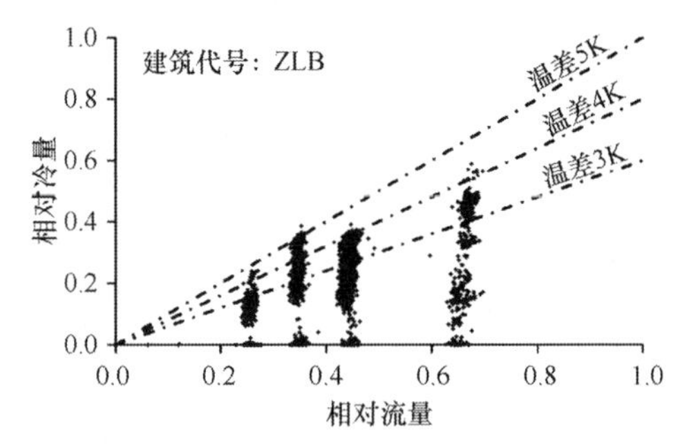

图4-61 末端水阀常开对应的系统总冷量-总流量关系

而在末端能够有效自控的建筑中，每个末端根据自身需求改变流量，系统的总流量自然随总冷量变化，即使水泵不采用变频控制，也能实现变流量运行。调研涉及的香港建筑基本上末端自控状况良好，所以都能实现变流量运行，图4-62显示了其中一座建筑的总冷量一总流量关系，可以看到流量随冷量的下降而下降。这是调研结果中香港建筑的冷冻水输配系数普遍高于内地建筑的最重要的原因。

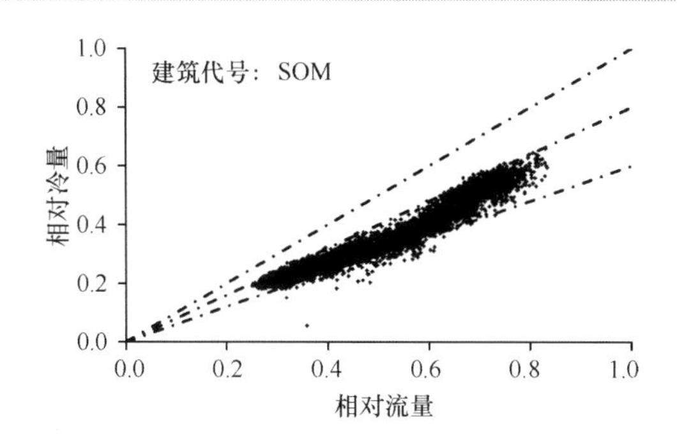

图 4-62 末端水阀有效自控对应的系统总冷量-总流量关系

综上，在水系统的施工、验收和日常运行中，应当特别注重末端运行情况的检查和维护；在水系统整体出现“小温差”等症状时，应当首先检查末端控制回路的运行情况。只有大部分末端在水侧实现了有效自控，冷冻水系统才有可能实现变流量运行，这是冷冻水系统节能运行的基础。

4.6.3 是否应当安装平衡阀

在很多冷冻水系统中，安装有一级甚至多级用于流量调节的平衡阀，包括静态平衡阀、动态平衡阀、限流器等。安装这些平衡阀的目的是为了实现水力平衡，提升系统温差，降低系统流量。那么，安装这些平衡阀是否有利于水系统节能呢？下面通过一个典型案例介绍实际调研中发现的问题。

首先，大量安装平衡阀造成系统阻力上升，大量的水泵扬程消耗在这些平衡阀上，造成能耗浪费。在水泵效率一定的情况下，水泵功率等于扬程与流量之积，在水系统中加装大量平衡阀，仅考虑了对流量的限制，却使得水泵长期在高扬程下运行。北京某商业区采用水环热泵系统，冷却水集中供应，每个末端的冷却水阀实行通断控制，因此其冷却水系统的性质等同于常规系统中的冷冻水系统。该系统常年运行在小温差下，夏季平均温差为 3.5K。为了保证流量分配，该系统安装了五级平衡阀，并请专业机构进行了逐级水力平衡。由于这些平衡阀增加了系统的阻力，用户侧消耗的总压差高达 $22mH_2O$。在节能改造工作中，完全开启了其中一、二、三级平衡阀，并相应降低水泵频率，使用户侧消耗的总压差降低至 $16mH_2O$，下降了 27%。

其次，在几个末端支路的总管上安装平衡阀就提高了这几个末端之间的耦合度。部分负荷下一些末端关小水阀，其他几个末端的流量会上升，其结果是总的供回水温差变小。特别是风机盘管末端，几个盘管的共用支路上安装流量恒定的平衡阀，就使得其中的几个盘管关闭时其他未关闭的盘管流量增加。这是目前我国风机盘管系统部分负荷下供回水温差小的主要原因。而大量安装平衡阀，会进一步加剧这种现象。因此，尽管水力平衡会提升系统在接近满负荷（大部分末端水阀全开）时的温差，却由于加重了末端之间的耦合度，使得系统在部分负荷下依然工作于小温差工况。这就解释了为何在很多实际系统中，尽管进行了水力平衡，但仍然在大部分情况下出现“大流量、小温差”的现象。例如上文所述的五级平衡阀的例子，在专业机构进行逐级水力平衡后，并没有实现良好的温差提升效果。反而是在打开平衡阀，并配合末端水阀维护检修后，使系统供回水温差由3.5K提升到4.8K，加之前文提到的系统总压差下降，水泵节能收益显著，当年制冷季节电量为800万kWh。

因此，在水系统中，应当避免在各输配干管上安装平衡阀；如果安装有平衡阀，则应该尽量保持阀门在全开状态，只在个别资用压差过高的末端处进行水力平衡即可。

4.6.4 水系统节能的关键在于控制总压差

实际调研发现，冷冻泵选型过大是冷冻水系统的一个通病。在实际系统中，冷冻泵额定扬程通常明显高于实际扬程。

表4-11显示了5座建筑中的冷冻泵额定扬程与实际扬程。这5座建筑并非针对冷冻泵问题刻意选择，而是2007年清华大学建筑技术与科学系暑期实习时的调研对象，调研结果显示，全部5座建筑中都出现了冷冻泵额定扬程过大的情况，说明这个问题的普遍性。

冷冻泵额定扬程与实际扬程 **表4-11**

建筑代号	冷冻泵类型	水泵额定扬程（mH_2O）	水泵实际运行扬程（mH_2O）
A	冷冻泵	38	21
B	冷冻泵	32	16
C	一次泵	30	24
	二次泵	30	15
D	一次泵	15	17
	二次泵	25	18
E	一次泵	20	18
	二次泵	35	25

冷冻泵选型偏大，带来两个严重的能耗问题：一、冷冻泵工作点偏离额定工作点，效率下降，表4-11中各台水泵均存在这个问题；二、为了防止冷冻泵工作点过度右偏（流量过大、扬程过低）、功率过大而烧毁，在运行中不得不通过关小阀门的方法来消耗冷冻泵的富裕扬程，造成能耗浪费。例如，在表4-11的建筑C中，一次泵和二次泵的总额定扬程达到60mH_2O，实际总扬程达到39mH_2O，其中通过关小阀门开度消耗了10mH_2O；也就是说，系统实际所需的扬程为29mH_2O，因水泵选型过大，不得不增加了10mH_2O的不必要压降。在表4-11的建筑E中，二次泵额定扬程为35mH_2O，实际扬程为25mH_2O，其中有19mH_2O消耗在阀门上，二次侧实际仅需6mH_2O的扬程。

那么，应当怎样选择冷冻泵扬程呢？现在是先根据所谓的“经济比摩阻”以及流量确定管径，再根据水系统的结构计算出最不利回路的压降，从而确定水泵扬程。这样，系统越大，距离越远，要求的水泵扬程就越大。但是，“经济比摩阻”对于闭合的循环系统并非是正确概念，一些末端支路的流量占总流量的比例很小，但其压降却需要由总的循环泵加大扬程来提供。例如末端支路10%的流量压降为2mH_2O，就需要循环水泵增加2mH_2O扬程，增加的水泵能耗是2mH_2O乘以100%的流量。在这种情况下把这一支路管径适当加大，增加很少的投资就可以降低这2mH_2O扬程，减少水泵功率，降低能耗。因此水系统的设计方式应该反过来，先将水泵总扬程限制在一个合适的水平之下，即给定一个总扬程限值，然后选择合适的管径，使得水系统在这一扬程下能够满足流量要求。也就是改变现在“先定管径、再算扬程”的方式为“先定扬程，再算管径”。对于一般大中型水系统而言，通常冷机消耗的压差在5mH_2O左右，末端盘管消耗的在5mH_2O左右（风机盘管更低，为2～3mH_2O），再考虑机房过滤器、转换阀门等阻力部件不超过5mH_2O；输配系统压降不高于10mH_2O，则水泵总扬程限值应该在25mH_2O以内。

在表4-11中，建筑A为一座23层的写字楼，空调末端以风机盘管和新风机为主，其系统实际总压差为21mH_2O，能够满足末端要求。中国香港某大型商业综合体面积达到10万m^2，建筑功能既包括商场，又包括高档写字楼；该建筑采用二次泵系统，其中末端侧总压差为8mH_2O，冷机侧总压差为10～15mH_2O，系统总压差在18～23mH_2O。这说明在实际系统中是完全有可能做到系统总压差不超过

25mH_2O的。

给定冷冻泵扬程上限（25mH_2O），在此限值下设计管网，使得各末端可以被满足，这就使水系统的能耗控制在较低的水平，杜绝了水泵能耗过大的情况。降低系统总压差需求的方法主要有以下两点：

（1）避免系统中各类阻力部件消耗过多的压差。在一些系统中，过滤器、平衡阀、限流器等各类阻力部件消耗了过多的压差，导致系统总压降过高。例如调研结果显示，过滤器的实际压降在0.5～5mH_2O之间，其中压降高者已达到冷机和末端的水平，导致系统的总压降增大。在设计时，可考虑采用加大过滤器的过滤面积，降低通过过滤器的冷冻水流速，从而降低过滤器的压降。此外，应当尽量避免在输配管网中安装平衡阀、限流器等阻力部件，以求降低系统总扬程需求。

（2）增大远端或最不利环路末端的输配干管和支路的管径。管道S值与管道直径d的5次方近似成反比，如果将管径增大到1.5倍，则管道压降可降到原来的10%。因此，增大管径在降低阻力方面收益显著。

4.6.5 应当采用一级泵系统还是二级泵系统？

下面讨论一个常见问题：应当采用一级泵系统还是二级泵系统？

二级泵系统发展于20世纪70年代，它针对的问题是：末端采用两通水阀变流量调节，末端侧总流量随负荷降低而降低；但冷机必须维持在额定冷冻水流量下运行，冷机侧流量需保持恒定。在二级泵系统中，二次泵变频运行，以适应末端侧流量的变化，节约能源；一次泵定频运行，维持冷机流量恒定；末端侧与冷机侧的流量差依靠旁通管来进行调节。

设计二级泵系统是为了节能，然而其实际表现如何呢？朱伟峰的调研显示，内地大多数一级泵系统水泵全年电耗达到冷机全年电耗的20%～35%，但是二级泵系统的冷冻泵全年电耗一般达到冷机全年电耗的30%～50%。这些二级泵系统在实际运行过程中反而更费能。这是为什么呢？原因主要有以下两点：

（1）二级泵系统有两级水泵，在设计时都考虑了过大的安全余量，都存在选型偏大的问题，如表4-11所示。这就造成二级泵系统两级水泵的扬程明显高于一级泵系统，更多的能耗消耗在水阀上。

（2）由于前文所述末端控制失效的原因，很多系统无法真正实现变流量调节，这就无法发挥二级泵系统的长处。在这样的情况下设计二级泵系统是没有意义的。目前国内很多二次泵系统在实际运行时，二次泵前的供回水旁通管完全关闭，从不打开。这样的系统实质就成为两级水泵串联的一次泵系统。而这种串联连接的水泵由于水泵性能不一致，很难都在高效工作区运行。其结果就是效率低、能耗高。

那么，如果水泵选型合适，末端控制有效，水系统可以走出变流量特性，二级泵系统是否更为节能呢？随着冷机技术的发展，目前多数冷机已经允许流量在较大的范围内进行变化，通常，离心式制冷机允许的流量变化范围为额定值的 30%～130%，螺杆机允许的范围为 40%～120%。在这样的情况下，采用水泵变频的一级泵系统也可以实现在部分负荷时节约水泵能耗。下面分两种情况比较在这种情况下一级泵系统和二级泵系统的能耗。

（1）末端侧流量低于冷机侧额定流量。如果在全年大部分工况下，末端侧流量低于冷机侧额定流量，那么采用哪种系统形式更节能呢？通过一个简单算例来进行分析。设二级泵系统中，冷机侧的流量为 100L/s，出水温度为 7℃。末端侧的流量为 50L/s，供水温度等于冷机出水温度，回水温度为 14℃。旁通管内流向为从供水侧流向回水侧，流量为 50L/s。可由能量平衡关系算得冷机侧的回水温度为 10.5℃。

从水泵能耗的角度分析，改为一级泵系统后，供水温度保持不变，所以在冷负荷不变的情况下，末端侧流量仍为 50L/s，冷机侧流量也降为 50L/s，低于二级泵系统中的冷机侧流量。由于冷机侧流量降低，所以水泵能耗会降低。

从对冷机影响的角度分析，在二级泵系统中，冷机的进出口温度为 7℃ 和 10.5℃，蒸发温度为 6℃。改为一级泵系统后，冷机侧回水温度等于末端侧回水温度，为 14℃；根据式（4-6）估算蒸发器 KF 值随水侧流量的变化，则在冷量不变的前提下，冷机蒸发温度为 6.1℃，略高于二级泵系统中的蒸发温度，有利于冷机的高效运行。

$$\frac{KF_1}{KF_2}=\left(\frac{V_{w,1}}{V_{w,2}}\right)^{0.5} \tag{4-6}$$

因此，当末端侧流量低于冷机侧额定流量时，采用水泵变频的一级泵系统更节能。

（2）末端侧流量高于冷机侧额定流量。在实际系统中，由于“大流量、小温差”问题，末端侧流量高于冷机侧额定流量是经常出现的现象。此时，如果采用二级泵系统，只能是旁通管反向流动，即部分末端侧高温回水经由旁通管流向供水侧，与冷机出水掺混，提高了末端侧的供水温度。这使得末端的换热量下降，从而末端对水量的需求进一步提高，导致旁通流量进一步提高，掺混更加严重，末端供水温度进一步上升，形成恶性循环。这是许多实际二级泵系统不能实现节能的重要原因。采用一级泵系统则可以避免掺混现象，始终保证末端得到的供水温度基本等于冷机出水温度，因此是更优的选择。有些系统在实际运行中，一旦流量调小，部分末端就会由于流量不足而“过热”，所以宁可高供水温度，大流量、小温差，也不能低供水温度、小流量、大温差。这实质上是由于末端缺少调控手段，导致近端的支路流量过大，干管压降过大，从而远端压差不够，远端流量不足。这时根治的方法是对各个末端增加调控能力，实现真正的变流量运行。即可改善远端不冷的现象，又能够降低水泵能耗；而不应该将错就错，加大流量、提高供水温度。

上文的分析表明，无论末端侧流量高于还是低于冷机侧额定流量，均建议采用变流量一级泵系统。那么，二级泵系统的适用场合是什么呢？在上文中，默认末端侧只有一组主立管，或虽有多组主立管，但各组主立管的资用压差需求始终相差不多。下面讨论末端侧有多组主立管，且各组主立管之间的资用压差需求在某些时段下有明显差异的情况。

当各组主立管需要的资用压差不一致时，如果采用一级泵系统或二次泵集中设置的二级泵系统（如图 4-63*a* 所示），为了满足所有环路的需求，必须按照资用压差需求最高的主立管调整水泵转速和台数，其他的主立管会出现资用压差过剩的情况，这部分资用压差只能被平衡阀消耗，造成能源浪费。例如若各组主立管中最

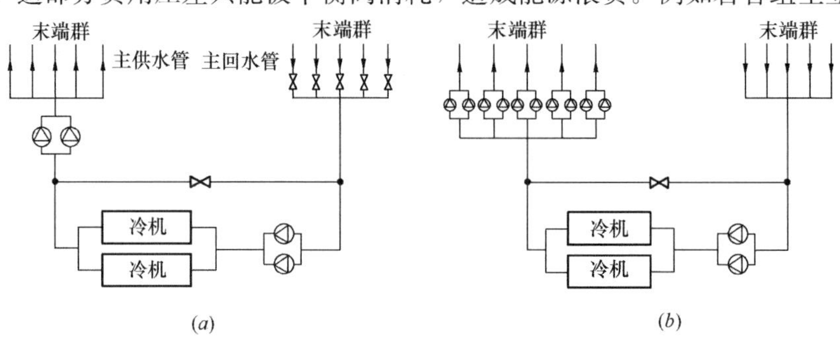

图 4-63 二次泵的设置方式

（*a*）二次泵集中设置的水系统；（*b*）二次泵分散设置的水系统

高的资用压差需求达到最低值的 1.2 倍以上，则在资用压差最低的支路中，需要用水阀消耗掉 20%以上的压差。而如果采用二次泵分散设置的二级泵系统，如图 4-63（*b*）所示，则可以为各组主立管单独提供合适的资用压差，是更为节能的选择。

综上，若末端侧各组主立管的资用压差需求差别不大，且冷机可以适应流量变化，则没有必要选择二级泵系统，建议采用变流量一级泵系统；否则，建议采用二次泵分散设置的二级泵系统。

4.6.6 小结

通过上文的分析，可以归纳出实现冷冻水系统节能的设计和运行要点如下：

（1）必须保证末端水阀的有效自控，这是冷冻水系统变流量运行的基础。

（2）避免在系统中安装大量平衡阀。如果安装了，尽量在运行中打开这些平衡阀，以保证系统阻力较低。

（3）给定水泵总扬程上限，一般系统的水泵总扬程不应超过 25mH_2O。在此限值下，通过减少阻力部件、增大管径等方法设计管网，使各末端能够得到足够的资用压头。

（4）采用变流量一级泵系统，除非末端侧有若干组资用压差相差较大的主干管。

4.7 公共建筑用热系统的效率及影响因素

4.7.1 公共建筑用热系统能效现状

（1）公共建筑用热特点

公共建筑中的用热需求主要有采暖、生活热水、厨房、泳池、康乐中心、洗衣房等等。不同形式的公共建筑中通常有一种或几种不同的用热需求。

公共建筑中热的来源也有不同的情况，目前最主要的两大来源分别是锅炉和市政热力。对于有集中采暖的北方地区，在集中采暖季市政热力是最主要的热源，非集中采暖季则以锅炉燃烧产热为主。对于没有集中采暖的地区，则全年以锅炉为热源。

公共建筑用热的最大特点是终端热用户多，不同功能区用热特点不同，有不同需求。用热特点的不同最主要表现在用热的时间、强度和所需媒介上。这样的用热特点给公共建筑用热系统的设计带来了挑战。用热系统是否能以最小的损耗满足一栋公共建筑中各个功能区不同的用热需求，成为评价一个用热系统是否合适的标尺，同时也是影响公共建筑用热系统运行能效的关键点。

（2）公共建筑用热系统的能效现状

公共建筑用热系统的能耗主要有两大部分，其一是“热源”的能耗，例如市政热力、锅炉消耗的燃气或热泵消耗的电；其二是输配系统消耗的电力，例如水泵电耗。

下面通过分析两个具体案例的实际能耗数据，我们可以得到一些关于我国公共建筑用热系统能效现状的普遍认识。这两个案例分别为地处我国北方地区的某游泳馆和地处南方地区的某酒店。

图4-64是青岛市某游泳馆的2012年用热流向图。可见在该游泳馆中，用热的需求主要集中在三方面，分别是空调采暖、生活热水和泳池加热。集中采暖季的热

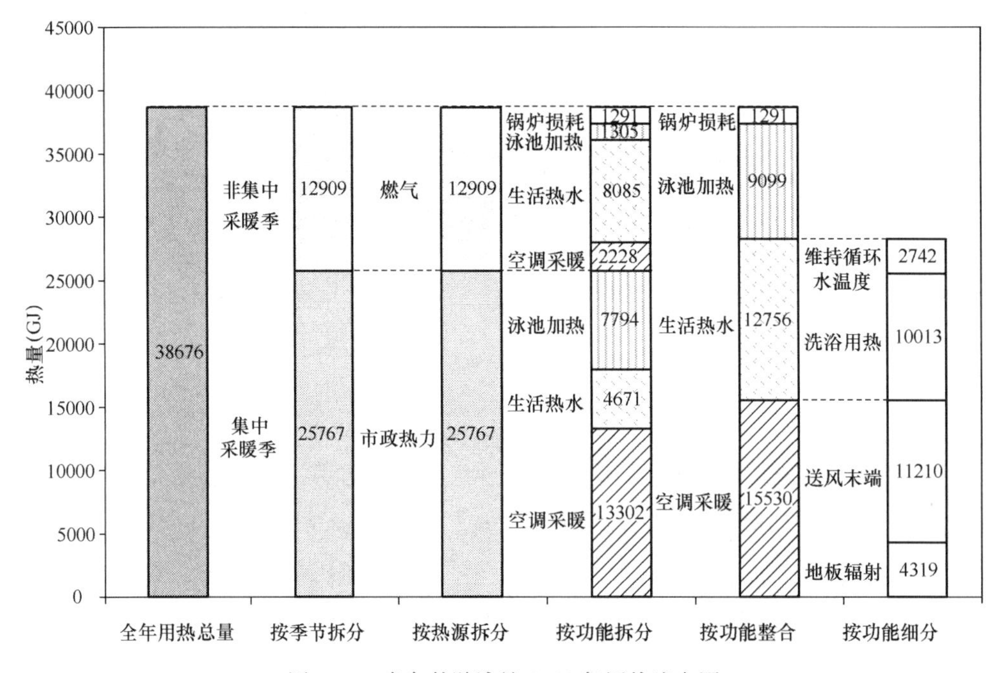

图4-64 青岛某游泳馆2012年用热流向图

(*a*) 集中采暖季；(*b*) 非集中采暖季

源为市政热力，而非集中采暖季的热源为燃气热水锅炉。

该游泳馆 2012 年总计用热 38676GJ，总建筑面积为 4.25 万 m^2，单位建筑面积的用热量为 0.910GJ/(m^2·a)。其中，25767GJ 来源于市政热力，占全年总用热量的 67%；12909GJ 来源于燃气，占全年总用热量的 33%。

在集中采暖季（1 月 1 日～4 月 5 日和 11 月 16 日～12 月 31 日，共 142 天），由于天气寒冷，空调采暖用热量非常大，占集中采暖季总用热量的一半以上；而在非集中采暖季（4 月 6 日～11 月 15 日，共 224 天），空调采暖和泳池加热用热量均较小，生活热水成为三种用热需求中最主要的一种，其用热量占非集中采暖季燃气总耗量的近三分之二。从全年的角度来看，空调采暖用热量最大，生活热水次之，泳池加热最小。从图 4-65 上可以更直观地看出该游泳馆中各功能区的用热量及其分别占整体用热量的比例。

图 4-66 是该游泳馆 2012 年耗电量拆分。其中用热系统相关的输配电耗（生活热水泵、泳池加热循环泵、空调供暖循环泵、泳池加热二次循环泵）总计 121.5 万 kWh，占整个建筑全年耗电量的近 40%。可见该游泳馆用热系统的输配电耗非常高，从能源费用的角度看，整个用热系统 2012 年的能源费用约为 416 万元，其中热源消耗的市政热力和燃气总费用约为 310 万元，而输配电耗则高达 106 万元，占整个用热系统能源费的四分之一。

图 4-67 是上海某四星级酒店的 2012 年用热流向图。可见在该酒店中，用热需求相比游泳馆更加复杂，除了采暖和生活热水之外，厨房还需要热蒸汽来烹饪食物；在生活热水部分，又有客房、洗浴中心、职工洗浴、厨房、卫生间等不同功能区的需求。由于没有集中采暖，因此全年均由三台燃气蒸汽锅炉作为热源来满足各种不同的用热需求。

该酒店 2012 年总计用热 39410GJ，总建筑面积为 6.13 万 m^2，单位建筑面积的用热量为 0.643GJ/(m^2·a)。全部热量均由燃气供应，全年共计消耗燃气 104.8 万 m^3。其中，95%的燃气用于锅炉燃烧，产生的蒸汽通过分汽包送到不同区域满足各个功能区的用热需求，另有 5%的燃气直接供应到厨房炉灶用于烹饪食物。

根据各个蒸汽支路上计量表的数据，从蒸汽供应侧来看，生活热水消耗热量最多，占锅炉产生的蒸汽总量的 40%以上，空调采暖耗热量其次，厨房蒸汽耗热量

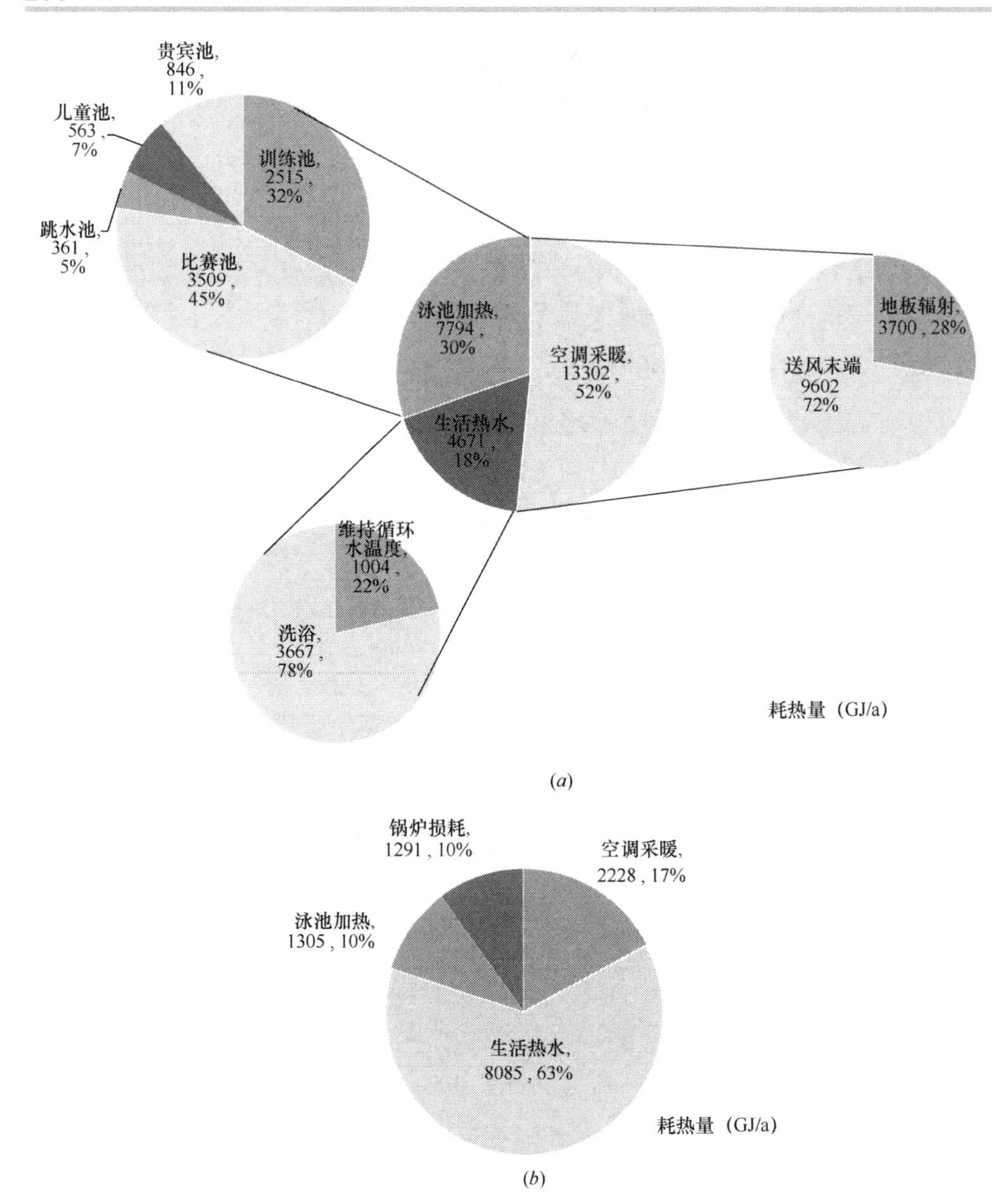

图 4-65　青岛某游泳馆 2012 年用热量拆分

(*a*) 集中采暖季；(*b*) 非集中采暖季

最小。然而根据使用侧的测试和计算表明，整个生活热水系统末端实际用热量不足供应量的一半，也就是说，由锅炉产生并供应到生活热水支路的热量，超过一半都消耗在输送蒸汽和汽水换热的过程中。厨房蒸汽的实际末端使用量亦只有供应量的约 60％，其余 40％消耗在输送蒸汽的过程中。

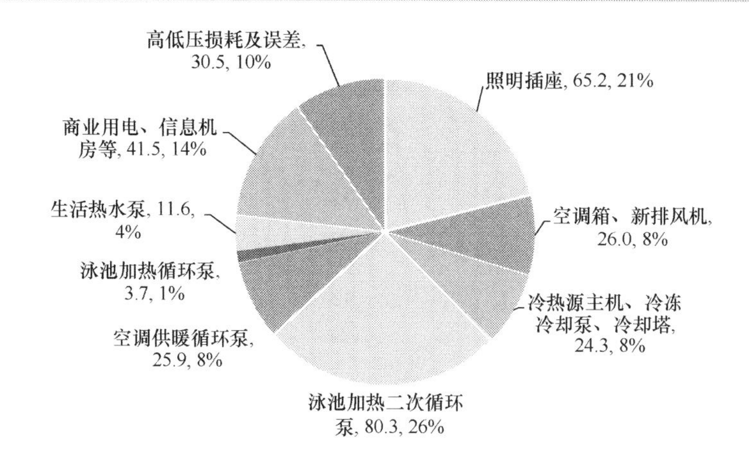

图 4-66 青岛某游泳馆 2012 年耗电量拆分（单位：万 kWh）

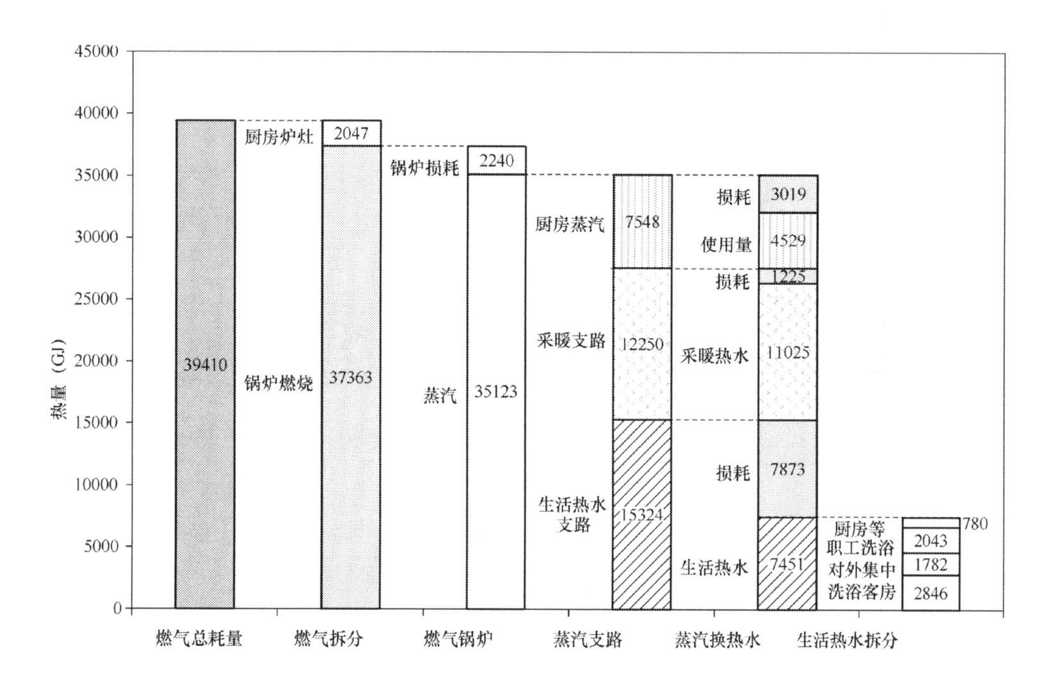

图 4-67 上海某酒店 2012 年用热流向图

从上文对两个具体案例的分析可以看出，公共建筑用热需求多样，用热量大，尤其在非集中采暖地区燃气消耗量非常大。同时，由于用热系统存在热量损耗大、输送水泵电耗高等现象，导致其能耗较高。

4.7.2 集中式和分散式用热系统能效分析

大型公共建筑往往采用集中式的用热系统，利用统一的热源制备热水或蒸汽，再由一个庞大而复杂的输配系统输送至各用热末端，这一点从上文两个案例中也可看出。但是实际工程的测试和分析表明，集中式用热系统能效普遍偏低，热量损耗现象比较严重，输送电耗高。用热需求越多样化，这样的情况就越明显。

需要特别说明的是，在集中采暖地区，以市政热力为热源相比于锅炉具有明显的经济性优势。因此，下文的探讨主要针对非市政热力热源的用热系统，具体来说，即针对北方地区非集中采暖季和南方地区全年的用热系统问题。

从实际工程中来看，导致集中式用热系统能效偏低的主要原因有四条。

首先，集中式用热系统更容易出现设备选型严重偏大的问题，导致设备低负荷率运行或者频繁启停。例如上海某体育中心，其用热系统设计容量为4台蒸汽锅炉，共计55.2t/h，实际只使用其中一台7.8t/h，选型严重偏大。再例如对于游泳馆而言，泳池加热用热需求较小，但24h均有需求，而生活热水需求峰值高、波动大，如果二者集中供应，热源选型就必然迁就生活热水，造成生活热水需求为零时，热源容量与泳池用热需求不匹配。

第二，公共建筑中多种末端用热特性不同，不加区分地集中制备往往导致高品位能源用于低品位需求。例如对于一个酒店，其洗衣房需要120℃的蒸汽，而泳池加热只需要30℃的热水，若不加区分统一采用蒸汽锅炉供应，则在泳池加热支路必然增加换热环节，造成能量品位的严重浪费。

第三，集中式用热系统中输配过程的热损失大。例如上文提到的上海某酒店，其生活热水支路末端实际使用热量不足该支路供应量的一半，正是由于远距离输送蒸汽导致巨大浪费。图4-68是其用热系统原理图，从中可见，分汽包位于地下一层，而生活热水支路的四台换热器位于十九层楼顶，如此远距离输送过程中的“跑冒滴漏”非常严重。

第四，用热系统常常需要热水在管网中全天循环，例如生活热水系统或泳池加热系统，这就导致循环水泵电耗非常大。

在公共建筑集中式用热系统有上述弊端的情况下，不难看出分散式系统可以在一定程度上有效避免这些问题。首先，分散式系统针对不同末端选择不同热源，

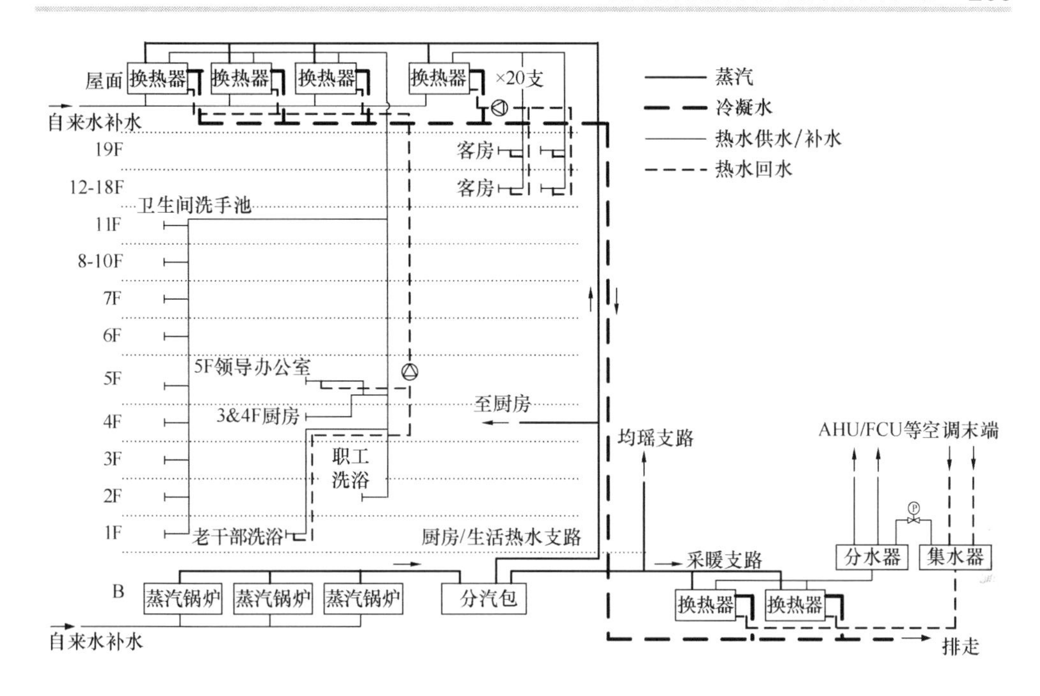

图 4-68 上海某酒店用热系统原理图

不会出现因为互相迁就而选型严重偏大的问题；其次，针对不同的用热需求可以提供合适品位的热源，减少热量在品位上的浪费；最后，分散式系统的输配系统比较简单，可以有效减少输配过程中的热损失和降低输配电耗。

因此，对于有各种不同用热需求的公共建筑，应该分地点，分品位，分用途类型，分别供热。例如上文所述的上海某酒店，对于必须使用蒸汽的需求，例如厨房烹饪，建议就地产用蒸汽；而对于其他用热需求，则取消蒸汽，分别采用适宜的方式供应热量。经过方案设计和比较，建议客房和职工生活热水采用燃气热水器热水机组，老干部洗浴中心采用空气源热泵和太阳能系统，卫生间洗手池则采用分散式小型电热水器即可。

4.7.3 合理的生活热水制备与输送方式

下面以实际案例为出发点，从热源和输配系统两个方面探讨如何分地点，分品位，分用途类型，分别供热这一问题。

（1）热源

图 4-69 为上文中青岛某游泳馆的生活热水系统原理图。在非集中采暖季以两

台燃气热水锅炉作为热源。由于锅炉选型偏大，且生活热水用热需求波动大，因此锅炉频繁启停。而锅炉产生的高温热水通过容积式换热器将热量传递到低温热水，存在热量品位上的损失。

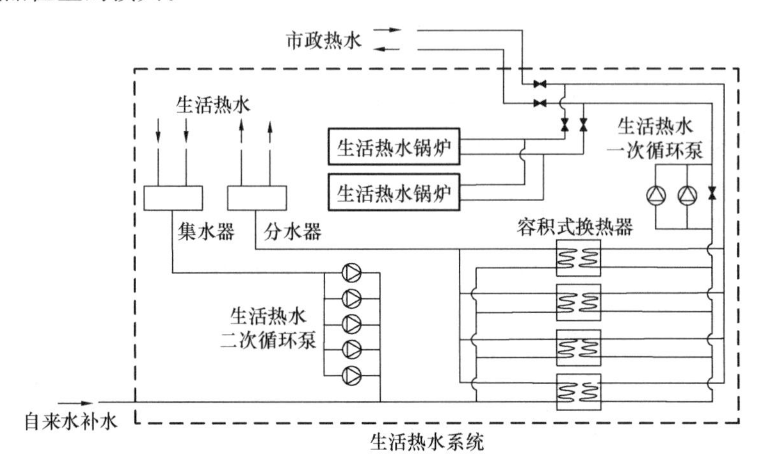

图 4-69 青岛某游泳馆生活热水系统原理图

考虑到这些情况，热源形式的选择应当最大限度上适合系统用热的需求。图4-70是该游泳馆生活热水系统的改造方案原理图。由于冬季有集中采暖热源，自建热源只在无集中采暖期间使用，因此热泵的低温热源问题就很容易解决，例如采用风冷热泵。在该方案中则采用水水热泵，低温热源利用洗浴后的中水。根据实测，在生活热水使用过程中，中水温度在30℃左右。中水首先用来预热自来水补水（非集中采暖季约16℃），再经过热泵作为其低温热源，最终温度降至约9℃排

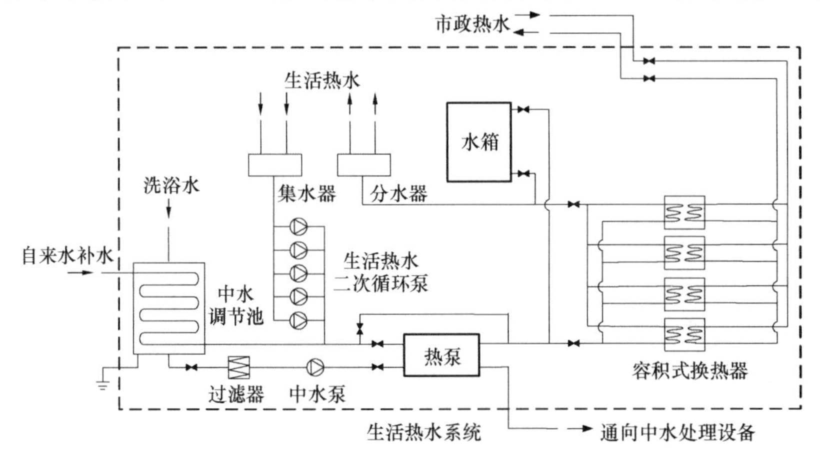

图 4-70 青岛某游泳馆生活热水系统改造方案原理图

走。这样整个系统相当于以热泵投入的电和自来水补水与最终排走的中水之间的热量差（约7K温差）来弥补生活热水全过程的散热量。因此降低整个生活热水系统的各种热损失成为至关重要的环节。

（2）输配系统

输配系统应该高效地将热源产生的热量输送到各用热末端，并尽量减少热量在输配过程中的损失和输配电耗。上文已经提过在上海某酒店中取消集中输配蒸汽以降低输配过程中热损失的案例。下面则讨论降低输配电耗的实际案例。

如前文所述，青岛某游泳馆的用热系统水泵电耗占游泳馆总耗电量的近40%。实测表明其泳池加热二次循环泵和生活热水循环泵效率较低，输配能耗较高，如图4-71所示。因此改造人员建议其更换效率较高的水泵，降低输配能耗。

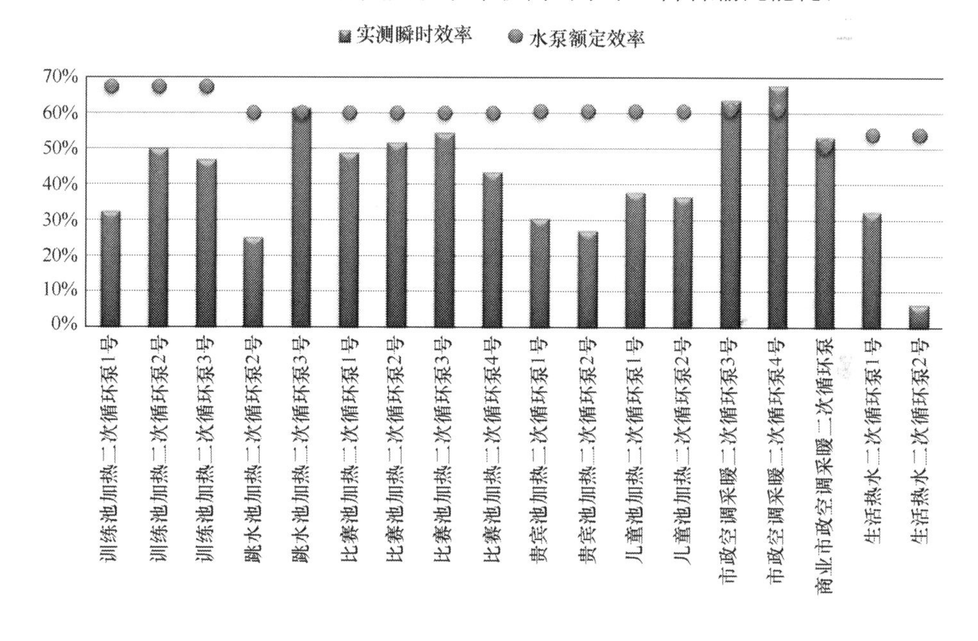

图4-71　青岛某游泳馆循环水泵实测效率与额定效率

再以北京某酒店为例（数据来源：王鑫），图4-72为其生活热水系统示意图。二次侧热水循环泵（HWP）和供给用户的热水泵（HP）均为24h定流量运行，因此运行能耗较高，其电耗约57万kWh/a，占终端电耗的5.8%。基于这种情况，改造人员提出对二次侧热水循环泵增加变频控制器，按照热水罐温度进行控制，以降低水泵的运行能耗。

在该控制策略中，关系到控制效果的一个关键因素是热水罐的水温是否分层，如果热水罐中存在非常严重的掺混现象，整个热水灌中水温趋于一致，那么在用户侧取热的过程中热水罐中温度控制点的温度就会不断下降，那么二次侧热水循环泵就不得不始终开启或在高频率下运行，造成水泵电耗很大。

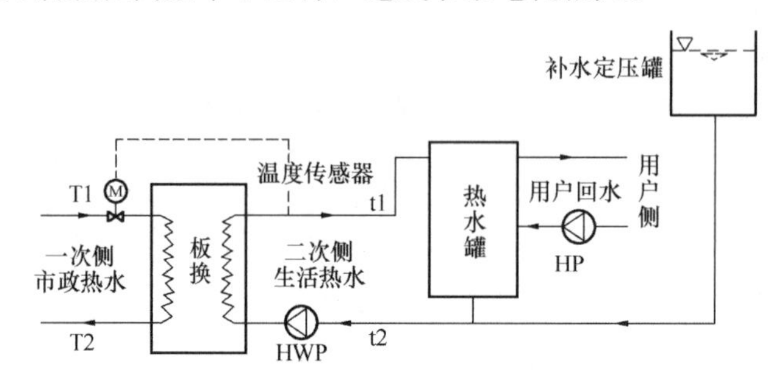

图 4-72 北京某酒店生活热水系统原理图

4.7.4 总结

当前公共建筑多采用集中式用热系统，统一制备，远距离输送。对于北方地区的集中采暖季，由于以市政热力为热源具有明显的经济性优势，因此采用以市政热力为热源的集中式系统是适宜的选择。但是，对于北方地区的非集中采暖季和南方地区，集中式用热系统效率较低的问题则普遍存在。南方地区由于没有集中采暖，全年都需要自己产热，并且有相当一批公共建筑采用蒸汽，因此问题更加突出和严重。鉴于这样的情况，公共建筑用热系统形式的合理设计和改造大有用武之地，存在巨大的节能潜力。

4.8 公共建筑照明节能

4.8.1 照明能耗现状及影响因素

据统计，我国的照明用电占全社会用电的13%以上。在公共建筑总能耗中照明电耗占10%～40%，甚至更高。从北京市的实测调研结果（见图4-73）来看，办公楼的平均照明能耗为24kWh/m^2，而不同办公楼之间的照明能耗差异也较大，单位面积照明能耗从6.1～46.6kWh/m^{2}不等。同时，照明设备所产生的热量还增

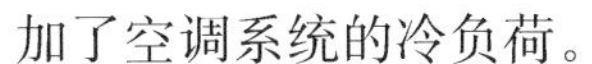
加了空调系统的冷负荷。

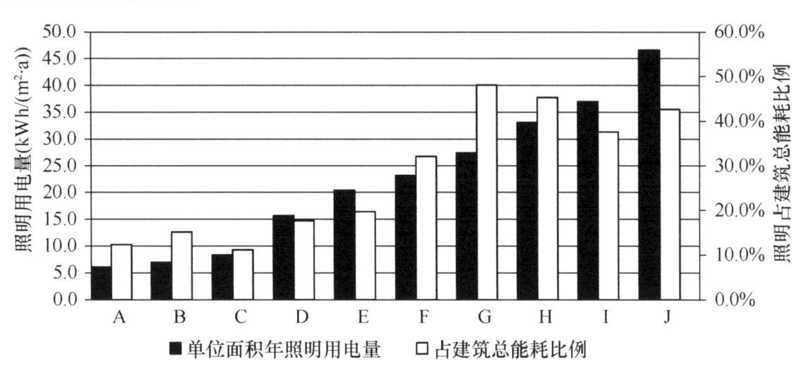

图 4-73 北京市办公建筑照明能耗对比

影响照明能耗的主要因素包括：照明提供的服务水平、天然采光状况、照明系统设计以及与人行为有关的控制模式。

照明提供的服务水平主要包括照度等指标，以办公室为例，按我国现行的照明设计标准，一般办公室的照度要求为 300 lx；高档办公室为 500 lx，同时对光环境的舒适度要求也更高。不同建筑的采光状况也有较大差异，采光的水平和影响区域的范围不同，良好的采光意味着在白天开灯的时间更少，开灯的区域更小，从而更节能。照明节能器具的选用对于照明能耗也有较大的影响，合理的照明设计包括照明控制系统的设置，对于照明的实际运行和能耗有直接的影响。

此外，人的行为也是影响照明能耗的重要因素。同样的建筑，由于使用人员的不同，其照明能耗可能有显著的差异。实际建筑的使用情况，使用者对于光环境的主动控制和调节，开关灯的主动节能意识等对照明能耗有着重要的影响。

以下分别从评价标准、天然采光、照明设计和照明控制等四个方面阐述实践中存在的问题以及实现照明节能的途径。

4.8.2 评价标准

(1) 节能评价指标

以往的照明节能研究中，重点关注照明产品，以追求产品的能效作为节能的主要途径。我国现行的照明设计标准中，采用照明功率密度作为照明节能评价指标，不能反映采光、控制和人行为的影响，与实际运行情况相差甚远。在欧洲标准 EN

15193中，提出了以单位面积年照明用电量作为照明节能的评价指标，可综合评价照明系统实际运行的节能效果。

一些公司在宣传其自动（智能）控制系统的节能效果时，往往采用节电率的指标，而计算节电率时假设照明24小时开启，这与实际情况不符。由于采用了不合理的照明能耗基准值，造成节能效果的高估，也误导了业主和设计人员。

因此考察照明节能效果不应该直接从省了多少电出发，而应该从实际的照明电耗出发，参考前面图4-73中的照明电耗状况，得到与社会平均状况的比较，进而了解实际是否真正节能。

（2）照度标准

刻意追求高标准，认为照度越高就越好。一些新建写字楼内的办公室照度常常达到700 lx以上，超出标准值30%～50%，造成了不必要浪费。另外，一些设计师为了营造特殊的照明效果，大量采用间接照明，甚至将此用于功能性照明，使得光的利用效率低，照明水平低且增加了照明能耗。

实践中应合理选择各区域或场所的照明标准（主要是照度水平），不能一味追求高照度，满足标准的要求就能达到满意的照明效果。在同一场所内根据功能特点进行分区，划分为视觉作业区域、非工作区域、走道等，确定不同区域合理的照度水平。

4.8.3 天然采光

照明设计时应考虑充分利用天然采光，对于层高较大、单侧采光的场所，侧窗的上半部宜设置定向型玻璃砖或反光板，可有效改善房间内部的采光并提高均匀性（图4-74）。

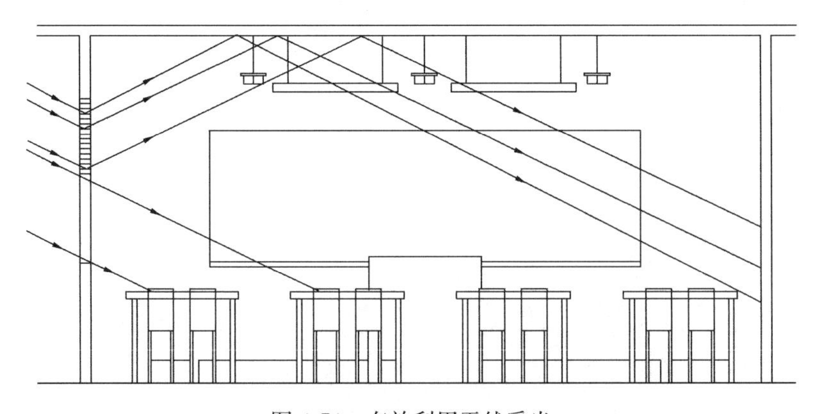

图4-74 有效利用天然采光

对于无窗房间或浅层的地下空间，可利用导光管采光系统。该系统克服了传统采光方式的缺陷，通过收集室外的天然光，并利用长距离的管道输送到室内进行照明，不仅有利于节能，还能显著改善室内的光环境，有利于人员身心健康。

4.8.4 照明设计

(1) 照明产品选型

在保证光环境效果的前提下，选择能效高的光源和灯具产品。近年来我国照明产品的能效显著提高，以最常用的直管荧光灯为例，与前几年相比，光效平均提高了约 15%，如表 4-12 所示。

直管荧光灯光效变化情况 表 4-12

光源功率	光源光效（lm/W）		光效提高比例
	GB 19043—2003（2005 年的目标能效限定值）	GB/T 10682—2010（初始光效要求）	
14-21W	53	55	3.8%
22-35W	57	69	21.1%
36-65W	67	74	10.4%

相应的灯具效率和镇流器效率也都有所提高，比如镇流器的能效提高了 4%～8%。照明产品性能的提高为降低照明的安装功率提供了可能性。

另外，LED 已开始全面进入一般照明领域。LED 球泡灯的光效已超过 60 lm/W，是传统白炽灯的 6 倍左右；某些 LED 灯具的系统效能甚至达到 100 lm/W。目前，除了学校等特殊场所外，各类公共建筑场所均可选用高效的 LED 灯具产品。如在商店建筑中替代传统的白炽灯、卤钨灯用于重点照明，工业建筑中替换高压汞灯和金卤灯等。

另外，应避免过度使用装饰照明，其所用的光源或灯具效能也应引起足够重视。在照明设计时人们很容易注意到功能性照明的节能问题，而忽略装饰性照明。有时在装饰照明中为了刻意追求效果，大量使用白炽灯，能耗高而照度贡献很小，不利于照明节能。

(2) 照明分区

照明设计时未考虑天然采光的状况和实际的运行，照明分区不合理。比如在一个大房间内，没有根据不同区域的工作特点进行合理的划分，全部按这个场所内的

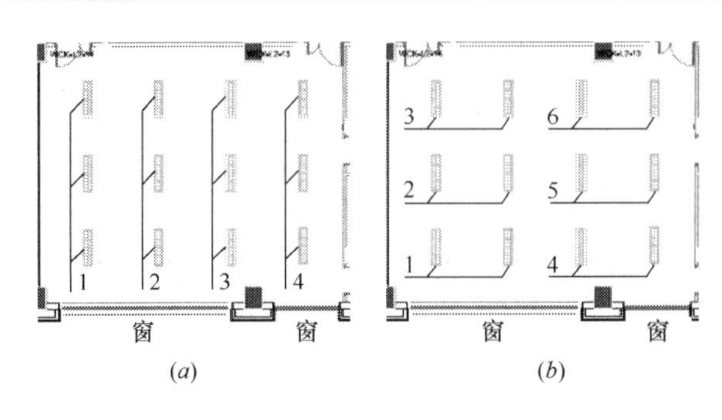

图 4-75 照明回路布置

(*a*) 错误的设计；(*b*) 正确的设计

最高照度水平设计，造成浪费。

照明控制过于集中或设置不合理。有些案例中，房间内只设置一个照明开关，只能全开或全关，即使窗户附近区域采光良好或者只有少数人在房间时，也只能全部开灯，造成浪费。房间内照明回路设计不合理，照明回路的布置与窗户垂直（图 4-75*a*），即使采光良好，也无法按采光水平的高低顺序开灯。

图 4-75（*b*）中的设计是正确的做法，照明系统的控制应与采光结合。照明回路与窗平行布置，在采光充足的时段和区域可进行光控开关或调光控制，如图 4-76 所示。

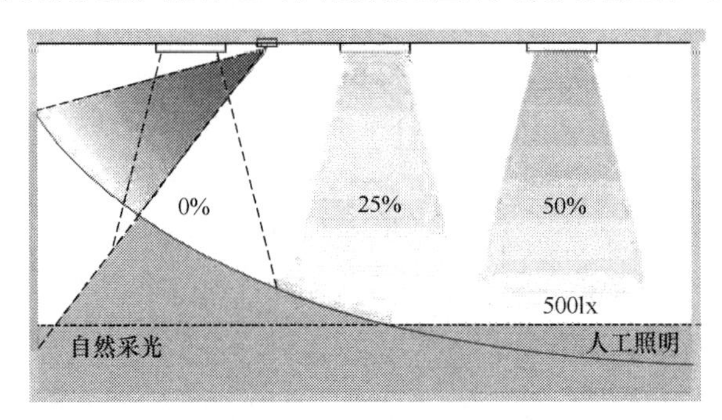

图 4-76 人工照明与采光结合

随着技术的发展，目前已出现了网络化控制和无线控制技术，每个灯具可进行单独的控制，这对于开放式办公室的照明设计提供了非常灵活的解决方案。

4.8.5 照明控制

随着照明器具能效的提高，照明的安装功率逐渐减少，照明控制成为了照明节能的一项重要措施。合理使用照明控制技术，可实现节能 30%以上。不同类型的空间应选择适合的控制方式，否则反而会起到相反的效果。

（1）存在问题

一些高档办公室采用了所谓的“恒照度”自动控制技术，在任何时候都保证同样的照度水平。这种控制方式没有考虑人在不同的时段内不同的照明需求，有时造成不必要的浪费。

误认为调光一定比开关的控制方式更节能。调光系统比光控开关方式更为昂贵，节能效果理论上也更好。但是由于照明灯具的限制，调光只能低到一定的程度，在调到最低时也需要消耗一定的能量。当室内采光水平较高，室内照度总高于要求照度时，该系统反而不如光控开关方式更节能。同时，当房间面积较大，不同区域的照度要求不同时，照度传感器数量少或设置不合理时，控制的效果并不理想，有时也无法满足工作面照度恒定的要求。

忽视了人的主动节能意识和控制意愿，采用所谓的全自动照明控制系统，误认为自动控制系统一定比手动控制节能。不恰当的自动控制有时不仅不能起到节能的效果，还会适得其反，甚至由于误动作而影响正常的使用功能。

同时，由于无法进行手动控制，使用者的主动节能意识逐渐丧失，将对人的主动节能行为造成不利的影响。另外，全自动的照明控制系统在人一来时就开灯，没有考虑人对于光环境的差异性需求，往往造成不必要的开灯和浪费。

需要补充的是，应提倡自动控制与手动控制的结合，开灯由人工根据需要完成，而自动控制则在判断无人或亮度足够时自动关灯，弥补人工手动控制的不足。因为如果暗了，人一定会去开灯，但如果亮了或人离开，很容易忘记关灯。（本节属于阐述问题，该部分内容在后面技术措施中已有反映。）

（2）技术措施

不同类型的空间应选择适合的控制方式，如对于大开间办公室等场所推荐采用时间和光感控制；对于没有采光的大型超市，应采用时控开关或调光的方式；而一些小房间，靠近门边设置手动面板开关就可满足使用和节能的要求。

同时，照明控制系统的设计应考虑使用者的特点，充分发挥人的行为节能作用。当人感觉暗时会主动开灯，但除非离开房间，一般不会主动关灯。照明控制系统设计时应充分考虑该特点，可由人负责手动开灯，控制系统负责关灯或降低照度，以防止人忘关灯，弥补手动控制的不足，且并不会影响或降低光环境舒适度。另外，还可以将多种控制方式进行组合，起到更佳的节能效果。图 4-77 给出了各种常见控制方式的照明能耗对比。

可以看到，手动开灯、自动关灯和调光的组合控制方式能耗最低，因此提倡自

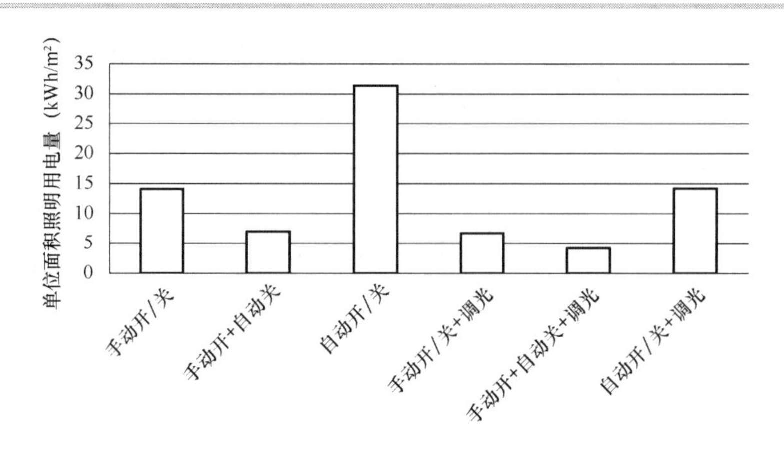

图 4-77 各种控制方式的照明能耗对比

动控制与手动控制的结合。

(3) 人员不长期停留场所的节能策略

公共建筑中的地下车库、机房和走廊等区域，人员只是通过但不长期停留，如采用传统的照明系统，需要 24h 开灯，照明能耗高，且多数时间为“无效照明”；这类场所宜采取“部分空间、部分时间”的“按需照明”方式。这里以地下车库的照明系统为例，说明系统运行的原理和节能控制策略。

系统由 LED 灯具、传感器和智能控制器组成，根据工程的需要，可将部件集成到单个灯具中，或者组成局部的网络。传感器通过红外、动静或超声等方式，感应是否有人员或车辆在区域内活动，当无人无车时，灯具处于“休眠”状态，输出功率可维持在 2W 左右，区域内处于低照度；当有人或车接近时（<5m），灯具迅速切换到额定工作状态，提供正常的照明；当人员或车远离，灯具又恢复到“休眠”状态。在这样的工作模式下，灯具大部分时间的输出功率都较低，减少了不必要的照明，减低了电耗。另外，由于减少了开灯的时间，也延长了灯具的使用寿命。根据现有改造项目的经验，其节电率可达到 30%～60%。

4.9 能耗计量系统应用分析

4.9.1 数据在节能管理中的应用

公共建筑的系统规模较大，服务人群众多，能耗成因较复杂，传统逐月记录总能耗的管理模式难以适应现阶段日益深化的建筑能源管理和节能诊断需求。针对建筑节能工作中的这一实际问题，近些年来能耗分项计量与监测系统已经广泛应用。能耗分项计量与监测平台系统，通过在配电末端安装电表，实时采集能耗数据，并通过网络将这些数据统一上传，集中处理，更好地服务于建筑能源管理。

传统的能源管理仅根据建筑自身逐月总能源消耗量，具体的管理方案、节能措施完全依靠管理者的经验决定，也无法准确考量某项措施的节能成效。而能耗计量系统，一方面对个体建筑的运行终端有了长期细致的了解，直观的观察各个主要用能设备的逐时能耗状况，使得能源管理做到分门别类、有的放矢；另一方面，通过标准化的能耗分类定义，可实现同类型建筑能耗状况的全面比较，在相互比较的过程中发现那些习以为常的问题。

下面将列举几个能耗监测平台在建筑运行管理和节能工作中应用的案例，从中可以看出详细的数据在节能管理中发挥的重要作用。

（1）案例一、排查空调系统运行管理中的疏漏

某公共建筑冷源采用了两套独立的系统，分别为：风冷－冷水热泵机组，水冷－冷水螺杆机组；水冷机组单独配备两台冷却水泵和一台冷却塔。在供冷季的日常运行操作中，运行人员会根据当日天气状况人为决定开启风冷热泵机组还是水冷螺杆机组，并且在机房配电箱上人为操作开关，切换设备。

这两套机组安置在楼顶两个相邻的机房中，各个设备的配电柜就近安置。并且水冷机组的冷机、冷却泵和冷却塔之间没有设定连锁，致使在关闭水冷螺杆机组的时候，时常没有彻底关闭相关联的冷却泵，造成了不必要的电力浪费。

该建筑于 2013 年 5 月安装了能耗分项计量与监测系统，全面记录建筑各部分的运行能耗数据；其中，冷站的主要设备，冷机、冷冻泵、冷却泵、冷却塔都独立计量。通过对一个制冷季的运行记录分析，发现了上述运行管理问题。统计螺杆机、冷却泵和冷却塔的运行时间和相应时间的能耗数据，如图 4-78 所示，螺杆机作为辅助冷源，整个制冷季中仅

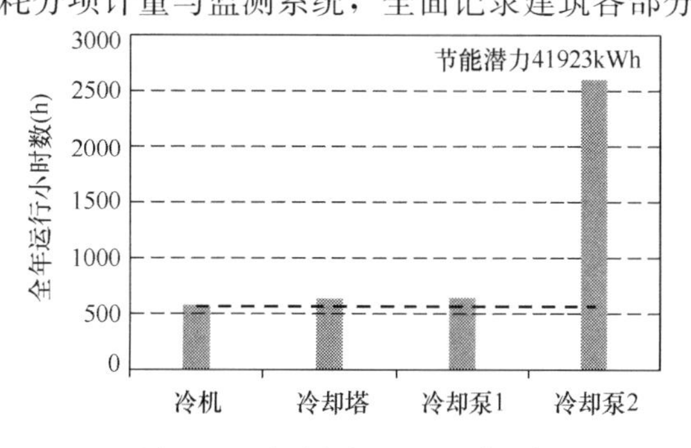

图 4-78　水冷螺杆机组相关设备不关闭小时数和节能潜力统计

使用了570h，冷却塔和冷却泵1使用时间与冷机基本一致，而冷却泵2使用时间达到2587h，说明日常操作中长期忘记关闭冷却泵2，导致了41932kWh的电力浪费（图4-79）。

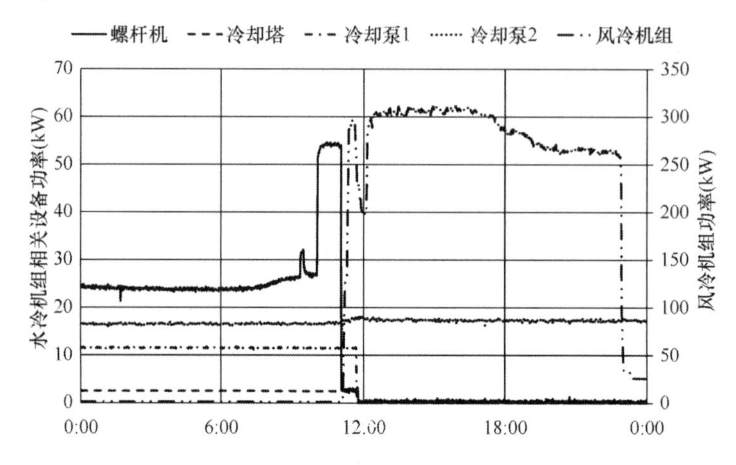

图4-79 螺杆机和冷却泵未同时关闭的典型能耗曲线

（2）案例二、减少夜间值班照明能耗

某新建高铁站，总建筑面积4万m^2，主站房面积1.2万m^2，主站房主要包括候车厅、售票厅、办公区，是一个典型的现代中小型交通枢纽建筑。该建筑于2013年初采用了能耗分项计量与监测系统，全面记录建筑中空调、照明、办公设备、机房设备等系统的实时能耗数据，并通过分析这些数据发现了运行管理中长期忽视的失误，有效实现运行节能。

观察该高铁站的照明系统，照明主要分为三大类：服务旅客的室内照明，室外照明和办公区照明。其中，服务旅客的室内照明主要包括候车厅照明、售票厅照明、广告照明；室外照明主要包括进出站通道照明、站场照明、站台照明。根据分项计量系统的能耗记录，可统计得到各个照明分项在照明总能耗中所占的比例，见图4-80。注意到候车厅照明是车站照明的主要组成部分。

由于该高铁站规模较小，没有夜间班车，日常运行从早7点～晚上11点，其余时间车站关闭，仅少量工作人员值班，值班人员主要在办公区活动。而通过观察各个照明支路的分项能耗逐时数据，发现候车厅照明分项在夜间没有旅客时仍有10～20kW的能耗（图4-81*a*）。据现场调研发现，车站运行人员夜间没有彻底关闭候车厅照明和候车厅内卫生间照明，其目的是为夜晚巡检的工作人员提供基本采

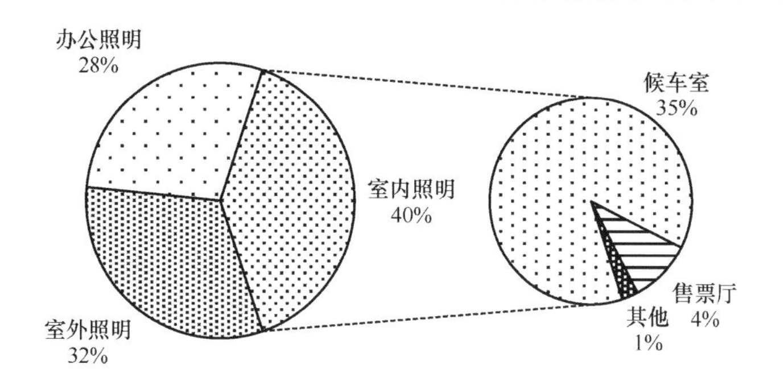

图 4-80 照明分项能耗比例

光。而实际上，在夜晚没有必要开启这么多的照明灯具，运行管理者在注意到此问题后，基本关闭了候车厅夜间照明设备，实现该分项每日节电 77.2kWh，该分项节能率 12%（图 4-81*b*）。

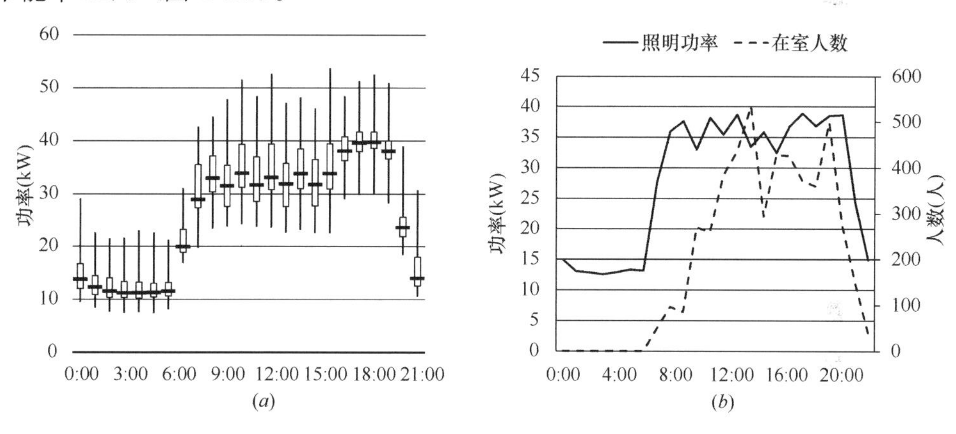

图 4-81 候车室照明能耗及其规律

（*a*）候车室照明逐时能耗分布规律；（*b*）典型日候车室照明能耗与客流

（3）案例三、商场公共区域照明能耗比较

某集团对下属的数十个大型商业中心安装了能耗分项计量与监测系统，以服务于集团化的能耗管理。通过横向比较分项能耗可发现各个商场物业管理上的差异，辅助能耗较高者发掘节能潜力，实现综合能源管理。

在商场中，除了出租商铺以外，还有大量的公共区域，这些区域起到走廊、中庭、室内小广场的作用。该区域照明质量较高，由商场物业自主管理。然而不同的商场之间，该分项能耗却相差较大。观察逐时能耗变化趋势，可以发现所有的商场都遵循相同的公共区域照明运行模式，即白天营业期间利用自然采光，开启部分照明；晚上营业期间开启全部照明；不营业期间关闭大部分照明，仅留少量基础照明。因商场的建设年代不同、装修定位差异，照明装机容量有所不同，致使营业期间能耗存在差异。但注意到夜间非营业时段能耗仍有不同，能耗最大与最小之间达两倍以上，如图 4-82、图 4-83 所示。

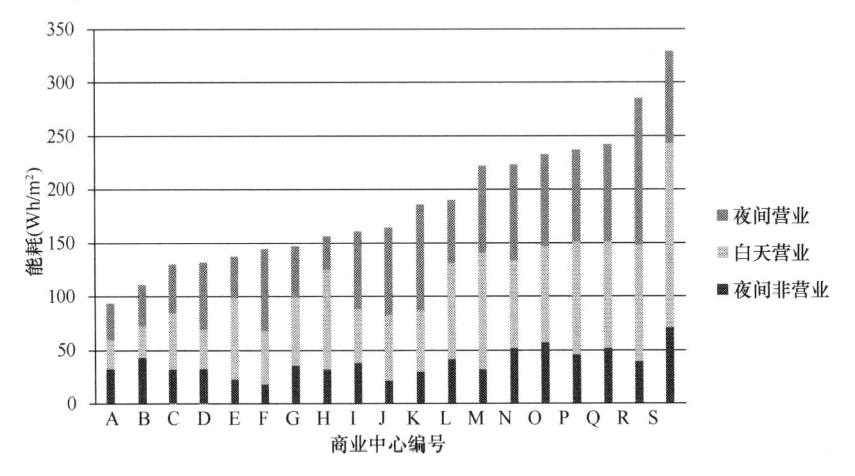

图 4-82 室内公区照明平均日能耗比较

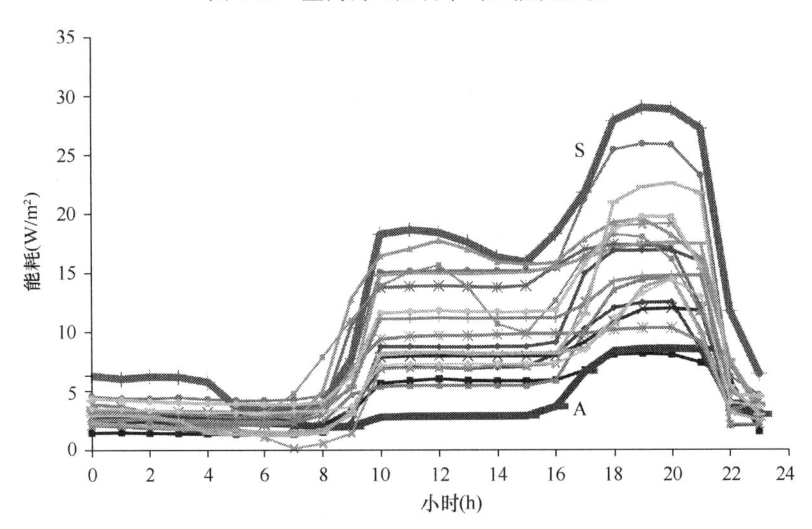

图 4-83 室内公区照明典型日运行曲线比较

经现场调研获知，夜间照明服务于商场清洁人员夜间清洗地面、打蜡所用。能耗较高的商场几乎开启所有基础照明；而能耗较低者，则是给清洁人员配发移动照明灯具，关闭基础照明。以夜间能耗最低和最高的两个商场 A 和 S 比较为例，当S的夜间能耗降低至A的水平后，可实现每日节电5312kWh，该分项节能率16%。

4.9.2 数据应用中的主要问题

从上面的案例可以看出，依靠详细的能耗数据，能源管理水平在纵向和横向都会有大幅度提升，并有效降低运行管理成本，获得可观的节能收益。值得注意的是，以能耗数据为基础指导运行管理和节能诊断，如何保证数据质量是整个过程中的关键问题，不然会产生错误的分析结果，导致错误的决策。

单从技术难度来看，建筑基本信息收集和能耗数据计量是一项技术门槛相对较低的工作，然而在大量的实际工程应用中，数据质量的问题仍普遍存在，有的甚至十分严重。另一方面，对能耗计量数据的管理和应用，尚且缺乏全面的认识。这些看似简单的问题严重影响了能耗数据监测平台的进一步应用和发展，需要引起高度重视。概括起来，主要有以下四点问题。

(1) 建筑基本信息不完善

公共建筑能耗监测平台中需要对每一栋建筑制定基本的属性标签，以方便建筑物的分类、能耗数据查询配置和各项性能指标的计算。建筑基本信息主要包括地理位置、建筑功能属性、面积、空调系统形式、建筑中常规人数等。

建筑的功能属性是指办公、商场、酒店、医院等。大多数公共建筑属于单一功能建筑，例如政府办公楼。但这些建筑中通常会附带少量的其他功能区域，例如办公楼首两层的一部分出租给了一家饭店，或者在某层安置了一个规模较大的计算设备中心。这些附加功能区域通常所占面积较小，但能耗特征和能耗强度与主体功能区有较大差异，如果不加以区分，会使得后期能耗分析和比较偏离实际情况，影响诊断结果。所以在计量检测系统设计之初就应当将这些区域与主体功能区分离，明确记录特殊功能区域的属性和面积，并独立计量该区域的能耗。

公共建筑通常采用中央空调系统，空调系统能耗一般占建筑全年总能耗的30%～50%，而空调系统形式的不同对空调能耗会造成较大的影响。空调系统形式是指建筑采用中央空调系统还是分散式多联机，对于中央空调，末端形式是分散式风机盘管系统还是集中送风，冷源形式是水冷还是风冷。现阶段，大多数能耗监测系统没有考虑此项因素，导致在多建筑能耗对比中，分析结果缺乏对实际节能改造工作的指导意义；因此，有必要将空调系统形式纳入建筑基本信息统一收集。

除了属性信息的全面性问题以外，建筑面积、常规人数这些量化信息的准确性也是一项突出问题。单位面积（分项）能耗是建筑能耗分析中最常用的能耗指标，相对应的建筑总面积、空调总面积成为关键参数。而工程实践中往往出现能耗数据与面积不对应的情况，使得计算得到的单位面积能耗指标失去指导意义。例如，某单位办公楼面积2万m^2，同时在该楼旁边还附带一个4000m^2的小型办公楼。这两栋建筑统一配电，计量系统采集到的是2.4万m^2办公建筑的能耗，而面积信息收集时只记录了主楼2万m^2，这就会导致单位面积能耗指标计算偏大20%。

（2）支路下属设备调研不足

公共建筑能耗计量与监测在提出之初，就强调了依照用能类型，对能耗分类分项。从2006年绿色建筑标准中对能耗分项计量的规定，到2008年住房城乡建设部印发的技术导则附件中对分项计量设计和安装的规定，都明确指出对空调系统、照明插座、电梯、水泵等要独立计量。由此形成一个树状的能耗监测架构，实现从建筑总能耗出发，分类逐级搜寻各类设备能耗和运行状况的管理模式。在能耗分项实施的过程中，需要考察每一路被计量的用电支路下属设备，根据设备类型对该支路的能耗数据进行分类。正是在这个过程中，容易出现调研不充分、设计不完善，最终导致分项落实不足，能耗数据难以使用。

主要表现为以下三种典型情况：一，支路计量不完善，总数与分项总和相差较大。在一些计量工程中，只计量了部分配电柜的能耗，计量能耗都不足总能耗的60%，使得计量结果中“其他”分项的能耗很大，没有充分起到能耗分项的作用。还有一些工程中由于不方便计量总能耗，直接用计量的部分能耗求和作为总能耗，导致能耗评估时能耗水平较低的假象。二，不做详细调研，单纯依照支路名称分类。在配电设计时，通常会根据支路的主要功能予以命名，例如“三层A区照明”，而其下属设备除了照明灯具以外，还包含有少部分插座和一台新风机。在计量系统设计时，只调研了一级配电，而不深入调研二级配电情况，草率做分类，导致空调设备和照明混合计量的情况。三，忽视后期改造的调研。典型现象是建筑使用过程中安置的计算设备中心，往往在初期配电设计时是无法考虑和体现的，所以从配电图纸上通常找不到这类高能耗设备的配置信息。这就需要在计量系统设计或改造的过程中，重点考虑，并调研清楚。

支路信息调研不充分，甚至不调研，直接导致计量得到的数据没有明确的分项属性，无法按照标准的能耗分项模型归类和应用，失去了分项计量工程的基本意义。非但起不到辅助节能管理、发掘节能潜力的作用，反而增加运行投入、误导能源管理工作。因此在计量系统设计、安装阶段，详细调研末端设备和配置信号端口名称的工作对能耗计量系统的有效性显得尤为重要，需要在计量系统的设计和施工过程中予以高度重视。

（3）长期数据质量需提高

能耗计量系统强调对建筑用能数据的长期监测，特别在使用的过程中，不仅仅观察近期的动态变化，同时需要综合分析历史以来的所有数据特征；因此，长期有效地保证数据的高质量，对能耗数据应用来说至关重要。然而在大量工程实践中，该问题并没有予以足够的重视，最终导致安装了能耗计量系统，但得到的数据却不能用。

主要表现出以下三种数据质量问题。一，丢数。现阶段普遍采用的数据采集系统应用的是总线模式，即数据从每个末端到中央主机，一般要经过物理测量、信号采集、信号变送、网络传输、读取和存储等多层过程。这种信号传输模式遵循串联结构，其中任何一个环节出现问题都会导致信号中断。临时性的问题导致的短期中断，通过重新传输可以弥补；但采集器或网络物理上的问题导致长期数据中断，很难找回丢失的数据。由于运行人员缺乏计量系统的及时监管，常常导致数日，甚至一个多月的数据丢失。二，错数。电表计量的原始数据是累计电耗，而通常使用的是时间规范化以后的差分结果。有些电表设置的电量记录上限较小，超过上限就会清零重新开始记录。这就导致直接差分逐时电耗会得到极大的负电耗。另一种普遍的情况是某些支路或子分项的能耗由上级总电耗与其他支路电耗作差获得。当其中任何一路电表记录的数据出现问题时，都会影响到作差得到的支路的能耗数据，有时会出现负数，有时也会出现很大的电耗值。三，乱数。建筑中许多大功率的设备，或重要的租户配备有双路供电。在计量配置过程中，一般只对主力供电支路安装计量电表，备用支路不装表。这就导致当投切到备用支路时，原支路对应的设备电耗突变为零，而在备用支路的上级电表处出现了能耗突增。更有甚者，末端系统在使用中调整或改造，原有的主备支路互换，或改作他用，使得计量数据与最初调研配置的关系不相符。

以上问题都可以通过数据预处理来解决。在采集到原始数据之后，设置一些简单判断软件，对数据的连贯性、突变情况作出判断，并针对这些情况作出相应的自动修正或报警，就能够及时较好的保障数据质量。有效避免数据长期丢失和错误。

（4）能耗数据应用不充分

能耗数据是建筑中各类系统和设备运行状态的终端表现，通过分析分项能耗的数值及其变化特征，在一定程度上可以了解相应的系统和设备的运行管理状况。这使得公共建筑能耗管理变得更加细致和精确。从前面的案例可以看出，能耗计量系统可以帮助管理者跟踪每一台主要设备的运行情况，在提高管理水平的同时，减少人力成本。但在许多建筑中，计量系统并没有得到管理者的足够重视，往往只是作为逐月抄表的工具，或是直接交给节能诊断团队来分析处理。而实际上，以计量数据库为基础，实现一些基本功能的软件外化是很容易的。例如，自动生成关键设备运行状况日报表和月报表，主要包括冷机、大型水泵、大型风机、主要功能区照明、电梯等，基本参数可以包括最大电流值、最大功率值、总运行时间、机械正常与否、日累计电耗、同期对比情况等。这些简单的参数报表不需要专业化的计算分析技巧，对已有的计量数据直接读取并辅助简单的四则运算即可完成。对建筑日常运行管理和计量系统长期有效运行都有极大的帮助。

因此，为了使能耗计量系统发挥更好的作用，需要建筑管理者转变原有的粗放型管理思路，从单纯监管逐月建筑总能耗的模式转变为逐时分项能耗管理，从只看自己转变为互相对比，找差异找问题。随着数据开放化的程度不断提高，能耗计量系统不仅仅是一个“显微镜”，形成的数据网络平台也是一个“望远镜”。对同类建筑的分项能耗进行排序、比较，对能耗曲线特征作对比，可以帮助建筑管理者找到运行管理中的那些习惯性错误。并且，引用一些关键的温度、流量、压力参数，可以更好地形成一套完善的能耗、能效指标体系，帮助节能诊断。

4.9.3 能耗监测的发展远景

随着现代电子信息技术的高速发展，日常生活中的交通、购物、交流、教育方方面面都受到现代网络信息技术的冲击，发生了翻天覆地的变化，进入了“大数据”时代。与此同时，现代的信息技术、全新的网络服务理念也在悄然改变着公共建筑管理。建筑能耗计量与监测平台的推广和应用也正是建筑运行大数据的一种初期应用形态，随着技术革新和深度应用，其必将展现出更广阔的价值空间。为满足建筑运行大数据的广泛应用，以下四个方面将会有较为全面的革新。

（1）数据采集技术

现有的建筑能耗监测系统大多采用直接测量的方式，每5～15分钟采集一次数据，形成最小时间步长为1h的能耗数据库。除此之外，一些计量系统采用了精度较高的智能电表，达到每分钟采集并存储一次数据，采集的数据也不仅仅是累计电耗，还包括瞬态有功功率、无功功率、谐波参数等。在国外，智能电表的研究早在20世纪80年代就开始了，虽然不是以公共建筑应用为主，主要用于住宅的智能电表系统于20世纪90年代中后期开始大范围推行。而智能电表发展至今，已经实现对于小规模末端非侵入式负荷拆分监测（NILM）；即对于一个末端设备数量和种类都较少的系统，仅在总进线处设置智能电表，通过高频和多参数采样，便可识别出末端不同设备的运行状况。

另一方面，除能耗数据的监测以外，建筑运行过程中还包含了许多其他性质的参数，这些参数记录在建筑自控系统、安防系统中。这些信息中多数同能耗计量性质一样，属于结构化数据，便于储存、查询和使用，还有一些是非结构化的信息，例如视频监控影像资料中的人流信息、人脸信息，其存储和应用方式较前者有很大不同，难以直接利用。如今，适用于这类问题的专业化软件已比较成熟，只是尚未在建筑管理领域广泛应用。例如，建筑管理者掌握大楼内实时的人流信息，有利于更准确的调节和控制照明和空调设备，减少过度服务，实现日常节能；对于高层建筑，掌握建筑物内人数的分布情况，结合电梯运行和消防通道的实时状态，有利于安防管控，减少建筑物内交通堵塞和消防隐患。

与建筑运行相关信息的各项智能采集技术已经从实验室走向市场应用，合理采用这些技术、有效地综合集成，将为建筑提供一个更全面的运行数据平台。区别于传统以设备为核心的独立楼宇自控和能耗计量系统，这种集成化的数据平台将从人、系统、设备多角度展现建筑运行状况。

（2）网络开放与可视化

通过前文的案例和评述不难看出，能耗数据在交流和应用中产生价值。数据沟通应该发挥网络自身的优势，形成平面化的格局，而不仅仅是自上而下的单向集中管理模式。一个较好的案例是美国加州办公建筑能耗评测系统CAL－ARCH，这是一个网页软件，公开向公众开放。使用者通过输入建筑类型、建筑面积、年总能耗数据（包括电力、天然气和其他）和邮政编码（对应气候区域），即可获知本建筑的能耗指标在同区域同类建筑中的排名。这款建筑能耗平台软件虽然没有集成诸如逐时分项能耗此类的详细信息，但设计成了一个开放的平台系统，充分利用互联网信息交流的优势，调动了人们关注能耗数据、使用能耗数据的积极性。同时，数据信息的可视化便于人们读懂和理解，清晰时尚的可视化界面也会增加人们对建筑能耗数据的关注度。

（3）产业模式走向成熟

技术分工、产业分离是现代工业走向成熟的标志，与公共建筑能源监测和节能服务相关的产业也必将经历这样一个变革的过程。如今尚且处于起步摸索的阶段，数据信息的集成化和网络化程度还不够高，现阶段的产业模式基本为：能耗计量服务企业向建筑管理者（用户）提供计量技术，包括相应的硬件设备、数据库和操作软件。节能咨询公司向用户提供数据服务，帮助用户分析数据，寻找节能潜力，提出节能改造建议。用户依照节能改造建议，在节能咨询公司的协助下，与相应的设备厂商合作完成节能改造；或者直接托管给合同能源管理公司，由其完成节能管控和改造。

在现有的模式下，数据源由用户惟一掌控，所有的数据分析和节能服务都围绕单一用户展开，服务质量完全受限于单体信息量。随着数据的多元化和网络化，这种单向模式难以适应节能服务的需求，而将催生专业化的数据供应商和数据分析师的诞生。数据供应商通过与用户之间的数据使用协议，掌握大量来自不同地区不同类型的建筑数据，并根据数据服务商的服务内容提供数据。数据分析师是计算机科学、统计学、建筑管理、机电暖通等领域的专家，他们是数据服务商的主要构成，替代传统的专家意见，数据分析师将会在公正和保密的原则下，为用户提供审计、评估、诊断等一系列建筑运行管理服务；并在用户授权的情况下，与相关设备厂商共同完成节能改造。

从而，从现有的用户自己收集数据、自己使用数据的状态分化出专业的数据供应商和数据服务商，前者重点负责数据采集、分类、存储、维护，后者根据用户需求提供专业化的智力服务；最终形成用户、数据供应商和数据服务商的三角产业链。

(4) 标准和法规

建筑大数据不仅仅是新技术的应用，更在于从政府到每一栋建筑单体的管理革新，为了保障在新形势下管理的畅通和高效，需要修订和补充制定与数据收集、使用和监管相关的标准和法规。

在数据收集和沟通方面，现阶段我国只有2008年住房城乡建设部印发的技术导则中有相关技术细节说明，但较为粗略；各级地方政府在执行过程中，以此导则为基础，与地方相关企业和科研院所合作，制订了不同程度的深化办法。然而，现有的工程实践结果表明，数据质量参差不齐、数据沟通性差等问题表明，需要制定较为详细的对数据定义、计量方法、存储传输的标准和技术说明。这样才能为建筑大数据的网络化应用打下基础。

大数据给我们带来技术变革、管理创新、服务质量提升的同时，也是一把双刃剑；它更多解读了人们的日常行为，甚至可能严重侵犯个人隐私和自由。以NILM技术为例，只要将设备使用识别的结果与设备位置信息、人的位置信息（GPS技术）结合，就可以追踪一个人日常行为的一点一滴，甚至可以预测此人的未来行为。这种侵犯并不来源于数据收集本身，而在于数据的二次利用；而现有的“告知与许可”的社会公约制度无法约束数据二次利用。

如今，在国际社会学、法学领域已经开始密切探讨这类问题。在建筑能耗监测的一些工程实践中，也有一些好的尝试。相信随着大数据技术发展和应用的不断深入，相关的标准和法规体系也将日渐完善，为建筑管理的全面信息化提供有力的支撑。

参考文献

[1] IEANA lighting handbook (10th edition).

[2] P.J. Littlefair. Predicting annual lighting use in daylit buildings, Building and Environment, Vol. 25, 1990.

[3] Y-J Wen AM Agogino. Control of wireless-networked lighting in open-plan offices, Lighting Res. Technol. 2011; 43: 235 - 248.

[4] M Chiogna R Albatici A Frattari PE. Electric lighting at the workplace in offices: Efficiency improvement margins of automation systems, Lighting Res. Technol. 2013; 45: 550 - 567.

[5] Prashant Kumar Soori Moheet Vishwas. Lighting control strategy for energy efficient office lighting system design, Energy and Buildings. 2013; 66: 329 - 337.

[6] The energy impact of daylighting, ASHRAE Journal, May 1998.

[7] J A Clarke. Simulating the Thermal Effects of Daylight-controlled Lighting, Building Performance, 1998.

[8] Adeline-An Integrated approach to lighting simulation.

[9] P. J. Littlefair. Daylight linked lighting control in the building regulations, June 1999.

[10] J A Clarke. Energy Simulation in Building Design.

[11] Erpelding B. Ultraefficient All-Variable-Speed Buildings-Introducing a benchmark for entire-building HVAC-system efficiency. Heating/Piping/Air Conditioning Engineering: HPAC, 2008, 80(11).

[12] 射场本忠彦，百田真史．日本蓄冷(热)空调系统的发展与最新业绩[J]. 暖通空调 2010, 40(6), 13-22.

[13] 方贵银．蓄冷空调工程实用新技术[M]. 人民邮电出版社，2000.

[14] 方贵银等．蓄冷空调技术的现状及发展趋势[J]. 制冷与空调 2006, 6(1): 1-5.

第5章　公共建筑节能管理

要想实现公共建筑节能，理念、技术和管理三个要素，缺一不可。本报告第3章立论“节能理念”与“理念节能”，第4章辨析“节能技术”与“技术节能”，本章旨在聚焦“节能管理”与“管理节能”。

以“管理”为题进行写作，笔者深知自己是远远不够格的。一方面，公共建筑节能涉及规划、设计、建造、调试以及长期运营的全过程，时间漫长、参与方非常多；另一方面，公共建筑节能还涉及金融(公共建筑的投资、融资)、商业运营(公共建筑产品与功能定位，租赁与销售策略等)、社会服务(公共建筑与城市功能的协调、与住宅的关系等)等诸多方面，利益相关、纠结复杂。公共建筑的节能管理并非孤立存在的，而是整个公共建筑建设过程管理、相关产业企业组织管理、城市社会发展公共管理的有机组成部分，因此要写好《公共建筑节能管理》篇章，至少应充分积累有以下四方面的经验：

一是单个公共建筑建设实施的管理经验，包括策划、立项、设计、实施和调试的各个阶段，明确各个阶段如何具体实施、如何协调统一、如何排除干扰达成目标等的解决办法。

二是单个公共建筑长期运行过程的管理经验，包括验收调试接收、试运行、正常运行、局部改造、系统改造等多个环节。运行过程的管理一方面能对设计进行检验并形成反馈，另一方面也能持续地对自身不断进行检验、反馈和提升。

三是同时管理多个公共建筑建设和运营的经验。例如大型国际连锁销售企业对其位于全球各地的超市和门店的设计、建设、配置、调试和运营都有相对统一的标准，并能够将管理落实。在美国、日本、中国香港、新加坡等地充分发展并在我国内地近年来发展起来的投资人持有型商业地产企业，也逐渐积累了这方面的经验。

四是其他领域管理经验，如制造业企业产品质量管理，组织的管理，建造过程的精益管理等。“他山之石可以攻玉”，管理科学的很多理念、方法、工具等可以应用于公共建筑节能管理，但将其与公共建筑建造运营工程实例结合，特别是结合中国现阶段实际情况的实际项目和经验还不多。

对照以上四个方面，笔者深感在管理领域经验不足、学识不足、笔力不足。但是，在近年来公共建筑的节能运行和改造的工程实践中，我们注意到很多公共建筑由于管理缺失，导致能耗偏高。管理太重要了，但管什么，怎么管？本章抛砖引玉，通过公共建筑节能管理问题与挑战(5.1节)，公共建筑能源消耗量约束指标(5.2节)，以能耗量为约束、贯穿全过程的新建公共建筑节能管理流程(5.3节)，以及既有公共建筑控制实际能耗量的节能管理(5.4节)等四个方面的讨论，勾画出基于“总量控制”思想、能够有效控制公共建筑具体能耗量的节能管理体系。文中认识肤浅和不当之处，恳请批评指正。

5.1 公共建筑节能管理的问题与挑战

5.1.1 公共建筑节能管理存在的突出问题

如第2章所介绍，近年来我国公共建筑节能管理取得了显著进展，但从“控制实际能源消耗量”的角度看，公共建筑节能管理方面仍存在一定的不足。

例如，2013年底，《解放日报》《能源世界》《中华建筑报》等集中报道了上海市一批“节能”、“绿色”建筑实际运行能耗“偏高”、“不降反升”的案例。上海现代建筑设计集团等实测的六十余座绿色建筑示范项目，其中绝大多数是公共建筑，结果发现实测能耗结果“非常不理想”、节能建筑中出了“能耗大户”。实测结果引起专家学者、政府部门和社会舆论的高度关注，报道指出：“由于对高新技术的盲目崇拜，导致一批绿色建筑成为新技术的低效堆砌”。请看报道中举出的一些实例：

“上海一幢办公楼设计时，简单照搬了德国高标准围护结构节能设计，保温性能和气密性很好，却没有充分考虑到本地气候特点而加强通风设计。建成后发现，普通建筑在室内温度过高而室外温度适宜时，通过开窗就能快速排出热量，可这幢几乎开不了窗的大楼，只能靠空调降温。”(《解放日报》，2013年11月2日)

“一栋老年公寓……每栋楼都装上了太阳能热水系统，恒温循环，燃气辅助加热，保证打开水龙头就有热水。没想到老年人使用热水量很少，设备很多时候空

转，单位能耗飙升。”（《解放日报》，2013 年 11 月 2 日）

“有的建筑配备了很好的太阳能热水泵，之前运行良好，由于换了物业公司，管理人员不会用，设备就此成了摆设。有的项目设计科学，建设精心，建成后才发现太阳能板放置的地方完全被隔壁房子阴影遮挡，形同虚设。还有的光伏蓄电池坏了，业主要求更换，物业却没钱换，整套系统就废了。”（《中华建筑报》，2013 年 12 月 24 日）

这些现象并非个案，也并非仅在上海存在，在全国各地“绿色建筑实际运行能耗高”的案例也相当不少。不仅在中国，在美国也有相当一批获得 LEED 认证的绿色建筑能耗很高。例如美国绿色建筑委员会 2008 年宣布[5]，通过对获得 LEED 认证的 156 个建筑物案例的实际能源消耗量进行调查，发现 84％的建筑物实际运行情况在能源和大气环境项的得分上未能达标。2009 年底美国学者 John H. Scofield 公布的两份材料[6,7]，通过详细分析美国绿色建筑委员会 2006 年公布的调研数据，指出其数据样本选择时“避重就轻”、“分析方法不科学”，并经过严谨科学分析后指出：在美国获得 LEED 认证的建筑物，其实际平均单位面积能源消耗量，要比同类型未获得认证建筑物的平均能耗强度高出 29％，用数据将“对 LEED 绿色建筑认证评估体系是否真正带来节能效果、降低实际运行能耗”的质疑推向顶点。

近年来在笔者实测的各类公共建筑中，也有一批是获得各种绿色建筑认证、或高度重视节能、选用多种进口节能技术设备的公共建筑，实测发现其能耗强度指标（如单位面积建筑物全年耗电量、单位面积建筑物全年耗冷量等）相当高，至少不比同地区、同类型公共建筑的能耗强度平均水平低。对于这一问题，如果读者回顾本书第 3 章和第 4 章，很容易找到答案。例如：

节能目标不正确。作为“指挥棒”评估考核体系，不是以能耗量作为重要指标，而是以采用了多少项节能技术、“打钩”的方式进行评价，很容易形成技术堆砌导向；

节能理念不正确。既不考虑当地气候在全年不同时间段的实际特点，又不考虑使用者的实际最可能的需求和操作方式，导致高科技堆砌的建筑物及其系统，既不符合当地气候特点，又不符合使用者实际需求，不仅初投资高，而且运行费高、设备资产闲置浪费大；

“节能”技术不能正常发挥其节能效果的概率极高。设计、安装、调试、运行、控制等过程中任何一点小的错误、失误或把控缺失，都可能极大地降低其效率。第4章讨论的空气热回收机组、冷冻水二次泵系统、变风量空调、冰蓄冷、集中生活热水供应等系统形式都存在类似的情况。

以上问题的存在，导致了一批“节能”、“绿色”的建筑物、特别是公共建筑实际“能耗高”、“不节能”。这些问题不但要从理念和技术的层面进行解读和解决，同时也需要从管理的角度进行解读和解决。

5.1.2 从管理的角度探究公共建筑节能管理中的“漏斗效应”

(1)关于“漏斗”

管理学和传播学的研究表明，“漏斗效应”广泛存在于公司管理、信息传递、人与人沟通的过程中，如果审视建筑物的建造过程，也存在着类似的“漏斗效应”，如图5-1所示。

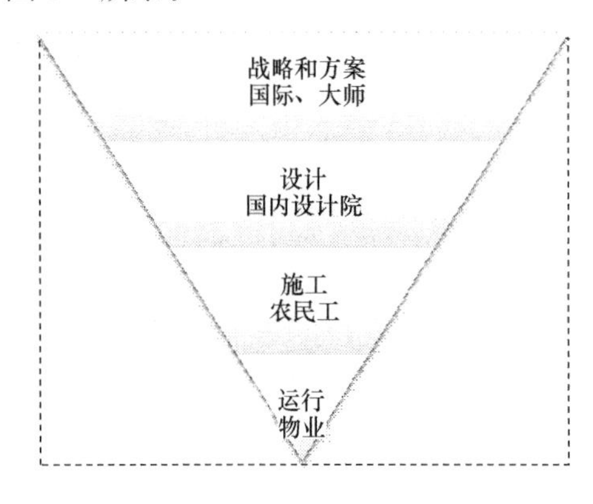

图5-1 建筑物建造过程中的“漏斗效应”

图5-1中的“漏斗”自上而下，可以有多重的理解。例如，可以直观地理解为“设计意图”在建造全过程的各个环节被不断打折扣、造成缺失：

由“国际”、“顶级”、“大师”们经过无数轮讨论、修改、熬夜而确定的设计方案，最终需要由国内设计院进行配合、出施工图；而国内设计院的重要职责就是要根据中国和当地的各种规范，修改之前设计方案中无法通过规范审查的部分，或者协调、修改各个专业相互“打架”的地方；安装施工应该严格“按图施工”，但现实是现场的情况远比图纸复杂多得多，而且不论多么高资质的施工企业，“最后一道手”、真正把设备装进楼里的基本上都是农民工；最终负责运行的，是以保安、保洁、维修和处理投诉为主要任务的物业管理部门。

显而易见，在这样一个过程中，信息传递的缺失、对上游信息的理解和把握的偏差、在实际执行过程中的妥协和改动等，是每个工程中绝对存在的。如果把“大师”们的成果定为100分，给之后的每个环节打80分，由于各个环节之间对最终结果的影响是“乘积”的关系，那么可以简单地算出来，经过几个环节之后最终的得分就是个不及格的数字。那么缺失的东西还能补回来么？部分可以，因为我们还有最后的“绝招”，也就是装修，只要做足表面文章，“一俊遮百丑”，用吊顶、抹灰等手段将“漏斗”漏掉的东西都尽可能地掩饰起来，营造出如图中虚线所表征的“前后一致”、“表里如一”的幻象，就皆大欢喜了。

这样一个建设过程中的“漏斗”究竟漏掉了什么？从设计师的角度讲，设计意图被一层层的“漏掉了”，最终难以实现设计师和业主的初衷。从控制能源消耗、节能的角度讲，最初设定的能耗目标，被一层层的“漏掉了”，最终能源消耗量大，无法实现最初的能耗控制目标。从更广的意义上讲，漏掉的是价值，而且，这种漏掉的价值是一去不复返的。

整个建筑行业的管理，都是在与这样的“漏斗”做斗争。只有依靠管理，才能将好的理念落地，只有依靠管理，才能让好的技术和产品发挥作用。要实现真正控制能源消耗量的节能目标，没有有效的管理是不可能想象的；而从“打破漏斗”、“保持价值”的角度和中国的实际情况看，管理甚至比技术和理念还要重要。

(2)关于公共建筑中的“漏斗”

近日，有“地产思想家”之称的万通控股董事长冯仑先生有一段形象的比喻：

“以前房地产就等于住宅，就相当于人类在3岁以前不分男女一样，可现在房地产发展到了青春期，人到了青春期就开始有性意识，房地产也开始分为住宅与非住宅。”(《理财周报》，2014年2月10日)

为什么住宅是房地产企业在发展初期的惟一选择？除了其更容易获得利润外，还有一个重要原因，就是相对于公共建筑，住宅的建筑形式、围护结构、机电系统都要简单的多，“漏斗效应”相对要小一些，“适用于初学者”；而且，在所谓“刚需”驱动和市场氛围营造下，购房者“买白菜”的心态、对“漏斗效应”识别的专业水准、交易过程中“漏斗效应”存在信息不对称等，也都使得“漏斗”不易被察觉；最重要的，是因为绝大多数住宅的交易是“产品销售”、短期投资获益模式，即使由于“漏斗效应”存在一些问题，建筑物的设计、建造过程的主体与真正的购买、长期使用主体是完全不同的“两家人”，前者解决了问题、受益的是后者，投入和受益的主体不一致，形成阻碍。在住宅领域快速扩张过程中打破“漏斗效应”，万科给出了非常有效的三个“法宝”：以规模化工厂预制件为基础的住宅产业化，精装修商品房和注重节能环保以表征其品质。

但对于各类公共建筑，就要复杂得多，“漏掉”的内容和价值也更多。公共建筑与住宅相比，除建筑外形和功能的巨大区别外，还存在以下三点重要差别：

一是公共建筑通过满足人们特定社会活动的需求而产生价值，某种意义上公共建筑不是一个“以销售为终极目标的产品”，而是一个“以提供服务而持续产生价值的平台”，是一项长期投资。“客户体验”是其价值的本源，建造过程中的“漏斗效应”会直接和长期地损害其价值，因此是难以容忍和必须解决的。

二是由投资建设者长期持有的公共建筑比持有型的住宅比例明显高，即所谓商业地产中持有型物业的比例较高。那么，打破“漏斗效应”、提升建设全过程管理水平，使得建筑物在运行过程中降低能耗、提升品质、提升价值，其投入和获益的主体是一致的，而不像住宅那样投资、建设方和最后的购买、使用方是分开的，这样节能工作也更容易推进。

三是公共系统的机电能源系统，要比住宅复杂得多。与住宅相比，公共建筑的机电系统要应对全年逐时的需求而长期运行，因此其机电系统的设计和运维在空间和时间维度上都很复杂。

着眼于以上三个特征，公共建筑需要建立能够打破“漏斗效应”的节能管理模式，该模式不能仅考虑建造过程，而是要在建筑全生命周期中的每一个环节都设立具体有效的管理手段。

5.1.3 以能源消耗量为约束目标的公共建筑生命周期全过程节能管理

(1)公共建筑的建造过程与“漏斗”

针对公共建筑的实际情况，将上述图5-1进行细化，如图5-2所示。

与图5-1相比，公共建筑“漏斗效应”有两个特点：

一是建设过程中细化了针对机电系统的三个环节。前期需要确定机电系统的方案，再进入施工图阶段。中期非常关键的是根据施工图的技术要求，进行机电系统设备的采购招投标。后期是在设备安装完成之后和建筑物投入使用之前，进行验收调试(Test and Commissioning，简称T&C)，不但让机电设备和系统“动起来”、而不只是“摆设”，而且要达到要求的技术参数后再开始服役。

二是建设过程往往只有24～36个月时间，而公共建筑设备系统通常需要运行

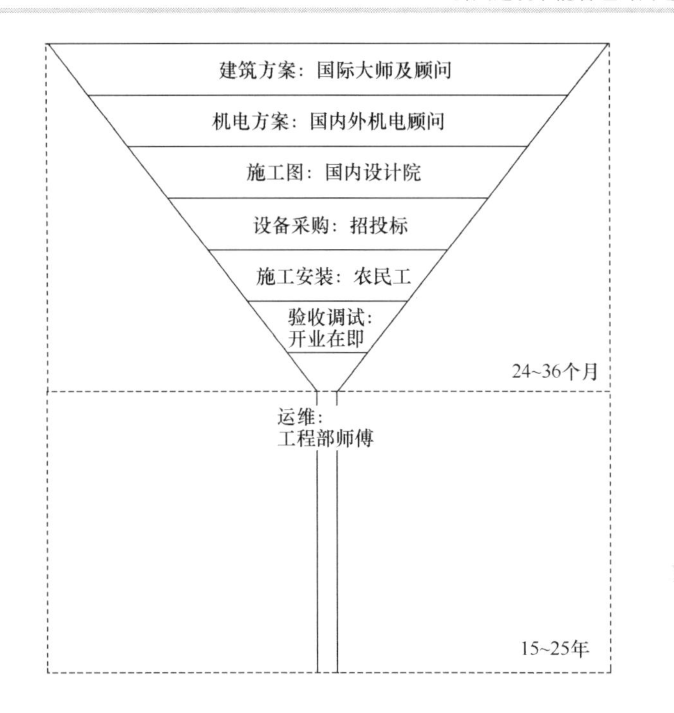

图 5-2 公共建筑生命周期全过程中的"漏斗效应"

15～25 年的时间才会迎来大修或者改造。那么，一方面长期运行过程的能耗及其费用是非常惊人的数字，必须从项目建设的一开始就给予充分的重视；另一方面建设过程中的控制和管理就尤为重要，影响深远，而且留给运行阶段进行优化、改造的空间实际是很小的。因此从生命周期的长期效果、运行能耗出发，设定目标，特别是加强对新建公共建筑全过程的节能管理，非常必要，也会产生事半功倍的良好效果。

其中，"漏斗"交界部分的"T&C 阶段"，即从建设过程转向运行过程的过渡阶段，是公共建筑节能管理中最重要、也最容易被忽略的阶段。欧美、日本、中国香港、新加坡等发达国家和地区对于公共建筑机电系统的 T&C 都极其重视，因为这是投入使用之前的"最后一关"，一定要把控好，不达到要求决不能投入使用。然而，我国目前的工程实际情况是，进行到这一阶段往往已经逼近或晚于预期开业时间，开业的巨大压力导致 T&C 往往走过场或者干脆不做，从而将大量问题留给运行。公共建筑体量越大、功能越多、要求越高，其机电系统就越庞大和复杂，如果没有经过 T&C 就投入使用，必然导致系统能耗高、效率低，甚至还会遗留很多安全隐患。

(2)虚线的边框：贯穿始终、不打折扣的能源消耗量控制

通过有效的管理，打破“漏斗效应”，实现公共建筑在漫长的生命周期中品质始终如一、价值不断提升的理想，就需要选择具有实际操作性的约束指标。图5-1和图5-2所示的虚线边框，就可以形象地理解为约束指标或要达到的目标。从能源消耗“总量控制”的角度出发，以实际运行中的能耗量作为公共建筑约束指标和控制目标，建立相应的管理流程，是非常直观和合理的。这项工作可以理解为：

1)在公共建筑项目立项之初、开展设计工作之前，就明确建筑物在建成投入使用后需要将运行能耗控制在某一个确定的数值以下；

2)将这一控制目标，作为贯穿建造和运行全过程的“硬指标”，各种技术文件或法律文件(如设计方案，设计图纸，招标技术要求，供货合同等)都必须依此指标，形成相应的约束条款；

3)在过程中的每一个环节，都应当定量评估其“成果”对运行能耗量的影响，判断是否满足能源消耗量约束指标要求，再将该环节的“成果”和评估结果一起向下一个环节传递；

4)在运行过程中也需要始终监测实际能耗量，确保运行过程中的能源消耗量始终控制在约束目标值以下，并一直持续到公共建筑生命周期截止的时刻。

本章5.2节将讨论公共建筑能耗约束量化指标的形式；5.3节针对新建公共建筑，将上述管理流程在建设过程中细化；5.4节则针对既有公共建筑的长期运行过程，讨论如何围绕实际能耗量、控制实际能耗量，开展有效地节能管理。

(3)重述重要性

1)控制能源消耗，就是控制公共建筑的品质

经过改革开放和经济高速发展的三十多年，中国社会供需之间的基本矛盾，已经从“量”，逐步转化为“质”，“健康”、“安全”、“环境”等已逐步成为社会关注的热点。同时，城镇化作为中国现代化进程中的重要方式，也在从重视“量”逐步向重视“质”发展。未来的城镇化将导致建筑物有可能发展为两种截然相反的情景：情景一是“高品质、高能耗”，即美国等发达国家今天的情景；情景二就是“高品质、低能耗”，即可持续发展的一种情景，这就需要对建筑物、特别是公共建筑合理定位、精心设计、精益建造、精细运行。从这一角度讲，以能源消耗量作为公共建筑生命周期全过程管理的约束指标和目标，是实现公共建筑高品质要求的必要条件，也能

促进设计、建筑、运行、产品、服务等相关产业的提升和发展。

2)“切蛋糕”还是“做蛋糕”

重观图5-1和图5-2可以发现，这也是一个“人均收入”逐步降低的“漏斗”：顶层设计师，设计顾问，设计院设计师，设备供应商，承包商，分包商，农民工，运行班组师傅。这类似于自然界中的“食物链”，是一个自然形成的过程，位于“食物链”顶层的设计师人数少、收入高，位于“食物链”底层的，但同时也是施工安装过程一线的农民工和运营管理一线的运行班组师傅们，人数多、收入少。同时，这也是一个并不稳定的“生态圈”，如果长期、甚至变本加厉地降低施工和运行维护的投入，“生态圈”基础不牢，那么必将迎来“坍塌”的一天。实际上这幅图中仍然少画了“生态圈”中最重要的两个角色：一是位于最顶端的投资人，二是位于最底端的消费者，也就是商场中的租户和顾客、酒店的客人、办公楼中的白领。当位于最底端的消费者通过客户体验，选择放弃那些“漏斗效应”严重、能耗高、室内环境差、实际服务品质远低于广告所吹嘘的公共建筑时，位于“食物链”顶端的投资人也就血本无归了。换句话说，不应该把投资人的投资像蛋糕一样分掉，而应通过公共建筑的建设和运营，把价值的“蛋糕”做大，才能持续发展。如果能够实施以实际运行能耗量为公共建筑约束指标和控制目标的节能管理，用有效的管理打破公共建筑的“漏斗效应”，在实现能源消耗总量控制目标的同时，也会建成一个更加健康、充满活力、潜能无限的“生态圈”。实际上，在欧美、日本、中国香港、新加坡等发达国家和地区，施工过程和运营过程中的投入都相当大，安装施工和运行维护人员都是高水平、享有高收入和高社会地位的专业工程师，其建筑物的建造和运营不是“力气活”而是“手艺活”，“漏斗损失”被有效减少，其建设、运营的建筑物品质也就能够有保障了。

5.2 公共建筑能耗约束量化指标

5.2.1 选取能耗约束量化指标的一些考虑

(1)能源需求侧管理与机电系统效率提升并重

公共建筑中的能源消耗，都可以看作是在满足公共建筑某种特定的功能需求过程中而发生的，可以写做下式：

$$E_i = Q_i / \eta_i \tag{5-1}$$

即：公共建筑中为实现某项功能而造成的能源消耗量 E_i 取决于实现该功能的实际能源供应量 Q_i 和实现该功能的机电系统效率 η_i。因此为了控制或降低某项能耗，就需要从降低需求和提高机电系统效率两方面入手。

提高系统效率以实现节能的方法很早就被工程界认可。然而，在公共建筑中，能源需求侧管理(如避免不合理的需求，避免过渡供应等)往往比提高系统效率要容易得多。

例如对于新建公共建筑，能源需求侧的管理主要有以下三点：1)在设计过程中，合理设定室温、湿度、二氧化碳浓度、新风量、排风量等室内环境需求参数，特别是应按第3章所述，从生态文明的角度合理营造公共建筑的室内控制标准；2)应对公共建筑不同时间、不同空间中实际可能的使用方式、人流密度、发热量密度等进行合理取值，避免由于这些与人相关参数取值偏离实际情况，而导致变压器、冷机、水泵、风机等设备装机功率过大，给未来运行留下“大马拉小车”、低效率的隐患；3)通过合理的建筑设计、围护结构选择等工作有效降低空调需冷量和采暖需热量，通过自然通风、自然采光等设计，降低对人工照明、机械通风、机械制冷的需求。此外对于北方的各类公共建筑，还应当注意地下停车库车道出入口的选址、封闭开启设计，以及地下车库与建筑物相连的下客区、卸货区之间的封闭措施，避免冬季冷风从地下车库等处大量渗入室内，导致建筑物需热量增加。

对于已经投入使用的公共建筑，其运行过程中需求侧管理的重点，就是对需求的准确识别和灵活供应，以避免浪费。例如，对于办公楼非工作时间的各种设备待机电耗应严格管理，对于公共使用的饮水机、复印件等可定时开关管理。对于车库、库房、服务后区的通道等并非人员经常使用的空间，如何在保证安全的前提下，尽可能准确识别对照明、通风的实际需求、并相应地提供服务，是管理节能的重点。声控与移动红外控制已经被广泛应用于这类空间的照明控制。对于车库的通风，基本无需24小时连续开启，对于办公楼等车辆进出时间相对集中的地下车库，可采用定时开关的控制方式控制通风，对于使用频率相对较少的部分宾馆饭店地下车库，应尽量采用自然通风，而对于商场等人流车流较大、但工作日和周末也有较大差别的情况，则可实施根据实际营业状况的开启时间控制等。对于办公室风机盘管也可设置工作日、周末等定时关闭的管理机制等。

(2)能耗与经济性并重

在公共建筑能耗总量控制的过程中，应当控制投资和运行、维护费用等经济性指标，以便因地制宜地制订节能方案，避免节能高科技堆砌。能耗和经济性约束指标的结构如图 5-3 所示。

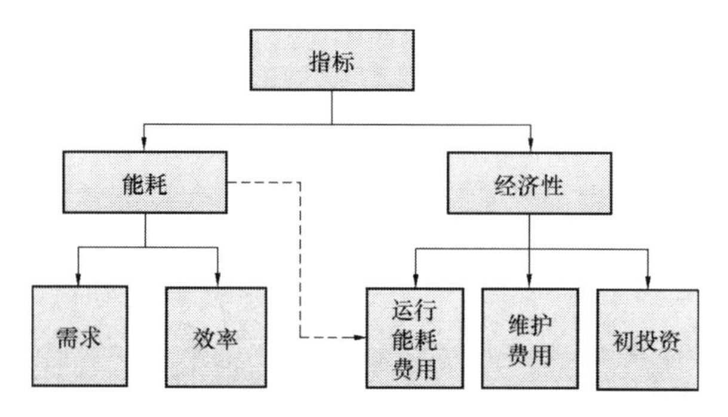

图 5-3 能耗约束量化指标结构

特别是在新建公共建筑的设计过程中，在确定机电系统方案、主要设备选型参数和控制手段时，建议采用全工况模拟的手段，在能耗模拟分析基础上预测能源消耗费用、运行能耗费用，从而得到不同方案在生命周期内的费用，便于业主进行判断。

5.2.2 主要能耗及经济性约束指标的内容和形式

(1)总体能耗指标

这一指标是总体控制指标，服务于能源总量控制目标。

指标具体包括总量和强度量两种形式：总量指标包括总耗电量，总燃料耗量等；能耗强度指标通常用公共建筑提供单位服务量的能耗量来表示。例如，很多公共建筑是以“可租售面积”衡量提供的服务量，相应的，单位可租售面积耗电量就是一项重要的总体能耗强度指标。

单位服务量不仅仅局限于“建筑面积”，还可依据其特定使用功能进行定义，如酒店的单位客房耗电量或燃料消耗量、交通枢纽的单位客流量能耗、医院的单位床位耗电量或燃料消耗量等，使得能耗约束与公共建筑的功能和日常管理紧密相关，便于得到公共建筑建设与管理各方面的理解与支持。

(2)能源需求侧指标

这一指标服务于需求侧管理。

“能源需求侧指标”主要包括冷热需求，例如空调需冷量、采暖需热量、生活热水需热量等。除总量外，还应包括其强度指标，如单位面积空调需冷量、采暖需热量、酒店单位客房生活热水需热量等。除了建筑形式、建筑保温、密闭性外，需求量的大小在很大程度上与建筑的服务对象、也就是建筑的最终使用者有关。不同的使用者行为模式会造成需求量的巨大不同。例如随手关灯与长期开灯，人走关空调和空调长期运行，电脑、办公设备的随手待机还是常开常备，会导致能源需求量的巨大差异。

(3)机电(能源)系统效率指标

这一指标主要是服务于系统效率约束。

“机电(能源)系统效率指标”主要指满足上述需求的建筑物机电(能源)系统的效率约束指标，如中央空调系统效率(包括冷站效率、空调系统末端输配系数等)，采暖系统、通风系统、生活热水系统以及变配电系统的效率等。机电系统效率高低除了与系统形式和设备优劣有关，还与机电系统的运行维护水平息息相关。精心维护、优化运行甚至可以把机电系统效率提高一倍!

(4)分项能耗指标

分项能耗指标，是用来清晰界定某项能耗的高低应该由谁来负责。例如办公室的照明和办公设备的电耗偏高，应当由建筑物使用者来承担责任；中央空调系统的冷机电耗、水泵电耗、风机电耗偏高，则应当由物业管理部门的工程部负责等等。分项电耗取决于某种特定的需求，以及满足这一需求的系统效率。

以电驱动集中空调系统为例，其能耗等于冷站各设备(冷机、冷冻泵、冷却泵、冷却塔风机等)与空调末端各设备(全空气系统风机、风机盘管风机、新风机等等)的电耗总和。对于每一个设备的分项电耗，其电耗符合公式(5-1)的形式，即电耗等于其制备或输配的冷量除以该设备的效率；对于整个空调系统这一分项电耗，也可以按如图5-4所示的树状结构表示。那么为了将空调系统能耗控制在约束值以内，主要可以通过两个途径实现：降低或约束树状结构中的需求侧，或提高效率侧的各个环节。其中，在新建公共建筑设计过程中，需求侧是计算出的“冷量需求”(Cooling Demand)，可以通过优化围护结构、合理设定室内环境参数等降低；而在既有公共建筑运行过程中，需求侧为空调系统可实测的实际供冷量，可以根据实际建筑物使用状况(例如商场的工作日白天人流量往往远低于设计值，办公楼中的办公室、会议室等中午时间段往往人员较少等)，通过维持室内环境不过冷、新风量不过多等手段，在合理满足室内环境控制需求的前提下，有效降低实际供冷量。

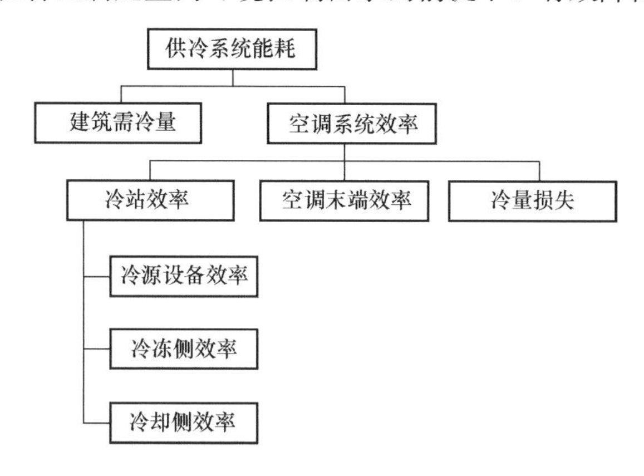

图 5-4 公共建筑空调(供冷)系统分项能耗影响因素树状结构示意图

以公共建筑中的生活热水系统分项能耗为例，如图 5-5 所示。这里生活热水系统分项能耗应当包括两部分，热源的燃料消耗量及输配系统电耗。如果采取电驱动热泵的方式，燃料消耗量相应也是电耗。不论哪种热源形式，其分项能耗都可以表示为如图 5-5 的树状结构。

生活热水系统的需求侧，定义为淋浴、洗手或消毒等生活热水末端的实际耗热量。生活热水系统的系统效率，主要包括热源效率和输配系统效率，此外还有热量损失。在需求侧，学校、医院、部队、工厂等集中浴室常采用刷卡取水等方式，可大幅度降低生活热水需求量。在提升系统效率侧，分散式、“点对点”的生活热水方式，其实际系统效率往往比集中的生活热水系统高的多(详见第 4 章 4.7 节)。

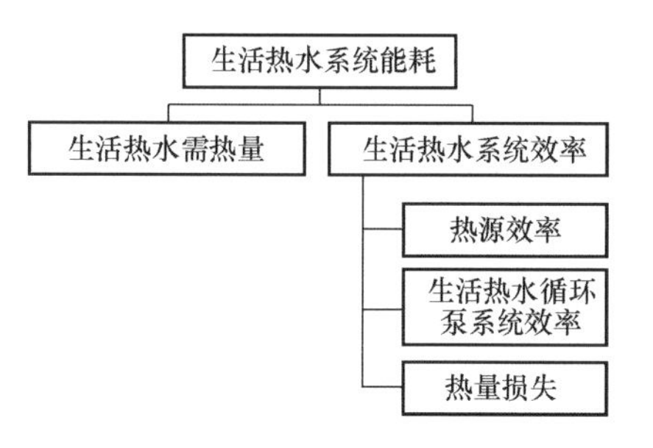

图 5-5 公共建筑生活热水系统分项能耗影响因素树状结构示意图

此外，公共建筑中的人工照明系统电耗、垂直交通(即电梯)电耗等分项能耗，也可以类似地描述为需求侧和效率侧的树状结构，如图 5-6、图 5-7 所示。这样，未来界定能耗及其产生的原因、责任，寻找节能潜力，都非常直观和明确。

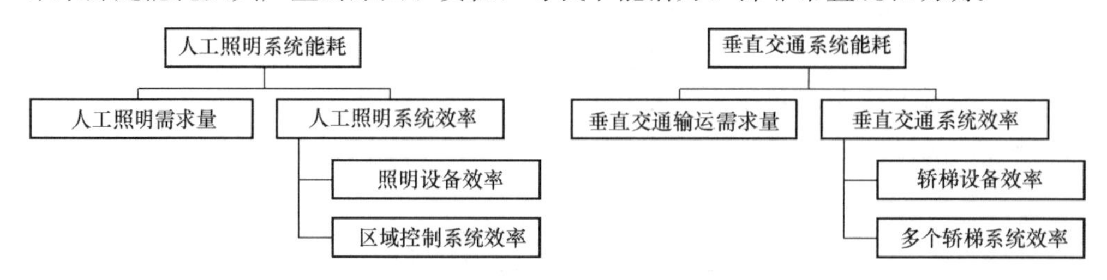

图 5-6 公共建筑人工照明系统分项能耗影响因素树状结构示意图

图 5-7 公共建筑垂直交通系统分项能耗影响因素树状结构示意图

(5)能耗指标的计算时间周期

能耗指标或效率指标都对应着一定的计算或测量时间周期。建议的能耗指标计算时间周期，主要可采用一自然年或临近 12 个月滑动平均值，即用“全年能耗”形式表示各项能耗指标。

此外，还可选用的能耗计算周期包括：

1）小时，即得到“逐时能耗”，反映一天当中能耗的变化；

2）日，即“逐日能耗”，反映工作日、周末的变化等；

3）周，即“逐周能耗”，反应每周能耗随服务量等的变化特点；

4）月，即“逐月能耗”，反应随气候变化等；

5）其他，还可采用季度，或采暖季、空调供冷季等周期，计算能耗指标。

需要注意的是，能耗指标通常用一定周期内的累积量，效率指标则为一定周期内的按需求量加权平均。

其中，公共建筑进行能耗评估、节能诊断分析、确定能耗基线、计算节能效果等工作时，往往采用“全年能耗”的指标形式。这里“全年”不一定要用 1 月 1 日～12 月 31 日这样的日历年来计算，而是可以用连续 12 个月的能耗累积值，如“2012 年 1～12 月”可计算得到一个“全年能耗”，用“2012 年 2 月～2013 年 1 月”也可以计算得到又一个“全年能耗”，以此类推，即用 12 个月滑动平均值(12－month Moving Average)表征“全年能耗”，这样的全年能耗同样包含 12 个自然月，包含所有横向比较特征。因为公共建筑能源消耗的计量、缴费通常以月度为单位，因此用 12 个月滑动平均值的方法可以随时掌握“全年能耗”的发展变化情况。

例如，某办公建筑给出 2009 年 1 月～2011 年 12 月共 36 个月的逐月总电耗，其中包含常规电耗和信息机房特殊功能电耗。用 12 个月滑动平均值方法给出总电耗、常规电耗和信息机房特殊功能电耗在三年中的变化规律，如图 5-8 所示。其中，图中每个柱及其横坐标的数字，代表从这个月（200912 表示 2009 年 12 月）之前（含该月份的）12 个月能耗累积的“全年能耗”。可以看出，常规电耗的“全年能耗”值波动极小，总电耗的增加完全是由于几年时间内越来越多的信息机房设备投入使用、导致特殊功能电耗增加而引起的。与仅有三个日历年的“全年能耗”相比，这一滑动平均的方法可更精确地了解其能耗变化过程，并确定能耗基线。

12 个月滑动平均的“全年能耗”在量化公共建筑节能量时非常客观清晰。例如同样是该建筑，从 2012 年起开始节能诊断工作，2012 年 9 月起通过逐步实施改造措施，节能效果逐步显现。图 5-9 为截至 2013 年 12 月该办公建筑 12 月滑动平均电耗，节能效果一目了然。

（6）运行能耗费用指标

运行能耗费用指标，主要包括以下三部分内容：

1）能耗总量对应费用：例如总电费、总燃料（热力）费等；

2）能耗强度对应费用：例如单位面积能耗费用，单位客房能耗费用等；

3）反映某种需求对应的能耗费用：例如单位冷量费用，如第 4 章蓄冷一节中采用的“元/kWh”单位，对常规集中空调冷站、水蓄冷或冰蓄冷的冷站都可应用这一指标进行衡量；单位热量费用，通常采用“元/GJ”来衡量采暖和生活热水的供应经济性。

运行能耗费用指标与当地能源价格密切相关。例如，部分地区有峰谷电价、丰水期枯水期电价等，需要综合考虑。燃料价格、热力价格也在全年不同时期执行不同的价格标准，需仔细考虑。

（7）投资收益指标

投资收益指标，主要考虑以下内容：

1）建筑物相关初投资：主要是指与降低能源需求侧指标相关的投资，例如外窗、玻璃幕墙、天窗、外墙、屋顶等围护结构相关投资；

2）机电（能源）系统初投资：包括机电（能源）系统的主设备投资、辅助投资（包括辅助设备、材料，以及施工、调试、控制等工程实现费用），还应包括占

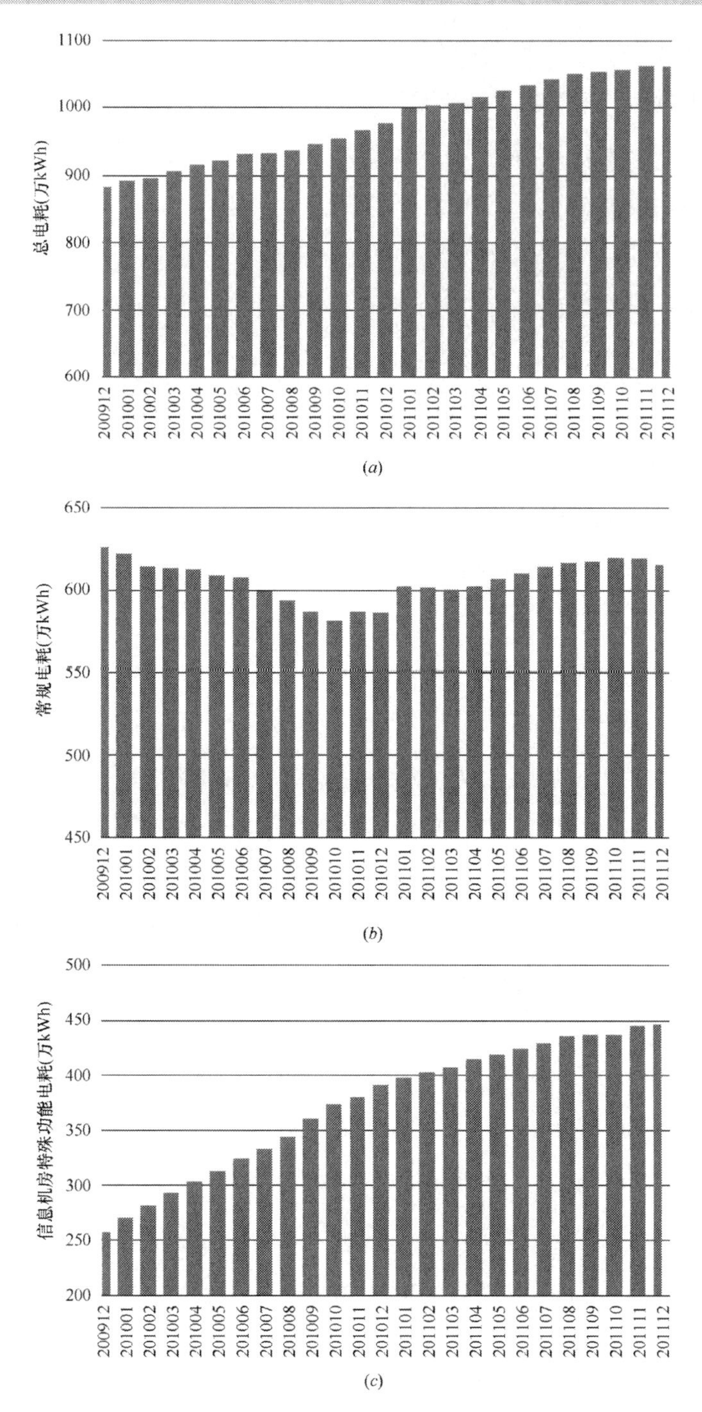

图 5-8 某办公建筑总电耗、常规电耗、特殊功能电耗12个月滑动平均值

(*a*) 12个月滑动平均电耗：总电耗；(*b*) 12个月滑动平均电耗：常规电耗；

(*c*) 12个月滑动平均电耗：信息机房特殊功能电耗

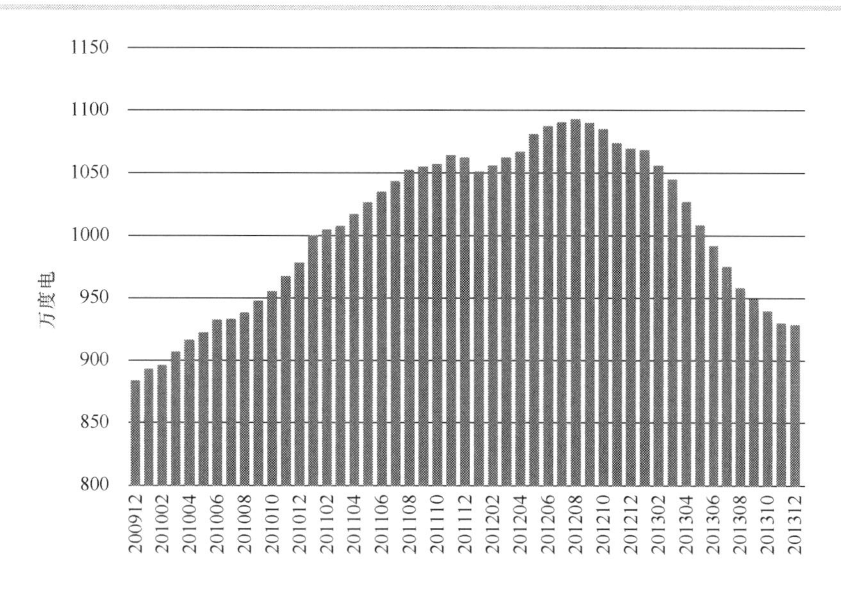

图 5-9 某办公建筑总电耗 12 月滑动平均变化（截至 2013 年 12 月）

用面积等。

3）运行过程中的固定资产利用率：主要考虑冷机、锅炉、水泵、换热器等主要设备对应的资产利用率，以及占用面积的利用率。

（8）室内环境指标

如第 3 章所述，在本章所提出的面向能耗量控制的公共建筑节能管理体系中，室内环境参数不再是约束条件，而是方案、设计、建造、调试和运行过程中必须优化的目标函数，也就是在满足能耗总量和安全要求的前提下，尽可能地提供一个更加健康、舒适的室内环境。考虑到室内环境指标的可测量性，建议将其主要作为建筑物建成投入使用之后的效果评价指标。例如，以下参数可作为公共建筑室内环境状况的指标：

1）室内温度均匀性指标：例如公共建筑的内区外区之间、高区低区之间、顾客停留的公共前区与后勤人员工作的后勤区之间等，在冬季、夏季往往存在较大的温差，不仅造成不舒适、抱怨，而且也会导致能耗的增加，应当作为关注的指标予以测量和限制；

2）二氧化碳浓度指标：二氧化碳浓度是较常用的表征室内环境状况的参数，一方面应满足健康要求、不宜过高，另一方面，在实际人员密度较低（例如商场的工作日白天、办公楼人员外出、酒店客房住户外出时）时，也不宜长期保持过低水平，造成能源白白消耗；

3）污染物浓度：可根据关注的区域不同，以不同的污染物浓度作为排风系统效果的评价指标，例如车库可测量一氧化碳浓度来评价其排风系统效果及相应能耗，有较多餐饮的公共建筑可根据餐饮异味在公共区的探测结果，来评价其排风、补风系统的效果等。上述污染物浓度与公共建筑的风平衡、冷热平衡和能耗都密切相关，应当关注。

5.3 新建公共建筑以能耗量为约束目标、贯穿全过程的节能管理流程

对于大量的新建公共建筑，如果能够建立以“能耗量”为统一、明确的约束指标，并在规划、设计、建设和运行管理的每一个环节都有相应的科学评估和定量考核的办法，确保“能耗量”目标在各个阶段不打折扣、不放任自流、而是始终如一，那么就能保证新建各类公共建筑在投入使用后，其实际能耗量被控制在初期制定的目标之下。

5.3.1 新建公共建筑“以能耗量为约束目标、贯穿建设全过程的节能管理”流程简介

对于新建公共建筑的建造全过程，随着投资方或业主对项目进行管控的方式逐渐变化，往往可以划分为前期、中期和后期三个阶段。相应的“能耗量”约束与考核管理也可划分三个阶段具体进行。

（1）前期

通常建设方的工作包括：确定设计顾问或设计院，确定规划、建筑物设计、机电系统设计方案；然后确定施工图，再确定主要采购的设备和安装服务等。这一阶段的节能管理，所有的审核对象都是“文件”、“图纸”或者是计算出来的结果，但这一阶段最为重要，具体包括：

1）在设计招投标阶段：应标的建筑设计团队应明确给出该公共建筑未来投入使用后能控制到的能耗量指标数值，这一能耗量应低于城市规划部门对该地块上建设的公共建筑所设定的能耗量约束指标。能耗量应成为设计方案评审的基本指标，

并在最终确定设计团队后，将能耗量约束指标的具体数值明确写入与设计团队签署的合同，设计团队承诺其后续提供的详细设计方案、施工图等文件都要满足能耗量约束指标；业主单位需向规划和建设主管部门报送有关方案，并承诺该公共建筑建成后能源消耗量将控制在约束指标以内。

2）在确定机电系统方案阶段：应通过模拟分析等手段，评估分析建筑物供冷供热需求量、空调系统能耗等，判断建筑设计方案、机电（能源）系统方案是否达到能耗量约束指标的要求，并定量比选方案，最终确定方案。

3）在施工图阶段：应进行详细的模拟分析，进一步优化调整设计方案，确保设计方案达到能耗量约束指标的要求。

4）工程采购和设备采购招投标阶段：应明确对围护结构关键部件、机电（能源）系统主要设备采购和安装的技术要求，确保在这一设计图纸和采购、安装要求下，未来的建筑物能够满足能耗量约束指标的要求。

5）工程采购和设备采购合约阶段：将上述能耗量约束指标的要求，按具体的技术环节，分解并纳入到与工程承包商、设备供应商的合同管理与付款管理中，并明确未来的目标考核手段、约束值，及相应的法律和财务控制手段。

（2）中期

即安装施工过程。实际施工过程虽然相对较长，但实际机电系统安装、调试往往是室内二次装修之前的最后一道工序，届时各个工种、专业都在抢进度，导致实际公共建筑建设过程中，机电系统的调试往往只是匆匆地“走过场”。这种现状也频繁导致实际投入使用后的设备系统性能往往达不到设计要求或设备样本宣称的性能和效率，并最终造成能源消耗量和系统效率都难以把控。因此，节能管理在这一阶段能否落到实处尤为重要。这一阶段的节能管理和审核对象，已经从“文件”变成“实物”，需要严格考核“实物”与“文件”是否相符，主要工作包括：

1）严格考核设计图纸、设备样本、设备清单、设计变更等资料的传递、接收和存储情况，并整理相关资料，确保文件完整、更新；

2）对影响能耗的关键机电设备的单机的性能进行检验和调试，直至满足设计或合同所规定的性能参数，作为验收的重要技术支撑材料，并且应按设备实测的性能参数，进行计算校核，判断其投入使用后能否满足能源消耗量约束指标的要求；

3）对机电系统中的能源系统性能进行检验和调试，分析并考核其实际性能与设计图纸或合同中规定的性能参数是否吻合，特别是考核系统的调节性能，按系统实测的性能参数（如水管、风道阻力、风口实际风量、冷冻水和热水的流量分配及阀门阻力等），进行计算校核，判断其投入使用后，能否满足能源消耗量约束指标的要求；

4）对机电能源设备及系统的控制、监测、计量、运行数据存储等系统实际情况进行检验和考核，作为其验收的重要技术支撑材料，并进行计算校核，判断其投入使用后能否满足能源消耗量约束指标的要求。

（3）后期

即长期运行管理阶段，既要满足建筑物的实际使用者、租户、功能的不断变化而产生的实际需求，又要确保运行能耗始终控制在最初设定的能耗量约束值目标内。具体手段是：

1）通过长期、详细的能耗计量，面向能源消耗量的进行持续的节能管理，从需求侧和系统效率两个方面，不断改进、提升，确保公共建筑实际运行能耗量始终控制在最开始设定的能耗量约束目标值以内，从而实现封闭的、面向能耗量、贯穿全过程的节能管理。

2）通过节能托管、合同能源管理、节能服务专业外包等方式，引入更专业、更高水平的节能服务商，进一步挖掘节能潜力，降低公共建筑运行能耗，提升公共建筑服务水平，促进现代服务业的发展。

5.3.2 上述节能管理流程与现有公共建筑建设管理流程可融合

发达国家在长期城镇化过程中，积累了丰富的建设管理经验。我国改革开放以来，也逐渐形成了适应国情的公共建筑建设管理经验。例如，对于传统的公共建筑建造过程，往往是经历如下的一个管理流程[8]，即“预算审核”与“行政审核”双管控手段下的流程管理，如图5-10所示。公共建筑在其全生命周期中的所有过程，都是在“预算”与“行政”的双重夹逼下达到一种“妥协”的结果。

而上述面向能源消耗量的节能管理流程，类似地也是“双管控”体系：能耗量约束和经济性约束，如图5-11所示。即，在公共建筑设计建造的每一个阶段，相应地，应当通过能耗量约束的审核，并经过经济性比选或考量，做出决定，再进入下一步“工序”，同时，能耗量约束指标应当是从始至终的保持一致性，不得随意调

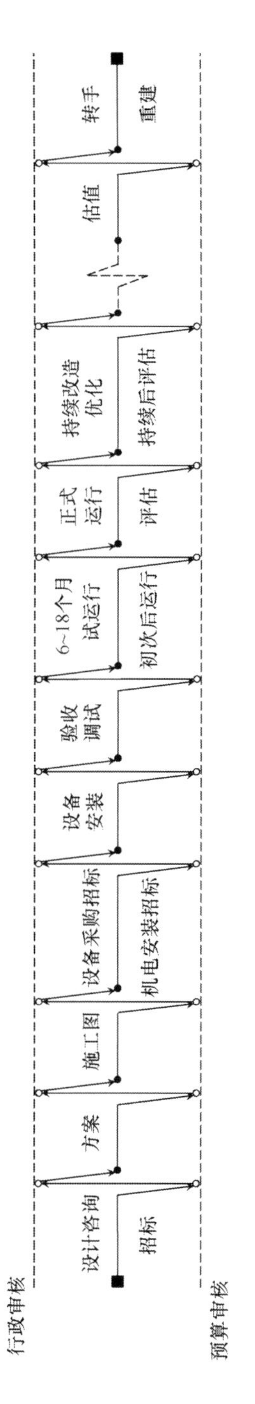

图 5-10 传统公共建筑全过程管理流程

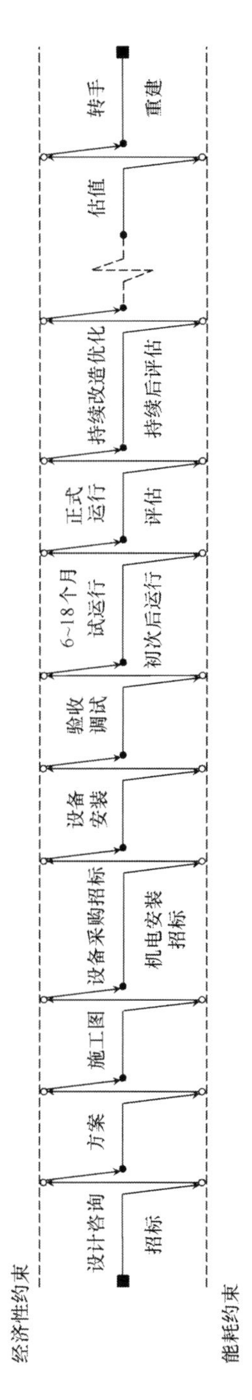

图 5-11 适用于我国的公共建筑全过程管理流程

整或放松要求。由于这一面向能耗量约束的全过程节能管理流程，与现有建造管理体系可以融合，也容易地被业主和建设过程的各方所接受。

然而，在实际工程中，要想将上述节能管理流程落到实处，必须要做到以下三点：目标明确、责任明确和手段明确。

（1）目标明确：以能源消耗量作为明确的约束指标

不再以“节能量”或“节能率”作为目标。因为“节能量”是需要和某一个参照物进行对比的，而参照物的选择极大地影响“节能量”，既不科学，也给所谓的“操作”或“数字游戏”留有很大空间。

同时，不再以“选用多少项节能技术”作为目标。抓建筑节能虽然也会促进建筑节能技术、产品的应用和发展，但不能本末倒置，以选用多少项节能技术或产品来进行评价，而是以实实在在的能源消耗量作为节能与否的评价标准和目标，不论“黑猫白猫”，能控制住能源消耗量在约束指标以下，就是“好猫”。这就要求不仅要选对合适的节能技术、产品，还要安装好、调试好、运行好，反过来这也促进了建筑节能技术和产品的进步。

以实际能源消耗量作为约束目标，鼓励因地制宜、量体裁衣，避免公共建筑以节能、先进为名，行奢靡、浮华之实。

（2）责任明确：各主体、在各阶段的责任都要明确写入合同或相关法律文件。

1）业主

业主是第一责任人，应当在向发改、规划和建设部门报建设计方案时，在文本中明确承诺，公共建筑建成后，应控制的能源消耗量，并在建筑节能主管部门备案。对于体量巨大、或者政府投资的公共建筑项目，应当将承诺的能源消耗量约束值向社会公示，接受公众监督。

2）设计团队

在业主单位即甲方向建筑节能主管部门承诺和备案后，甲方应当在与包括设计师、设计院、各专业顾问等在内的设计团队签署合同中明确要求，设计团队所提交的各项设计成果，都应满足能耗量约束值的要求，并需提供相应的技术文件作为证明。

设计团队不仅需要提供能满足能耗量约束要求的设计成果，而且需要将能耗量约束目标进行“任务分解”，给出后期施工、采购、调试、控制、调节等各个环节，承包商、供货商等相关主体，为实现能耗量约束目标所必须把控的关键技术参数，这些技术参数可以作为业主与承包商、供应商签订合同的依据。

3）工程承包商、设备供应商、系统集成商

甲方在与工程承包商，特别是与能耗量密切相关的机电承包商、幕墙承包商等，以及与机电（能源）系统主要设备的供应商、系统集成商等签署工程合同或采购合同时，应当将设计团队“任务分解”出的各项具体关键技术参数，在合同中写明，作为各承包商、供应商、集成商等乙方履行合同必须达到的基本要求，并在合同中约定相应考核办法、评估方法、责任认定、付款与赔偿等细节。

4）运营管理和物业部门

甲方应要求运营管理和物业部门承担两个主要的责任：一是在工程验收、调试过程中，应对与未来能源消耗量密切相关的设备、系统的验收调试进行现场见证，确保接收下来的设备、系统是符合设计要求、符合合同规定的相关参数，并保证接收的图纸、样本、验收调试报告的真实性和完整性。二是在建筑物投入使用之后，应确保在建筑物安全运行的前提下，将能源消耗量控制在约束目标值以下。

（3）手段明确

为检验评估各相关主体在能耗量约束管理过程中是否真正地履行了相关责任，就需要明确的评估考核手段。也就是要求针对不同的阶段，能够有相应的技术手段，对设计方案、图纸、安装好的设备、可投入运行的系统等，能够迅速、准确地计算出当前设计方案或设备系统性能参数下的公共建筑，在投入使用后的能源消耗量，从而科学有效的评估。现有的主要技术手段包括：

1）针对设计方案的能耗模拟分析技术

经过多年的发展，针对建筑物及机电（能源）系统设计方案的能耗模拟分析技术已相当成熟，可以根据不同的建筑设计、围护结构选择、自然采光和人工照明系统设计方案、空调系统设计方案等，进行诸如全年建筑物冷热需求量、空调系统冷冻站电耗、空调风系统电耗、照明电耗等的模拟分析计算。通过模拟分析工具，可对不同的设计方案计算其能耗量指标，并通过与承诺的能耗量约束值进行对比，进行方案评估或进一步的方案优化。

2）针对验收调试阶段的设备系统性能参数实测与能耗模拟分析技术

主要是在公共建筑的幕墙、外窗等围护结构，以及机电（能源）系统主要设备及系统等安装调试完成后，如何能够在建筑物尚未完全投入使用、气象条件并未处于冬季或夏季设计气象条件等情况下，通过现场测量的方法，得到围护结构和机电（能源）系统与能耗量密切相关的实际性能参数，一方面检验其性能参数与设计图纸、样本等参数是否吻合，另一方面代入模拟分析程序，计算在实际安装、实际设备性能参数下建筑物的能源消耗量，并与承诺的能耗约束值进行对比。如不能满足能源消耗量约束要求，则需要承包商、设备供应商限时进行整改。对由于施工安装问题或设备性能参数不达标导致能源消耗量超过约束值的、又无法整改或限时难以完成整改的，则应根据合同规定进行责任认定和赔偿或惩罚。

3）针对运行阶段的能耗计量、运行调节后评估与节能诊断技术

在运行阶段，主要依据实实在在的详细能耗计量数据，对建筑物及其系统的运行调节进行实测评估，并通过节能诊断，持续优化运行调节和控制，公共建筑的能耗量始终在承诺的约束值以内。

5.4 既有公共建筑控制实际能耗量的节能管理

类似地，对于已建成、正在运营中的公共建筑，也应当推行以控制实际能耗量为目标的节能管理体系。近年来，建设、财政、发改等部门以及公共建筑业主都在积极推进既有公共建筑节能，归纳起来，既有公共建筑控制实际能耗量的节能管理流程，主要包括以下三个步骤。

5.4.1 清晰的能耗计量是既有公共建筑节能管理的基础

没有能耗计量数据类似于“巧妇难为无米之炊”，既有公共建筑的节能管理也会变为一句空话。近年来，各级各地区政府以及公共建筑业主和管理者，已充分认识到能耗计量在公共建筑节能中的重要性，政府主导或业主自发地在各类公共建筑中安装了多块电表，实施能耗“分项计量”，为公共建筑节能管理打下基础。然而，在实际工作中却发现，由于公共建筑使用功能非常复杂，原有配电系统与实际的用电设备状况、用电责任人等都有较大的出入，导致计量得到的能耗数据说不清意义，也就无法真正的“用能耗数据说话”来进行节能管理。

第一个突出问题，是配电支路实际所带的用电设备调研落实不充分，计量的配

电支路究竟带了什么负载说不清。

公共建筑能耗计量与监测在提出之初，就强调了依照用能类型，对能耗分类分项。在住房城乡建设部印发的关于公共建筑能耗监测体系的一系列技术导则中，都明确指出对空调系统、照明插座、电梯、水泵等要独立计量，由此形成一个树状的能耗监测架构，这样能够实现从建筑总能耗数据出发，分类、逐级搜寻各类设备能耗和运行状况的管理模式。在能耗分项实施的过程中，需要考察每一路被计量的用电支路下属设备，根据设备类型对该支路的能耗数据进行分类。正是在这个过程中，容易出现调研不充分、设计不完善，最终导致分项落实不足，能耗数据难以使用的问题。

支路信息调研不充分，甚至不调研，直接导致计量得到的数据没有明确的分项属性，无法按照标准的能耗分项模型归类和应用，失去了分项计量工程的基本意义。非但起不到辅助节能管理、发掘节能潜力的作用，反而增加运行投入、误导能源管理工作。依靠人工完成的调研和配置工作对能耗计量系统的有效性显得尤为重要，需要在能耗计量系统的设计和施工过程中予以高度重视。

第二个突出问题，是公共建筑实际使用功能信息不完善。节能管理最终要落实到能源的使用者，因此建筑物功能、使用、管理方式等方面的调研信息必不可少，这样才能保证“用能耗数据说话”的节能管理最终落实到人。

能耗计量数据是既有公共建筑节能管理的“米”，是最重要的基础，而且，能耗计量数据不能“再次获得”，一旦没有计量清楚，后续很多节能管理工作的可信性和可行性都会受到影响。

抓好公共建筑能耗计量，应当注意以下三点原则：

原则一：不将“不清不楚”的能耗计量数据放进能耗数据库。要计量的这一条配电支路，究竟带了什么用电设备、正常的使用功能是什么、正常的开启时间规律是什么、是租户来支付相关电费还是业主来支付相关电费，都要弄清楚，计量得到的电耗数据对节能管理才有意义。

原则二：能耗计量既要“抓准重点”、又要“全面覆盖”。这二者看似是矛盾的，“鱼与熊掌不可兼得”，实则不然。有些公共建筑装了上百块电表，但进行能耗分拆时仍有50%是“其他”，显然能耗计量没有抓准重点，也没有实现全面覆盖。实际公共建筑中能耗也在一定程度上符合“二八原则”（即帕累托原则）：整个建筑物80%的电耗可能是数量上仅占20%的用电设备消耗的。对公共建筑的实际用电支路状况进行分析，选取能耗高且变化复杂的支路或用电设备进行装表计量，往往起到事半功倍的效果。

原则三：能耗计量数据的存储“一步到位”、避免“最后一米”困境。这里所讲的“一步到位”是指计量下来的能耗数据，应当被清晰、整齐地存储为电子表格形式，不能是潦草的手抄计量数据，也不是错误百出、单位不清、时间混乱不统一的原始数据表格，这样就能使得下一步的节能管理者不必再花费时间精力去“重新梳理”能耗计量数据，确保了节能管理的有效性。

5.4.2 找准能耗关键性能指标*KPI*，通过对标等方式查找自身节能管理和优化空间

能耗计量数据是节能管理的基础，但能耗数据与公共建筑的管理者之间往往存在着一定意义上的“理解鸿沟”，而让管理者能够在最短时间内清晰理解和掌握公共建筑负责的能耗状况，就需要能耗相关的关键性能指标（Key Performance Index，*KPI*）。*KPI*被广泛应用于各类企业的管理中，在公共建筑节能管理中的*KPI*就是5.1节所列举的公共建筑能耗指标，主要有以下几类：

（1）与能耗量和主营业务相关的某种“强度量”*KPI*

例如，因为很多公共建筑是按面积来收取租金或计算费用，因此“单位面积电耗”，“单位面积冷量消耗”或“单位面积热量消耗”。更细的*KPI*可设置为“单位公共区面积照明电耗”等，明确面积、明确分项能耗。酒店类公共建筑因为客房是营业收入的主要来源，因此常用“可售客房每晚能耗”、“后勤服务区能耗比”等指标，并可进一步细分为“每客房每晚生活热水能耗”等指标。

（2）与机电（能源）系统效率有关的“效率”*KPI*

例如空调系统冷站能效比*EER*，生活热水系统能效比等。另外还有一些反映待机电耗所占比例等管理方面的指标也属于这类*KPI*。

（3）与能源价格相关的“经济性”*KPI*

例如对于电价构成比较复杂的地区，公共建筑电耗除了要按不同时间段峰谷平计价，还要按变压器出现的功率峰值缴纳相关费用，有的地区不同季节的电价、气价等也有很大变化，因此一定时间段内的“单位电耗平均价格”、“单位热耗平均价

格”、“单位冷量平均价格”等经济性指标对管理者非常重要。

（4）与时间相关的“变动”*KPI*

此外，这种指标还可进行不同时间区间上的分析，并参考天气、经营状况等数据，得到能源消耗量指标的变动规律，例如“与上一周环比”、“12 个月滑动平均值变动”等指标。

因为以上指标是公共建筑管理者常用的“语言”，因此便于管理者自身主动地分析数据、查找原因，形成公共建筑节能的内在驱动力。其中，对标（Benchmarking）的方法最为简单，也是管理者非常得心应手的管理手段。即用自身建筑一段时间的*KPI*，与同类型建筑的*KPI*进行比较，看自身所处位置，以便节能管理者进一步找准节能重点或突破口。直接计量的能耗数据无法进行对标分析，但*KPI*统一了指标形式，使得对标成为可能。关于对标方法本章节中将不再赘述。

5.4.3 推进以实际节能量为考核目标的专业节能服务外包

合同能源管理等节能服务方式，是近年来各级各地区政府积极推广的所谓“基于市场机制的节能手段”（Market-based Mechanism for Energy Efficiency）。在工业企业中，以实际节能量为基础的合同能源管理方式得到了充分了应用，业主等于分期支付节能改造费用，节能服务方可从节能量中持续获利，形成了良好的市场机制。但在公共建筑节能领域，由于一方面缺少详细的能耗计量数据，使得能耗基线确定、节能量评估认定等工作成本很高、难度很大，另一方面公共建筑内部节能动力不足，利益相关方如业主、租户、管理者较多、各自立场不同，因此实际按照合同能源管理等节能服务方式推进的节能改造成功案例仍然凤毛麟角，未见大面积推广。5.4.1 和 5.4.2 节所介绍的既有公共建筑节能管理手段，正是试图清除上述两方面存在的障碍，为最终推动节能改造实施、实现节能量、并长期保持或进一步节能的打下基础：

1）通过清晰的能耗计量来降低节能服务的成本，同时也降低业主和节能服务方的风险，对于有着长期、详细、清晰能耗计量数据的公共建筑，节能服务成功的概率越高；

2）通过*KPI*，使得业主和节能服务方建立能够“相互听得懂的语言”，业主认为降低能源消耗是企业经营的重要任务、是“一把手工程”，从内部产生节能的动力，使得节能服务方这一“外因”通过“内因”起作用，最终实现公共建筑的能源消耗量降低，并为双方带来实实在在的收益。

在这样的基础上，将实际节能量作为考核目标，推动合同能源管理等多种服务形式，逐渐形成专业的节能服务队伍，建立建成公共建筑专业节能服务外包平台，使得业主和节能服务企业都能从节能量中获益。当建筑节能产业的积极性被充分调动，并被有序引导和规范，公共建筑的实际能源消耗量才能够被有效控制。

参考文献

[1] 彭德清．节能建筑怎成“浪费大户”．解放日报，2013年11月2日．

[2] 曾佑蕊．从理念到实践，绿色建筑运营下好“三步棋”．中华建筑报，2013年12月24日．

[3] 能源世界．上海绿色建筑运行检测不达标，www.chinagb.net，2013年12月16日．

[4] 冯仑．未来房地产还有10到20年好光景．理财周报，2014年2月8日．

[5] Cathy Turner and Mark Frankel. Energy Performance of LEED® for New Construction Buildings, Final Report, 2008.

[6] John H. Scofield. Do LEED-certified buildings save energy? Not really, Energy and Buildings, 41 (2009): 1386-1390.

[7] John H. Scofield. A Re-examination of the NBI LEED Building Energy Consumption Study, 2009 Energy Program Evaluation Conference, Portland.

[8] Stanford University. Guidelines for Life Cycle Cost Analysis, Oct. 2005.

第6章 最 佳 案 例

6.1 深 圳 建 科 大 楼

深圳建科大楼位于深圳市福田区，现为深圳市建筑科学研究院有限公司办公大楼。该楼于2009年竣工，总建筑面积18623m^2，地上12层，地下2层。2009年深圳建科大楼获得国家绿色建筑设计评价标识三星级，2011年获得绿色建筑运行标识三星级，并获得住房城乡建设部绿色建筑创新综合一等奖。该建筑由于采用了大量本地化低成本节能技术，建安费仅为4200元/m^2。

在2011～2013年期间，清华大学对深圳建科大楼的建筑能耗与室内环境状况进行了长期深入的调研，发现该建筑能耗低于深圳市同类办公建筑能耗，人员对室内环境品质感到满意，是低成本、低能耗、同时室内环境品质能达到健康舒适要求的现代办公建筑。

6.1.1 深圳建科大楼的能耗现状

深圳建科大楼消耗的能源主要是电力，用于空调、照明、电梯、办公室设备等。另外每年还消耗14000m^3左右的天然气用于食堂的炊事。该建筑的电耗数据来自深圳建科院的能耗监测平台的逐月分项能耗数据，以及物业人员在部分配电箱的逐月手工抄表记录等。通过对电耗数据交互核对分析，保证数据准确性，以2011年11月～2012年10月的12个月电耗数据作为下文的分析基础。

2011年11月～2012年10月间总耗电量为1155722kWh，折合单位建筑面积电耗62.1kWh/（m^2·a）。其中，太阳能光伏板产电66585kWh，实际市政购电量为1089137kWh。为了能够与深圳市同类办公建筑进行比较，在扣除了专家公寓、实验室展览区等功能区域及其电耗后，拆分得到办公区的单位建筑面积电耗为60.2kWh/（m^2·a），表6-1所示，消耗电网供电56kWh/（m^2·a）。

按功能拆分能耗 **表 6-1**

区域	描述	面积 (m^2)	耗电量 (kWh)	单位面积电耗 (kWh/m^2)
总数	包括光伏板板产电 66585kWh（5.8%）	18623	1155722	62.1
功能区域	包括专家公寓、 实验室展览区等	2955	212586	71.9
办公楼部分	剩下部分	15668	943136	60.2
花园	—	1542	—	—

深圳市2007年曾对57座办公楼的能耗调查统计结果显示，深圳市同类办公楼的单位建筑面积电耗平均值为103.6kWh/（m^2·a）。图6-1给出深圳建科大楼2011年11月～2012年10月期间的逐月单位面积电耗，同时给出深圳市57栋办公楼2007年的逐月单位面积电耗以便对比。可见深圳建科大楼的单位面积建筑能耗低于深圳市57座同类办公楼的能耗标准差下限。因此可以确认深圳建科大楼是一座低能耗的现代办公建筑。由图6-3可见，该建筑的全年空调电耗只有19.6kWh/m^2，远低于当地其他办公建筑的空调能耗。

那么是什么因素导致深圳建科大楼的能耗远低于同类建筑呢？

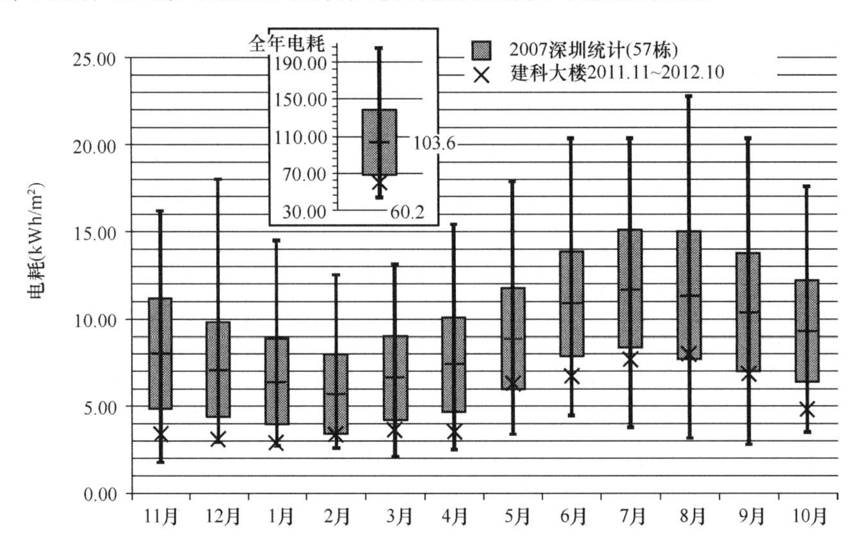

图6-1 深圳建科大楼电耗数据与2007年深圳市57座办公楼的电耗数据对比

注：竖线上的点分别代表最大值、平均值和最小值，方框表示为标准差的范围。

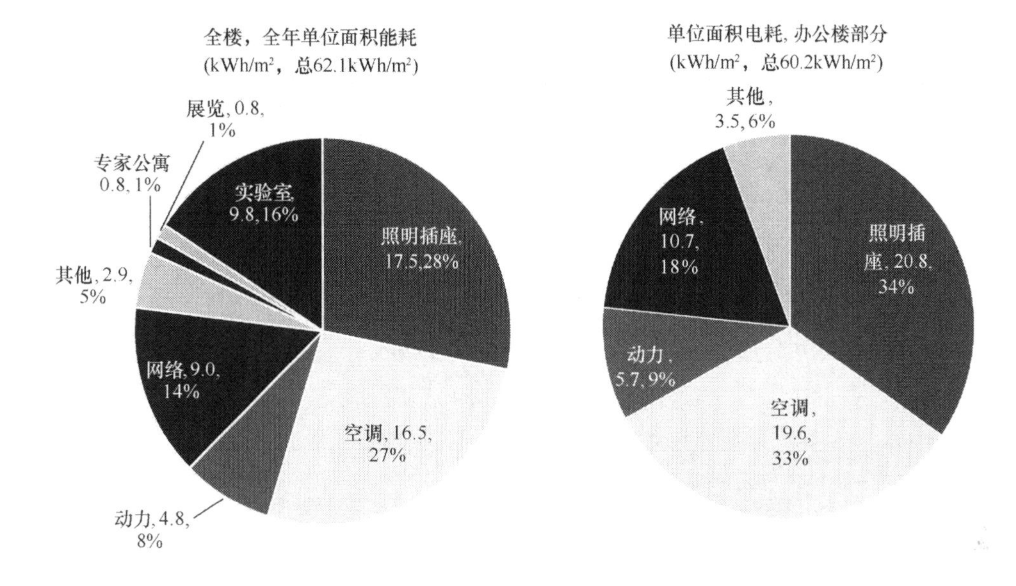

图 6-2 深圳建科大楼电耗分项数据统计

6.1.2 深圳建科大楼的节能设计特点

（1）建筑设计

深圳建科大楼地上 12 层，其中有 10 层是室内空间，见图 6-3。总高 45m，最大进深 30m。功能以办公为主。楼内使用者有 350～450 人。该建筑的窗墙比是 0.39，墙体的传热系数是 0.69W/(m^2 · k)，窗的传热系数是 3.5W/(m^2 · k)，遮阳系数是 0.34。

图 6-3 深圳建科大楼外观

该建筑低区五层楼有大中庭、展厅、实验室、报告厅、会议室；高区七～十层是办公室，其中第八和第十层的层高是 7.2m，内部均有一个夹层；十一和十二层是专家公寓、员工活动区、食堂等。高低区之间有一个六层的空中花园，顶楼上有屋顶花园，利用太阳能光伏板和太阳能热水器遮阳。

该楼的建筑特点是敞开式的设计，充分结合华南地区夏热冬暖的气候特点，把建筑室内外空间融为一体。首先低区的大中庭是一个通过大门与室外相连的半敞开高大空间（图 6-4）。高区每层两个独立封闭区域之间由一个敞开式的平台相连（图 6-5），在这个敞开式平台上有供员工开小组讨论会的区域（图 6-6）、提供饮用水和休息的茶水区、打印机区、楼层前台等功能区，还有公共走廊、电梯前室和楼梯。平台旁边上还有部分封闭的室内空间，包括卫生间、电梯、机房等。各楼层的办公室的外窗，均采用了可开启设计，供室内人员自由开启；外窗上还设有遮阳装置（图 6-7）。外窗的内外侧均设有把太阳直射光反射到室内白色顶棚上以加强室内天然采光效果、同时避免窗际眩光的天然光反光板（图 6-8）。

图 6-4 入口与中庭

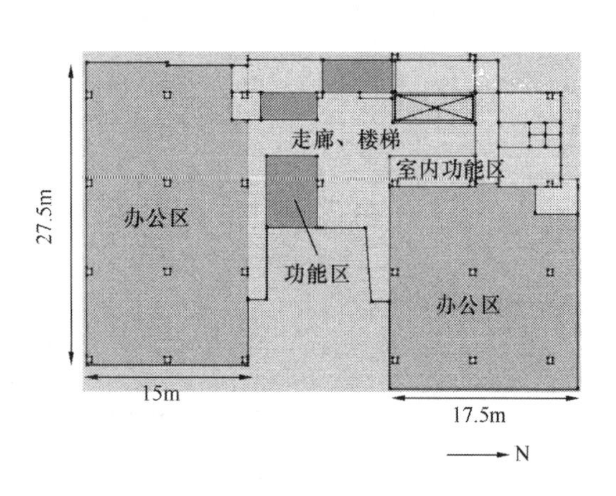

图 6-5 深圳建科大楼高区平面图

图 6-6 高区各层办公区间敞开式平台

图 6-7 可开启外窗和外遮阳装置

图 6-8 安装在窗内侧和外侧的用于天然采光的反光板

低区的五层有一个大层高的 300 座报告厅。该报告厅的一个显著特点是其外墙完全可以打开，在室外气温适宜的时候可以采用自然通风，而不需要开空调（图 6-9）。报告厅的楼梯间也是完全敞开的（图 6-10）。

图 6-9 外墙可以全部打开的报告厅

图 6-10 报告厅外的楼梯

（2）空调系统

该建筑根据不同功能区的负荷特点，采用了多种类型的空调系统，包括风机盘管系统、溶液除湿新风系统、多联机系统和分体机。为了降低冷冻水的输配能耗，冷水机组均做到小型分散化，每一个区域都有独立服务的小型水冷式冷水机组，冷却水系统是集中处理和供应。

该建筑的大部分空间使用风机盘管加新风系统，风机盘管内用的是 16℃ 的高温冷水，只处理室内显热负荷，湿负荷由溶液除湿新风机组承担，室内人员可以独立设定室内温度控制值。大报告厅配备有独立的冷水机组及新风处理机组；位于地下的实验室及一些功能区域（IT 机房、控制室等）均配备有单独的空调系统。位于十一层的专家公寓等空间所配备的是分体式空调器，以适应这些区域使用时间不固定的特点。

6.1.3 深圳建科大楼的节能运行情况

由于该建筑有很大面积的功能区如小组会议区、茶水休息间、打印机室、走廊、楼梯间等设计为敞开或半敞开空间，这些区域均不需要设置空调，而且在大部分使用期间均不需要人工照明，因此大大减少了用能的建筑面积。

从图 6-11 逐月耗电量分项数据中可以看出，该建筑的集中空调系统运行时间是 5～10 月中旬，共五个半月，其他月份只有非常少量的分体机或者多联机电耗。而深圳市同类办公楼的集中空调系统运行时间基本为 10 个月。因此，深圳建科大楼的集中空调系统的运行时间远远短于当地其他同类建筑。

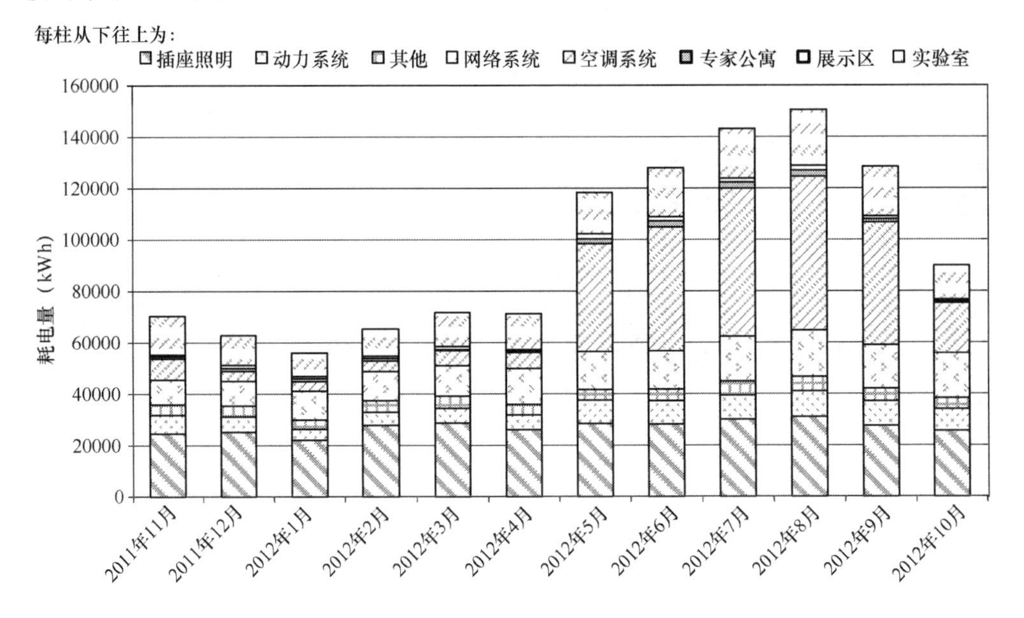

图 6-11 深圳建科大楼办公部分逐月耗电量分项

在空调季，规定的集中空调系统运行时间为工作日的早 8：30～晚 6：00，在非规定时间外需提交申请才能开启冷水机组。由物业提供的实际运行记录可知，在非规定时间段通过提交申请开启机组的情况非常少见。加班期间一般利用自然通风和电风扇来满足热舒适需求。

尽管该建筑的空调和冷热源系统考虑到降低输配能耗和适应负荷变化的独立功

能，但实际上在测试期间发现，系统并没有得到很好的调试，很多机组的运行都不在最佳工况点，机组的 *COP* 偏低。因此，该建筑整体空调系统能耗低不能归因于空调与冷热源设备的高效运行。

在非空调季，办公区域人员主要依靠开窗和使用电风扇来保证室内环境的舒适性。图 6-12 给出空调季、非空调季室内人员开窗和使用电风扇的调查问卷回应的样本数。可以看到在空调季室外很热的时候依然有人开窗，在非空调季，也有很多人不开窗、不使用电风扇。由此可以看出个体热环境需求和对个体环境调节需求的差异性。

在五层的报告厅，尽管是在满员使用情况下，室外温度为 25℃ 左右就不再开

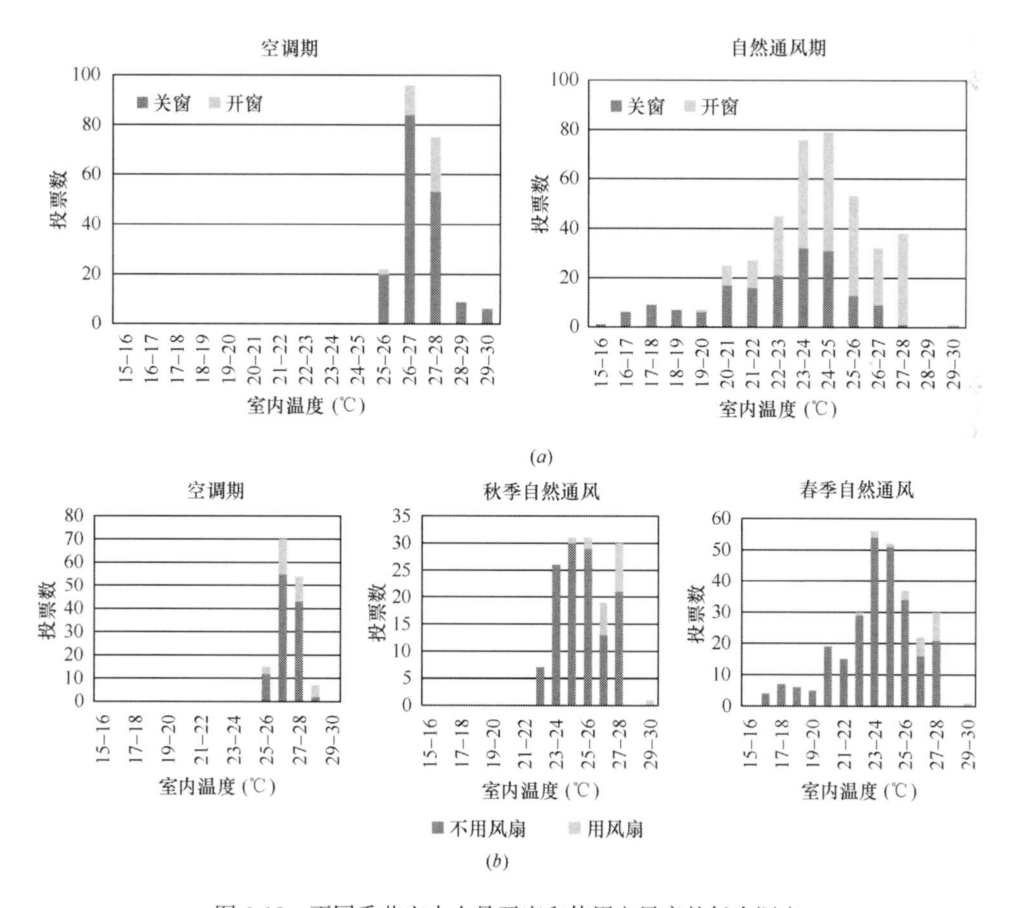

图 6-12 不同季节室内人员开窗和使用电风扇的行为调查

(*a*) 在空调季与自然通风季人员的开窗行为调查；

(*b*) 在空调季与自然通风季人员使用电风扇的行为调查

空调，而是全部打开外墙采用自然通风。高区办公室的户外平台利用率很高，即便是在空调季节，室内人员也更愿意使用户外平台开小组会、讨论工作，而不是选择有空调的会议室。

办公区域内电灯均由室内人员控制，可直接反映人员的采光需求。通过对十层办公室内人员在 2012 年 4 月份某一周的用灯记录就可以看出室内人员对人工照明的需求情况，同时反映该建筑办公区域的天然采光设计的实际节能效果。这一周 5 天工作日内有 2 天为不下雨的阴天、3 天为大雨天。图 6-13 是十层办公室一周工作日的开灯情况，尽管一周阴雨天，但天然光条件相对比较好的时候，室内天然采光仍可满足人员需求，室内人员开灯比率低或者不开灯；即便在大雨天，靠窗区域人员仍无需开灯，但内部区域需开启适量电灯以满足人员需求。

图 6-14 是第七、八层办公区在 7 月份某一周内的插座与照明电耗。可以看到，照明占办公区电耗的比例较小；插座电耗在工作日比较稳定，但照明电耗有较大的

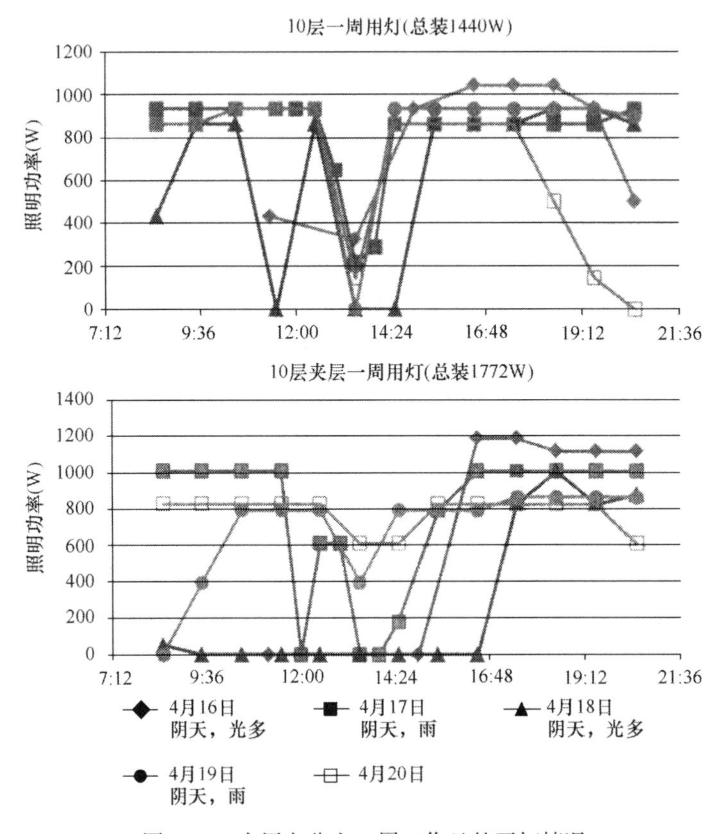

图 6-13 十层办公室一周工作日的开灯情况

变化，说明照明电耗主要受员工主动调节的影响。

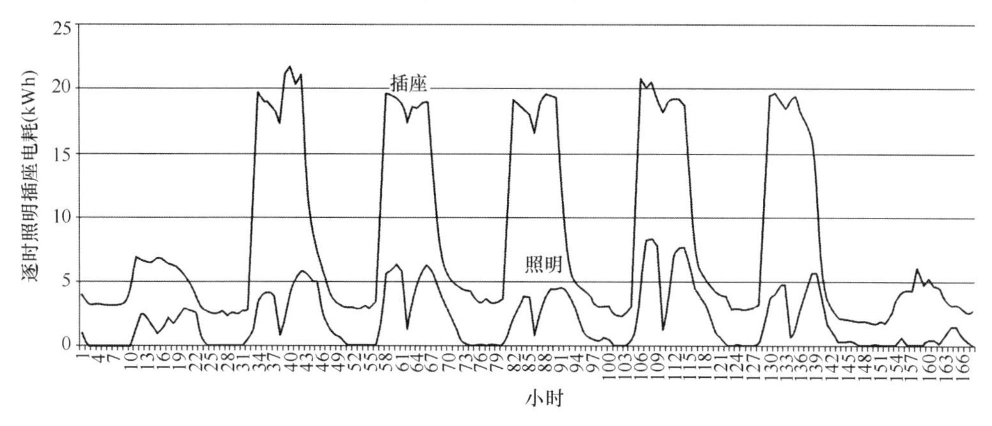

图 6-14 第七、八层办公区插座与照明电耗（2012.7.1～2012.7.7）

6.1.4 室内热环境与热舒适水平

由于深圳建科大楼集中空调开启时间短，利用自然通风的时间长，室内环境能否满足室内人员的热舒适要求？尤其是对于这种现代办公楼来说，是否有为了达到节能目的而牺牲室内人员舒适性的嫌疑？

为了回答这个问题，测试人员从 2012 年春～2013 年秋，对深圳建科院的办公区、报告厅、室外平台等空间进行了热舒适参数测量和人员问卷调查，以评估该建筑的实际热环境水平与热舒适水平。

（1）办公区

在十层南侧办公室、十层南侧夹层办公室进行了温湿度分布的长期监测，并对室外平台上的温度进行了连续监测。同时对这两个办公区的员工每周发放 1～2 次关于热感觉与舒适度的问卷调查，问题包括：座位附近的窗户的调节、是否使用电风扇、服装情况、对温湿度和风速的感觉与期望、有无其他加热、冷却策略、热舒适、对热环境接受度、感知的空气品质。图 6-15 是 2012 年 8 月～2013 年 4 月间十层办公区的室内温湿度和室外温度的实测记录。这些实测室内温度数据虽然均不在 ASHRAE-55 标准给出的空调环境的舒适区内，但除了部分冬季室内温度数据以外，大部分均落在 ASHRAE-55 标准给出的非空调建筑的舒适区内，见图 6-16。

实测室内参数表明，在夏季空调期间，室内温度一般在 26～29℃之间，过渡

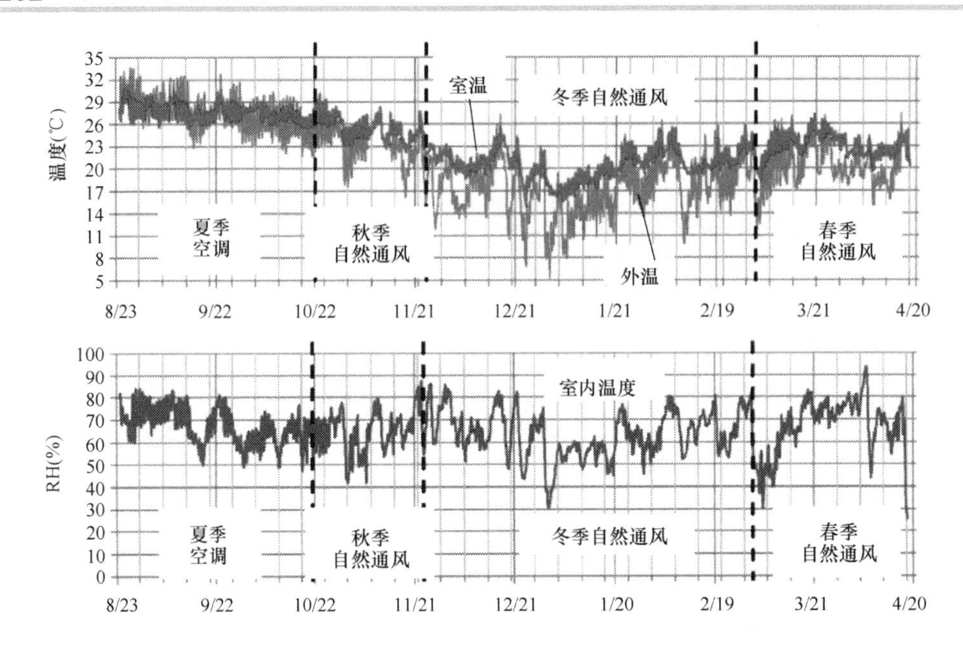

图 6 15 十层办公区室内温湿度与室外温度的长期测量数据

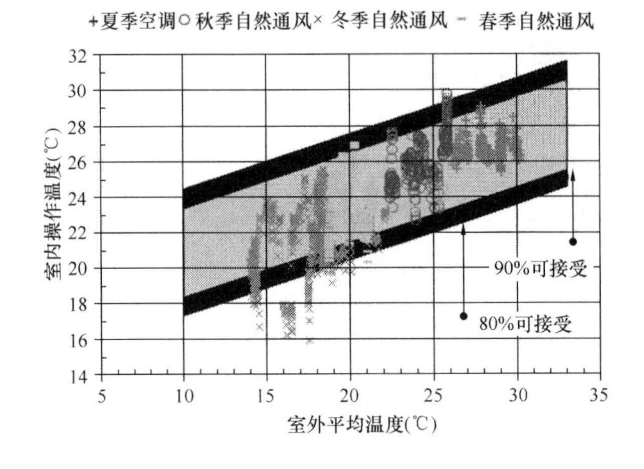

图 6-16 ASHRAE Std-55 的非空调建筑舒适区与实测办公区室内温度

季采用自然通风期间，室温变化的范围比较大，一般在 20～29℃之间，冬季有部分室温降到了 17℃以下。

对室内人员的问卷调查表明，在空调期间，室温在 26～30℃人员的接受度可达 80%以上，但室温低于 26℃接受度则降到 65%，人们感觉偏冷。这个温度范围明显高于 ASHRAE 舒适区，但人们反而感觉更舒适，这反映了偏热气候区人群的气候适应性。自然通风期间，当室温高于 21℃时，人们的接受度和舒适感都比较高，而且80%接受度的温度范围比空调期间的宽，反映了人们个体调节的正面作用，见图6-17。图6-18给出的是室内人员对办公室热环境的热舒适评价。依据热环境评价标准，微暖和微冷范围均为舒适范围内，比例超过90%，不满意的部分更多是因冬季室温偏低造成的。因此，办公区夏季和过渡季的热环境是完全满足室内人员的热舒适要求的。

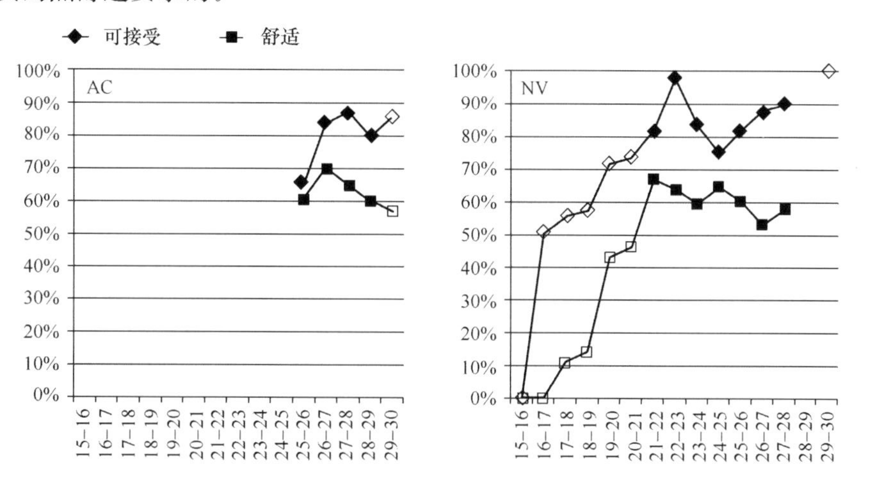

图6-17 空调期（AC）与自然通风期（NV）室内人员的接受度/热舒适与室温之间的关系

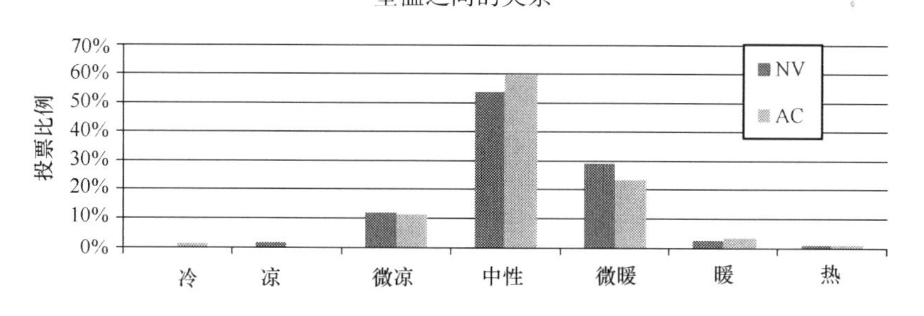

图6-18 空调期（AC）与自然通风期（NV）室内人员的热舒适调查结果

（2）报告厅

报告厅设计特点突出，对自然通风的利用是报告厅降低能耗的主要手段。在《中国建筑节能年度发展研究报告2010》中曾指出，2009年5月4日，在室外温度为25℃、室内满员、只采用自然通风的情况下，调查问卷结果表明使用者对报告厅的热环境满意，但当时并没有实测室内温湿度。2013年11月11日我们再次对满员条件下的报告厅室内温湿度与风速进行了测量，同时进行了热舒适的问卷调查。测试期间报告厅门窗全开进行自然通风，不开空调。3 个室内测点和 1 个室外测点的位置与温度测量结果见图 6-35。室外温度约为 24.5℃，室内空气温度范围为 26～27.5℃。靠近室外的测点 1 温度略低，走廊附近的测点 3 的温度次之，位于中部的测点 2 的温度最高。

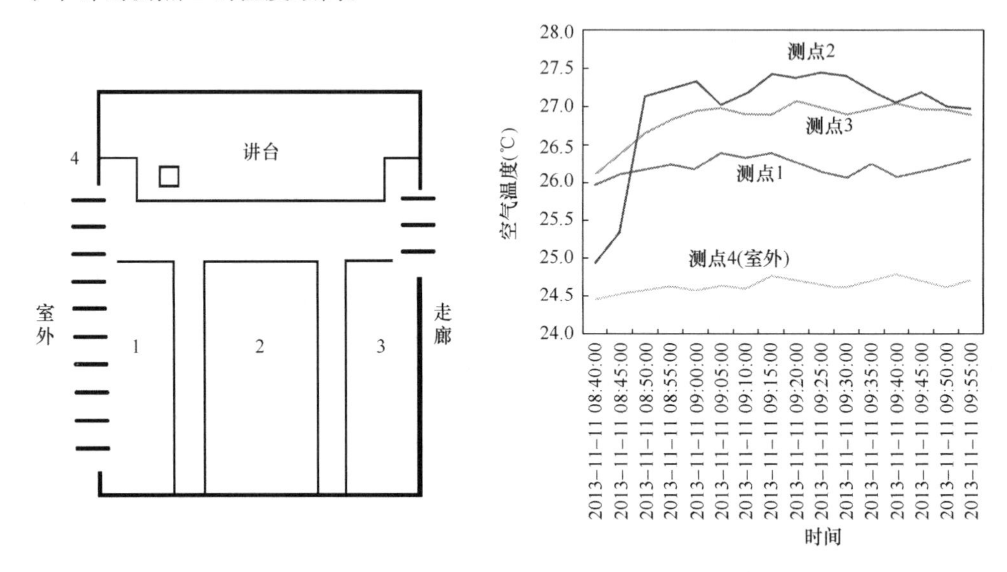

图 6-19 报告厅测点布置与温度测量结果

与会者调查问卷结果如图 6-20 所示，投票微凉、中性与微暖的比例超过 80%，还有约 10%被调查者投票为凉和冷，5%的投票为暖和热。靠近室外及过道的人员热感觉偏凉、位于中部的人员感觉偏暖，与温度中间高两边低的趋势相同。

(3) 办公区室外平台

通过对该建筑的使用者调研，以及测试者的观测，发现该建筑的使用者非常喜欢使用办公区的室外平台作为非正式会议、小组讨论的场所，甚至在室外炎热的空调季，他们依然愿意舍弃空调温度为热中性的会议室而选择室外平台。2013 年 9 月 9 日测试人员对十层办公区的室外平台以及空调办公室的热环境参数进行了测量，并对同时处于这两个区域的人员进行了热舒适问卷调查。

图 6-21 给出了室外平台与空调办公室的温度对比，可见当时室内温度比平台温度低 4℃左右。图 6-22 给出的是室外平台与空调办公室内人员对这两个环境的热感觉和热舒适的调查问卷结果。调查问卷的结果表明人们认为室外平台比空调办公室热一些，但是热舒适感却显著比空调办公室好，这是他们更愿意选择室外平台的

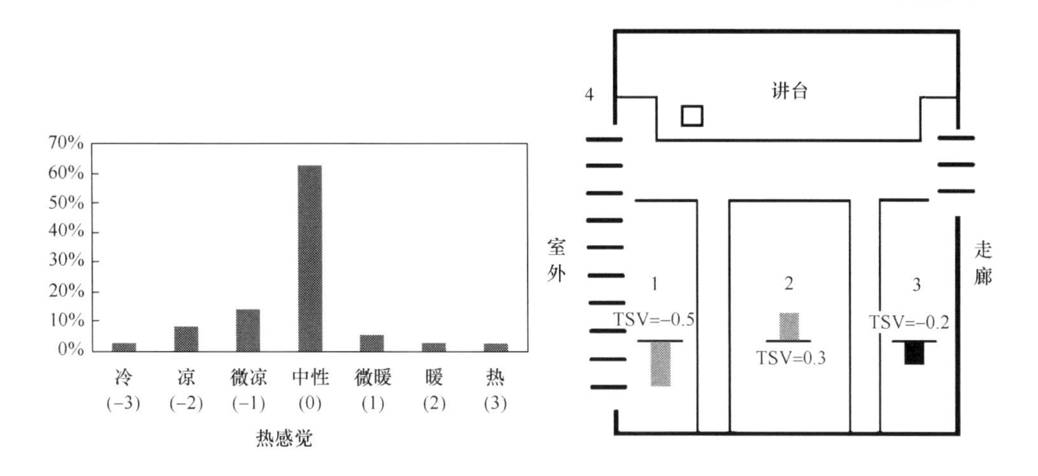

图 6-20 被调查者的热感觉投票结果

原因。而热舒适感更好的主要原因是自然风，导致愉悦的因素还有空气品质较好、有天然光、有好的景观等非热环境因素。

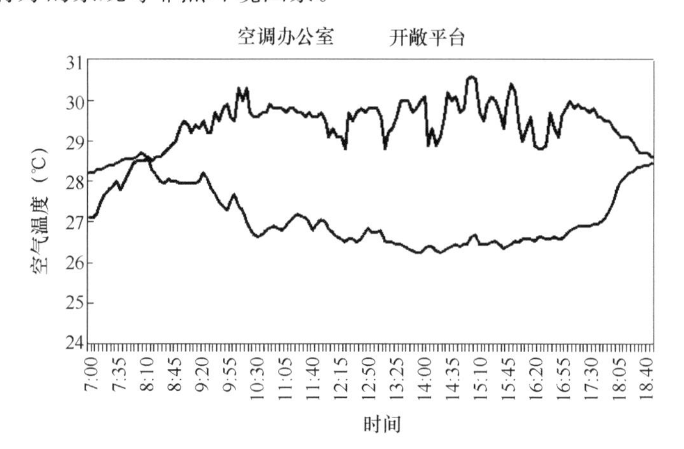

图 6-21 十层办公区室外平台与空调办公室内的空气温度测试结果

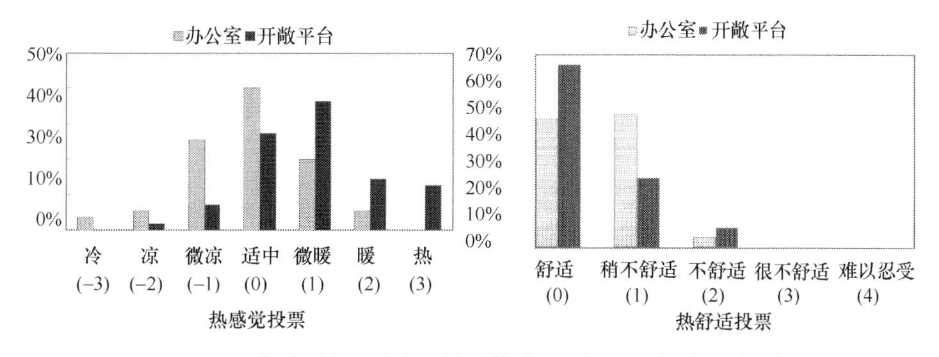

图 6-22 室外平台与室内人员的热感觉/热舒适调查问卷结果

6.1.5 分析与总结

根据现场调查的结果，关于深圳建科大楼可以得出以下结论：

（1）该建筑的单位面积建筑能耗是深圳市同类建筑能耗的60%，低于统计数据标准差的下限；

（2）该建筑能耗低的主要原因在于有效的被动式节能设计：

1）很多功能空间为半室外空间，显著降低了需要空调和人工照明的建筑面积；

2）建筑可以充分利用自然通风，因此需要空调的时间与同地区类似建筑相比缩短40%以上；

3）合理的天然采光设计，有效地降低了照明能耗。

（3）空调和冷源系统并没有运行在最佳状态，如果空调与冷源系统能够进行进一步的优化调试，空调能耗还可能进一步降低。

（4）该建筑的室内热环境和光环境品质完全能够满足室内人员的舒适性要求与工作需求。室内外空间的有机联结不仅能够有效降低建筑能耗，而且还能够为室内人员提供更为舒适、愉悦、健康的工作环境。

（5）该建筑根据当地亚热带气候条件的特点，采用了完全不同于时下同类型建筑封闭式设计的室内外有机贯通的设计方法。实践证明这种与气候相适应的建筑设计理念完全可以在现代办公建筑中推广应用。

6.2 山东安泰节能示范楼

6.2.1 建筑概况

山东安泰节能示范楼是一座办公建筑（见图6-23），位于山东济南，地上5层，地下1层。总建筑面积5450m²，地上面积4583m²，空调面积3815m²。

6.2.2 系统概况

供冷季（5月15日～9月15日）采用温湿度独立控制空调系统，如图6-24所示，由地板辐射末端去除房间显热，由新风机组承担除湿任务。地板辐射末端由地

图 6-23 建筑外观

下埋管直供 18℃高温冷水，新风机组由热泵机组提供 7℃冷冻水，热泵机组夏季由冷却塔提供冷却水。

供暖季（11 月 15 日～次年 3 月 15 日）供暖系统如图 6-25 所示，热泵机组自地下埋管提取低温热量，提升温度后向辐射地板和新风机组提供 40℃热水。

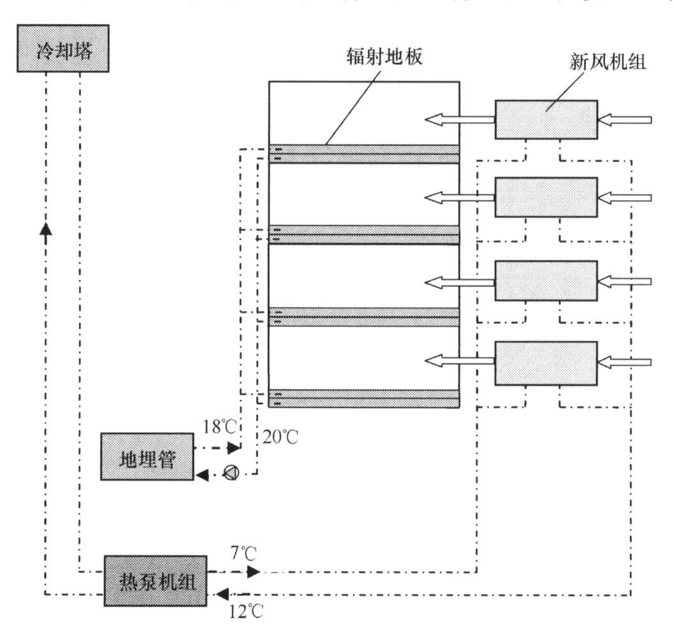

图 6-24 夏季空调系统设计原理图

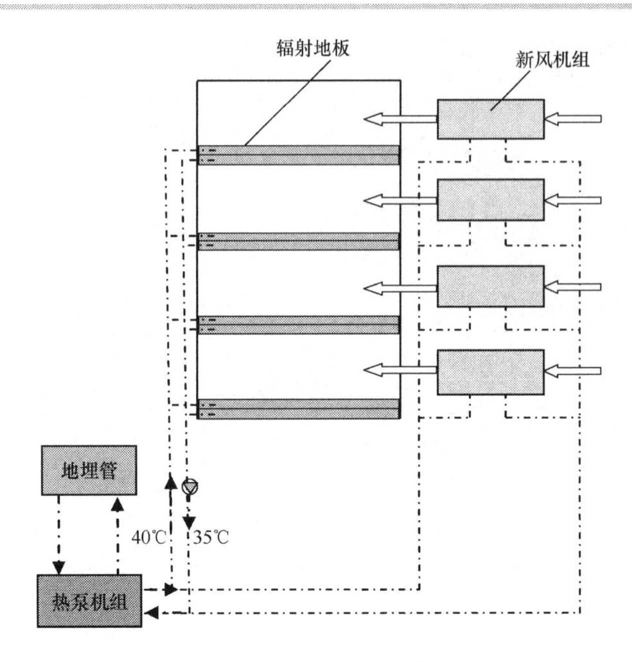

图 6-25 冬季空调系统设计原理图

6.2.3 建筑能耗实测数据分析

(1) 建筑耗电量及与周边同类型建筑的比较

该建筑 2011 年 12 月正式投入使用，虽然安装了分项计量电表，但直到 2013 年 6 月 18 日才开始自动记录电表读数，此前只能人工记录。下面的分析基于 2013 年 6 月～2013 年 12 月的电量记录数据。由于照明和办公用电量全年不同时段比较稳定，因此 2013 年 6 月 18 日之前的照明和办公用电根据这之后的用电量折算获得。

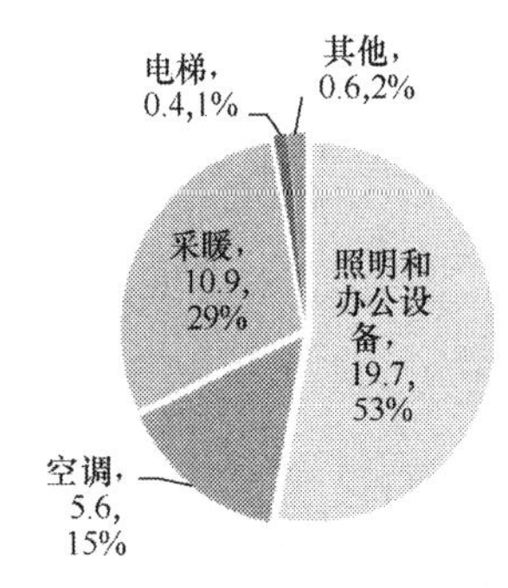

图 6-26 建筑各分项耗电量（单位：kWh/（m^2·a））

2013 年建筑全年用电量为 16.4 万 kWh/a，单位面积用电强度为 40.1kWh/（m^2·a）。其中各分项用电量如图 6-26 所示，照明和办公设备耗电量最高，其次是采暖耗电，再次是空调耗电。

与常规办公楼相比，该建筑中空调电耗非常低，采暖电耗也在较低水平。表 6-2 是安泰节能示范楼北侧某办公楼的 2012 年 4～9 月建筑耗电量。将 4、5 月份的用电量平均值作为无空调期间的基准用电，得到该同类建筑单位面积空调耗电量为 13.9kWh/（m^2·a），为安泰节能示范楼单位面积空调耗电量的两倍以上。该同类建筑冬季从市政购买蒸汽供暖，根据 2011～2012 年冬季数据，其单位面积供暖费用为 19.809 元/（m^2·a），同样高于安泰节能示范楼的冬季采暖费用。

周边某同类建筑耗电量 **表 6-2**

月 份	用电量（kWh/m^2）	空调用电量（kWh/m^2）
4	5.7	
5	3.8	
6	5.8	1.0
7	10.0	5.2
8	10.8	6.0
9	6.5	1.7

（2）空调系统耗电量与供冷量

安泰节能示范楼的空调系统分为地埋管直供系统和新风系统两部分，地埋管直供系统的耗电设备是循环水泵，新风系统的耗电设备包括热泵机组、冷却水循环泵、冷冻水循环泵、空调箱风机、冷却塔。

地埋管直供系统和新风系统的供冷量及耗电量如表 6-3 所示，新风系统各分项的耗电量如图 6-27 所示。

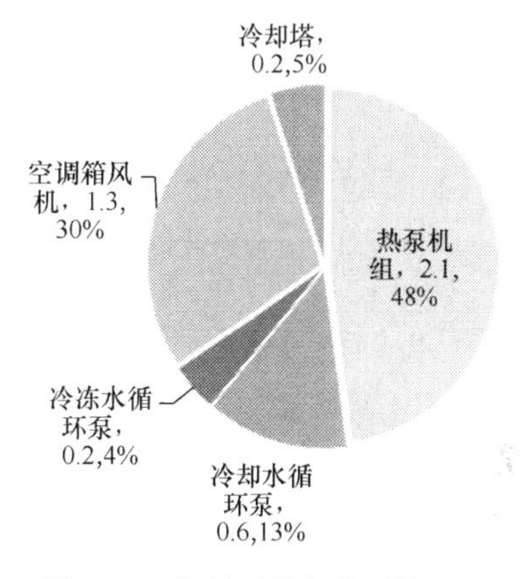

图 6-27 新风系统各分项耗电量

空调系统单位面积供冷量与单位面积耗电量 **表 6-3**

	地埋管直供系统	新风系统	空调系统总计
单位面积供冷量（kWh_c/（m^2·a））	25.4	8.9	34.3
单位面积耗电量（kWh/（m^2·a））	1.3	4.3	5.6

1）地埋管直供系统供冷量实测数据

地埋管系统共有 56 个钻孔，长度 5600m；分两个大回路：南边 36 个钻孔（南井），北边 20 个钻孔（北井）。

地埋管循环泵的主要运行策略是连续运行，即夜间无人时也保持运行状态，达到蓄冷效果。北井和南井2013年供冷季的流量、出水温度、回水温度如图6-28～图6-30所示，从图中可以看出，整个夏季埋管供水温度基本在18℃左右，夏初供水温度较低，夏末略有上升；图中温度过高点是循环泵停止运行的工况。

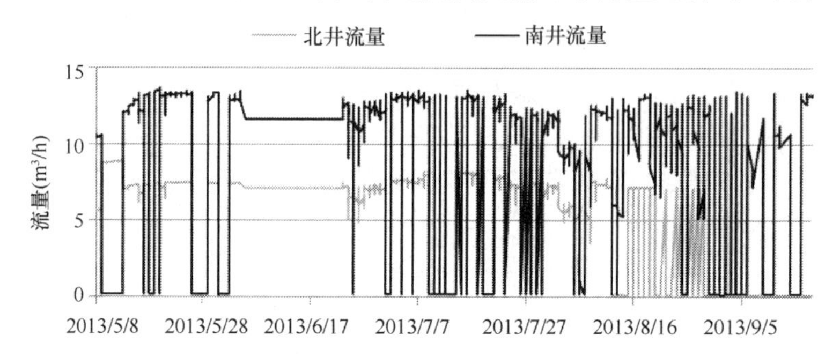

图6-28 2013年供冷季南井和北井流量

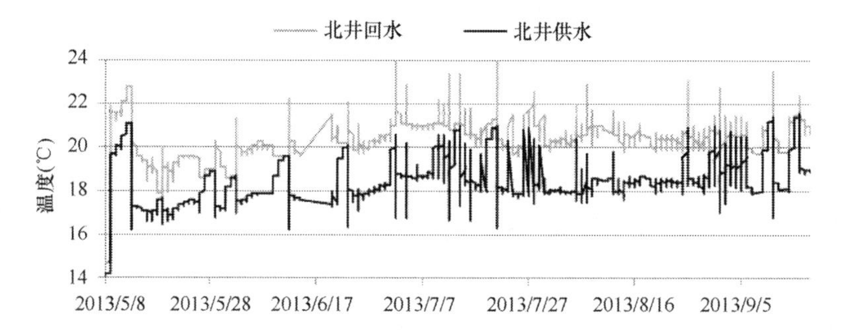

图6-29 2013年供冷季北井供回水温度

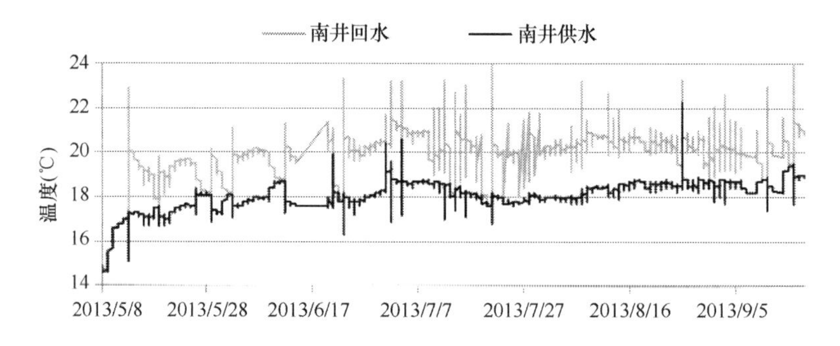

图6-30 2013年供冷季南井供回水温度

整个2013年供冷季地埋管供冷量如图6-31所示，地埋管总供冷量96.8MWh，折合到单位空调面积为25.4kWh/m²。

2）新风系统供冷量实测数据

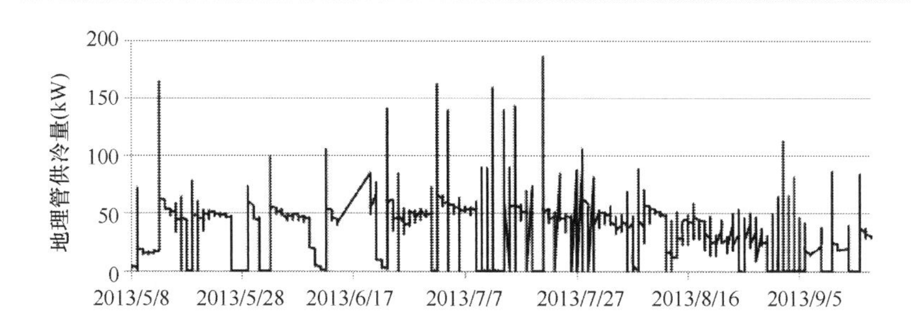

图 6-31　2013 年地埋管供冷量

测量系统只保留了 2013 年 8 月 8～31 日的数据（图 6-32），这段时间新风系统供冷量为 13.2MWh。5 月、6 月、9 月室外含湿量较低，新风系统不开启，供冷量为 0；7 月、8 月初新风系统供冷量采用估算方法得到：8 月初供冷量根据已测得的 8 月份数据按照天数折算，7 月在济南属于雨季，下雨后比较凉快，因此 7 月新风系统开启时间较短，这里按照 7 月新风系统供冷量与 8 月相同计算。夏季总供冷量为 34.1MWh，折合到单位空调面积为 8.9kWh/m^2。

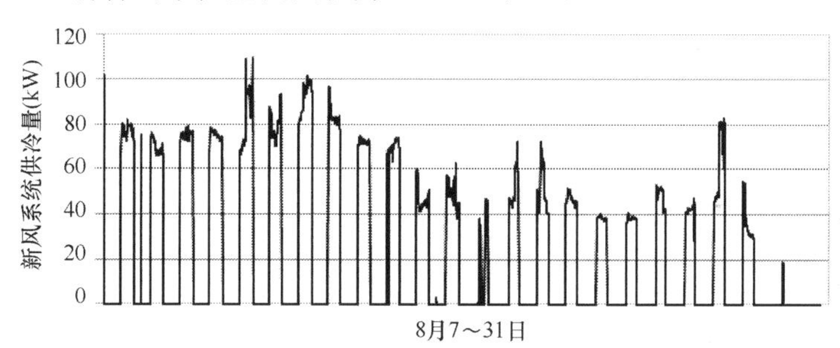

图 6-32　2013 年 8 月 7～31 日新风系统供冷量

（3）采暖系统耗电量与供热量

2012 年 12 月 22 日～2013 年 3 月 15 日的热泵供热功率及地埋管供热功率如图 6-33 所示，11 月 15 日～12 月 21 日的耗热量指标无实测数据，根据已有的实测数据进行估算：11 月数据取为与 3 月数据相同；12 月 1～21 日数据根据 12 月 22～31 日的数据按天数折算。

整个供暖季供热量为 35.8kWh/m^2，耗电量为 10.9 kWh/m^2，平均制热 *COP* 为 3.28。

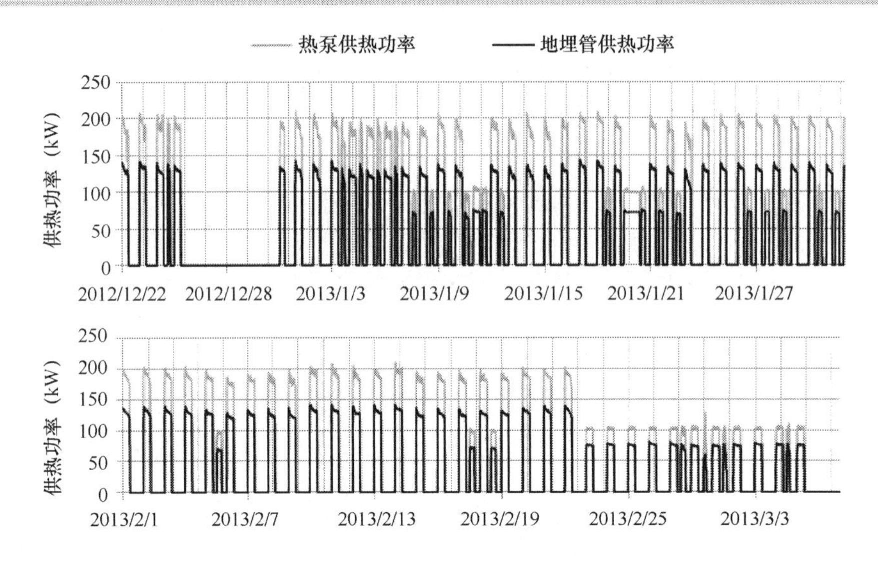

图 6-33　2012 年 12 月～2013 年 3 月热泵及地埋管供热功率

6.2.4　建筑能耗及空调系统模拟分析

该建筑空调采暖电耗很低，主要原因有两方面：一是地埋管供冷能力较强，整个夏季都可直供 18℃左右高温冷水；二是建筑物耗冷量和耗热量指标偏低。本部分针对这两个问题进行模拟分析，更深入地揭示这些现象出现的原因。

（1）地埋管供冷能力分析

地埋管夏季总蓄热量为 96.8MWh，冬季总取热量为 94.7MWh，基本平衡（如图 6-34 所示）。地埋管平均供冷功率为 35.7kW，折合单位孔长只有 6.4W/m，且地埋管循环泵连续运行，向地下的蓄热量比较均匀，有足够的时间向外扩散。钻孔间距为 5m，计算得到埋管区域整个夏季温升只有 1.12℃。综上分析，该建筑中地埋管能够整个夏季供应 18℃左右高温冷水。

（2）建筑耗冷量/耗热量模拟

用建筑环境模拟分析软件 DeST 对该建筑进行耗冷量/耗热量模拟，图 6-35 是建筑模型。

建筑围护结构热工性能如表 6-4 所示，从中可以看出，围护结构保温性能较好，窗墙比较小，且有遮阳性能较好的百叶内遮阳。

建筑使用时间及控制温湿度如表 6-5 所示，周末、节假日大多数时间空调系统

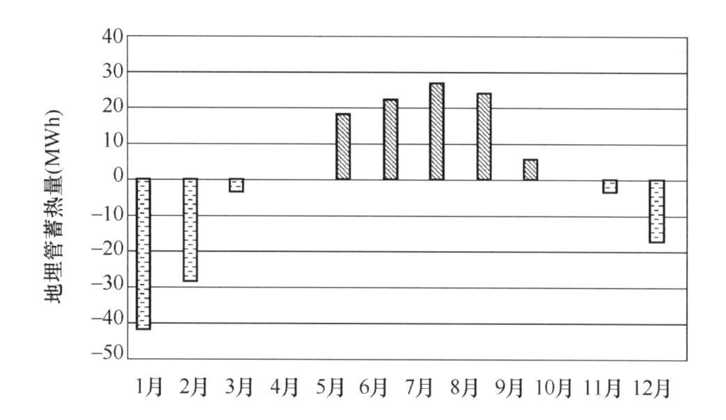

图 6-34 地埋管蓄热量

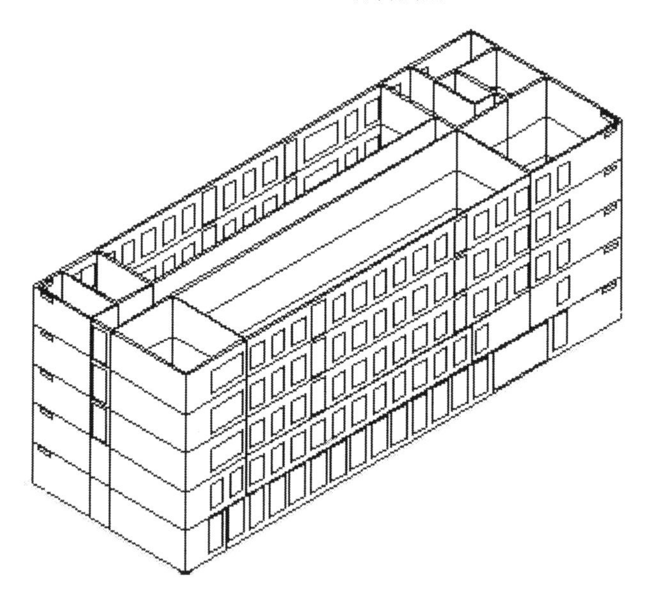

图 6-35 DeST 中的建筑模型

仍开启，因此模拟时周末和节假日也设置为空调系统开启模式。该建筑夏季相对湿度偏高，因此模拟时相对湿度设置为 70%。

建筑的人员、照明、设备密度如表 6-9 所示，人员按照建筑物实际人数设定，照明和设备密度根据实际用电量确定；夏季新风由新风系统提供，新风量为 $30m^3/(h·人)$，冬季新风通过自然渗透方式进入房间，通风次数设置为 0.5 次/h，如表 6-7 所示。

耗冷量/耗热量模拟值与实测值的对比如图 6-36 所示，在以上输入条件下，模拟结果与实测结果有较好的吻合度，说明该建筑需要的冷热量的确偏小。从能耗模

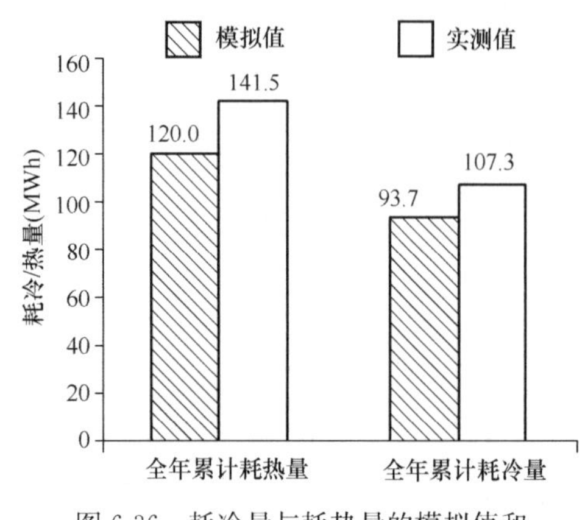

图 6-36 耗冷量与耗热量的模拟值和实测值对比

拟的输入条件可总结出本建筑所需冷热量偏小的原因：

1）本建筑采用了遮阳性能较好的百叶内遮阳（表 6-4），有效减少了夏季太阳辐射得热；

2）实际运行中房间空气相对湿度没有得到较好控制（表 6-5），反映在模拟中即降低了耗冷量需求；

3）建筑一、二、四、五层的人员、设备、灯光密度较小（表 6-6），新风需求少，因此降低了耗冷量需求；

4）建筑保温性能符合《公共建筑节能设计标准》要求。

围护结构热工性能 **表 6-4**

围护结构	单位	性能数据	构造描述
外墙传热系数 *U*	W/（m²·K）	0.60	25mm 聚氨酯装饰保温板
屋顶传热系数 *U*	W/（m²·K）	0.55	80mm 挤塑型聚苯板保温
侧窗整体遮阳系数 *SC*	—	0.7	采用 5＋12＋5 辐射率≤0.25 Low-e 无色中空玻璃断桥隔热铝合金窗
侧窗整体传热系数 *U*	W/（m²·K）	2.4	
南向窗墙比		35%	
北向窗墙比		33%	
东向窗墙比		16%	
西向窗墙比		3%	
百叶内遮阳率		50%	

建筑使用时间及控制温湿度 **表 6-5**

	建筑使用时间	温度（℃）	相对湿度
工作日	8∶30～17∶30	冬 18～22，夏：24～26	40%～70%
周末、节假日	8∶30～17∶30	冬 18～22，夏：24～26	40%～70%

建筑人员、照明、设备密度 表 6-6

房间类型	空调面积（m^2）	人数	照明和设备密度（使用值，W/m^2）
一层	763	15	3.62
二层	763	15	3.11
三层	763	60	10.90
四层	763	40	3.79
五层	763	10	4.28

新风、通风设置 表 6-7

	新风量	通风量
夏季	$30m^3$/（h·人）	0
冬季	0	0.5 次/h

6.2.5 房间舒适性分析

该建筑中每层装有一个温湿度测点，其中一、二、三、五层测点保留了 7 月下旬及 8 月数据，四层数据缺失。将温湿度数据整理到焓湿图上，如图 6-37 所示。可见，一、二、五层温度均控制在 24～26℃之间，三层人员和计算机设备较多，温度有较多时间在 26℃以上。

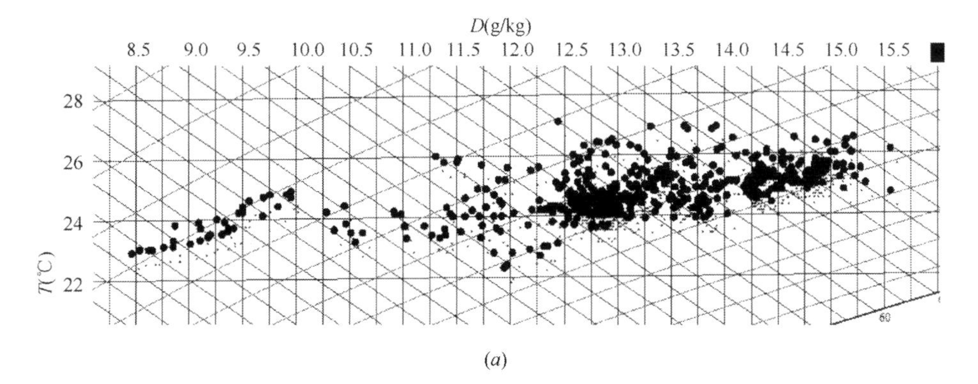

(a)

图 6-37 测点温湿度（一）

(a) 一层测点（8.10～8.31）

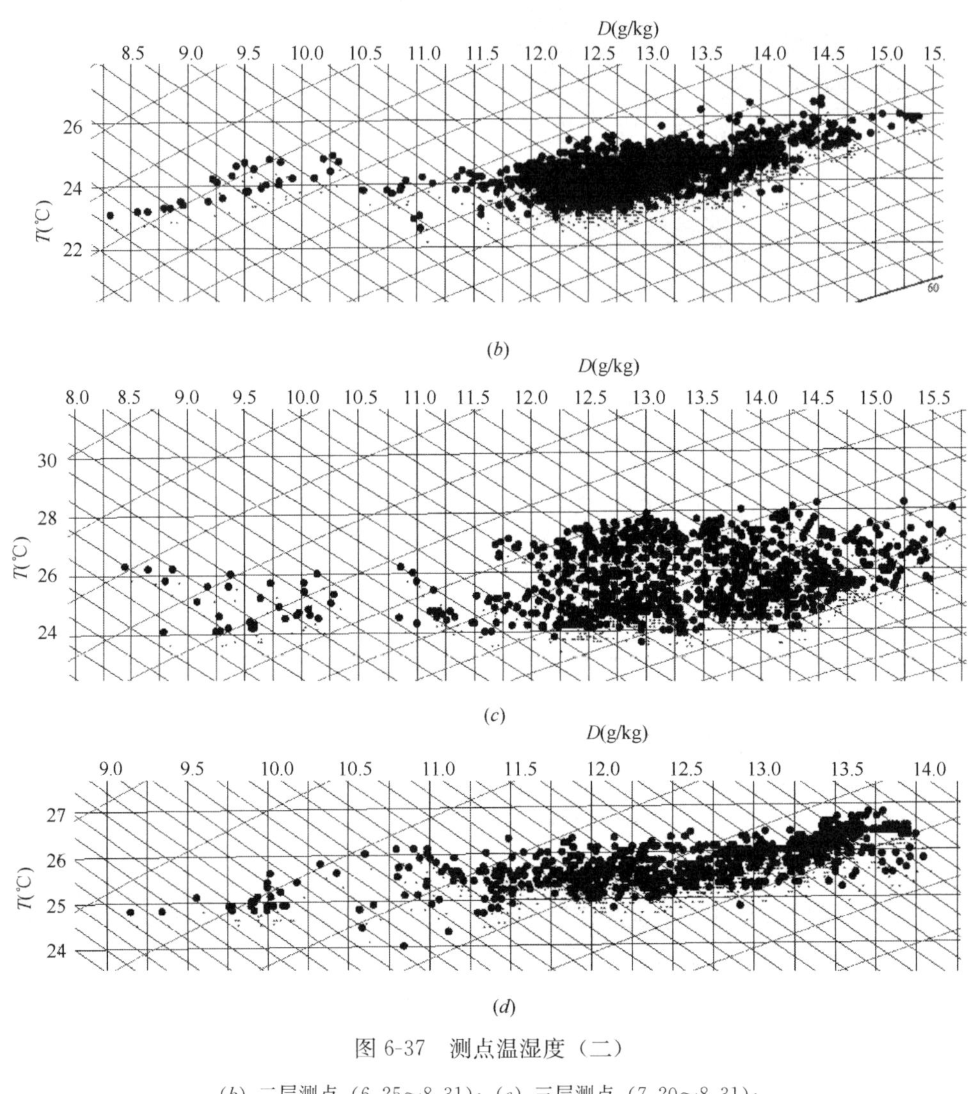

图 6-37 测点温湿度（二）

（*b*）二层测点（6.25～8.31）；（*c*）三层测点（7.20～8.31）；

（*d*）五层测点（7.21～8.31）

6.3 西安咸阳国际机场 T3A 航站楼

6.3.1 建筑及空调系统基本信息

（1）建筑基本信息

图 6-38 给出了西安咸阳国际机场 T3A 航站楼的设计外观，由中国建筑西北设

计研究院设计。建筑面积约 28 万 m^2，于 2008 年 2 月开工建设，已于 2012 年 5 月投入运行。该建筑地上 2 层、地下 1 层，地面建筑最大高度 37m，地下深度 8.6m，其中航站楼内最大层高（办票大厅）27m。航站楼是机场航空交通的枢纽中心，主要为旅客进出港提供各种服务，其主要功能为：办票大厅、候机大厅、行李提取厅、迎宾厅、行李分拣厅、商业和办公用房以及配套设备功能用房。

(a)

(b)

图 6-38　西安咸阳国际机场 T3A 航站楼

(a) 建筑外观；(b) 办票大厅实景

西安地区典型年室外气象参数如图 6-39 所示，主要包括逐日室外气温、室外相对湿度及含湿量水平。从图中可以看出西安夏季气温超过 30℃、室外相对湿度多在 60%左右，含湿量集中在 15～20g/kg，需要采用空调系统才能满足制冷除湿需求；冬季室外日平均气温低于 0℃，有供暖需求。考虑到机场航班等的实际运行状况，该航站楼夏季供冷季为 5 月 15 日～9 月 15 日，冬季供暖季为 11 月 15 日～2 月 15 日，空调系统运行时间为早 6：00～晚 12：00。

(2) 温湿度独立控制空调系统方案

该建筑采用了内遮阳大型玻璃幕墙作为其外围护结构。办票大厅和候机大厅布

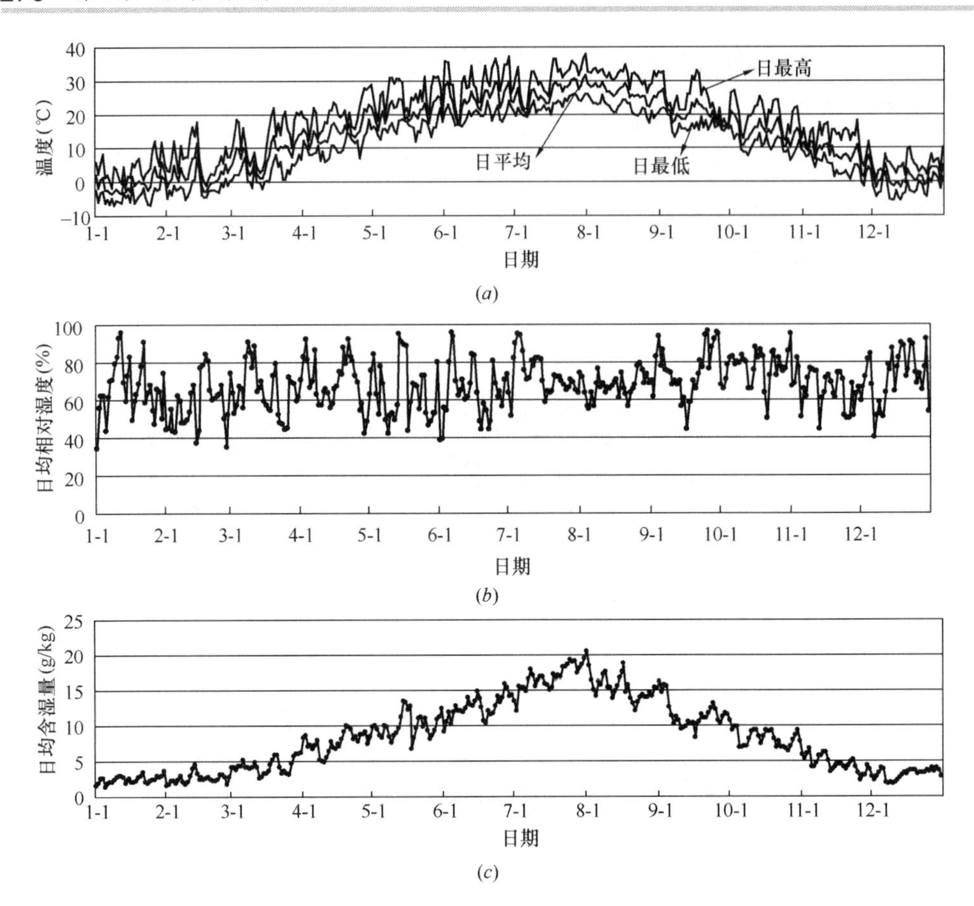

图 6-39 西安典型年逐日室外气象参数

(a) 逐日气温；(b) 逐日相对湿度；(c) 逐日含湿量

置在建筑顶部二层，内部为通透、开敞的高大空间，层高 11～27m；行李提取厅和迎宾厅布置在一层，内部为层高 10m 的畅通大空间；商业和办公用房一般是设置在大空间中的"房中房"。考虑到航站楼中典型高大空间建筑特点，办票大厅和南指廊候机大厅采用了辐射地板与置换送风结合的温湿度独立控制（THIC）空调系统形式，具体位置和区域见图 6-40，应用温湿度独立控制空调系统区域的面积约为 4.7 万 m^2。

图 6-41 给出了该航站楼温湿度独立控制空调系统的主要处理装置及末端温湿度调节原理。夏季运行时，利用带有预冷的热泵驱动式溶液除湿新风机组对新风进行处理，并通过置换式送风末端送入室内，调节室内湿度；利用高温冷水送入干式风机盘管（FCU）和空调机组以及辐射地板满足室内温度调节需求，其中辐射地

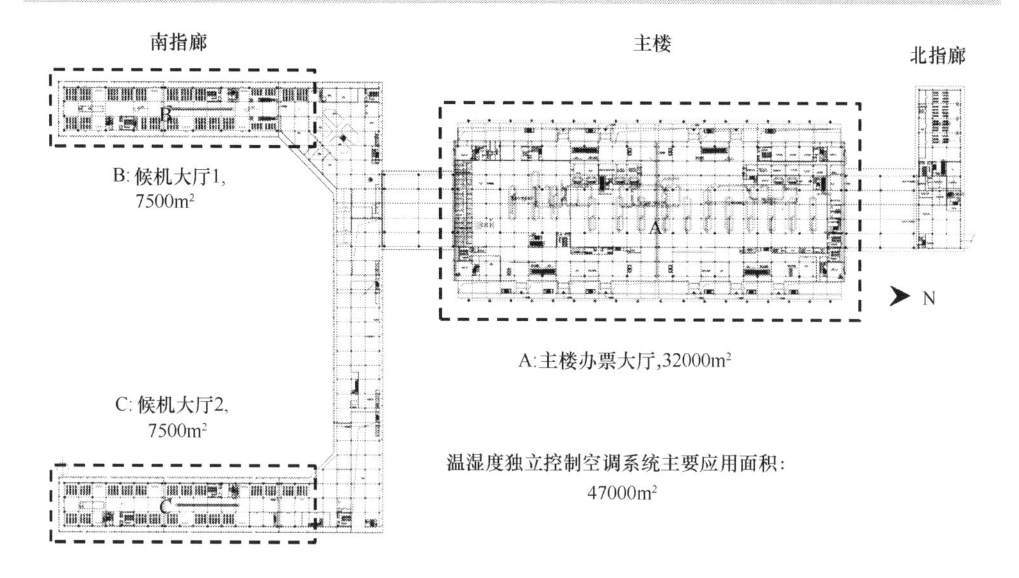

图 6-40 航站楼温湿度独立控制空调系统应用区域图

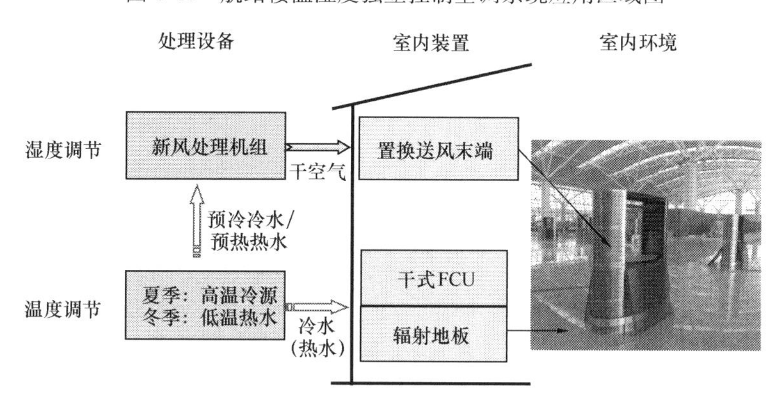

图 6-41 温湿度独立控制空调系统处理设备及末端装置

板敷设位置远离门窗等开口空间，带有凝水盘的干式 FCU 设置在靠近门窗的位置来减小结露带来的风险。冬季运行时，低温热水可用来对新风进行预热，同时低温热水进入辐射地板、干式 FCU 等末端装置来满足室内温度调节需求。

图 6-42 和图 6-43 为航站楼主楼和南指廊空调风系统原理，对航站楼内高大空间部分（主楼办票大厅和南指廊候机大厅）采用“置换式下送风＋地板冷热辐射＋干式地板风机盘管”的空调及送风方式，即室内温度主要由干式风机盘管和空调机组以及地板冷热辐射系统共同调节和控制，湿度则主要由置换式下送风系统送入的空气进行调节和控制。该建筑室内 THIC 空调系统采用了多种组合形式，具体内

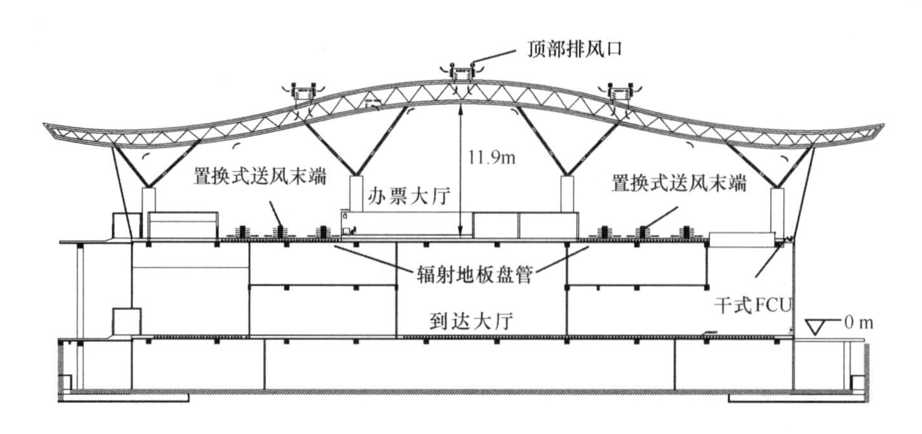

图 6-42 主楼空调系统末端布置图

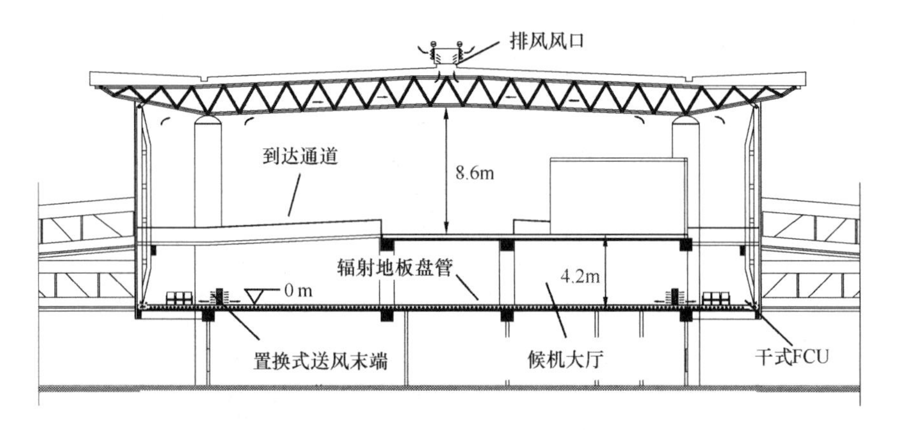

图 6-43 南指廊空调风系统原理图

容详见表 6-8。辐射地板夏季设计供回水温度 14/19℃，设计供冷量为 40～50W/m^2；辐射地板冬季供回水温度 40/30℃。需要说明的是置换送风空调夏季采用中部回风，顶部局部天窗排除污浊高温空气；冬季采用部分上顶回风，降低室内不必要的温度梯度；过渡季天窗全开，以便进行机械与自然通风。

在 T3A 航站楼空调系统中，冷站距离航站楼约 1km，为降低输送能耗，迫切期望增加冷水输送温差、降低循环水流量。除上述应用 THIC 空调系统的区域外，T3A 航站楼同时存在应用常规空调系统的区域。以夏季为例，常规系统与 THIC 系统中的处理装置对冷水温度的需求不同，这就为梯级利用冷水、实现冷水大温差循环提供了可能。根据末端处理装置对冷水温度的不同需求，图 6-44 给出了冷水分级利用的系统原理。夏季由制冷站送入的低温冷水（3℃左右）首先流经常规系

航站楼 THIC 空调系统组成及功能　　**表 6-8**

	温　度　控　制			湿度控制
处理形式	辐射地板	干式风机盘管	干式回风空气处理机组	热泵式溶液新风机组
送风方式		幕墙内侧下送	置换式下送	置换式下送
功能及作用	1）承担空调基本负荷； 2）提高冷热辐射量，降低室内负荷且提高热舒适性； 3）降低空调投资； 4）提高回水温度，降低输送能耗和制冷能耗	1）承担空调负荷，辅助调节室内温度； 2）消除外区负荷，提高舒适性； 3）提高回水温度降低输送能耗和制冷能耗	1）承担空调内区负荷，控制调节室内温度； 2）充分利用置换送风，提供过渡季自然冷却新风，降低制冷能耗； 3）配合置换送风温度，提高回水温度，降低输送能耗和制冷能耗	1）配合置换送风温度且承担空调湿负荷，调节室内湿度； 2）提供空调季新风，承担新风负荷； 3）充分利用置换送风，提供过渡季自然冷却新风，降低制冷能耗； 4）就近利用冷热源，降低输送能耗

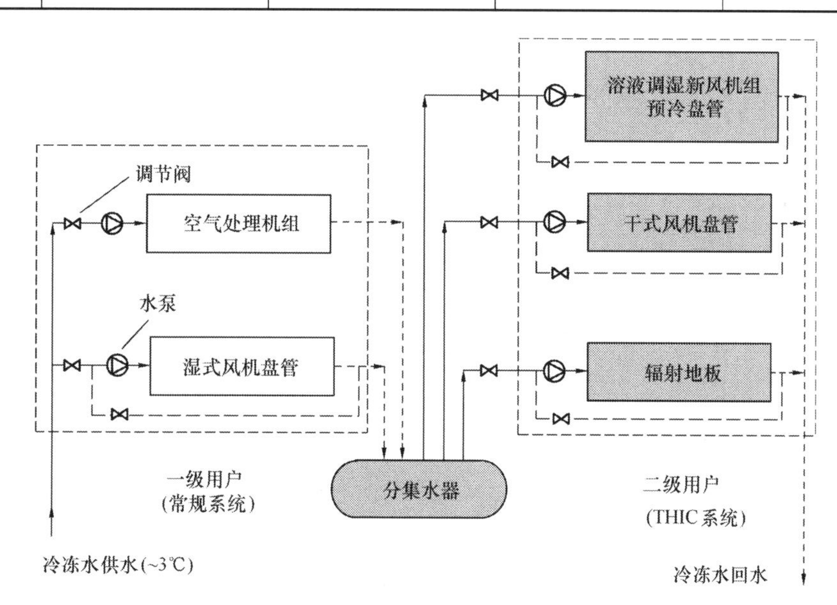

图 6-44　T3A 航站楼冷水梯级利用原理

统中的末端设备，之后经过分集水器后再分别流入 THIC 系统中的处理装置，经过两级末端装置后，冷水回水温度可达 16～18℃，可实现冷水供回水温差 13～15℃，有效降低冷水循环量和输送泵耗以及提高回水温度（为采用高温冷机创造条件）。

（3）制冷站原理

制冷站的基本任务是向航站楼及周围建筑提供冷水（冬季通过板换与热网换热提供热水），考虑到当地峰谷电价差异显著以及降低供水温度减少输送能耗，T3A航站楼在制冷站设计采用了冰蓄冷系统。图6-45给出了制冷站夏季工作原理，主要制冷机组的基本参数如表6-9所示。制冷机组A1～A3工作在制冰工况与常规空调工况，采用乙二醇作为载冷剂，并通过板换与冷水换热。冷机B1～B3及冷机C均只运行在空调工况，由于运行工况的不同，冷机B、C的额定*COP*优于冷机A。

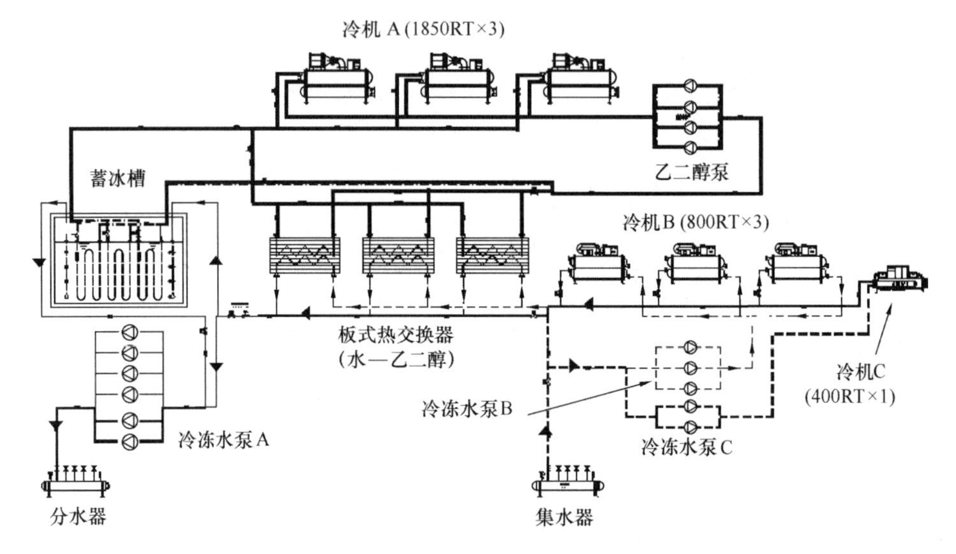

图6-45 制冷站夏季运行原理

该航站楼空调系统可实现冷冻水大温差运行，与之相适应冷站设计了带有蓄冰装置的串级制冷系统，夏季主要包括蓄冰和融冰两种运行模式。蓄冰模式下双工况冷机A制取低温乙二醇通入蓄冰槽中在盘管外蓄冰；负荷较大时，融冰模式下冷冻水回水先经过单工况冷机C、B制冷，再经过冰槽融冰，满足低温（3℃左右）供水需求。

冷站制冷机组额定性能参数 **表6-9**

冷机	类型	额定冷量（kW）	数量	换热流体	额定性能
A	离心式机组，制冰与空调双工况运行	6506（空调） 4238（制冰）	3	乙二醇（浓度25%）	*COP* = 4.84（空调工况） *COP* = 4.06（制冰工况）
B	离心式机组，空调单工况	2813	3	水	*COP* = 5.52
C	离心式机组，空调单工况	1407	1	水	*COP* = 5.21

以上主要介绍了 T3A 航站楼空调系统的基本原理，下面分别给出该空调系统在夏季和冬季的实测性能及全年运行能耗情况。

6.3.2　空调系统性能——夏季

（1）室内环境状况

图 6-46 给出了夏季典型工况下主楼办票大厅和南指廊候机大厅室内温湿度实测情况，可以看出测试区域的室内温度集中在 22～24℃（由于空调自控系统尚未正常运行和试运行期间减少顾客抱怨，运行温度低于设计温度 26℃），室内含湿量水平集中在 10～11g/kg，表明室内温湿度水平较优，能够较好的满足室内温湿度调节需求。

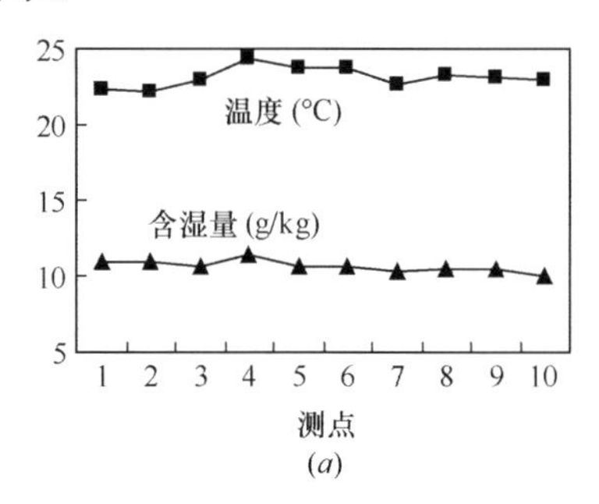

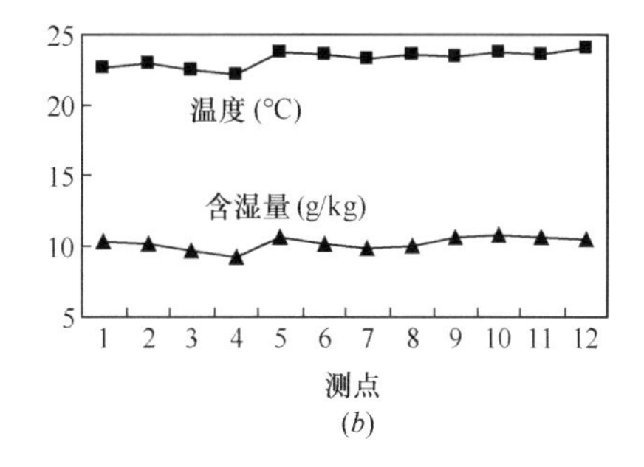

图 6-46　夏季室内温湿度参数

（*a*）主楼办票大厅；（*b*）南指廊候机大厅

（2）新风机组性能

T3A 航站楼温湿度独立控制空调系统中选用了带有预冷的热泵驱动式溶液调湿新风处理机组来满足室内湿度调节需求，该机组包含利用高温冷水（14～18℃）预冷新风的模块和热泵驱动型溶液调湿模块，机组工作原理和空气处理过程如图 6-47 所示。室外新风首先流经预冷盘管并被冷却后，空气进入溶液调湿模块被进一步处理到需求的送风状态点。在溶液调湿处理模块中，浓溶液在流入除湿器前被蒸发器冷却以增强除湿能力，稀溶液在流入再生器前被冷凝器加热以实现更优的再生效果。室外新风用作再生空气，流经再生器后的潮湿空气作为排风被排走。

图 6-48 给出了带有预冷的热泵驱动型溶液调湿新风机组的测试结果，测试当天室外新风温度约为 30～32℃，送风温度约为 19℃，用来预冷新风的高温冷水进

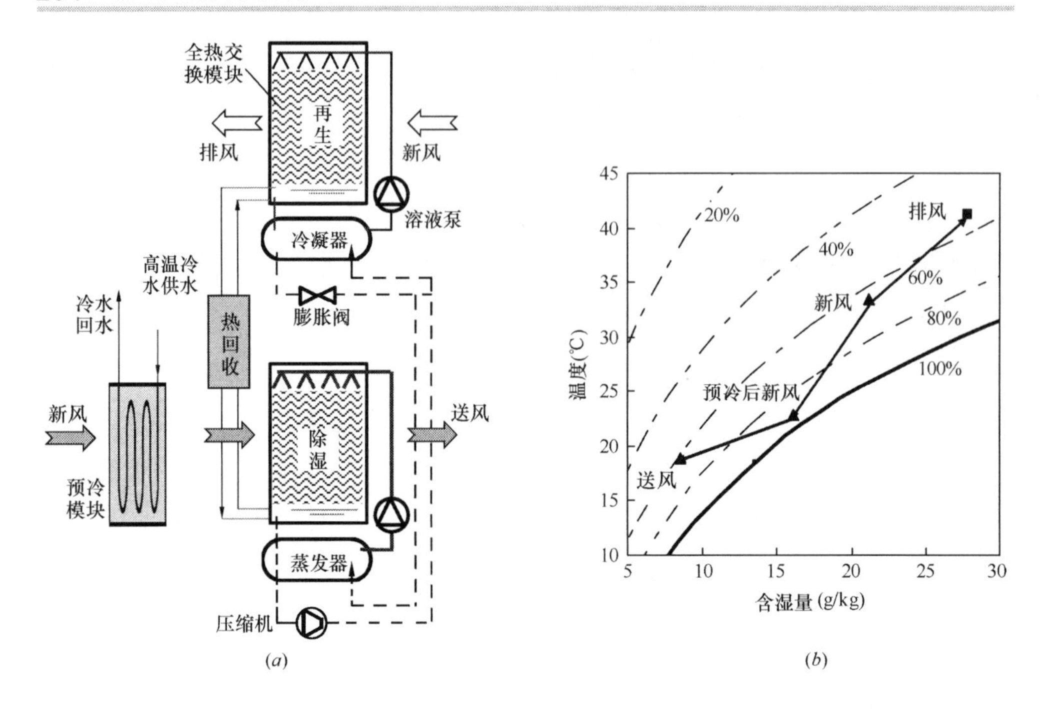

图 6-47 利用高温冷水预冷的热泵驱动型溶液调湿新风机组

(a) 机组工作原理；(b) 空气处理过程

口温度约为 14.5℃，高温冷水的供回水温差约为 4℃。机组运行过程中的逐时含湿量情况如图 6-48 (b) 所示，其中室外新风的含湿量约为 18.0g/kg，经过处理后的送风含湿量约为 9.6g/kg，利用溶液调湿方法处理后的送风参数能够很好地满足室

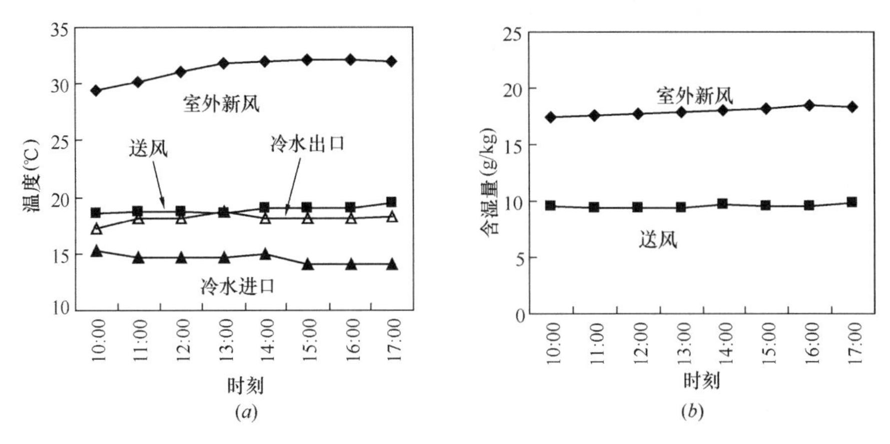

图 6-48 带有预冷的热泵驱动型溶液调湿新风机组工作性能

(a) 逐时温度；(b) 逐时含湿量

内湿度调节需求。

(3) 辐射地板性能实测结果

T3A 航站楼采用了两种类型的辐射地板，图 6-49 给出了两种类型辐射地板的主要结构，可以看出两者的主要区别为塑胶型表面为一层 5mm 厚的橡胶地板，而大理石型地板表面则为 25mm 厚的大理石。两者表面材质的不同导致其热阻存在显著差异，大理石型地板的热阻仅约为 0.10W/ (m^2 · K)，而塑胶型辐射地板的热阻明显大于大理石型。

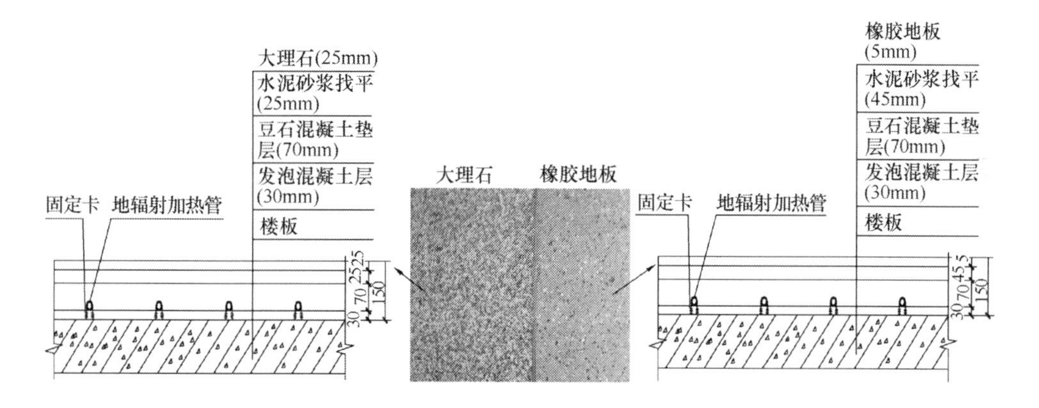

图 6-49 T3A 航站楼采用的辐射地板

对辐射地板的实际供冷性能进行测试，图 6-50 (*a*)、(*b*) 分别给出了主楼办票大厅（大理石型）辐射地板表面温度及单位面积供冷量情况（地板表面无太阳直射）。从实测结果可以看出地板表面温度多集中在 22～23℃，单位面积辐射地板供冷量在 25～40W/m^2；对于存在座椅遮挡的辐射地板，其表面温度要低于无座椅遮

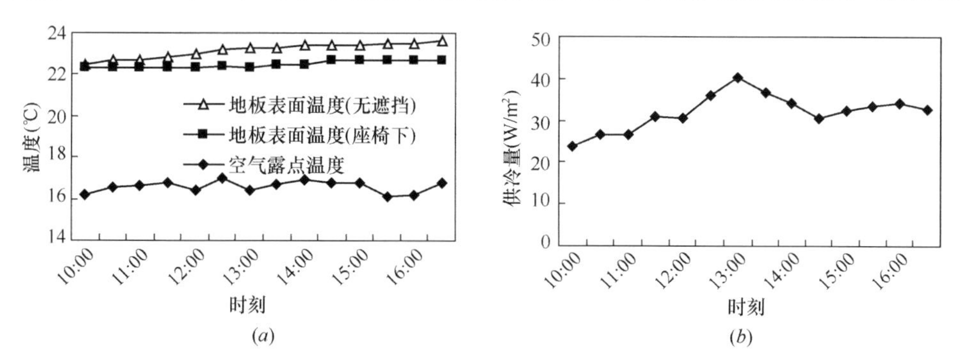

图 6-50 主楼办票大厅辐射地板供冷实测性能

(*a*) 地板表面温度；(*b*) 供冷能力

挡的区域（约低1℃）；辐射地板表面温度明显高于周围空气露点温度，表明此工况下辐射地板不存在结露风险。

类似地，图6-51给出了南指廊候机大厅（塑胶型）辐射地板表面温度及单位面积供冷量情况（地板表面无太阳直射），可以看出地板表面温度多集中在18～22℃，单位面积辐射地板供冷量在30～50W/m²。与大理石型辐射地板实测供冷效果对比，该塑胶型辐射地板表面温度偏低的原因为其冷水供水温度偏低。

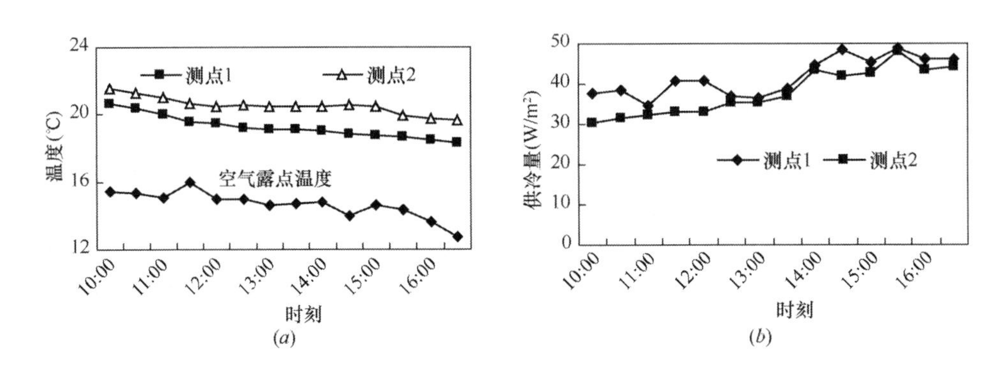

图6-51 南指廊候机大厅辐射地板供冷实测性能

(*a*) 地板表面温度；(*b*) 供冷能力

当有太阳辐射直接照射到辐射地板表面时，地板供冷量会显著增大。图6-52给出了南指廊候机大厅中辐射地板供冷性能受太阳辐射的影响情况，可以看出当测点A～C受到太阳辐射直接照射时，地板供冷量显著增大，单位面积供冷量可高达

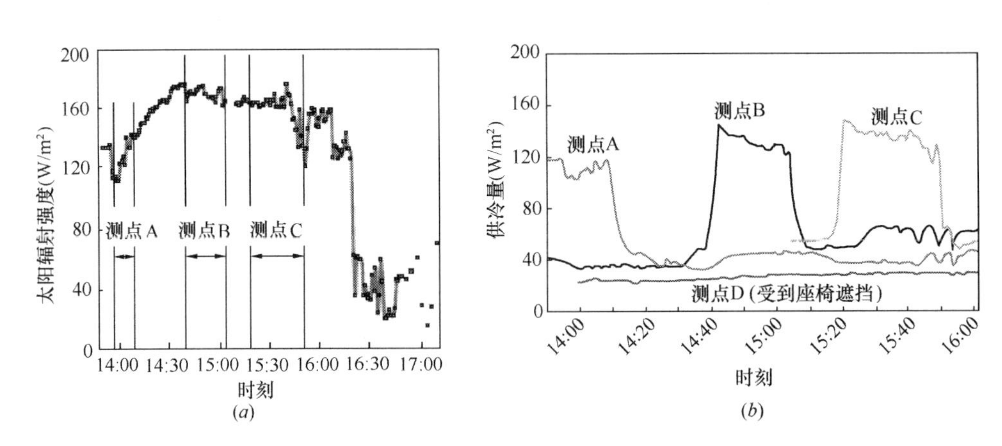

图6-52 太阳辐射对辐射地板供冷性能影响

(*a*) 太阳辐射强度；(*b*) 供冷能力

120W/m^2 以上；当无太阳辐射直接照射时，辐射地板单位面积供冷量仅为 40～50W/m^2，这就表明辐射地板供冷具有良好的负荷调节和适应能力，是一种适用于高大空间这类有显著太阳辐射场合的供冷末端方式。图 6-52（*b*）还给出了受到座椅遮挡的辐射地板实测供冷能力，可以看出由于遮挡的影响，该测点的供冷能力明显较低，仅为 20～30W/m^2。

（4）制冷站工作性能

夏季供冷工况时，制冷站主要工作在蓄冰和融冰两种模式，系统冷冻水设计运行在较大的供回水温差下；当冷水供水温度为 2～3℃时，冷冻水供回水实际运行温差 Δt 超过 10℃。表 6-10 给出了典型工况下制冷机组的实际运行性能，其中冷机工作在空调工况时的室外测试工况为 32.2℃、46.3%。实际运行中，空调工况下除利用融冰制冷外，仍需通过冷机 A1、A2 来满足供冷量需求。

典型工况下制冷机组实测性能 **表 6-10**

	冷机 A-1（空调工况）	冷机 A-2（空调工况）	冷机 A-1（蓄冰工况）
室外温度、相对湿度	32.2℃，46.3%	32.2℃，46.3%	31.1℃，49.4%
乙二醇进/出口温度（℃）	7.3/3.1	7.3/3.2	−1.8/−5.5
蒸发温度（℃）	2.3	2.5	−6.2
冷却水进/出口温度（℃）	28.3/32.5	28.3/32.8	28.1/31.9
冷凝温度（℃）	33.5	34.5	32.8
制冷量（kW）	4675	4563	4124
冷机电耗（kW）	1009	1076	1045
冷机 COP_{ch}	4.54	4.15	3.95

除了制冷机组外，冷站主要的耗能设备还包括冷冻（却）水泵、乙二醇泵和冷却塔等，表 6-11 给出了融冰模式下冷站主要设备的运行性能。其中冷冻水进出冰槽的温度分别为 5.5℃和 1.9℃，冰槽供给的冷量 Q_i 为 6521 kW；两台制冷机组的供冷量 Q_{ch} 为 9238kW，这就表明此工况下蓄冷冰槽可满足 41%的供冷量需求。除冷机外其他主要设备的性能利用输送系数 *TC*（GB/T 17981，等于传输冷量与功耗之比）给出：由于乙二醇黏度等因素影响，乙二醇泵输送系数 TC_{gl} 仅为 20.5；由于输送距离较远，尽管冷水供回水温差较大，冷冻水输送系数 TC_{chw} 仍仅为 26.6。

冷站主要设备实际运行性能（融冰模式） 表 6-11

设备	数量	功耗（kW）	实测性能	备注
冷机	2	$P_{ch}=2085$	$COP_{ch}=\frac{Q_{ch}}{P_{ch}}=4.43$	室外工况：32.2℃，46.3%；$Q_{ch}=9238$kW
乙二醇泵	2	$P_{gl}=451$	$TC_{gl}=\frac{Q_{ch}}{P_{gl}}=20.5$	乙二醇流量 ＝ 2067m³/h；乙二醇温度：7.3/3.1℃
冷冻水泵	2	$P_{chw}=593$	$TC_{chw}=\frac{Q_{ch}+Q_{i}}{P_{chw}}=26.6$	冷冻水流量 ＝ 1560m³/h；温度：11.6/1.9℃
冷却水泵	2	$P_{cwp}=378$	$TC_{cwp}=\frac{Q_{ch}+P_{ch}}{P_{cwp}}=30.0$	冷却水流量 ＝ 2257m³/h；温度：28.3/32.7℃
冷却塔	3	$P_{ct}=135$	$TC_{ct}=\frac{Q_{ch}+P_{ch}}{P_{ct}}=83.9$	

基于冷站主要设备的实测性能，可以得到整个制冷站的运行性能。在蓄冰工况下，考虑主要运行设备包括制冷机组、乙二醇泵及冷却侧设备等，典型蓄冰工况下的冷站 *EER*（制冷量与冷站主要设备功耗之比）约为 2.74；在实测融冰供冷工况下，利用冰槽和双工况冷机共同满足供冷需求，与蓄冰工况相比，冷站的主要耗能设备还包括冷冻水泵，将融冰时冰槽供冷的能耗按照蓄冰工况下折算，得到实测典型融冰供冷工况下制冷站的能效比 *EER* 为 2.62。由于系统尚处于调试期间，从冷站实际运行效果看，冷水实际运行温差、冷站能效比等均与设计状态存在一定差距，通过优化制冷机组运行组合、改善冷却侧设备性能等措施，可以使得冷站性能进一步提升。

6.3.3 空调系统性能——冬季

（1）室内环境状况

冬季，制冷站通过板换与热网热水换热，为航站楼空调系统末端处理装置提供热水（设计供回水参数 60/45℃），航站楼末端处理装置仍延续梯级利用热水的运行模式。THIC 系统中的辐射地板等末端设备采用低温热水（供水温度约为 35～40℃），可实现冬季“低温供热”。2012 年 12 月对航站楼空调系统冬季性能进行测试，图 6-53 给出了测试阶段的室外气温，12 月 19 日、20 日平均气温分别约为 2℃、0℃。

以采用辐射地板供热的 T3A 航站楼主楼办票大厅为例，图 6-54（*a*）给出了水

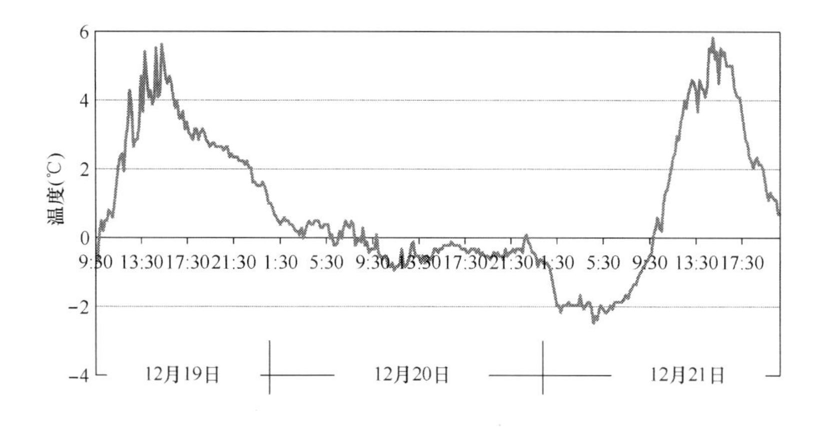

图 6-53 冬季测试阶段室外气温

平方向上高度为 1.8m 处的空气温度分布情况，可以看出室内空气温度通常在 22℃左右，能够较好地满足冬季室内温度调节需求。应用辐射地板作为末端供热装置后，办票大厅垂直方向上的温度分布如图 6-54（b）所示，可以看出不同高度位置处的空气温度分布均匀，随室外气温及地板供水温度的变化，空气温度在 21～24℃范围内变化，但不同高度处空气温度梯度很小。从水平、垂直方向上的空气温度分布可以看出，冬季应用辐射地板作为末端设备可以营造适宜的室内环境、很好地满足室内舒适性需求。

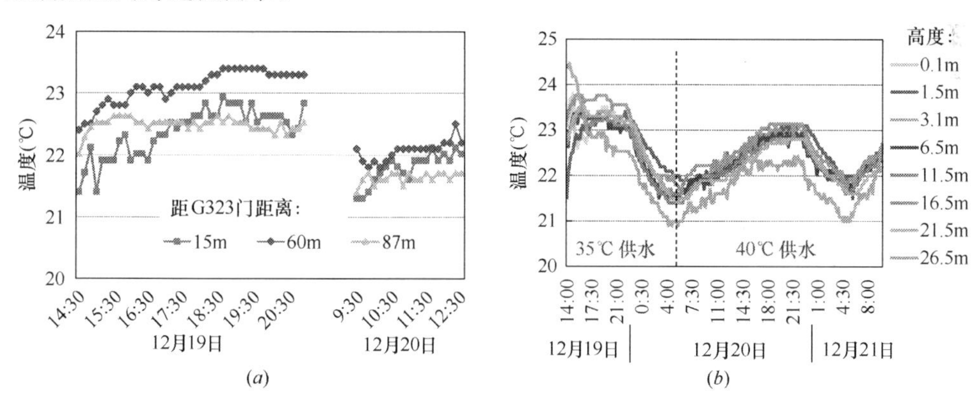

图 6-54 T3A 航站楼主楼办票大厅冬季温度分布

(a) 水平方向温度分布；(b) 垂直方向温度分布

（2）辐射地板运行性能

图 6-55 给出了辐射地板典型支路供回水温度的实测结果，可以看出北侧支路供水温度包含 35℃和 40℃两种情况，对应的供回水温差分别约为 3K 和 5K；南侧

支路供水温度仅包含35℃一种工况，热水供回水温差约为3K。

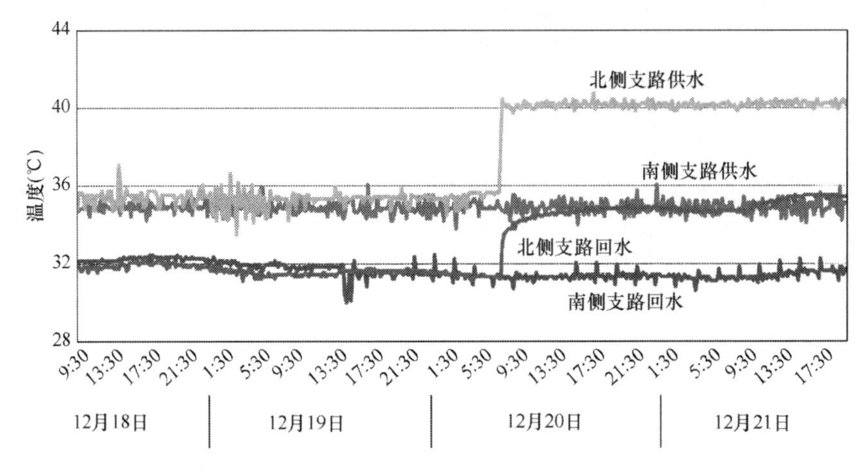

图6-55 辐射地板冬季供回水温度

图6-56（*a*）、（*b*）分别给出了冬季供热时主楼办票大厅辐射地板表面温度和供热能力的实测结果。从测试情况可以看出，辐射地板表面温度通常在26～30℃，与周围空气温度之间的温差通常在5～8K，室外气温、供水温度及距离门等开口距离等均会对辐射地板表面温度产生影响。当室外气温较高、供水温度为35℃时，辐射地板单位面积的供冷能力集中在30～50W/m²；当室外气温较低、供水温度提高到40℃时，地板单位面积的供热能力提高到40～70W/m²。

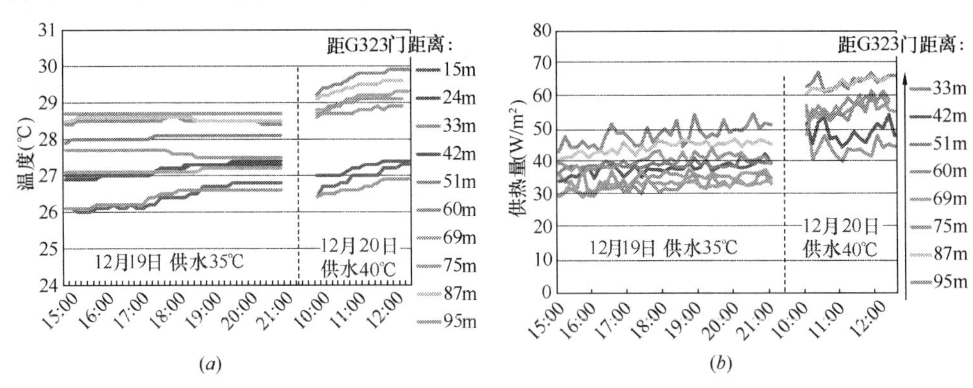

图6-56 冬季辐射地板表面温度及供热能力实测结果

（*a*）表面温度；（*b*）供热能力

（3）冬季不同供热末端方式对比

从T3A航站楼冬季实测结果来看，辐射末端供热可实现优异的室内温度调节效果，图6-57（*a*）、（*b*）分别给出了应用辐射地板的T3A航站楼主楼到达大厅（一层）和办票大厅（二层）垂直方向上的温度分布情况，可以看出应用辐射末端供热后垂直方向上温度梯度较小，到达大厅的空气温度约为17℃，办票大厅的空气温度可达到22℃以上。与T3A航站楼相比，西安咸阳国际机场T2航站楼在高大空间采用了常规的喷口侧送风空调方式，冬季利用喷口送风进行温度调节，图6-57（*c*）、（*d*）分别给出了冬季供热时T2航站楼主楼到达大厅（一层）和办票大厅（二层）垂直方向上的温度分布情况。从喷口送风方式的垂直方向温度分布可以看出，冬季室内温度存在显著的分层现象，由于热空气密度小，难以送达空间下部区域，就使得在喷口周围区域空气温度较高，而远离喷口的人员活动区域（2m以下）空气温度则明显偏低，到达大厅的人员活动区空气温度约为10～15℃，办票大厅人员活动区空气温度也仅为15～20℃，室内温度调节效果无法满足人员舒适性需求。

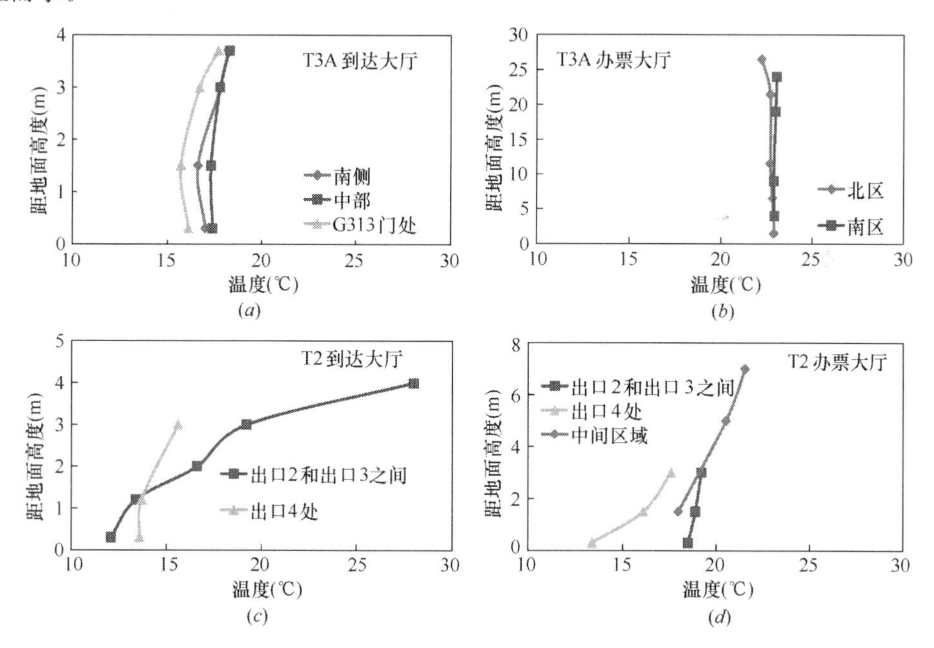

图6-57 T2、T3A航站楼冬季垂直方向温度分布对比

（*a*）T3A到达大厅；（*b*）T3A办票大厅；（*c*）T2到达大厅；（*d*）T2办票大厅

与T2航站楼应用的喷口送风方式相比，T3A航站楼应用的辐射末端供热方式可以营造更为舒适的室内环境，此外，辐射末端供热方式主要通过辐射和自然对流

供热，不需要喷口送风方式通过风机来强制对流换热，可大幅节省末端风机能耗，有助于降低整个空调系统的运行能耗。

6.3.4　全年运行能耗

自 2012 年 5 月投入运行以来，温湿度独立控制空调系统很好地满足了 T3A 航站楼办票大厅、候机大厅等典型高大空间区域的室内温湿度环境营造需求。与 T3A 航站楼相比，西安咸阳国际机场 T2 航站楼空调系统采用常规喷口送风方式，冷站也采用冰蓄冷方式。从实测室内温湿度情况来看，与采用常规喷口送风方式的 T2 航站楼相比，应用 THIC 空调系统的 T3A 航站楼能够实现更优的室内环境控制效果。本小节以 T2、T3A 航站楼的实际运行能耗数据为基础，给出航站楼空调系统单位面积年运行能耗结果，对比不同空调系统方式带来的运行能耗差异。

图 6-58 给出了 2012 年 5～12 月 T2、T3A 航站楼空调系统逐月单位面积能耗情况，包含夏季供冷季、过渡季和冬季供热季三种运行工况。其中冷站能耗包含冷站所有设备（冷机、循环泵及冷却塔等）的能耗，航站楼末端设备能耗是指末端风机、水泵等设备的能耗（T3A 航站楼末端设备还包含热泵驱动式溶液调湿新风机组），由于冬季热源来自集中热网，图中未给出冬季热源部分的耗热量统计结果。

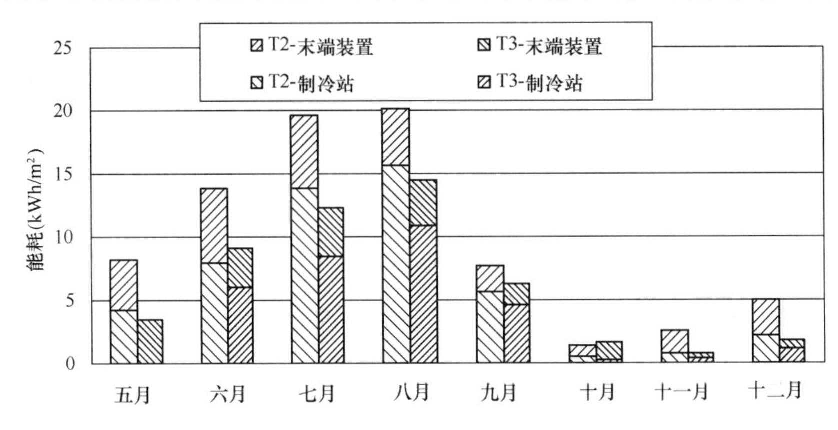

图 6-58　空调系统全年运行能耗对比

从实际单位面积能耗统计结果来看，T3A 航站楼空调系统能耗显著低于 T2 航站楼，表明 THIC 空调系统应用于机场等典型高大空间建筑具有十分明显的节能效果。从主要能耗组成来看，由于采用辐射末端供冷/供热方式并结合置换式送风方式实现室内湿度调节，基于温湿度独立控制的空调理念可有效实现高大空间室内环境的分层空调，T3A 航站楼空调末端设备中的风机能耗大幅降低，与 T2 航站楼相比，供冷、供热季末端能耗可降低 50%以上；与末端梯级利用冷水相适应，T3A 航站楼制冷站可有效实现梯级制取低温冷水，为冷水大温差运行提供保障，与 T2 航站楼制冷站相比，5～12 月冷站能耗降低幅度超过 30%。从空调系统总运行能耗来看，2012 年 5～12 月 T3A 航站楼单位面积空调系统的运行能耗约为 50kWh/m²，相应的 T2 航站楼空调系统的单位面积运行能耗超过 80kWh/m²，因而，与 T2 航站楼相比，T3A 航站楼空调系统能耗大幅降低，运行能耗降低幅度约为 40%。

与 T2 航站楼相比，T3 航站楼室内环境控制效果明显较优，夏季室内温湿度水平显著较低，温度在 24～25℃左右，而相应的 T2 航站楼通常在 26～27℃；T3 航站楼办票大厅冬季室内温度普遍在 22℃左右，而 T2 航站楼办票大厅冬季室内温度仅为 15～20℃。此外，T3 航站楼的制冷站仍未运行到较优工况，尚待进一步改进。尽管 T3 航站楼空调系统在末端设备、制冷站等环节仍存在较大优化和性能提升空间，但与 T2 航站楼相比，其空调系统运行能耗仍得到了显著降低。表 6-12 给出了 T2 和 T3A 航站楼空调系统全年运行能耗的对比情况，可以看出与 T2 航站楼相比，T3A 航站楼夏季耗冷量（冬季耗热量）显著降低；从空调系统实际运行电耗来看，T3A 航站楼冬季、夏季冷站电耗和末端电耗均显著降低；结合当地电力价格等能源经济性指标，表 6-12 中同时给出了 T2、T3A 航站楼全年能耗的估算结果，可以看出与 T2 航站楼相比，T3A 航站楼单位面积全年能耗降幅超过 35%，T3A 航站楼可节省运行费用约为 630 万元/年。由于 T3A 航站楼各系统尚处于调试之中，其节能效果还可以进一步提高。

航站楼空调系统运行能耗对比 **表 6-12**

航站楼	夏季			冬季			全年估算电耗 (kWh/m²)
	耗冷量 (kWh/m²)	冷站电耗 (kWh/m²)	末端电耗 (kWh/m²)	耗热量 (kWh/m²)	冷站电耗 (kWh/m²)	末端电耗 (kWh/m²)	
T2	83.1	47.3	22.1	71.1	8.1	12.2	121.1
T3A	61.3	33.5	12.1	54.4	4.1	2.9	78.4

6.3.5 小结

西安咸阳国际机场T3A航站楼是我国首个采用温湿度独立控制空调系统的机场建筑，其系统形式为辐射地板加分布式置换送风，辐射地板承担围护结构基本显热负荷，溶液新风机组处理的新风经分布式风柱送出承担潜热负荷和部分显热负荷。自2012年5月投入运行以来，室内温湿度环境状况优异，能够更好地满足室内舒适性环境营造需求，空调系统运行能耗显著降低。本节主要介绍了T3A航站楼空调系统的基本原理及夏季、冬季实测性能，该典型高大空间建筑空调系统的特点及实际效果主要包括：

1）依据当地气候条件、冷热源特点等合理进行了T3A航站楼空调系统设计，在办票大厅、候机大厅等典型高大空间区域成功应用了THIC空调系统方案，选取溶液调湿新风机组与置换式送风装置结合来满足室内湿度调节需求，选取辐射地板和干式FCU作为温度调节末端，是一种适用于高大空间热湿环境营造的新型空调系统形式。

2）夏季THIC空调系统能够营造适宜的室内热湿环境，利用溶液除湿新风机组对新风进行处理，并通过置换式送风末端送入室内来满足室内湿度调节需求；实测辐射地板表面温度在20℃左右，单位面积供冷量在30～50W/m^2。空调系统末端装置可实现冷水的梯级利用，能够有效提高冷水回水温度，实际冷水供回水运行温差超过10K，有助于降低系统循环水量和输送泵耗。

3）冬季采用辐射末端满足高大空间室内热环境营造需求，供水温度35～40℃，辐射地板表面温度在25～30℃，单位面积供热量集中在30～70W/m^2，实现了“低温供热”。与传统的喷口送风方式相比，室内温度调节效果更优，垂直方向上空气温度分布均匀、梯度很小，并且不再需要风机驱动空气循环，可大幅节省风机电耗。

4）与采用常规喷口送风方式的T2航站楼相比，应用THIC空调系统的T3A航站楼实现了更优的室内环境营造效果，成功实现了高温供冷（夏季）、低温供热（冬季），并且空调系统全年运行能耗显著降低，节能率约为40%。T3A航站楼的建成和投入使用是实现机场等典型高大空间公共建筑空调系统高效节能运行的有益探索，为进一步推广应用温湿度独立控制空调系统提供了技术参照，具有重要的实践意义和引领作用。

6.4　上海现代申都大厦

6.4.1　项目基本概况

上海现代申都大厦位于上海市西藏南路1368号，距离2010年上海世博会宁波馆不到800m，见图6-59。该建筑获得三星级绿色建筑设计标识（证书编号：NO. PD30917）。

项目占地面积1106m^2，地上面积6231.22m^2，地下面积1069.92m^2，建筑高度为23.75m，地上6层，地下1层，属于商务办公类建筑（图6-60）。

图6-59　申都大厦位置卫星图

图6-60　申都大厦实景照片（东向）

地下室主要功能为停车库、机房和其他辅助用房，地上一层主要功能为厨房、餐厅、展厅、门厅以及安保机房。地上二～五层为办公，入住单位为设计咨询公司，主要从事设计、咨询、监理和项目总承包业务，其中五层为该公司领导办公楼层。地上六层为办公，入住单位为房产开发公司。各楼层平面划分见图6-61。

各楼层面积以及办公人数见表6-13。

申都大厦各楼面面积及使用人数　　**表6-13**

楼　层	面积（m^2）	人　数	楼　层	面积（m^2）	人　数
B1F	1070		5F	893	46
1F	1170		6F	836	34
2F	1051	105	顶层	166	
3F	1080	92	总计	7301	382
4F	1035	105			

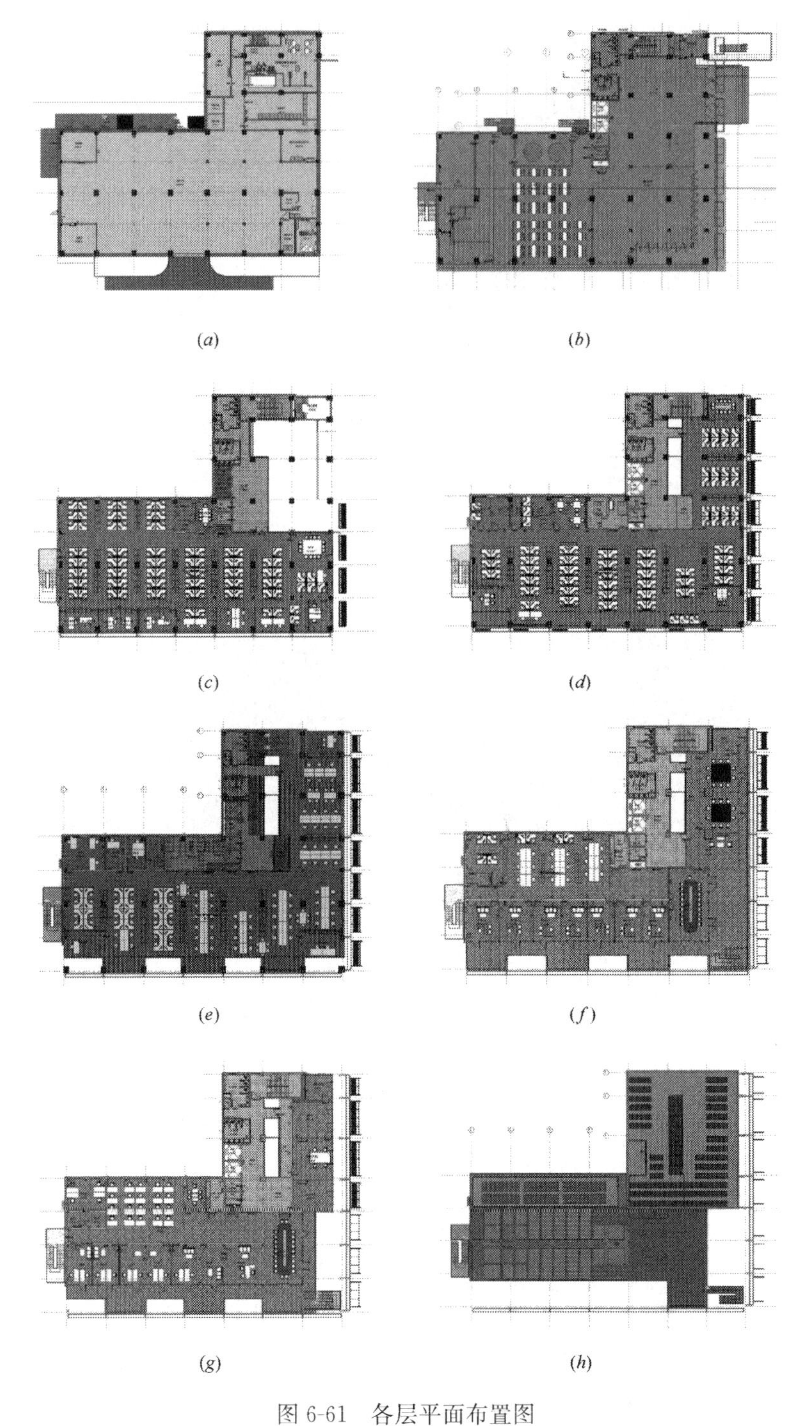

(a)　(b)　(c)　(d)　(e)　(f)　(g)　(h)

图 6-61　各层平面布置图

(a) B1F；(b) 1F；(c) 2F；(d) 3F；(e) 4F；(f) 5F；(g) 6F；(h) 顶层

6.4.2 建筑特征

(1) 结构系统特征

该建筑原建于 1975 年，为围巾五厂漂染车间，结构为 3 层带半夹层钢筋混凝土框架结构，1995 年改造设计成带半地下室的 6 层办公楼，见图 6-62。目前主体结构形式为 B1～4F 为钢筋混凝土结构，五～六层为钢结构。

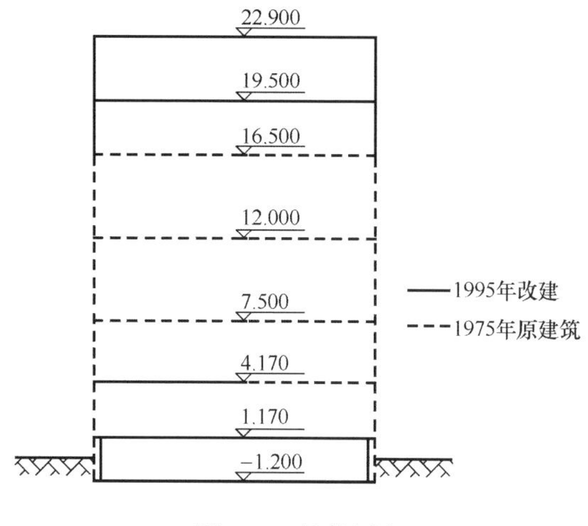

图 6-62 结构历史

(2) 围护结构节能系统特征

建筑整体呈 L 形（见图 6-63），东北侧东西进深达 17m，西南侧南北进深达 19m，建筑朝向南偏东 10°，体形系数 0.23。窗墙比东向为 0.67，南向为 0.66，西向为 0.08，北向为 0.33。建筑 BIM 模型如图 6-64 所示。

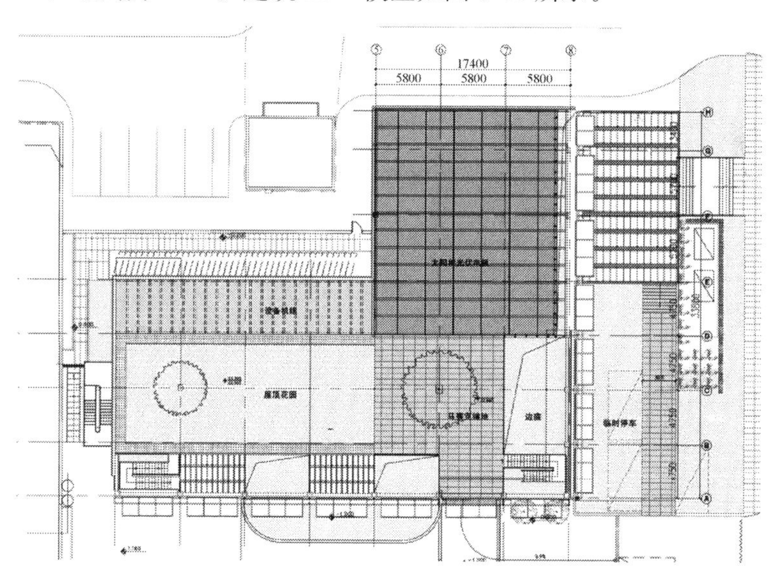

图 6-63 项目总平面图

围护结构按照公共建筑节能设计标准进行节能改造，外墙采用了内外保温形式，保温材料为无机保温砂浆(内外各 35mm 厚)，平均传热系数达到 0.85W/(m^2·K)。

图 6-64 建筑 BIM 模型

屋面采用了种植屋面、平屋面、金属屋面几种形式，保温材料包括离心玻璃棉(80/100mm 厚)、酚醛复合板(80mm 厚)，平均传热系数达到 0.48 W/(m^2·K)。

玻璃门窗综合考了保温隔热遮阳和采光的因素，采用了高透性断热铝合金低辐射中空玻璃窗（6+12A+6 遮阳型），传热系数 2.00W/（m^2·K），综合遮阳系数 0.594，玻璃透过率达到 0.7。

（3）被动式技术特征

项目充分考虑被动式节能技术，包括自然通风、自然采光、建筑遮阳等技术措施。

图 6-65 中庭实景图

1）自然通风

申都大厦位于市区密集建筑中，与周围建筑间距较小。虽然申都大厦存在众多不利的自然条件，但建筑设计从方案伊始即提出了多种利于自然通风的设计措施，如中庭设计、开窗设计、天窗设计、室外垂直遮阳倾斜角度等。

中庭设计：设置中庭，直通六层屋顶天窗，中庭总高度 29.4m，开洞面积为 23m^2，通风竖井高出屋面 1.8m，即高出屋面的高度与中庭开口面积当量直径比为 0.33，如图 6-65 所示。

开窗设计：采取移动玻璃门等措施，增加东立面、南立面的可开启面积，因为上海地区的过渡季主导风向多为东南风向范围，增大两侧的开窗面积有利于风压通风效果。外窗可开启面积比例为 39.35%。

天窗设计：天窗挑高设计，如图 6-66 所示，增加热压拔风，开窗位置朝北，处于负压区利于拔风，开窗面积为 12m²，开启方式为上旋窗。

图 6-66 天窗实景图

室外垂直遮阳设计：东向遮阳板（为垂直绿化遮阳板）向外倾斜，倾斜角度为 30°，起到导风作用。

2）自然采光

改造既有建筑门窗洞口形式（图 6-67）：既有建筑窗口为传统外墙开窗形式，此次绿色改造一改传统开窗形式，在建筑主要功能空间外侧开启落地窗，而仅仅在建筑的机房、卫生间以及既有建筑北侧设置传统门窗。改造后的建筑结合改造功能定位，恰当的将室外光线引入室内，调节建筑室内主要空间的采光强度，减少室内人工照明灯具的设置需求。

增设建筑穿层大堂空间与界面可开启空间（见图 6-68）：既有建筑改造过程中，建筑首层与二层层高相对较低，建筑主要出入口为建筑的东偏北侧，建筑室内

图 6-67 大空间办公空间(南侧)

图 6-68 东侧入口大厅实景图

空间进深较大，直射光线无法影响至进深深处，同时在建筑主入口处无法形成宽敞的建筑入口厅堂空间。因此，在改造设计中，将建筑首层局部顶板取消，形成上下穿层空间，既解决了首层开敞厅堂空间的需求，同时，也通过同层的主入口空间的外部开启窗，很好的将自然光线引入局部室内，较好的改善东北部区域的内部功能空间的室内自然采光现状。建筑东南角结合室内休闲展示功能空间，采用中轴旋转落地窗，拓展既有建筑的开窗面积与开启形式，很好的解决建筑东南局部室内自然光线的引入。

增设建筑边庭空间：既有建筑平面呈“L”形，建筑整体开间与进深较大，因此，建筑由二～六层空间开始，在建筑南侧设置边庭空间，边庭逐层扩大，上下贯通，形成良好的半室外空间，不但在建筑南侧形成必要的视线过渡空间，同时也缓解了建筑进深大而引起的直射光线照射深度的不利影响，布局如图 6-69 所示。

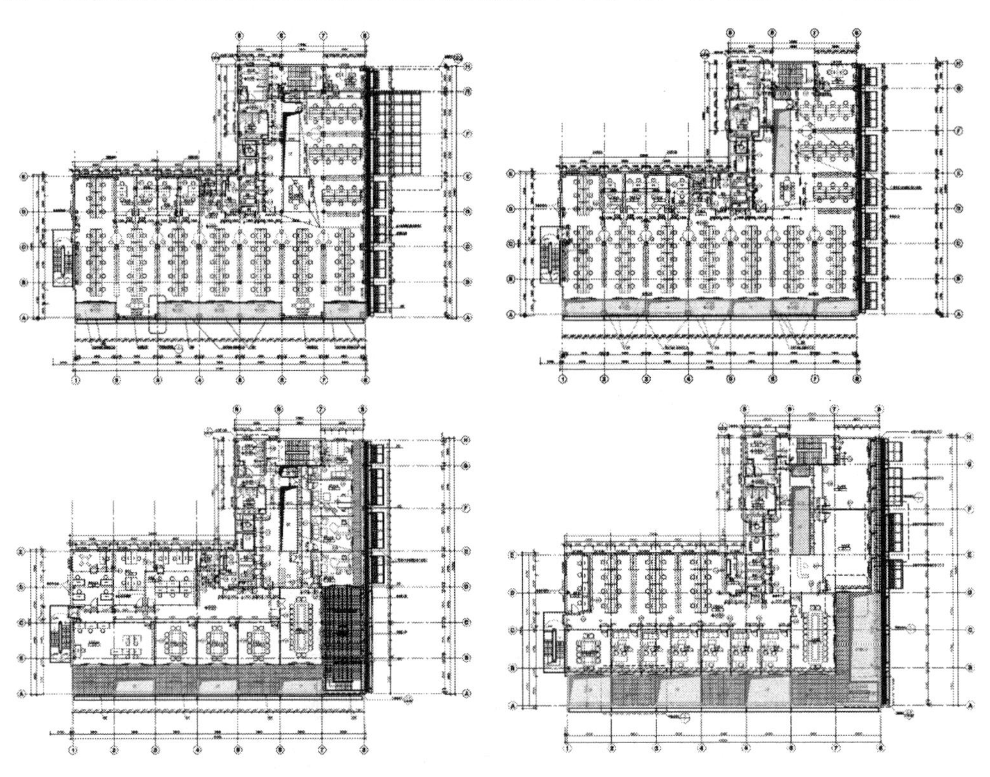

图 6-69　三、四、五、六层建筑边庭空间平面图

增设建筑中庭空间：既有建筑从三层空间开始，在电梯厅前部增设上下贯通的中庭空间，并结合室内功能的交通联系，恰当地将建筑增设中庭空间一分为二，在

保证最大限度使用功能需求的同时，增设自然光线与通风引入性设计来改善建筑深度部位的室内物理环境，如图 6-70 所示。

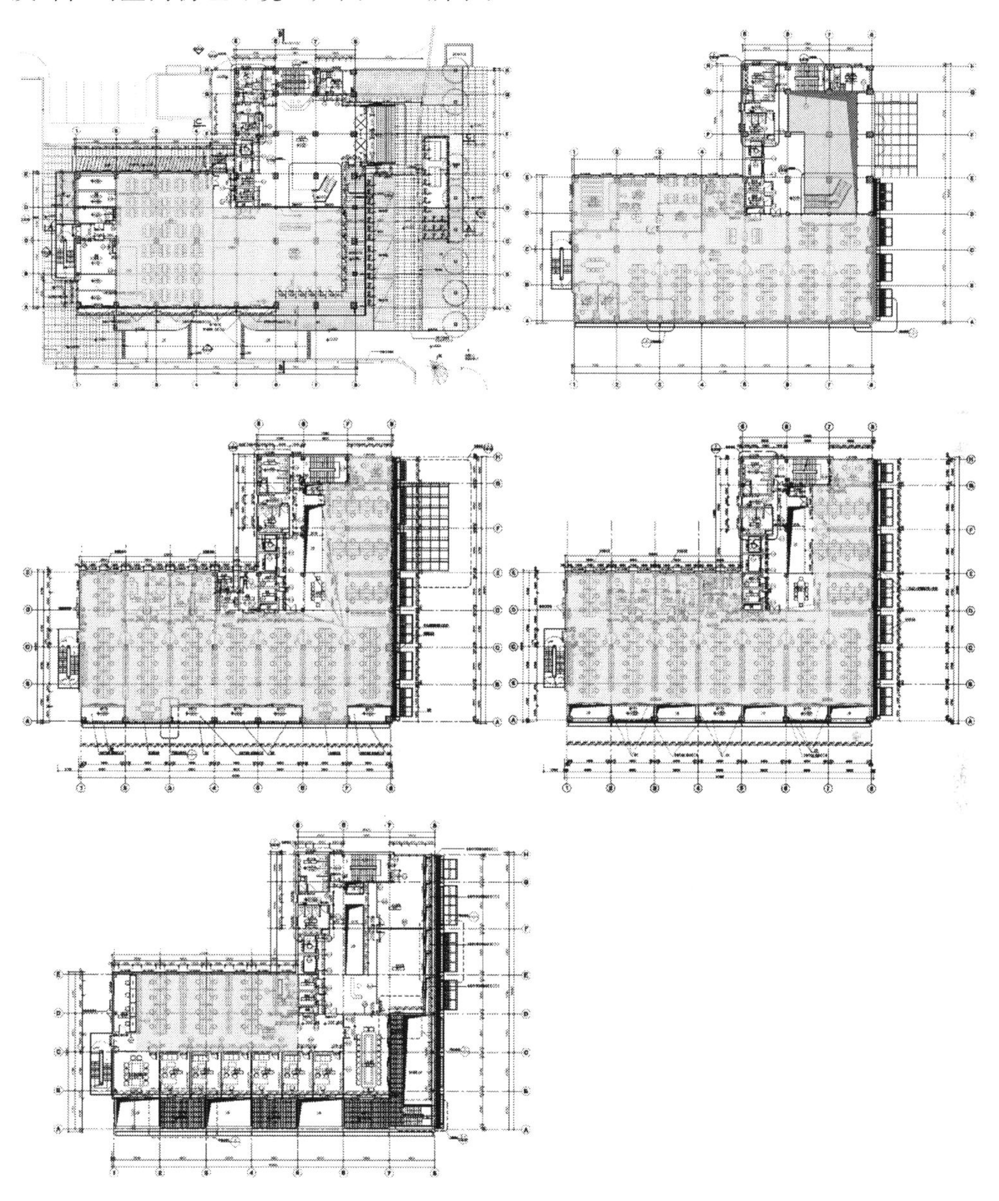

图 6-70 一、二、三、四、六层大空间平面图

增设建筑顶部下沉庭院空间：建筑五、六两层东南角内退形成下沉式空中庭院空间，庭院空间同样以缩减建筑进深与开间的方式，有效地将自然光线引入室内，

增强室内有效空间的自然采光效果，同时也增加了既有建筑的空间情趣感。

调整建筑实体分隔为开敞式大空间布局：既有建筑六层空间，除五层为独立办公空间外，建筑室内空间均采用大空间无实体分隔的形式进行改造设置，建筑内部空间通透性加强，原有单项采光形式转变为双向通透开窗引光形式，大大地增加了建筑室内空间的采光标准。

3）建筑遮阳

建筑设计从方案伊始即提出了多种利于遮阳的设计措施，并综合考虑了夏季遮阳、冬季得热的问题，同时也考虑周围建筑对于该建筑的影响。

主要设计措施有垂直外遮阳板、水平挑出的格栅（外挑走廊），并针对东、南立面措施有所不同。

① 垂直外遮阳板：东向外倾斜一定角度（30°），在满足夏季遮阳要求的同时，尽量对于冬季的日照影响较小，并且利用该构件种植绿化，一可改善微环境，二可增加夏季遮阳的效果，冬季落叶后还提高了日照的入射，如图6-71所示。

图6-71　垂直外遮阳板的效果图

② 水平挑出的格栅（外挑走廊）：在南上水平挑出结构（外挑宽度为3.9m）可以起到非常好的遮阳效果，并且利用该结构作为室外交通空间，也改善了办公环境。

6.4.3　机电设备基本情况

（1）空调系统

项目依据设计院办公使用的特点采用了易于灵活区域调节的变制冷剂流量多联

分体式空调系统＋直接蒸发分体式新风系统（带全热回收装置）。并按照楼层逐层布置，厨房及展厅大厅各设置一套系统，易于管理。能效比均高于国家标准：室内循环室外机 5.2～5.8（铭牌），带热回收型新风 VRF 系统室外机为 5.34（铭牌），普通新风 VRF 系统室外机为 2.79～3.06（铭牌）。

（2）照明系统

照明光源主要采用高光效 T5 荧光灯、LED 灯，其中 LED 灯主要用于公共区域。灯具形式见表 6-14，主要采用高反射率格栅灯具，既满足了眩光要求，又提高了出光效率。公共区域采用了智能照明控制系统，可实现光感、红外、场景、时间、远程等控制方式（见图 6-72）。

申都大厦 LED 照明灯具使用说明 **表 6-14**

序号	名 称	图 片	描 述	主要技术参数	安装区域	申都大厦使用数量	备 注
1	2.5W/7.5W 0.8W/5W 吸顶灯		LED 声光控 双亮度 6000K	1. 功率：2.5/7.5W 2. 光通量：770lm 3. 灯具效率：95% 4. LED 光效：110lm/W	楼梯间	14	双亮度，白天不亮，夜晚没声音微亮，有声音大亮
2	4 寸 8W 筒灯		LED 筒灯 8W 4000K	1. 功率：8W 2. 光通量：8231m 3. 灯具效率：95% 4. LED 光效：110lm/W	各楼层 走道等 公共区域	255	本工程中实现智能及 BA 控制
3	5W 灯泡	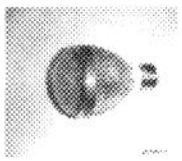	LED 灯泡 5W 4000K	1. 功率：5W 2. 光通量：5151m 3. 灯具效率：95% 4. LED 光效：110lm/W	餐厅	33	E27
4	6W 扩散罩灯管	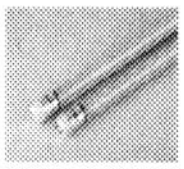	LED 灯管 T8 标准尺寸 常亮 4000K	1. 功率：6W 2. 光通量：6181m 3. 灯具效率：95% 4. LED 光效：110lm/W	6 层 办公室	14	无需镇流器
5	12W 扩散罩灯管	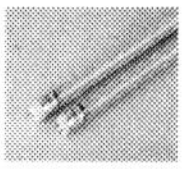	LED 灯管 T8 标准尺寸 常亮 4000K	1. 功率：12W 2. 光通量：12601m 3. 灯具效率：95% 4. LED 光效：110lm/W	6 层 办公室	70	无需镇流器

续表

序号	名 称	图 片	描 述	主要技术参数	安装区域	申都大厦使用数量	备 注
6	10W 常亮灯管		LED灯管 T8标准尺寸 常亮 6000K	1. 功率：10W 2. 光通量：1030lm 3. 灯具效率：95% 4. LED光效：110lm/W	车库	34	无需镇流器
7	2.5W/10W 双亮度灯管		LED灯管 T8标准尺寸 双亮度 6000K	1. 功率：10W 2. 光通量：1025lm 3. 灯具效率：95% 4. LED光效：110lm/W	车库	62	无需镇流器，双亮度，没有声音微亮，有声音大亮

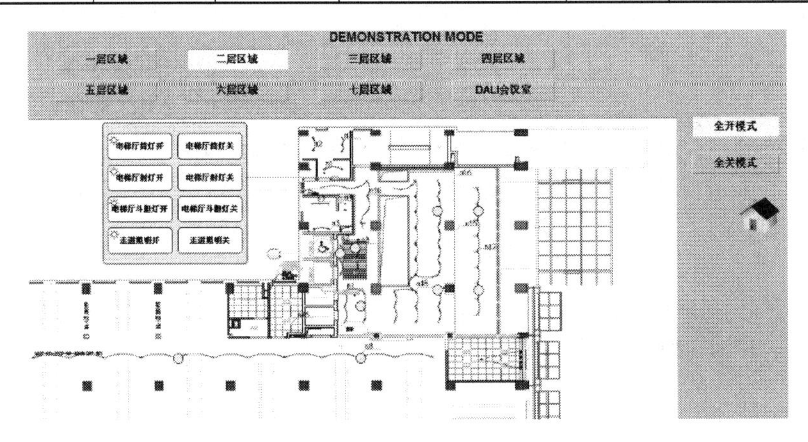

图6-72 智能照明控制系统远程界面

(3) 能效监管系统

申都大厦建筑能效监管系统平台是依据建筑内各耗能设施基本运行信息的状态为基础条件，对建筑物各类耗能相关的信息检测和实施控制策略的能效监管综合管理，实现能源最优化经济使用。系统构造可分为管理应用层、信息汇聚层、现场信息采集层。

建筑能效监管系统平台的基础为电表分项计量系统、水表分水质计量系统、太阳能光伏光热等在线监测系统。电表分项计量系统共安装电表约200个，计量的分项原则为一级分类包括空调、动力、插座、照明、特殊用电和饮用热水器六类，二级分类包括 VRF 室内机、VRF 室外机、新风空调箱、新风室外机、一般照明、应急照明、泛光照明、雨水回用、太阳能热水、电梯等，分区原则为每个楼层按照公共区域、工作区域进行分类，电表的类型主要包括 5 类，分别为多功能电力监控仪（带双向）用于计量太阳能光伏配电回路、多功能电力监控仪用于计量总进线柜回路、多功能数显表（带谐波）用于计量配电柜中的除应急照明的所有配电柜主回路、多功能数显表（不带谐波）用于应急照明配电柜、智能电表用于计量配电柜出来的分支回路；水表分水质计量系统共安装水表 20 个，主要分类包括生活给水、太阳能热水、中水补水、喷雾降温用水等。

能效监管系统平台主要包括 8 个模块，分别为主界面、绿色建筑、区域管理、能耗模型、节能分析、设备跟踪等，见图 6-73。主界面主要功能可以显示整个大楼的用电、用水信息，此外还可以显示包括室外气象、太阳能光伏光热、雨水回用的实时概要信息；区域管理主要功能用于不同区域的用电信息管理，可以实时显示不同楼层、不同功能区的用电量、分析饼图以利于不同楼层用电管理；能耗模型主要功能是在线监测包括太阳能热水、空调热回收等的运行参数，并进行能效管理；节能分析主要功能是制作能效报表以及能耗模型的节能分析报告，用于优化系统运行提供分析依据；设备跟踪主要用于不同监测设备的跟踪管理，用于分析记录仪表的实时状态。

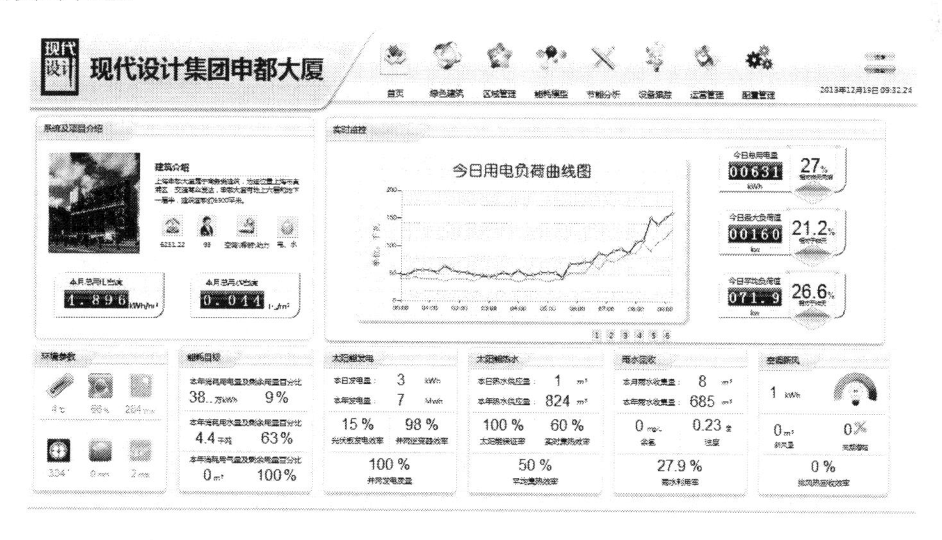

图 6-73　能效监管系统平台

6.4.4 可再生能源利用情况

(1) 光伏发电系统

申都大厦太阳能光伏发电系统总装机功率约12.87kWp，太阳电池组件安装面积约200m²。太阳电池组件安装在申都大厦屋面层顶部，铝质直立锁边屋面之上。太阳电池组件向南倾斜，与水平面成22°倾角安装，见图6-74。

图6-74 太阳能光伏发电系统

光伏阵列每2串汇为1路，共3路，每路配置1个汇流箱，共配置3个汇流箱。每个汇流箱对应1台逆变器的直流输入。

3台并网逆变器分别输出220V、50Hz、ABC不同相位的单相交流电，共同组合为一路380/220V的三相交流电，通过并网接入点柜并入低压电网。光伏系统所发电力全部为本地负载所消耗。

(2) 太阳能热水系统

申都大厦太阳能热水系统设置以太阳能为主、电力为辅的蓄热太阳能集中热水系统供应热水。太阳能热水系统为厨房、卫生间等提供热水，热水用水量标准5L/(人·d)(60℃)。按太阳能保证率45%，热水每天温升45℃，安装太阳能集热面积约66.9m²，见图6-75。

采用内插式U形真空管集热器作为系统集热元件，安装在屋面。配置2台0.75T的立式容积式换热器（D1、H1）作为集热水箱，2台0.75T的立式承压水箱（D2、H2）配置内置电加热（36kW）作为供热水箱。集热器承压运行，采用介质间接加热从集热器内收集热量转移至容积式

图6-75 太阳能热水系统实景图

加热器内储存。其中 D1 容积式换热器对应低区供水系统，H1 容积式换热器对应高于供水系统。

D1、H1 容积式换热器与集热器之间采用温差循环方式收集热量，两个温差循环共用一套集热系统，之间采用三通切换阀切换，D1 容积式换热器优先级高于 H1 容积式换热器。立式承压水箱作为供热水箱，为达到太阳能高效合理的利用，水箱之间设置换热循环，当集热水箱（D1、H1）温度高于供热水箱（D2、H2）时，自动启动换热循环将热量转移至供热水箱。供热水箱内置 36kW 辅助电加热，电加热安装在供热水箱上部，启动方式为定时温控。

太阳能系统供水方面设置限温措施，1 号水箱限温 80℃、2 号水箱限温 60℃。为保证太阳能集热系统的长久高效性，在集热循环管路上安装散热系统，当集热器温度达到 90℃时自动开启风冷散热器散热，当集热器温度回落至 85℃时停止散热。

太阳能系统设置回水功能，配置管道循环泵，将用水管道内的低温水抽入集热水箱，保证热水供水管道内水温恒定，既保证了用水舒适度也减少了水资源的浪费。

6.4.5 项目运行情况

（1）项目运行基本特征

上海现代申都大厦于 2012 年底竣工，2013 年 2 月份陆续入住，截至目前人员入住率约 90%。上班时间（一般规定）：8：30～17：00，周末休息。

主要耗能设备包括空调系统（室内风＋新风）；照明系统、插座用电；厨房用电（排烟、冰柜、洗碗机等设备）、电梯用电；太阳能热水系统（水泵）、雨水回用系统（水泵）、给排水系统（水泵），弱电控制等其他设备。

物业运行采用能耗总量控制方式，依据能效监管平台对每个楼层（功能区域）的用电计量进行收费，公共区域按面积分摊。公共区域照明和空调由物业统一管理，每个楼层的功能部分由使用者按需使用，整个大楼鼓励行为节能，随手关灯、关空调。公共区域部分照明白天依据光感照度传感器进行控制，晚上依据红外感应进行控制。公共区域空调依据室内温度的冷热感受进行灵活开关。办公部分的照明和室内循环风空调系统按需灵活开关，新风系统由物业统一管理，由于使用者可以开窗通风，因此新风系统开启时间得到减少。

（2）项目运行能耗

1）用电特征

2013年总用电量为435889kWh/a（已扣除太阳能光伏系统发电量），单位面积（包括地下室面积）用电量为59.7kWh/（m^2·a），人均用电量为1141.1kWh/（人·a）。图6-76为2013年逐月用电量。空调、照明、插座用电量最大，分别占到建筑总用电量的60%，17%和11%（见图6-77）。

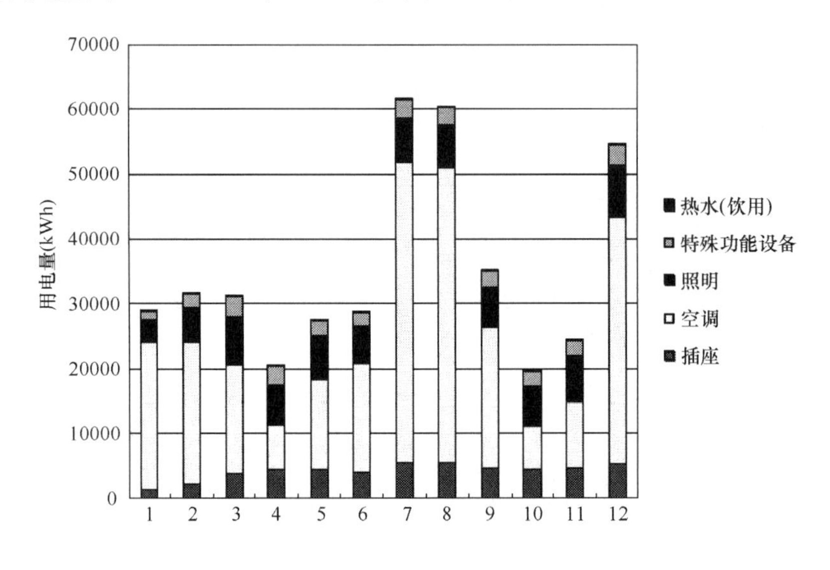

图6-76 2013年逐月用电量

空调单位面积能耗为36.5kWh/（m^2·a），图6-78为2013年空调系统的逐月用电量，可见空调用电量与室外平均温度呈现了较为密切的相关性，最高能耗出现在7、8两个月，最低能耗出现在4月和10月，最高值与最低值相差约7倍。其中，VRF系统室内循环风的室外机所占能耗最高，约为VRF系统室内循环风的室内机的10倍（图6-79）。照明单位面积能耗10.5kWh/（m^2·a），主要为一般照明能耗，约占其用电的97%。插座单位面积能耗6.9kWh/（m^2·a）。其他能耗较高的部分主要为厨房用电、电梯和给水排水系统的水泵等动力能耗（图6-80、图6-81）。

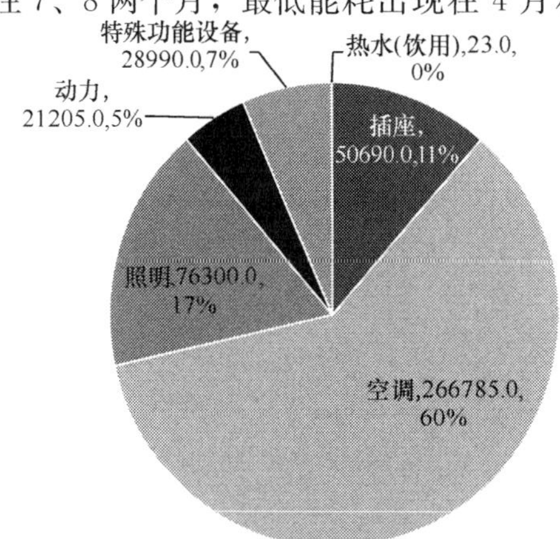

图6-77 2013年分项用电量特征(单位kWh)

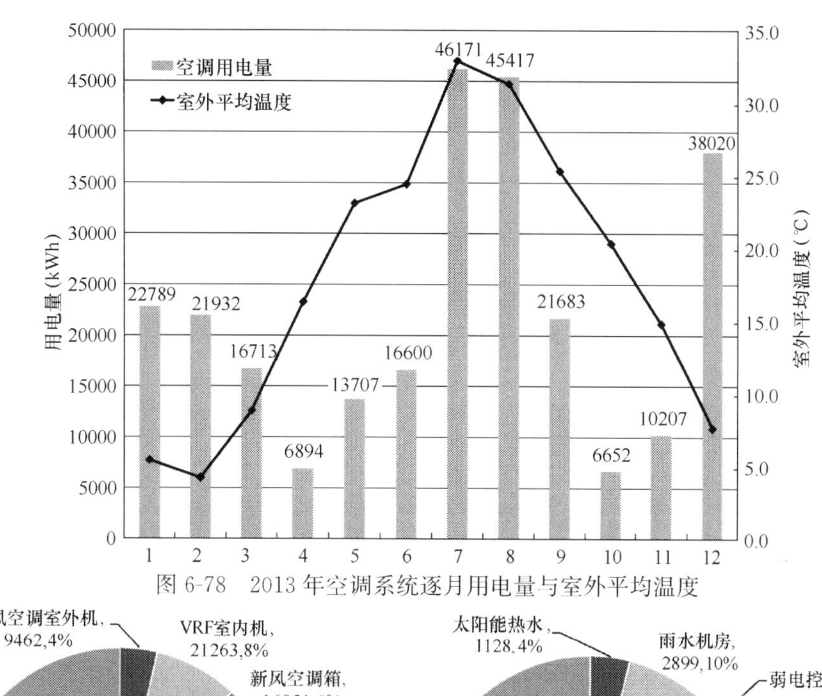

图 6-78 2013 年空调系统逐月用电量与室外平均温度

图 6-79 2013 年空调用能分项用电量特征（单位 kWh）

图 6-80 2013 年特殊功能用能分项用电量特征（单位 kWh）

由表 6-15 可见，设计人员办公功能的楼层用电量平均在 70～78kWh/（m^2·a）之间，人均在 618～773kWh/（人·a），可见五层、六层呈现出不同的特征，六层由于人数少，加班少，节能意识强，总体呈现单位面积用电量较低达到 36kWh/（m^2·a），五层则表现出人均能耗高的特征，为 820kWh/（人·a），约为其他楼层的 1.1～

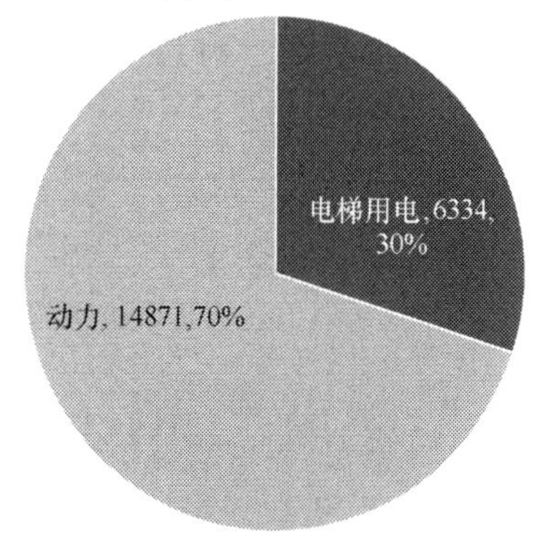

图 6-81 2013 年动力用能分项用电量特征（单位 kWh）

1.3倍，因此由数据可见，从使用来讲，五层空间存在较大的节能空间。

申都大厦楼层用电特征 表6-15

楼层	用电量（kWh/a）		面积（m^2）	人数	单位面积能耗（kWh/（m^2·a））	工作区人均能耗（kWh/（人·a））
	工作区	公共区域				
B1F		43377	1070		41	
1F		59516	1170		51	
2F	64897	8516	1051	105	70	618
3F	71100	6223	1080	92	72	773
4F	72941	7567	1035	105	78	695
5F	37726	2126	893	46	45	820
6F	24330	5380	836	34	36	716
顶层	12432		166		75	

2）太阳能光伏发电系统发电特征

全年发电量为8104kWh，单位装机容量发电量为0.63kWh/Wp，低于设计值1kWh/Wp，主要原因是，其一系统于4月才正式并网发电，其二由于8月夏季高温天气总电源跳闸，系统自动保护形成孤岛效应。全年发电量占总用电量的1.8%。发电量与太阳能辐照总量的变化基本一致（图6-82）。

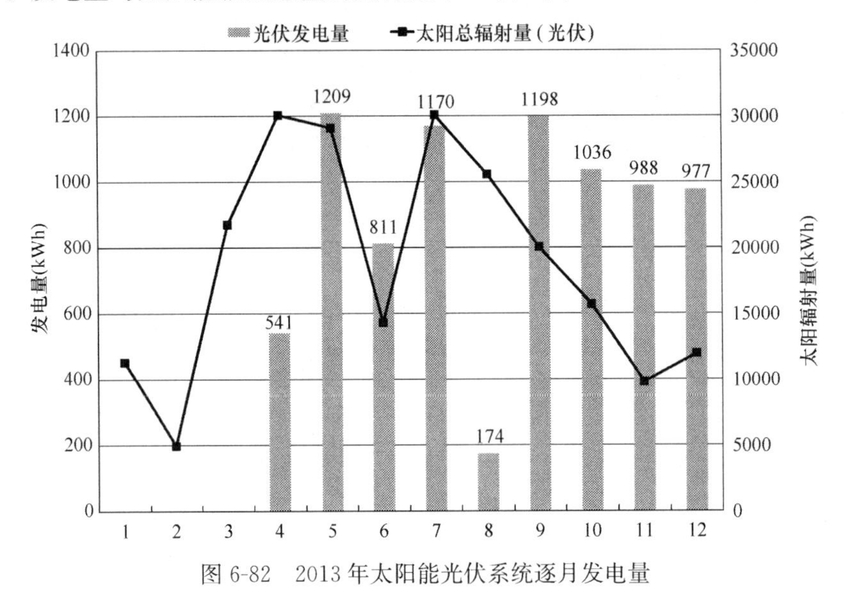

图6-82 2013年太阳能光伏系统逐月发电量

3）太阳能热水系统运行特征

2013年全年月平均出水温度最低约16.4℃，最高为68℃，平均每年每平方米产生 194.7kWh 的热量，即每产生 1kWh 的热量需要消耗 0.09kWh 电。由于夏季高温，系统在 8 月底至 10 月运行期间，太阳辐照值高，并且实际热水用水量小于设计值，导致水箱中水温升高较快，高温水蒸气通过水箱上部的安全阀排出。由于水箱放置在地下室密闭空间，且缺少通风设备，过热的水蒸气导致地下室消防报警。这一问题导致系统在该期间无法正常开启而暂停运行。

此外，系统在实际运行中未开启辅助加热系统，因此在非夏季期间出水水温达不到设计出水温度要求（60℃）。由图 6-83 可知日均用水量（按照 230 个工作日计

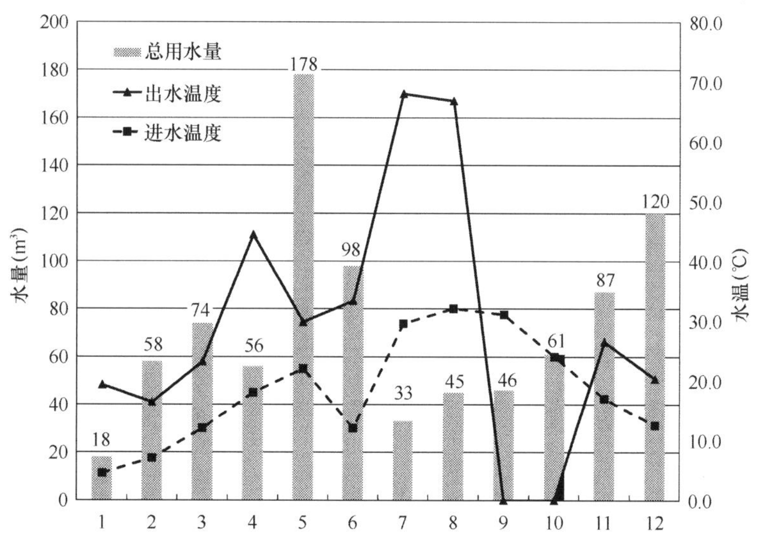

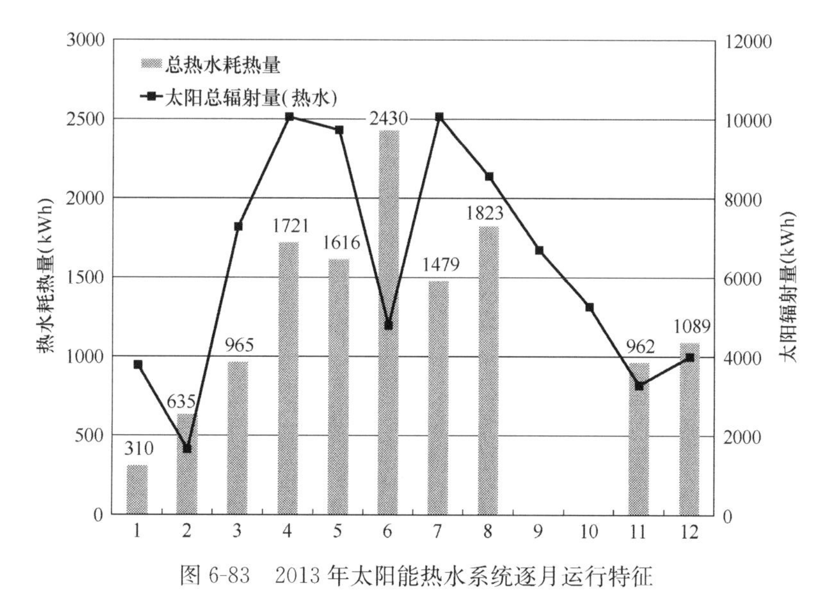

图 6-83　2013 年太阳能热水系统逐月运行特征

算）约为3.8t，其中低区（B1～2F）为2.3t，高区（3F～6F）为1.5t。

4）室内环境

项目于12月初在现场安装温湿度、二氧化碳浓度远程监控装置，可以实时监测室内环境舒适性，以用于空调系统的调控。图6-84为六层大空间办公的室内热湿的实时监测值（12月23日），由图可见在工作时段，室内二氧化碳浓度维持在500ppm左右，室内温度约为20℃，相对湿度约为25%。一夜过去室内温度下降约4K，从8点开始，随着室内办公人员的陆续到岗，室内二氧化碳浓度和室内温度逐渐上升，9点左右温度达到舒适范围。

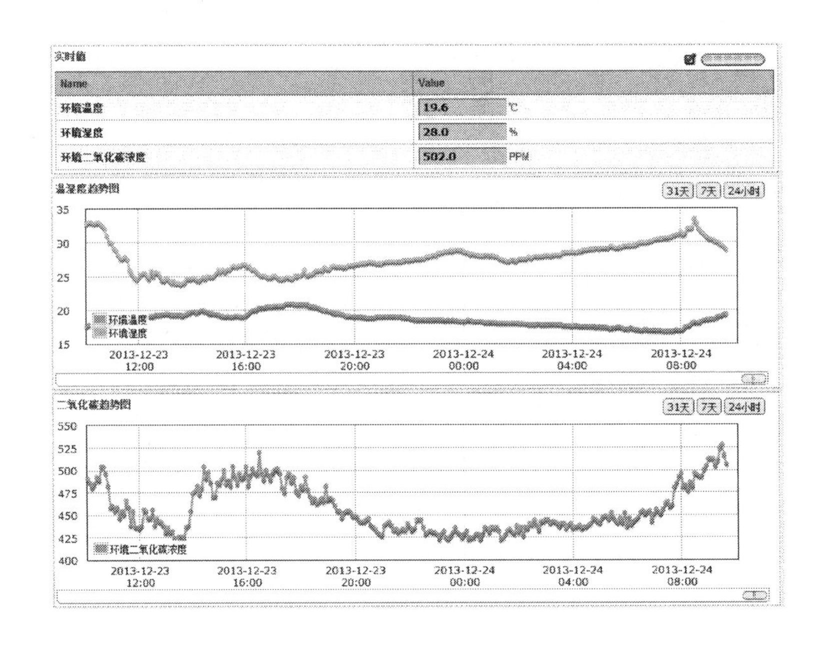

图6-84 申都大厦六层大空间办公室实时环境参数

项目于2013年11月4日上午9：40～11月6日上午9：45，请重庆大学就过渡季节（非空调时期）室内（二层、六层）的热湿环境进行了测试，测试结果如表6-16所示，结果表明二、六层的APMV分别为－0.33、－0.29，根据《民用建筑室内热湿环境评价标准》GB/T 50785—2012的非人工冷热源热湿环境评价等级表可知该办公建筑的室内热湿环境等级为Ⅰ级。根据大样本问卷调查的结果也可以看出二、六层的实际热感觉AMV分别为0.06、0.15，也说明室内热湿环境属于Ⅰ级。综合来看，该办公建筑的室内热湿环境属于Ⅰ级。

室内环境参数及 APMV 表 6-16

测试楼层	空气温度（℃）	风速（m/s）	相对湿度（%）	平均辐射温度（℃）	PMV	APMV	AMV	等级
二层	22.6	0.04	46.6	21.8	−0.41	−0.33	0.06	Ⅰ级
六层	22.8	0.04	45.6	22.5	−0.35	−0.29	0.15	Ⅰ级

6.5 深圳华侨城体育文化中心

6.5.1 项目简介

华侨城体育文化中心位于深圳市南山区华侨城，东临杜鹃山，西面为欢乐谷内的高地，南面为华侨城生态广场，是深圳华侨城房地产有限公司建设的社区配套体育设施。该项目总建筑面积 5130.3m²，为改扩建工程，包括新建体育馆 4341.5m² 和原有体育用品商店及游泳更衣室（788.8m²）的改造。新体育馆地上 2 层，地下 1 层，建筑总高度 15m，主体为钢筋混凝土框架结构，屋盖为网架结构。主要功能有综合运动球场、图书阅览室、办公室、咖啡厅、乒乓球室、健身室、瑜伽舞蹈室等。图 6-85 是深圳华侨城体育中心的鸟瞰图。

图 6-85 华侨城体育中心鸟瞰图（屋顶为采光天窗、拔风烟囱、屋顶绿化和太阳能集热器）

在建筑节能设计方面，项目充分考虑周边资源和气候特点，通过尝试多种节能、生态技术、设备系统的集成应用，能耗低于《公共建筑节能设计标准》规定值的 80%，实现比同类项目节能 60%，获得全国第一批三星级绿色建筑设计标识证书。

该项目采用被动技术优先、主动技术优化，适宜低成本技术集成和尝试创新技术的技术路线。在建筑层面上，针对本改扩建工程，充分利用可再利用建筑，强调非简单拆除的同时凸显与新建建筑的融合，对既有建筑、材料、文脉和景观的保护与利用；在技术层面上，通过对绿色策略的优化整合达到节能减排高效环保的目标。

下面将对该项目的被动式及主动式设计分别进行介绍。

6.5.2　被动式设计

项目在设计初期，针对建筑具体情况在遮阳、采光、通风等方面进行了精细化的模拟辅助优化设计，以实现被动技术优先的设计原则。

图 6-86　建筑西侧山坡自遮阳

根据体育中心所处环境地形条件等因素，建筑设计上加入了屋顶、垂直绿化，制定了各朝向不同的遮阳策略，其中西向实现了最大限度利用现有山势地形，构建了高效的自遮阳体系（见图 6-86）。

通风采光方面，根据建筑功能，通过计算机模拟技术确定适宜的自然通风、自然采光措施（见图 6-87 和图 6-88）。在地下一层的大空间球场区域采取了自然采光与拔风烟囱相结合的建筑处理手法，并且利用 Ecotect 及 Contawm 等软件进行了模拟优化设计。

图 6-87　中庭天窗采光效果

图 6-88　屋顶热压被动式自然通风口

通过多次自然通风模拟得出天窗的总面积（不少于 2.5m^2×16=40m^2），外窗的可开启率（不少于 10%）以及内窗开启率（15%以上）；同时给出了阴雨天气时，在天窗无法开启或者阴天屋顶集热量不足的情况下应采用打开侧窗进行风压通风的措施。其次，在确定建筑天窗及侧窗条件下，对建筑的自然采光进行了模拟分析和优化设计。经过采光模拟分析得出各层的照度（见图 6-89 和图 6-90）以及优化措施：在地下一层里，羽毛球场照度达标，平均照度大约在 500lx 左右；东侧中庭底部的照度不够，设置了采光天窗；在接待门厅，则从大门处周边吊顶“引光入室”；二层的办公室内区采光效果模拟表明天然采光略有不足，通过吊顶从西南立面引光加以解决；图书室采用直接在其屋面开设天窗的方式强化了采光效果。

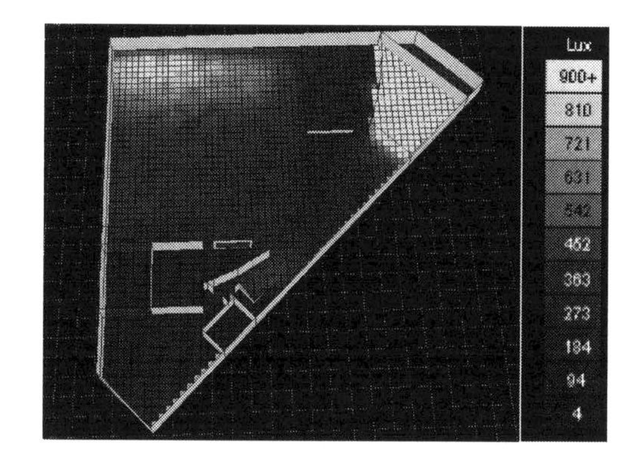

图 6-89 地下室平面照度分布模拟

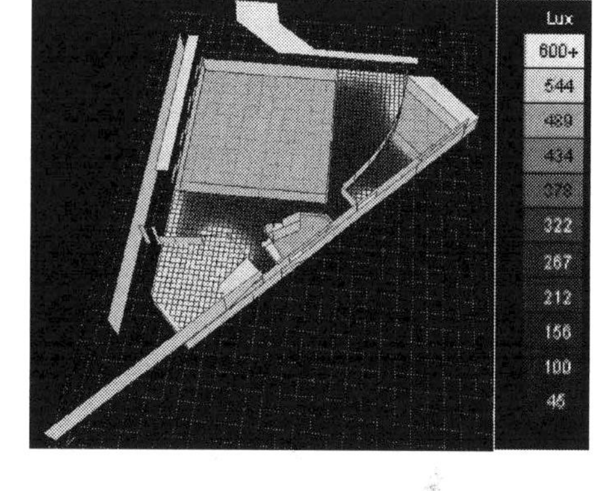

图 6-90 建筑一层平面照度分布模拟

建筑外部区域方面，规划设计时通过室外风环境模拟，保证建筑物周围人行区距地 1.5m 高处风速小于 5m/s，且有利于夏季和过渡季的自然通风。同时，在泳池周边合理设置透水砖铺地，结合大量的绿地，使透水地面面积占室外地面面积的 40%以上。

6.5.3 主动式技术优化

要想建筑实际运行阶段实现低能耗，不仅仅需要被动式设计，还需要在建筑的主动式系统方面进行优化设计，提出合适的运行策略。

该项目在进行能源系统设计分析时，首先进行负荷分布分析，在此基础上将空调区域划分为常用空调区域及大空间空调区域。针对体育中心较大的生活热水需求，对生活热水供应方案也进行了设计分析。下面对此分别进行介绍。

（1）负荷分析及空调区域划分

华侨城体育中心所在地深圳市气象参数如图6-91所示。通过对地理位置气象参数及建筑功能的分析，为了满足体育中心基本冷热需求，夏季需要供冷，冬季不需要采暖，全年需要用于淋浴等的生活热水。

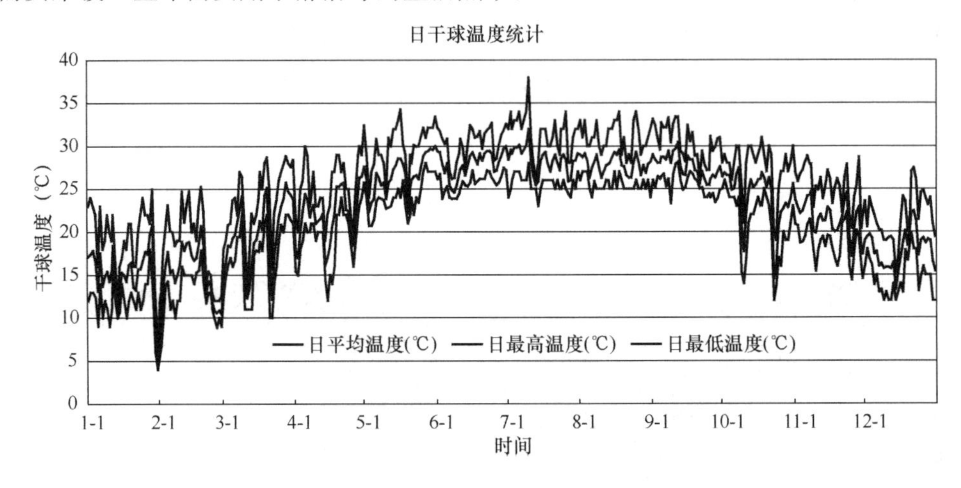

图6-91 深圳市典型年气象参数

对体育中心各空间的使用功能进行分析：对于地下一层的瑜伽室、储藏室、乒乓球室、健身房，一层的网吧、VIP室，二层的咖啡厅、阅览室、办公室等共计1890m^2的区域，需要保证夏季工作时段内的空调供冷，划分为“常用空调供冷区域”；而对于以综合体育馆为主的共计1063m^2的大空间区域，并没有规律的工作作息，而应根据用户的需求选择性进行空调供冷，划分为“大空间空调供冷区域”。空调供冷区域的划分如图6-92所示。

（2）常用空调区域供冷方案

对于在日常工作时段均开启空调供冷的常用空调供冷区域，采用不同的空调系统形式将影响建筑实际能耗。以常规的螺杆式电制冷机（额定$COP=5.0$）制冷的全空气系统为参考方案，将温湿度独立控制系统、多联机等方案与参考方案进行比较分析，最终选择在常用空调供冷区域中使用温湿度独立控制的供冷方式满足建筑物夏季供冷需求。

采用温度、湿度独立调节的空调系统，分别控制、调节室内的温度与湿度，从而避免了常规空调系统中热湿联合处理所带来的损失。由于温度、湿度采用独立的

图 6-92 空调供冷区域划分

(*a*) 地下一层常用空调供冷区域；(*b*) 一层常用空调供冷区域；

(*c*) 二层常用空调供冷区域；(*d*) 大空间空调供冷区域

控制系统，可以满足不同房间热湿比不断变化的要求，克服了常规空调系统中难以同时满足温、湿度参数的要求，避免了室内湿度过高（或过低）的现象。

系统机房设于地下一层，采用高温冷水螺杆机组制备高温冷水处理显热负荷，冷冻水供回水温度为 17/20℃，冷却水供回水温度为 32/37℃，冷却塔放置于地面警卫室旁。新风机选用热泵式溶液调湿新风机组，承担全部新风负荷。显热负荷由房间内干式风机盘管承担（见图 6-93*a*）。

新风末端采用基于下送风的置换通风方式（见图 6-93*b*），其工作原理是以极低的送风速度（0.25m/s 以下）将新鲜的冷空气由房间底部送入室内，由于送入的空气密度大而沉积在房间底部，形成一个空气湖。当遇到人员、设备等热源时，

(a)

(b)

图 6-93 楼内风机盘管及下送新风的地板风口

新鲜空气被加热上升，形成热羽流并作为室内空气流动的主导气流，从而将热量和污染物等带至房间上部，脱离人的停留区。回（排）风口设置在房间顶部，热的、污浊的空气就从顶部排出。于是置换通风就在室内形成了低速、温度和污染物浓度分层分布的流场。

（3）大空间空调区域供冷方案

根据负荷模拟结果，若按照大空间全部使用来计算，得出大空间空调供冷区域全年耗冷量 231.4MWh，最大冷负荷 245.7kW（同样模拟常用空调供冷区域冷负荷，可得其全年耗冷量 205.8MWh；最大冷负荷 218.5kW）。但由于实际运行中，大空间的空调系统使用率较低，实际运行的全年耗冷量远低于此数值；同时，此处计算最大冷负荷为全部空间的负荷，而实际运行时关注 2m 以下的区域，最大冷负荷也将小于此数值。

由上述计算分析可见，对大空间空调区域根据需求采用个性化的运行控制方案对建筑总体能耗有较大影响。因此，为保证重要运动会和文艺演出等的需要，对大空间空调区域采用预留的常规空调方案（螺杆机供冷送风）按照需求模式进行运行控制。

（4）生活热水供应方案

体育中心的生活热水主要用于运动员的淋浴。其中在新建建筑部分：用于打球、健身之后的沐浴，最高日使用人数 150 人；在既有建筑部分：用于游泳后的沐浴，最高日使用人数 100 人。热水定时供应，每天使用时间 4h，卫生器具（淋浴器）的小时用水定额为 300L，使用水温为 35℃。根据《建筑给水排水设计规范》GB 50015—2003 等标准可计算出每日供应热水的 4 个小时中生活热水最大加热负荷、设计小时热水量、全年加热量等指标。

在此基础上，以常规的燃气锅炉制备生活热水为参考方案，对空气源热泵结合冷凝热回收、太阳能热水结合空气源热泵等方案与参考方案进行比较分析，最终选择太阳能热水结合空气源热泵的方案作为建筑生活热水供应方案，实际系统见图 6-94。

图 6-94 建筑屋顶太阳能光热系统及空气源热泵辅助系统

深圳地区，在全国的太阳能条件方面属于资源一般区中的较高水平，根据《民用建筑太阳能热水系统应用技术规范》GB 50364—2005，深圳年日照时数属于 2200～3200h 范围，水平面上年太阳辐照量属于 5000～5400MJ/(m^2·a)范围。由于太阳能辐射的不稳定性，所以采用太阳能作为生活热水的能源时，需要采用辅助加热的设备来进行补充，在深圳地区，由于室外温度较高，采用空气源热泵来补充生活热水具有较高的能效比。

汇总最终选用的系统能源方案，对比其优劣势见表 6-17。

系统方案汇总 **表 6-17**

供冷供热方案		优势/先进性	劣势	节能效果	回收期
常用空调供冷区域	温湿度独立控制	高效处理新风，提高制冷系统 *COP*	初投资较高	与常规空调相比，节能 31.2%	2.7 年
大空间空调供冷	预留的常规空调方案	—	—	—	—
生活热水	150m^2 太阳能热水＋空气源热泵补热	应用免费的太阳能，具有显著的节能效果	初投资较高，占用面积较大	与燃气锅炉供热相比，节能 73.3%	5.8 年

将参考的常规冷水机组供冷方案、燃气锅炉供应生活热水方案，和实际选用的温湿度独立控制供冷、太阳能热水结合空气源热泵供应生活热水方案进行比较分析。实际选用方案的节能率为45.2%，初投资回收年限为5.3年，具有显著的节能效果和较好的经济性。

(5) 照明优化方案

优先选用T5高效荧光灯、节能灯。办公、商店、阅览室等场所的照度功率密度值参考照明目标值设计，控制在9～11W/m^2，同时辅以分区控制策略，从而达到照明节能的目的。对大空间的中庭羽毛球场顶部照明采用分区控制，其顶部共有5排×16盏/排=80盏照明灯，每盏灯功率150W，下午4：00以后根据羽毛球场租用情况开启部分分区的照明，以此实现照明节能。

6.5.4 建筑能耗表现

华侨城体育文化中心建成于2008年，对其建成后建筑能耗进行监测，分析其实际运行能耗。此处以2009年4月～2010年3月一年内建筑能耗数据为例进行分析。

统计表明，建筑全年总耗电为21.86万kWh，折合单位新建建筑面积耗电50.0kWh/(m^2·a)。分析全楼能耗中各部分比例，照明插座设备能耗所占比例最大，为21.2 kWh/(m^2·a)，占全年总能耗42%，空调能耗全年值为12.4 kWh/(m^2·a)，占全年总能耗25%。单位建筑面积全年电耗拆分见图6-95。

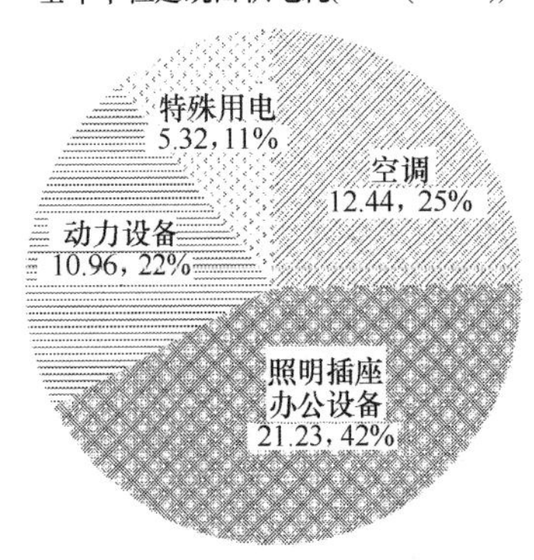

图6-95 华侨城体育文化中心全年单位建筑面积电耗拆分图

将建筑全年逐月电耗进行拆分比较，如图6-96所示。从拆分结果可以看到，照明插座设备能耗全年较为稳定，而其他各分项表现了明显的季节变化性。其中，空调能耗峰值出现在室外最热的7、8月份；动力设备用电一项主要为游泳池水泵用电，其变化也反映了泳池在各季节间使用率的差别；特殊用电主要内容为生活热水供应系统用电，可以看到因为夏季太阳能资源相对较为充足，生活热水供应系统电耗也相应较低。

根据电表和热水水表读取建筑生活热水供应

系统的耗电量及耗水量可以计算太阳能热水系统的年保证率。计算得到，全年太阳能保证率均值为 88.83%。其中，7～10 月保证率很高，高于 95%，11 月～次年 3 月保证率相对较低，低于 60%。系统整体取得了较好的节能效果和运行实效。

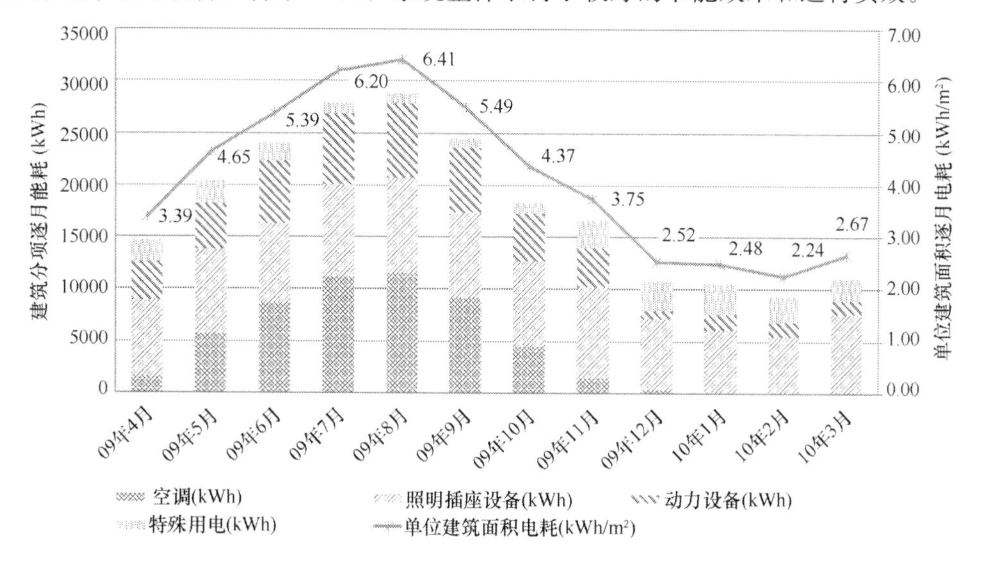

图 6-96 华侨城体育文化中心全年逐月电耗

6.5.5 经验总结

对深圳华侨城体育文化中心的运行能耗监测表明该建筑实际运行效果良好，年运行能耗显著低于同类建筑；同时，对建筑使用者的环境舒适度调查表明，80%以上的受访者对建筑总体环境满意。

该项目通过对当地气候特点、功能房间需求、技术集成等综合考虑，以及精细化的模拟辅助节能设计工作，实现了对建筑的围护结构、能源系统、采光、自然通风等方面的优化，最终形成独具特色的节能技术方案，如表 6-18 所示。

节能技术方案 表 6-18

编号		技术方案	优势
被动式技术	1	多种遮阳方式的应用，与建筑的一体化	充分利用山形地势，构建多样化的遮阳设计，同时保持良好的观景效果
	2	围护结构性能优化	适度保温、重视隔热的围护结构性能设计
	3	自然通风	屋顶拔风、建筑导风
	4	自然采光	地下室采光井/半地下空间/采光天窗等的灵活应用，实现了自然光的充分利用，节省照明电耗

续表

编号		技术方案	优势
主动式技术	5	温湿度独立控制系统	创新节能技术，灵活的控制手段，实现了系统 *COP* 较常规系统较大提升，具有显著的节能效果
	6	空气源热泵＋太阳能热水	应用免费的太阳提供生活热水，具有显著的节能效果和环保效果，太阳能光热建筑一体化利用和屋顶绿化有机结合
	7	高效照明系统	高效灯具的应用，智能化的控制系统
	8	智能楼控系统、能耗分项计量系统	提供了完善的管理手段，以及运行数据的统计渠道，为运行优化提供支撑

该建筑作为体育中心功能型建筑，在设计阶段通过采用被动技术优先、主动技术优化的技术路线，针对建筑实际特点（地域特点、功能特点等）进行了多方面的考虑。

在被动技术设计方面，为考察该建筑自然通风、自然采光的实际效果，于2010年4月下旬对建筑进行了实际测试。在未开启空调系统的工作环境下，对大中庭顶部的16个通风采光天窗（2.6m×2.9m）进行实测（天窗顶部为封闭玻璃用于中庭自然采光，天窗四周为常开通风百叶），测试计算得换气次数为2.76～4.15次/h，平均为3.5次/h，可实现室外空气温度在24℃以下时，无需开空调系统。自然通风换气效果达到了设计目标，节能效果显著。此外，通过实测自然采光效果，也得到了较为满意的结果。在测试工况（4月22日上午10：00～11：00，室外照度为15000～20000lx）下，主要活动区域的采光系数达到3%以上，75%的区域采光系数满足要求。结合人工照明的分区控制、分区开启策略，大大降低了运行中的照明能耗。

主动技术优化方面，通过区分房间的朝向，细分空调区域，实现空调系统分区控制；根据负荷分析、方案对比等确定适宜的系统方案。实际运行中，按照既定策略实现分区、分时控制，在建筑物处于部分冷热负荷时和仅部分空间使用时，采取有效措施节约系统运行能耗，从而实现低能耗绿色运行。

6.6 广州设计大厦

6.6.1 建筑概况

广州设计大厦位于广州市体育东路体育东横街3号，地处广州天河区经济繁华区域，是一座地下 1 层、地上 21 层、总建筑面积 21319m² 的办公建筑（见图 6-97）。其中，一～十四层是广州市设计院的办公区，其空调系统与其他楼层完全独立开，各项电费也与其他楼层分开计量。案例的研究对象为设计大厦的一～十四层，为叙述方便，之后统一称为“设计大厦下区”。设计大厦下区的建筑面积为 12180m²，空调面积约 8630m²，全部为办公用途。

图 6-97 设计大厦全景图

6.6.2 改造前的建筑能耗及空调系统情况

设计大厦下区自 1997 年开始投入使用，之后未进行过比较系统的改造，直到 2011 年其空调设备已运行了 14 年。

抄表数据显示，设计大厦下区 2008～2010 年的用电量如表 6-19 所示。

设计大厦下区2008～2010年用电数据 **表6-19**

年份	总用电量（kWh）	空调系统用电（kWh）	其他用电（照明、动力等）（kWh）	空调电耗占总电耗百分比	单位建筑面积年能耗（kWh/m²）	单位建筑面积年空调能耗（kWh/m²）
2008	1285407	400075	885332	31.12%	105.5	32.9
2009	1307089	487187	819902	37.27%	107.3	40.0
2010	1234603	424006	810597	34.34%	101.4	34.8

以2008年为例，设计大厦下区逐月电耗见图6-98。

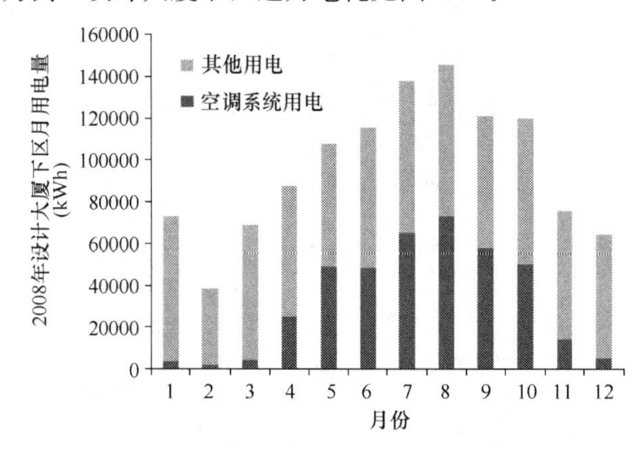

图6-98 设计大厦下区2008年逐月电耗数据

改造前设计大厦下区的冷源系统主要参数见表6-20。

设计大厦下区冷源系统主要设备参数表 **表6-20**

设备名称	设备参数	数量
螺杆式冷水机组1	RTHA-300（标准型） Q=914kW（260RT） N=194kW/380V/50Hz	2
冷冻水泵	XA125/32 Q=200m³/h H=320kPa n=1450rpm N=30kW/380V/50Hz	3
冷却水泵1	XA125/32 Q=240m³/h H=295kPa n=1450rpm N=30kW/380V/50Hz	3

续表

设备名称	设备参数	数 量
逆流式冷却塔	KT-250L 水量 250m³/h N=7.5kW/380V/50Hz	2
螺杆式冷水机组 2	RCU80SY2 Q=250kW（71RT） N=61.4kW/380V/50Hz	1
冷却水泵 2	GD100-30 流量 60m³/h 扬程 226kPa n=2950r/min N=7.5kW	2
冷却塔（低噪声型）	KT-70L 水量 70m³/h N=2.2kW/380V/50Hz	1

空调系统的冷源由两台 260RT 和 1 台 71RT 的螺杆式冷水机组组成。冷冻水侧和冷却水侧均为一次泵定流量系统。制冷机房位于一层，冷却塔设置于四层及二十一层屋面。空调水系统采用两管制异程的形式。空调系统末端分为两类，大空间内采用全空气系统，小空间采用风机盘管加独立新风系统形式。结合广州地区的气候特点，空调系统的运行时间为每年的 4 月 15 日～11 月 15 日，冬季空调停止运行，通过自然通风可基本满足室内舒适性需求。

抄表数据显示，空调系统中各类设备所占的电耗比例（以 2008 年数据为例）如图 6-99 所示（因电表设置原因无法拆分水泵和冷却塔用电量）。

2011 年，通过项目组的现场调研，发现空调系统的运行中主要存在以下问题：

1）部分主要设备因使用年限较长而陈旧，运行效率下降；

2）冷水输送采用一次泵定流量系统，部分负荷运行时出现大流量小温差的问题；

3）主机容量配置较大，在不变频条件下两台大冷水机组并联运行时大流量小温差的问题更加突出；

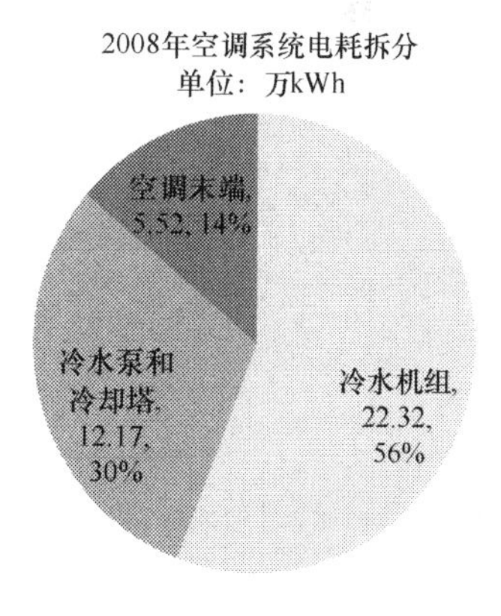

图 6-99 设计大厦下区 2008 年空调系统用电拆分

4）部分空调区域存在冷热不均的情况，例如办公大堂空调区域温度偏低，而电梯厅温度偏高；

5）个别开放办公区等区域由于传感器位置设置不当，使得室内温度偏低，室

内人员为了提高室内温度而打开外窗，从而增加了冷负荷；

6）全空气系统新、回风阀由于使用时间较长，调节性能很差。

从调研结果看，设计大厦下区原有空调系统的水系统变流量特性较差，设备陈旧，末端调节特性不佳，这也是广州地区较早投入使用的中央空调系统所存在的共性问题。因此，项目组决定对设计大厦下区的空调系统进行一次全面改造，并为该地区同类型建筑的改造工作提供参考案例。

6.6.3 空调系统改造方案及改造效果

(1) 改造项目一：设置中央空调能效自动跟踪评价系统

为保障空调系统改造的效果，项目组自行开发并应用了“中央空调能效自动跟踪评价系统”(以下简称评价系统)。该系统通过在空调系统内安装的各类电子元件收集系统的运行数据，自动将测试结果上传数据库，并利用自制软件界面实时统计和显示空调系统的运行状态，还可通过互联网进行远程数据操作。

与目前常见的能源管理系统相比，评价系统除了监测系统的运行数据外，还能实时计算并显示空调系统各子循环及整体的瞬时能效、平均能效、负荷率等数据，如图 6-100 所示。

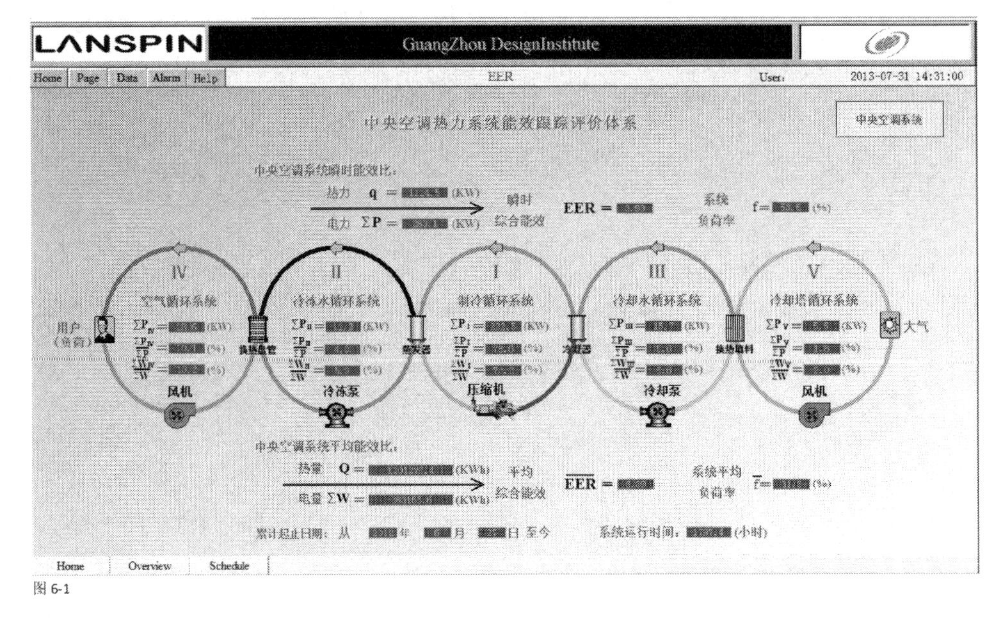

图 6-100 设计大厦下区中央空调系统自动跟踪评价系统评价界面

在确定具体的改造方案前，项目组通过评价系统连续监测了 2011 年 7～11 月共五个月的空调系统运行数据（见表 6-21），对系统的运行状况有了清晰认识。

改造前空调系统主要运行参数（2011 年 7～11 月平均值） **表 6-21**

冷水机组平均 *COP*	4.26
冷冻水泵输送系数（*EER*）	16.3
冷却水泵输送系数（*EER*）	19.5
冷却塔能效（*EER*）	151.5
末端平均能效（*EER*）	19.6
冷源系统平均能效（*EER*）	2.70
空调系统平均能效（*EER*）	2.37
系统平均负荷率	27.4%

运行数据显示，空调系统内各子循环的能效值均处于较低水平，特别是冷冻水泵和冷却水泵的输送系数严重偏低。结合系统平均负荷率低于 30%的状况，项目组认为将一次侧定流量系统改为一次侧变流量系统将显著提升系统的能效。围绕这一措施，项目组提出了“热力按需分配，电力按需投入”的改造原则，通过变频等手段使得空调系统所有设备的能耗均能随需求冷量变化。全面的改造工作从 2011 年 12 月开始，至 2012 年 6 月基本结束。

设置评价系统的另一项优势是，在改造工作完成后，评价系统能继续监测空调系统的运行情况，一方面提供改造前后同期（2011 年 7～11 月与 2012 年 7～11 月）的数据对比，另一方面为全年能耗分析等深入研究工作提供数据支持。

（2）改造项目二：制冷主机的改造

根据评价系统的运行数据记录，改造前空调系统 2 台 260RT 与 1 台 70RT 的冷水机组的平均性能系数（*COP*）如表 6-22 所示。

改造前冷水机组平均 *COP* **表 6-22**

机组	1 号 260RT	2 号 260RT	3 号 70RT
COP	3.31	5.16	2.60

很显然，1 号与 3 号冷机的能效已经严重偏低。另一方面，依据负荷计算及实测冷量的数据，项目组认为系统原有的冷机选型偏大；目前设计大厦下区的平时负荷约为 330RT，加班负荷约为 30RT。因此，综合考虑投资回报的因素后，项目组

制定了如下改造方案：

1）将3号机组更换为80RT水冷螺杆式冷水机组；

2）对1号机组进行维修及保养，之后作为备用机组；

3）通过2号机组和更换后的3号机组的搭配运行能够满足330RT的平时负荷和30RT的加班负荷。

改造前后同期的冷机*COP*对比如图6-101所示。可以看出，改造后冷机的平均*COP*有了明显提升。

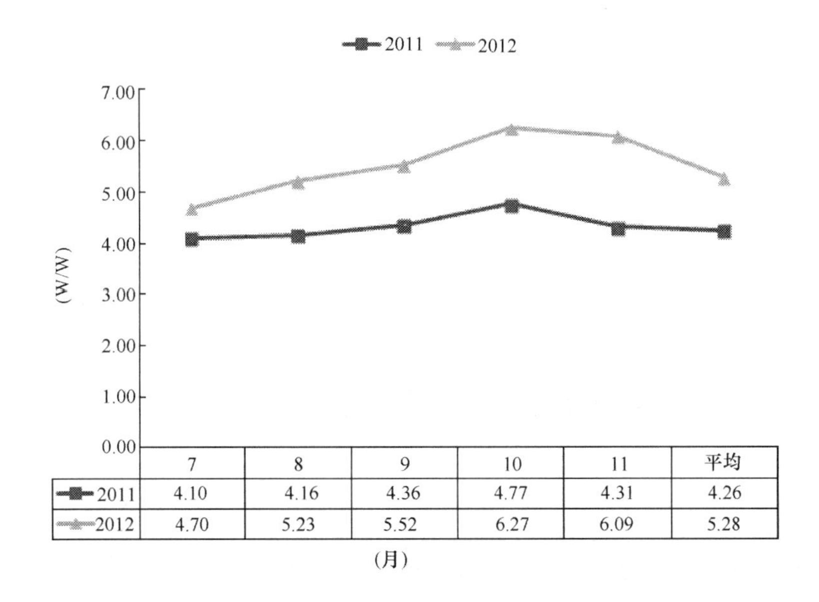

	7	8	9	10	11	平均
2011	4.10	4.16	4.36	4.77	4.31	4.26
2012	4.70	5.23	5.52	6.27	6.09	5.28

图6-101　改造前后冷水机组平均*COP*对比

（3）改造项目三：水泵的变频改造

以改造前2011年8月1日的运行数据为例，空调系统从7：34开始运行，直到18：20停机。评价系统在当天共记录了46组运行数据，其中冷冻水总供回水温度和冷却水总供回水温度如图6-102所示。可以看出，即使在全年温度最高的8月份，冷冻水和冷却水的供回水温差基本维持在3K左右，处于“大流量、小温差”的运行状态。

另一方面，评价系统的数据显示，改造前空调系统各水泵的平均效率如表6-23所示，均远低于70%的设计效率。因此，项目组决定通过更换水泵，将水系统改造为双侧一次泵变流量系统，以适应当前的运行工况。

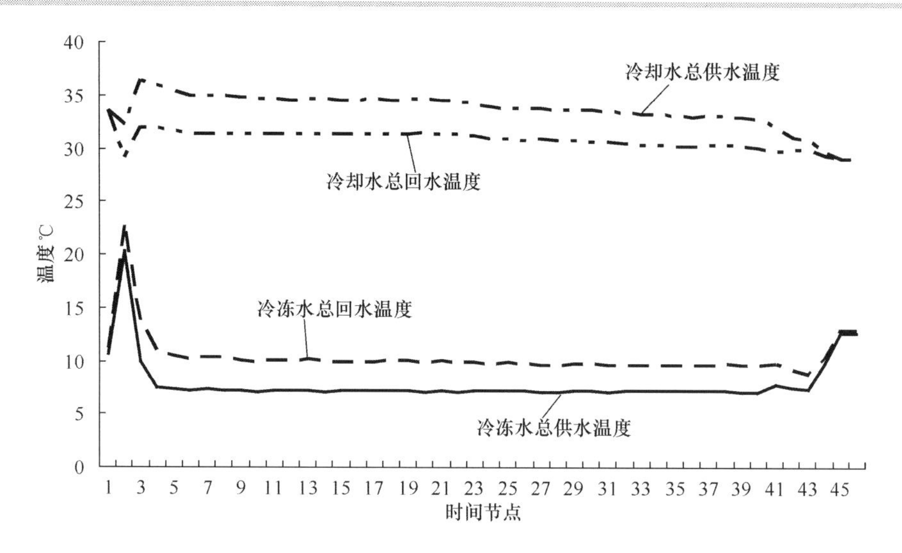

图 6-102 设计大厦下区空调水系统 2011 年 8 月 1 日供回水温度

改造前水泵的效率 **表 6-23**

水泵编号	平均效率	水泵编号	平均效率
冷冻水泵-1	53.1%	冷却水泵-1	55.2%
冷冻水泵-2	56.0%	冷却水泵-2	56.8%
冷冻水泵-3	57.3%	冷却水泵-3	54.6%

更换后的冷冻水泵和冷却水泵的参数如表 6-24 所示。

改造后的水泵参数 **表 6-24**

水泵类型	数 量	流量（m^3/h）	扬程（kPa）	其他参数
冷冻水泵	4	80	320	变频控制；水泵效率≥75%
冷却水泵	4	100	250	变频控制；水泵效率≥75%

改造之后，冷冻水泵和冷却水泵的平均能效比改造前同期有了大幅提升，如图 6-103 和图 6-104 所示。改造后水泵的电耗仅为改造前的 1/4～1/3 左右，节能效果显著。

（4）改造项目四：冷却塔变频改造

评价系统的数据显示，改造前冷却塔的能效仍属于正常范围内。但是，项目组对冷却塔进行了一系列变流量运行测试，结论是其不适合变水量运行。为了配合冷

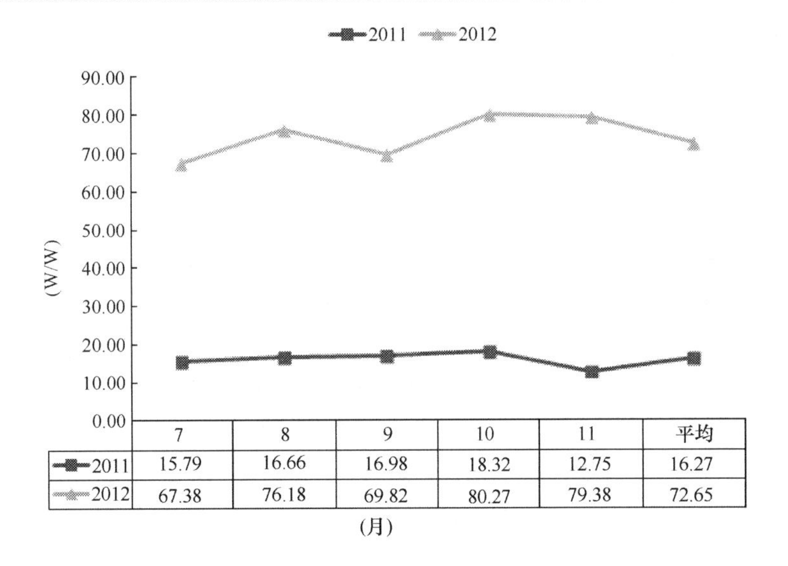

图 6-103 改造前后冷冻水泵 *EER* 对比

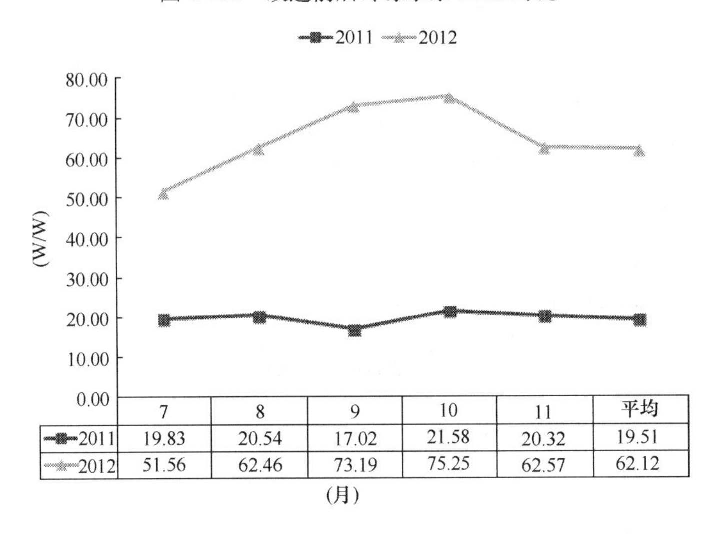

图 6-104 改造前后冷却水泵 *EER* 对比

却水泵的变频改造，项目组决定将冷却塔更换为可变流量型横流式冷却塔，参数如表 6-25 所示。

改造后的冷却塔参数 **表 6-25**

型 号	数 量	流量（m^3/h）	进出水温度（℃）	其他参数
低噪声方形横流式冷却塔	4	100	32/27	变频控制 可变流量范围 40%～110%

改造后，冷却塔的换热能效也比改造前有一定提升，见图 6-105。

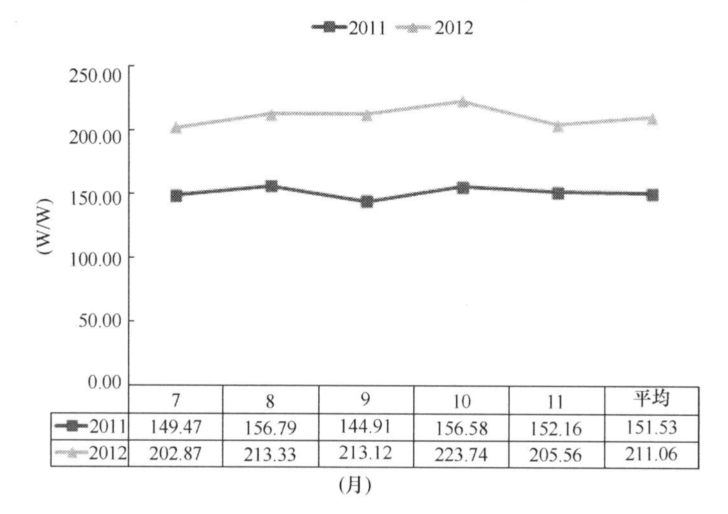

图 6-105 改造前后冷却塔 *EER* 对比

(5) 改造项目五：空调系统末端改造

设计大厦下区空调系统末端主要为全空气系统和风机盘管加独立新风两种空调方式。大部分设备自 1997 年起投入使用，其运行效率有很大衰减，且变风量性能较差。在本次改造工作前，部分设备已经进行过更换，包括一层总承包公司部分、二层局部、五层全部、七层的局部等，项目组认为上述区域的空调设备及附件无需再次更换，但应增加空调自控系统。

设计大厦下区的其他区域大多为综合设计室，按照每个设计室的需求，采用了不同的装修形式和空调形式：九层、十一层、十三层和十四层采用全空气空调形式；其余楼层则采用的是风机盘管加独立新风的空调形式。对这些楼层风系统的具体改造内容包括：

1）更换部分老化设备，包括立柜式空气处理机、新风处理机组等，取消两台噪声比较大的轴流排风机，更换为管道式离心排风机；

2）立柜式空调处理机及吊式新风处理机加装变频器，加入自控系统；

3）风机盘管更换为直流调速控制；

4）全空气系统的新风管道加大，允许过渡季节全新风运行；

5）设置新风需求控制，增加 CO_2 监测传感器，根据室内 CO_2 浓度检测值增加或减少新风量；

6）调整室内温度传感器的位置，为每个办公室设置独立控制面板及计费装置，实现按需调节室内温度。

同时，项目组也进行了空调水系统的改造工作。空调各末端设备独立的温控装置采用全新的自动控制原理，在各层水系统最不利点设置压差变送器，保证系统最不利端的供回水压差能够满足设计要求；另外，在各个末端设备（包括空气处理机、新风处理机、风机盘管等）供回水管上增加热力控制阀，使末端设备供回水温差保证在设计范围内。

为比较不同的水力平衡措施在空调水系统中的调节作用及特性，为今后的研究提供数据参考，项目组在不同楼层采用了不同的水力平衡技术。例如，十一层采用了动态加静态调节阀组合的调节措施，保证各支路的压差在设计的范围内；十二层是风机盘管加独立新风的形式，除了采用了动态加静态调节阀组合的调节措施外，又在风机盘管侧供回水总管上增加温差控制阀，使得该主管上供回水温差在设计范围内运行。

改造后，空调系统末端的能效也有所提升，见图 6-106。

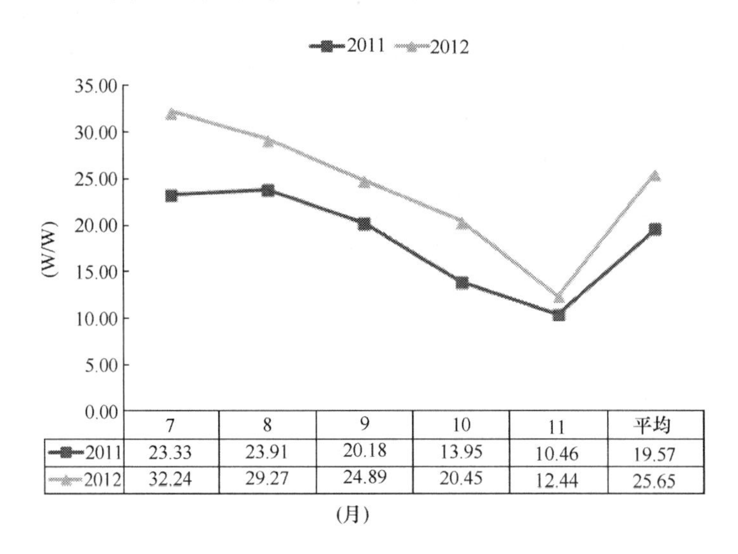

	7	8	9	10	11	平均
2011	23.33	23.91	20.18	13.95	10.46	19.57
2012	32.24	29.27	24.89	20.45	12.44	25.65

图 6-106　改造前后空调末端 *EER* 对比

（6）改造项目前后系统能效对比

对比改造前后 7～11 月的运行数据，空调系统各子循环的平均能效均有所提升，相应的，改造后整个空调系统的能效也比改造前有了很大提升，*EER* 值由原

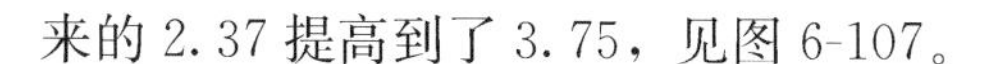
来的 2.37 提高到了 3.75，见图 6-107。

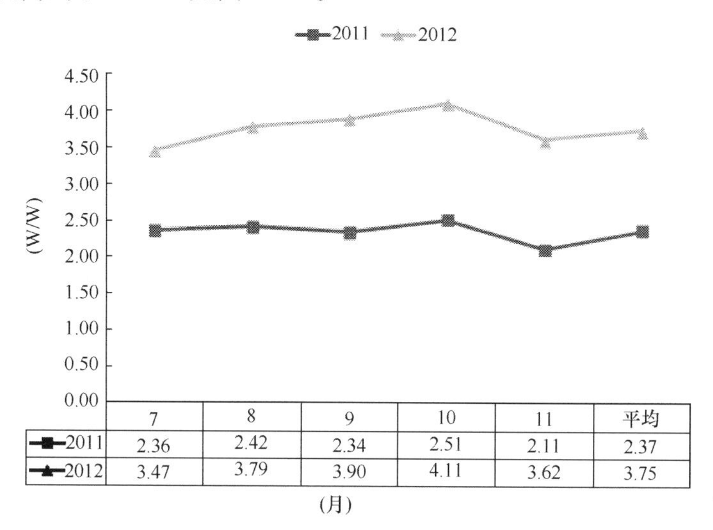

	7	8	9	10	11	平均
2011	2.36	2.42	2.34	2.51	2.11	2.37
2012	3.47	3.79	3.90	4.11	3.62	3.75

图 6-107　改造前后空调系统 *EER* 对比

改造工作带来的节能效果不仅仅体现在能效提升上。图 6-108 是改造前后同期设计大厦下区的供冷量对比。可以看出，采用了更好的末端控制技术后，系统的供冷量减少了约 23%。例如，在温度较高的 7、8 月份，由于采用了动态新风技术，减小了新风负荷；由于室内温度控制系统运行良好，局部过冷的问题得到解决，也促使了供冷量的减少。

综合了能效提升和供冷减少的效果后，整体改造工作的成果最终体现在空调耗电量的变化上。图 6-109 是改造前后空调系统耗电量的对比，红色面积即为改造后比改造前节约的电量。从总数上看，改造后比改造前节省了空调用电 15.9 万 kWh，节能率达到 51.6%，说明改造工作取得了非常好的效果。

由于各项改造措施间的互相影响，要完全定量分析各自的节能量是不可能的。但是，为了大致评估各项节能措施对降低耗电量的贡献程度，项目组使用了以下算法重新整理数据，得出了如图 6-110 所示的节电量贡献分布：

1）计算改造前后节省的供冷量，将该供冷量除以改造后的空调系统能效值，得到降低供冷量所带来的节电量；

2）将各子循环改造后的用电量都除以改造前后的供冷量比，得到假设供冷量没有改变情况下的等效用电量；

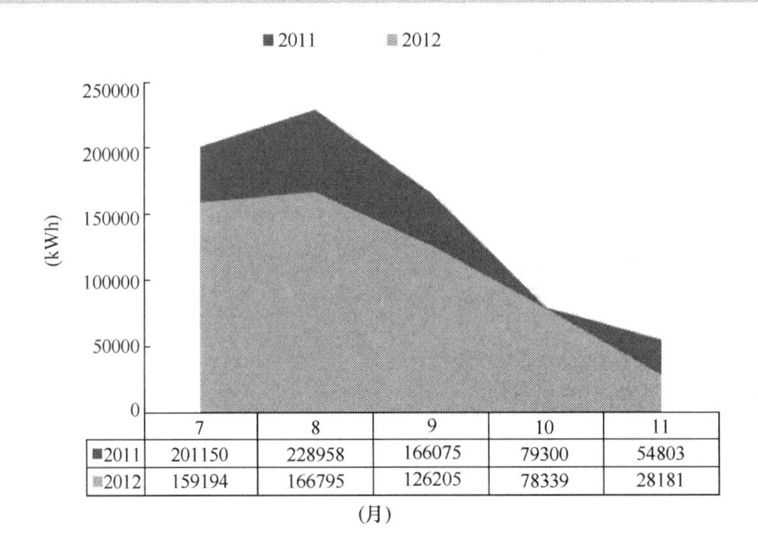

图 6-108　改造前后空调系统供冷量对比

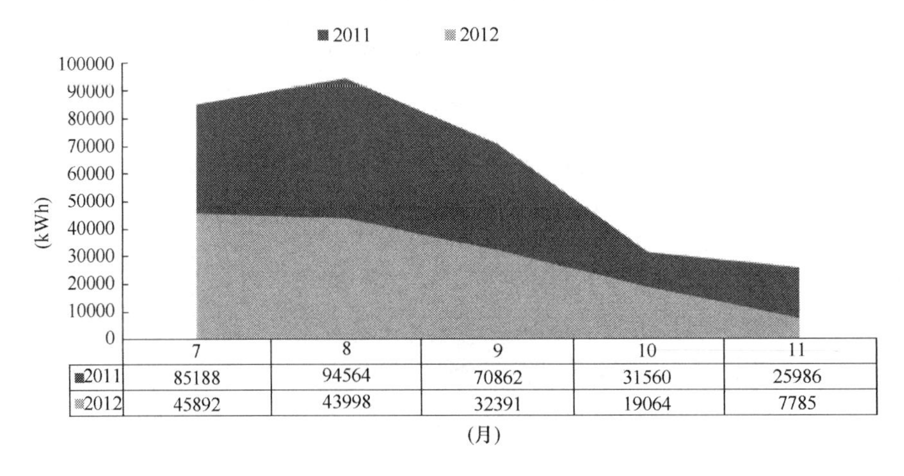

图 6-109　改造前后空调系统耗电量对比

3）用改造前的用电量减去第 2）步中算出的等效用电量，得出各子循环的等效节电量；

4）验证：将第 1）步和第 3）步中的所有等效节电量相加，结果应等于改造后的实际节电量。

6.6.4 改造后空调系统全年能耗分析

（1）全年耗电分析

设计大厦下区的空调系统节能改造工作于 2012 年 6 月份基本完成，项目组从

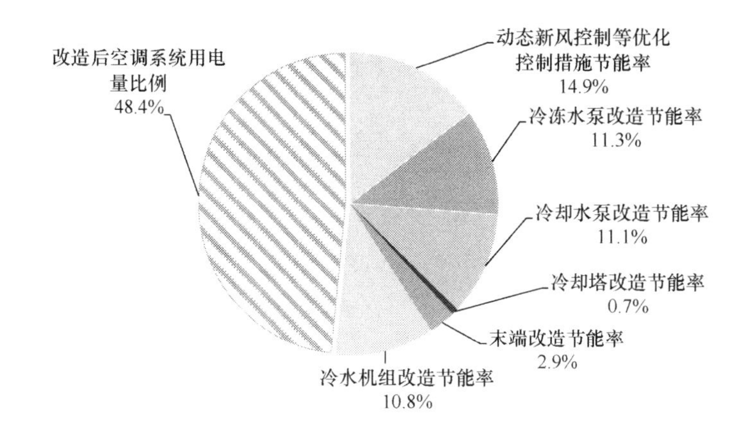

图 6-110 改造后用电量（比例）及各改造项目节能量贡献

评价系统中提取了 2012 年 7 月～2013 年 6 月份共 12 个月的运行数据，进行全年能耗分析的工作。（为表达方便，本节中的逐月数据分析部分将把 2013 年的 6 个月数据提前，按常规从 1 月开始至 12 月结束）

图 6-111 表示了空调系统逐月的分项耗电量，图 6-112 是全年累计耗电量中各分项所占比例。对比改造前的分项比例（图 6-99）可以明显看出，改造后系统的输配能耗所占比例大幅降低，空调系统中 72％的电耗是在冷水机组上，输配系统约占 14％，空调末端约占 14％。图 6-113 是改造前的 2008～2010 年的空调系统全年耗电数据与改造后这一年的对比，可以看到很显著的节能效果。

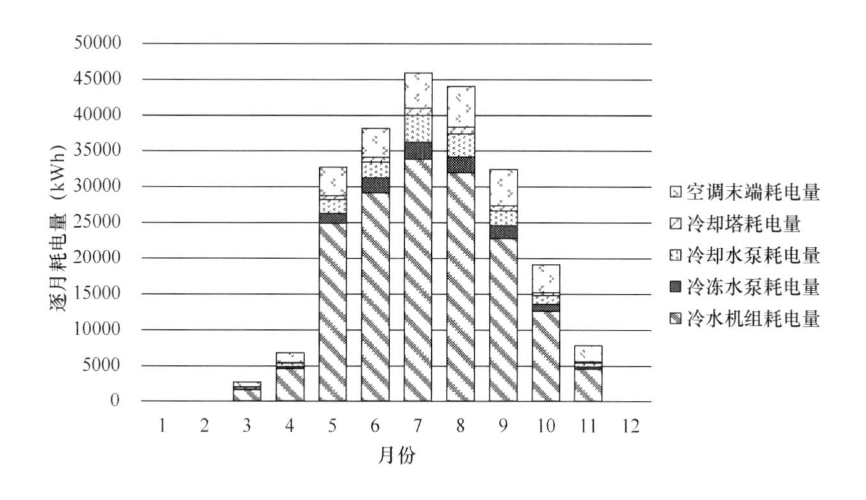

图 6-111 空调系统逐月分项耗电量

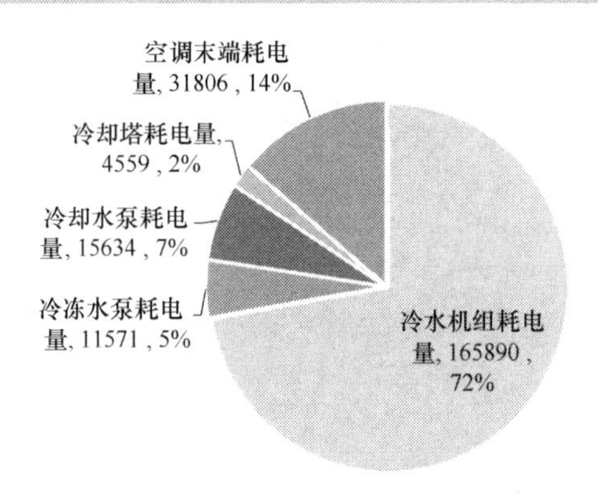

图 6-112 空调系统全年分项耗电量（kWh）及比例

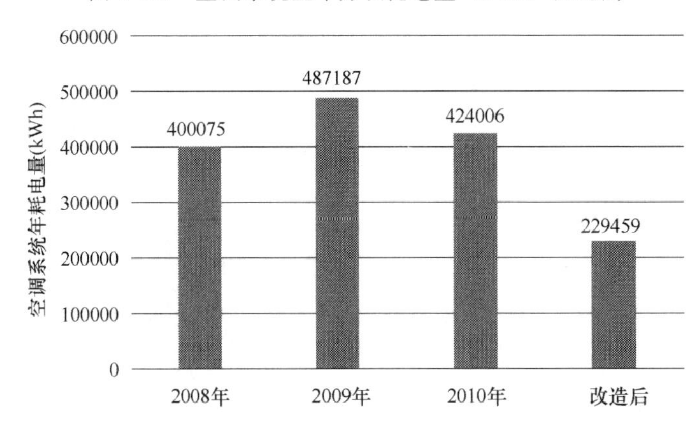

图 6-113 改造前后全年空调系统耗电量对比

（2）全年能效分析

改造后空调系统的逐月能效如图 6-114 所示。可以看到，由于执行了“热力按需分配，电力按需投入”的改造策略，在部分负荷的月份，系统的能效要高于满负

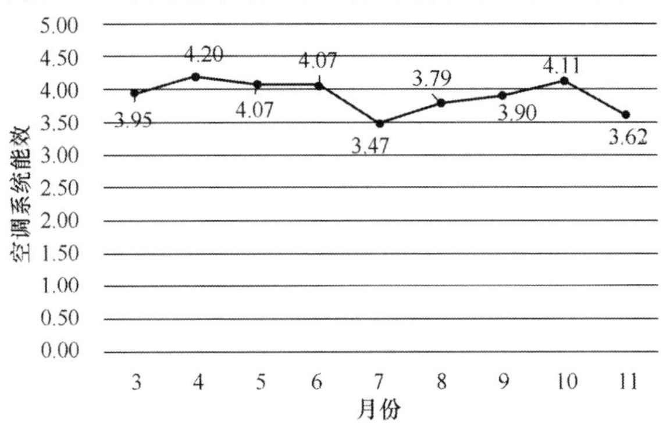

图 6-114 空调系统逐月能效（*EER*）

荷的 7、8 月份。也就是说冷机大小搭配运行、水泵变频、末端变频以及优化的控制策略带来了预想中的改造效果，使目前的空调系统在各种工况下都能运行于节能模式。系统全年的平均能效为 3.86。

项目组使用下述算法对空调系统的设计能效进行了估算：统计各设备的配电功率，再乘以同时运行系数（末端设备取 0.8，水泵和冷却塔取 0.9，冷机取 1.0）后，得出系统的运行功率；通过负荷计算软件得出建筑物的设计点冷负荷；二者相除定义为系统的设计能效值。设计能效值的计算结果为 3.25，也就是说在实际运行中，每个月份的系统能效都高于设计能效。这从另一个方面体现了良好的改造效果。

此外，由于末端设备用电计量的困难，一些时候人们更关注冷源系统的能效。图 6-115 是冷源系统的逐月能效，可以更加明显的看出在部分负荷下系统的节能运行效果。冷源系统的全年平均能效是 4.48。

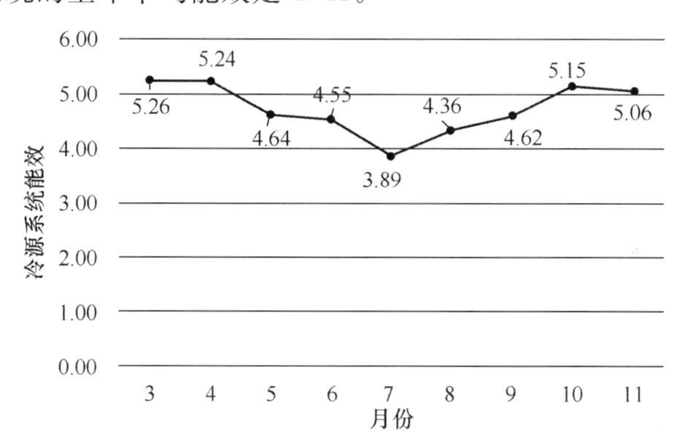

图 6-115 冷源系统逐月能效（*EER*）

（3）改造后空调系统主要数据指标汇总

改造后系统运行的主要数据指标如表 6-26 所示。

改造后主要数据指标 **表 6-26**

指标	值	指标	值
冷水机组平均 *COP*	5.31	冷源系统平均 *EER*	4.48
冷冻水泵平均 *EER*	78.1	空调系统平均 *EER*	3.86
冷却水泵平均 *EER*	71.7	单位建筑面积冷机电耗	13.6kWh/(m^2·a)
冷却塔平均 *EER*	239.5	单位建筑面积水泵电耗	2.2kWh/(m^2·a)
空调末端平均 *EER*	29.6	单位建筑面积冷却塔电耗	0.4kWh/(m^2·a)

续表

指　标	值	指　标	值
单位建筑面积空调末端电耗	2.6kWh/(m²·a)	空调系统年总供冷量	886144kWh
单位建筑面积空调总电耗	18.8kWh/(m²·a)	年节电量❶	207629kWh
单位建筑面积供冷量	72.8kWh/(m²·a)	节能率	47.5%
空调系统年总电耗	229459kWh		

（4）与同类建筑的横向对比

图6-116是设计大厦下区的运行数据同张海军等（2007）的文献[1]中提供的数据的对比结果。在该文献中提供了四栋同样在广州地区的办公建筑的空调分项能耗，从图中可以看出，即使是在改造前，设计大厦下区的能耗水平就要低于文献中的四栋建筑，而改造后的能耗水平则更明显远低于文献值。

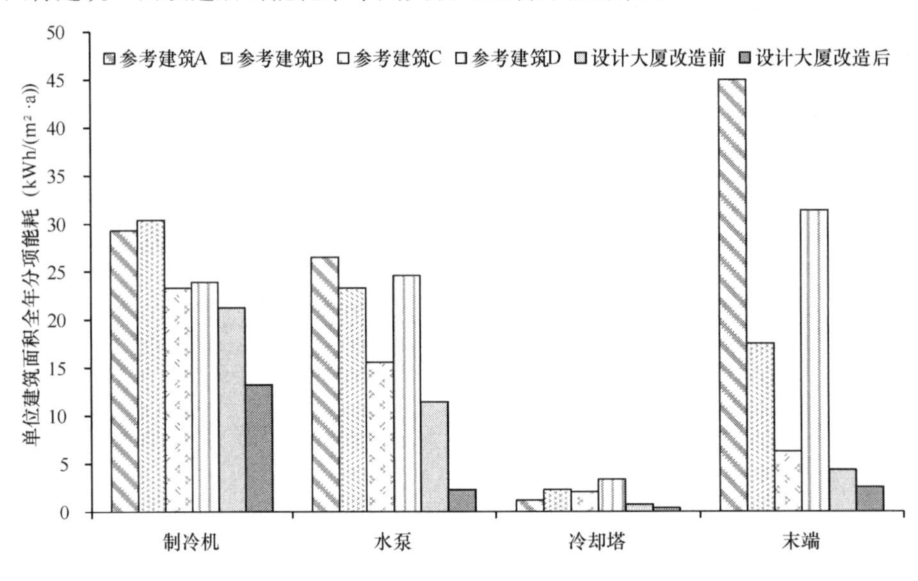

图6-116　各分项能耗与同类建筑的对比

图6-117是设计大厦下区的运行数据同李志生等（2008）的文献[2]中提供的数据的对比结果。该文献中提供了9栋广州地区的办公建筑的单位面积空调能耗值。可以看出，改造前设计大厦下区的空调用电水平在其中属于中等，而改造后是其中能耗最低的一座建筑。

❶　节电量为改造后的2012年7月～2013年6月相对2008～2010年三年平均年耗电的节电量，下面的节能率同理。

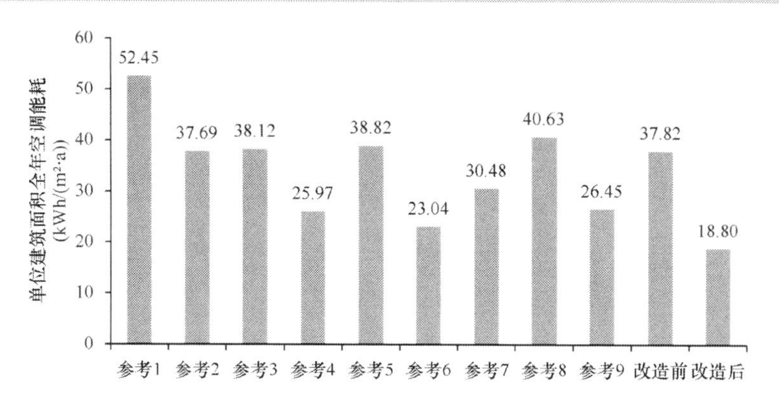

图 6-117　单位面积空调能耗与同类建筑的对比

上述的文献间横向对比表明，设计大厦下区空调系统改造工作在该地区同类型建筑中可以作为一个成功的改造案例进行展示与推广。

6.7　天津天友绿色设计中心

6.7.1　项目简介

天友绿色设计中心办公楼位于天津市华苑新技术产业园区开华道 17 号，为既有建筑改造项目。改造前为普通 5 层电子厂房，建筑形象平庸，围护结构无保温措施并且建筑进深大，导致通风不畅，系统为市政热网与局部分体空调相结合。经 2012 年改造后为局部 6 层的办公建筑，一层为展厅、会议室、图档室和能源机房等，二～五层为办公区，六层为加建的健身活动房、餐厅等，建筑无地下层，改造后的建筑面积为 5700m^2，高度 25m。图 6-118 和图 6-119 分别为改造前、后的建筑

图 6-118　改造前建筑图

图 6-119　改造后建筑图

外观图。

6.7.2 天友绿色设计中心能耗现状

天友绿色设计中心消耗的能源主要是电力，用于空调、照明、办公设备等。该建筑的电耗数据来自于从2013年6月中旬开始正式使用的能耗监测平台的逐月分项能耗数据。此处以2013年6月16日～2013年12月24日的能耗数据为依据，推测全年的运行能耗，并进行分项拆分和分析。

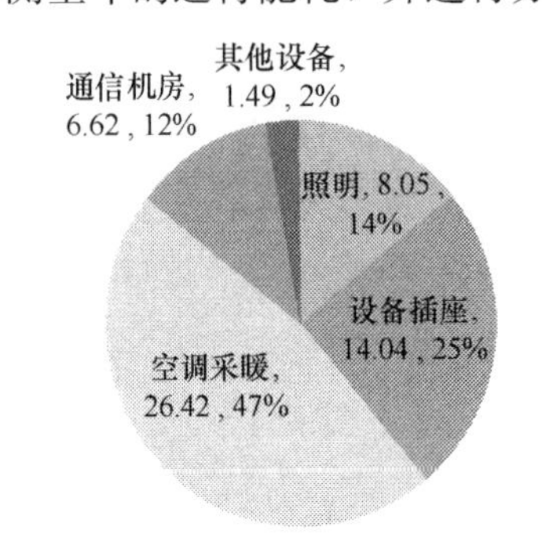

图6-120 天友绿色设计中心全年单位建筑面积电耗拆分图

依据12月推算1、2月能耗，11月推算3月能耗，过渡季10月推算4、5月的能耗可以得到，建筑全年总耗电约为32.27万kWh，折合单位建筑面积电耗约为56.62kWh/(m²·a)，与一般办公建筑相比属于低能耗办公建筑。分析全楼能耗中各部分比例（见图6-120和图6-121），空调和采暖能耗为26.42 kWh/(m²·a)（占全年总能耗47%），约为天津当地采用中央空调系统的办公建筑空调采暖能耗的50%；照明能耗为8.05 kWh/(m²·a)（占全年总能耗12%），比当地办公建筑照明系统节能55%。是什么原因使得天友绿色设计中心能够如此节能呢？

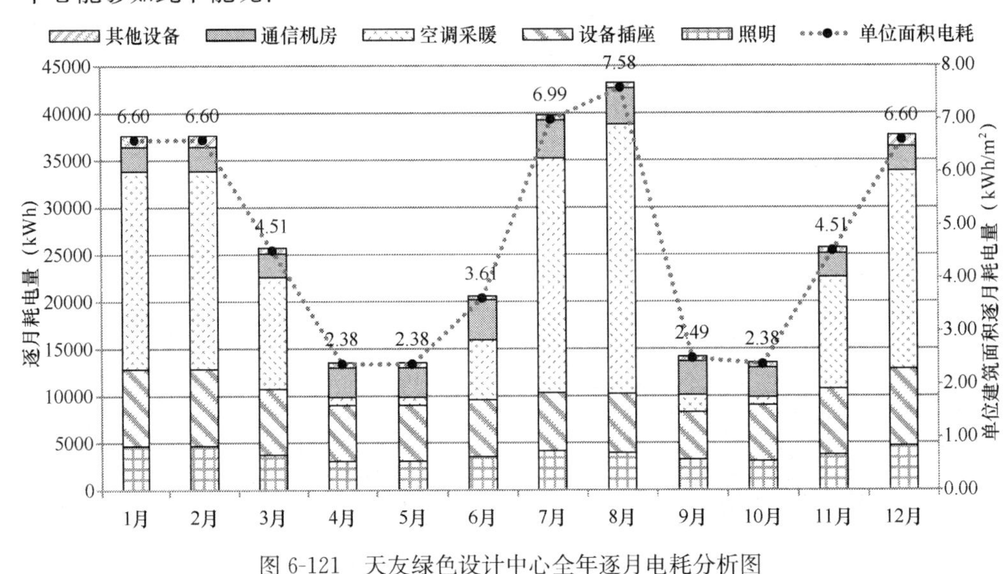

图6-121 天友绿色设计中心全年逐月电耗分析图

6.7.3 天友绿色设计中心节能关键

天友绿色设计中心能够实现低能耗运行，主要得益于空调采暖系统设计、不同季节控制策略、部分时间部分空间控制模式优化、自然通风、吊扇及空调系统联合运行优化，以及行为节能方面上的共同结果。下面对此分别进行介绍。

（1）空调系统设计

天友绿色设计中心的空调系统冷热源采用模块化地源热泵（见图 6-122）与水蓄能（见图 6-123）相结合的方式。热泵主机分 A 机组低温热泵型和 B 机组高温热泵型两类机组，利用两套热泵机组在夏季能分别制取高、低温水的特点，分别向地板辐射供冷末端提供高温冷水和新风换热机组的换热器低温冷水，利用高温水降温（消除室内显热）从而提高主机的能效（*COP* 值）；同时用低温水除湿（消除空气中的潜热）。

图 6-122 模块机组外形

图 6-123 立式蓄能罐

水蓄能方面则是充分利用国家削峰填谷的能源政策（见表 6-27），低谷电价时蓄能（夏季蓄冷、冬季蓄热），高价电时放能，以减少空调运行费用。

天友绿色设计中心办公楼采用了以地板辐射供冷供热＋新风为主的空调末端形式。值得一提的是，以地板辐射供冷供热＋新风为主的空调方式，结合设置在窗下的低矮风机盘管（见图 6-124）和传统的吊扇，形成混合通风模式。

天津市现行峰谷电价表 表 6-27

	高峰		平价	低谷
	夏季	其他三季		
时段	10：00～11：00	8：00～10：00	7：00～8：00	23：00～7：00
	19：00～21：00	16：00～19：00	11：00～21：00	
		21：00～23：00		
电价（元）	0.9768	0.888	0.6025	0.333

图 6-124 外窗下的低矮风机盘管

（2）不同季节控制策略

通过自然通风、吊扇的启停、免费供冷、低温热泵机组 A、高温热泵机组 B、蓄能罐蓄能、蓄能罐放能等不同形式的组合，可以针对夏季、冬季和过渡季等形成多种工况，从而实现天友绿色设计中心的低能耗运行。下面具体介绍一下 2013 年夏季和冬季的实际运行策略。

1）夏季运行策略

在初夏，室外温度不太高时，优先开启外窗利用自然通风消除室内余热，当仅自然通风不满足需求时，开启吊扇，使得机械通风与自然通风相结合达到增强对流换热的效果。

更进一步地，当开启吊扇也不能满足室温要求时，则利用室外地埋管内的低温水，经板式换热器与室内地板辐射的管路换热，降低室内地板辐射管路的水温，由此实现免费的地板辐射供冷。

当夏季室外高温高湿，自然通风、吊扇和免费供冷等已无法实现室内温湿度的要求时，则关闭外窗，开启热泵机组来制冷，同时与吊扇相结合，达到提高夏季室温的效果。对于地板辐射供冷这种末端形式，男性和女性的冷热感受差别较大，主要是因为女性本身比较耐热，并且夏季常常光脚穿凉鞋、短裤或短裙等，所以通常当男性对室温感到满意时女性通常会抱怨太冷。针对这一问题，结合吊扇的混合通风方式可以达到提高夏季室温的效果，即供冷时在满足女士体感温度的前提下，开启男士顶部的吊扇，使室温控制在 26～27 ℃，使得男、女性在冷热感觉方面都能够满意（见图 6-125 和表 6-28）。

图 6-125 降低夏季室温的措施

夏季运行策略 表 6-28

吊扇节能作用	缩短热泵主机开启时间		提高供冷时段的室内温度
节能手段（运行策略）	开窗通风＋吊扇	开窗通风＋地板辐射供冷＋吊扇	开热泵机组制冷＋吊扇
使用时段	5 月中～6 月中	6 月中～7 月中	8 月份
地板供水温度/地表面温度（℃）	20/23		

2）冬季运行策略

在冬季，天友绿色设计中心实施地板辐射采暖与风机盘管间歇运行的策略。夜晚 23：00～7：00 开启低温 A 机组给蓄能罐蓄能，1：00～7：00/8：00 开启高温 B 机组直供地板辐射给室内供热；白天时则关闭低温 A 机组，蓄能罐将夜间储存起来的热能在 7：30～17：00 之间放能给一～二层的风机盘管，这是因为上班时段前一、二层室温较低，采用风机盘管供热可以迅速提高一、二层的室内温度。当天气晴好有太阳时，14：00～17：30 开启高温 B 机组制热直供给地板辐射给室内供热，若无阳光，则高温 B 机组开启的时间提前至 11：00。综上可以看到，由于白天室内人员负荷大，设备散热多，南向大窗墙比实现建筑充分吸收太阳辐射热，加之前一晚夜间地板辐射供热储存在围护结构、室内家具中的热等各方面因素，使得在白天 8：00～14：00 的时段内，三～五层无需提供任何空调热源。具体的运行策略见表 6-29 和图 6-126。

冬季末端运行策略 表 6-29

时段	策略
1：00～8：00	B 机组直供地板辐射
7：30～17：00	蓄能罐末端放能直供一～二层风机盘管
14：00～17：30（有阳光时）	B 机组直供地板辐射（充分利用免费太阳辐射能量）
11：00～17：30（无阳光时）	B 机组直供地板辐射

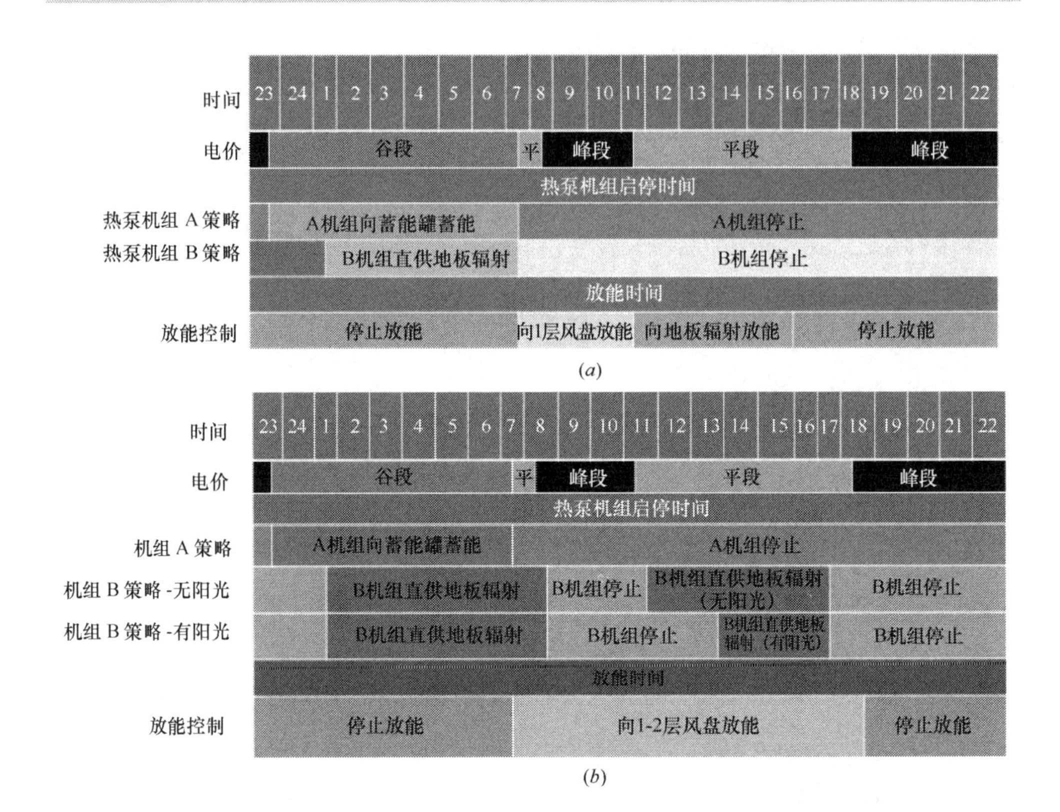

图 6-126　冬季空调设备全天各时段工作状态

(*a*) 11 月 1 日～11 月 30 日；(*b*) 12 月之后

由图 6-127 可以看到，使用了夜间 A 机组向蓄能罐蓄能、白天蓄能罐向末端放能的运行策略后，白天 8：00～14：00 的时段内，三～五层无需提供任何空调热源，14：00～17：00 时只需开启 B 机组，从而使得白天高峰电价时段的空调采暖系统的电耗峰值显著降低，由此可以大大节省运行费用。

(3) 部分时间、部分空间的控制模式

天友绿色设计中心对前台公共空间、办公空间、会议室、餐厅空间等不同功能的建筑空间采用了部分时间、部分空间的控制模式，既保证用户的环境感受，同时有效降低建筑能耗。下面以餐厅的控制模式为例，结合对餐厅的冬季环境测试结果，介绍建筑部分时间、部分空间的控制模式。

此餐厅位于改建时加建的局部第六层，与室外相通，南侧有大面积的外窗，如图 6-128 所示。

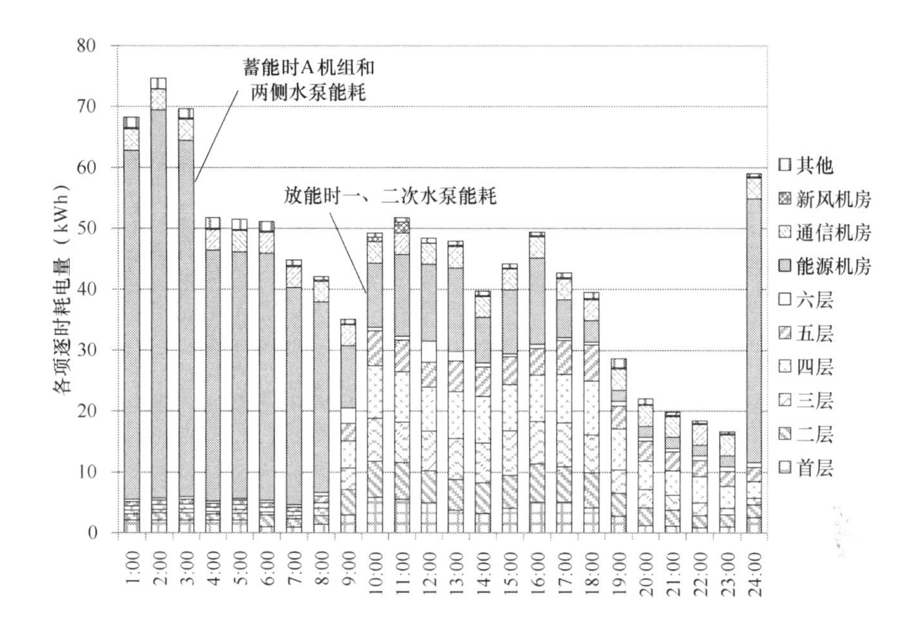

图 6-127　11 月 25 日全楼逐时耗电量

图 6-128　天友六层餐厅

该餐厅主要在中午时段供员工用餐使用，其他时间基本无人使用。针对这一使用作息情况，餐厅区域在午餐时段通过利用厨具设备发热、人员发热、太阳辐射得热等热量，基本能保证餐厅使用时段的人员舒适度。如遇室外特别冷等情况再开启空调，其余时间均不开启空调设备，由此在满足室内人员热舒适的前提下，达到低能耗运行效果。

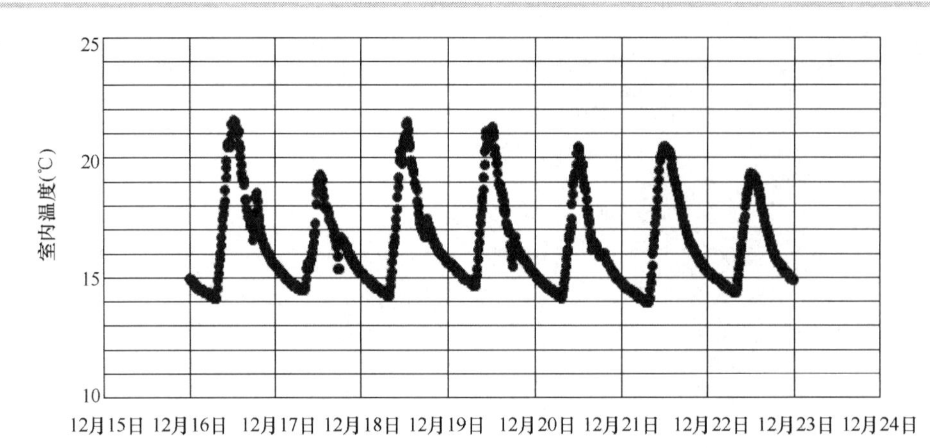

图 6-129 餐厅典型周温度曲线图

图 6-129 为餐厅 12 月 16～22 日这一典型周的室内温度变化图，从图中可以看到，餐厅全天范围内的温度在 14.5～22℃，平均温度只有 14.5℃左右。但是对该区域的工作时段——即午餐时段（11∶30～1∶30）的温度数据进行分析可以看到（见图 6-130），其平均温度达到 20.5℃，满足室内人员对温度的要求。

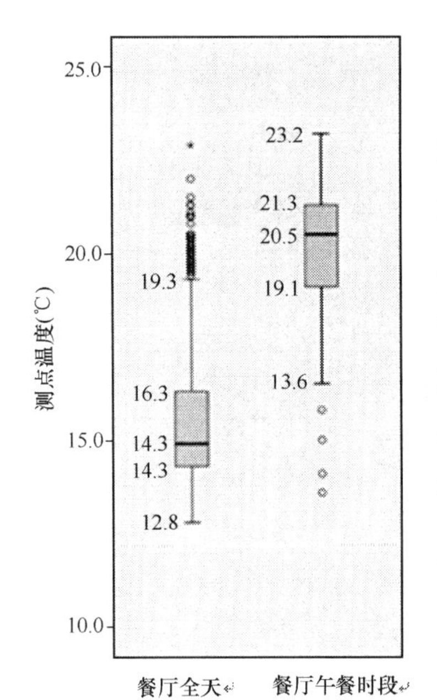

图 6-130 餐厅分时段温度分析图

（4）行为节能

在行为节能方面，天友绿色设计中心用制度和行政管理的方式，减少使用者的不良习惯。如：全楼禁烟、公告开窗时间、外遮阳升降、人走熄灯和随时关闭外门等。并且编写绿色办公楼使用说明书，制订部门和楼层节能惩罚措施，有意地培养使用者的节能行为。除此之外还通过即时公布建筑能耗监测数据，使用户对楼内能耗情况有一直观及时的了解，强化节能意识。

6.7.4 室内热环境满意度与热舒适水平

天友绿色设计中心夏季积极利用自然通风、地板辐射供冷与吊扇相结合的混合通风策略，冬季利用水蓄能等策略实现空调采暖低能耗、低成本运行，但是室内环境能否满足室内人员的热舒适要求？使用者对室内环境的满意度究竟如何？通过调研问卷对使用者的满意度和热舒适水平进行了统计分析，来探究天友是否为了节能而牺牲室内环境质量。

由图 6-131 可知，用户对建筑室内热环境、光环境、声环境、空气品质等各方面满意度在冬季、夏季和过渡季都处于满意的水平（正表示满意、负表示不满意），整体满意度均达到 0.5，处于较高的水平。

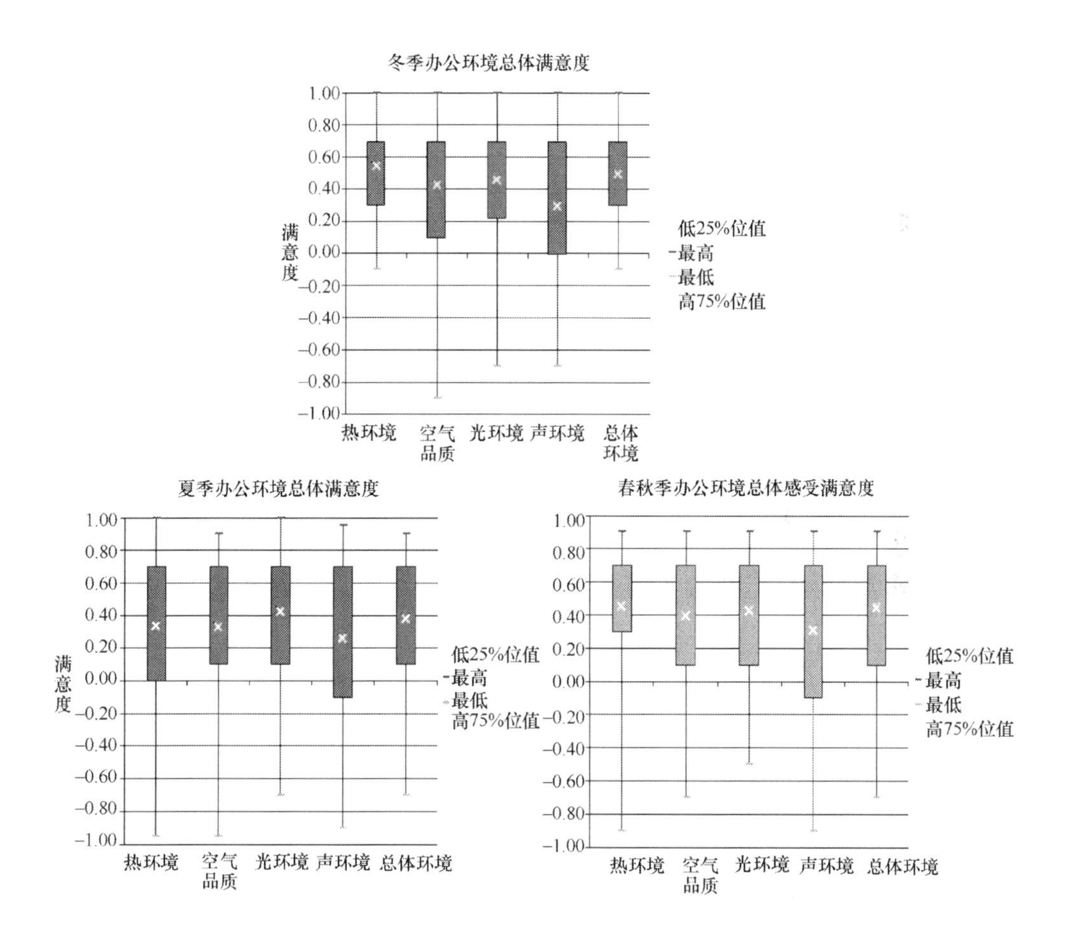

图 6-131 冬季、夏季、过渡季用户室内环境满意度

图 6-132 为天友绿色设计中心用户冬季热感觉投票结果，依据热环境评价标准，微暖和微凉及范围均为舒适范围内，比例超过 90%，其余部分更多投票为暖。因此，天友的冬季热环境是完全满足室内人员的热舒适要求的。

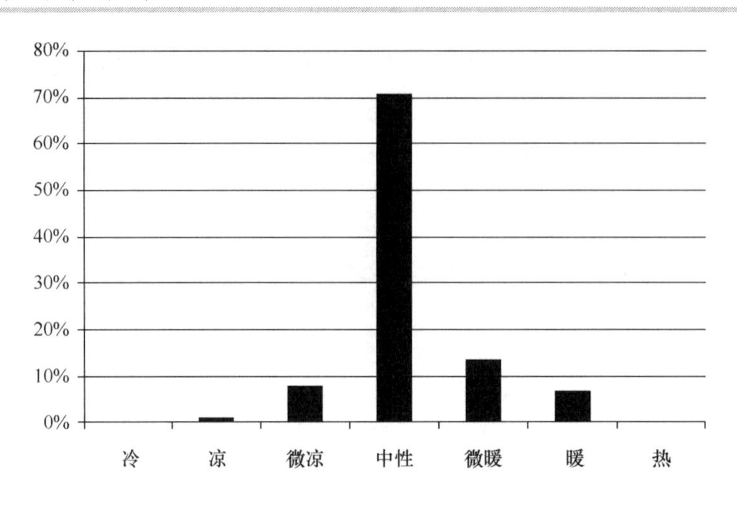

图 6-132 用户冬季热感觉投票结果

6.7.5 分析与总结

总体看，天友绿色设计中心单位建筑面积能耗约为 56.62kWh/(m^2·a)，其中空调采暖能耗约为 26.52 kWh/(m^2·a)，显著低于同类建筑。通过分析其系统节能设计策略、运行控制模式及现场实测、调研结果，可以为华北地区办公建筑节能设计和运行提供如下启示：

1）该建筑能够实现低能耗的主要原因在于建筑有效的控制策略，包括夏季积极利用自然通风、地板辐射供冷与吊扇相结合的混合通风策略，大大减少了夏季制冷的时间；冬季利用水蓄能、地板预热等策略，从而实现了冬夏季空调采暖低能耗。此外，在一些空间，充分实践了部分时间、部分空间的控制模式，优先使用自然通风、自然采光，也确保空调能耗和照明能耗处于一个较低的水平。

2）从实测和问卷调查结果看，该建筑的室内热环境完全能够满足室内人员的舒适性要求，并得到了较高的满意度。在此前提下，通过运行策略的优化等措施实现了低能耗运行。

3）行为节能也是实现低能耗的重要原因之一。现有建筑在空调系统、照明系统、新风供应和电梯运行方面，也充分考虑了使用者的行为节能，这是因为项目的设计者和使用者同为一家单位，才完完全全使得设计者可充分把握需求，使得运行后环境品质提升和能耗降低可兼得。

6.8 香港太古地产高效集中空调系统冷冻站

6.8.1 概况

（1）项目简介

PP1（Pacific Place 1）和CPN（Cityplaza North）为两座太古地产位于中国香港的冷站，始建于20世纪80～90年代，并在2010年前后分别进行了整体节能改造。目前，其能效水平在亚太地区都堪称一流。如图6-133所示，按照美国采暖、制冷与空调工程师学会（ASHRAE）的研究报告所提议的冷站能效水平评价标尺，这两座冷站的全年平均系统能效比*COP*均属于“优秀（excellent）”水准。本节以两个冷站为典型案例，介绍其节能高效的实践与经验。

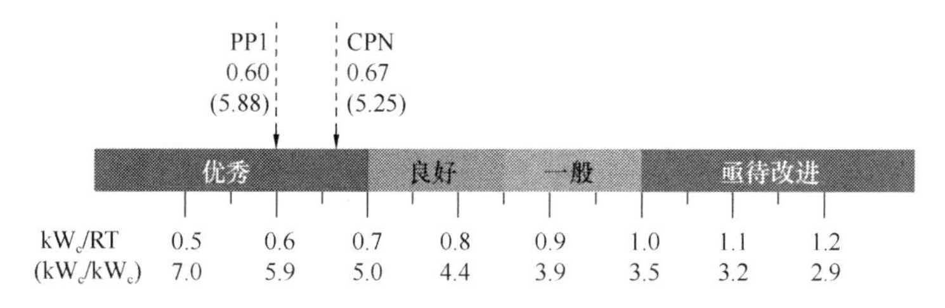

图6-133　冷站整体能效指标标尺，及PP1冷站和CPN冷站的实际冷站全年能效比

（2）系统简介

PP1为香港太古广场（Pacific Place）的冷站之一。太古广场是一个包含了写字楼、酒店和商场的综合商业体。PP1冷站负责其中的一期写字楼（One Pacific Place），并和PP2冷站共同为商场（Pacific Place Mall）供冷。PP1负责的总建筑面积为111017 m^2，空调面积为103957 m^2。

PP1配备了4台1000RT的大冷机，2台400RT的小冷机。其冷冻水系统（见图6-134）采用了二次泵系统，初级泵定速运行，次级泵通过台数调节及变频控制管路末端压差等于设定值。冷却水系统（见图6-135）为海水直接冷却系统，并与其他冷站共用海水泵房。其中冷站内的冷却水泵只负责冷却水在冷站内的压降，海水泵房另设有海水泵。

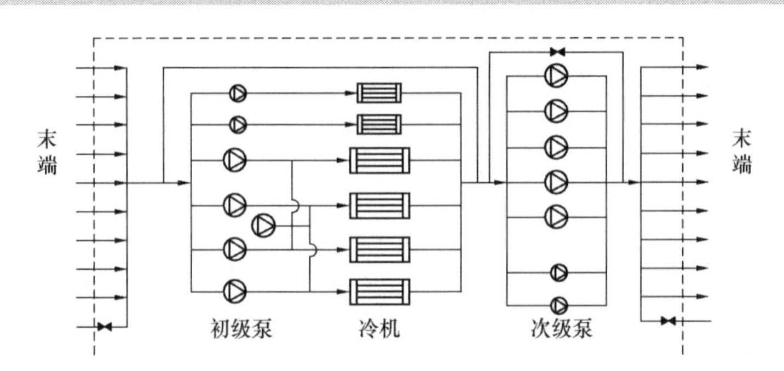

图 6-134 PP1 冷冻水系统示意图

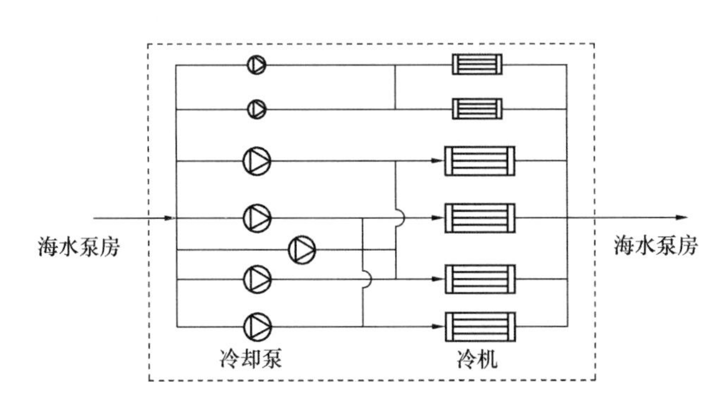

图 6-135 PP1 冷却水系统示意图

CPN 为香港太古城中心商场（Cityplaza）的北区冷站，其负责太古城中心的北区。其负责建筑面积为 92183 m^2，空调面积为 59226 m^2。冷站配备了 4 台冷机、5 台初级冷冻水泵、3 台次级冷冻水泵、6 台冷却水泵。系统形式与 PP1 类似，为二次泵冷冻水系统（见图 6-136），海水间接冷却系统（见图 6-137）。冷冻水泵控制方法与 PP1 相同， 冷却侧与其他冷站共用独立的海水泵房。

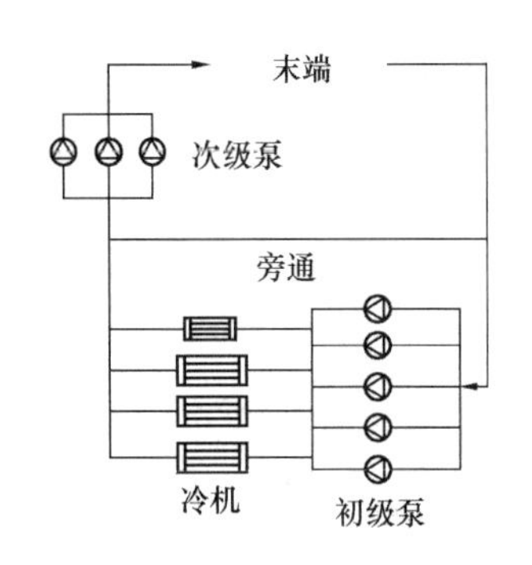

图 6-136 CPN 冷冻水系统示意图

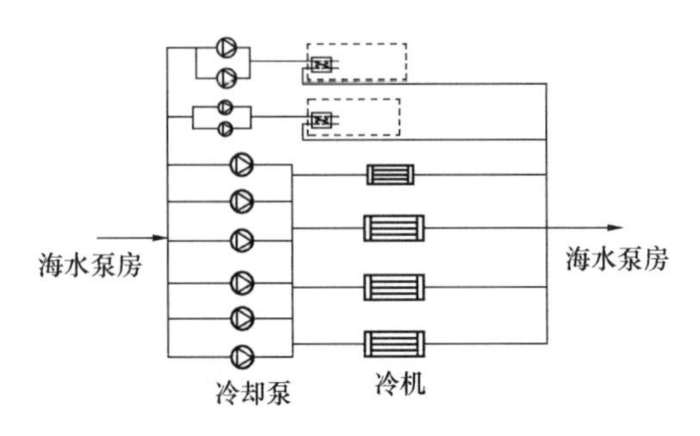

图 6-137 CPN 冷却水系统示意图

6.8.2 能耗情况及能效指标

冷站的能效水平可通过冷站综合能效系数 *EER*、冷机 *COP*、冷冻水和冷却水系统输配系数进行评价。需要说明的是：冷却水系统能效应包括海水泵电耗，由于几座大厦的冷冻站共用海水泵房，海水泵耗不易分解到单独的冷站，为保证数据精确，故暂不纳入讨论（实测太古地产的海水泵房效率也是非常高的）。能效指标通过统计供冷量和各设备能耗按如下公式计算得出。

$$冷站\ EER=\frac{供冷量}{冷站总电耗}$$

$$冷机\ COP=\frac{供冷量}{冷机电耗}$$

$$冷冻水系统输配系数=\frac{供冷量}{一级冷冻泵电耗+二级冷冻泵电耗}$$

根据对两座冷站的年电耗及能效情况的统计（其中 PP1 统计时间为 2011 年 7 月～2012 年 6 月的 12 个月，CPN 统计时间为 2011 年 9 月～2012 年 8 月的 12 个月），将冷站电耗进行拆分（如图 6-138 和图 6-139 所示），可见冷机电耗占冷站总能耗的 83%，而水系统能耗很低。进一步结合供冷量可计算得到冷站各部分的能效水平（见表 6-30）。

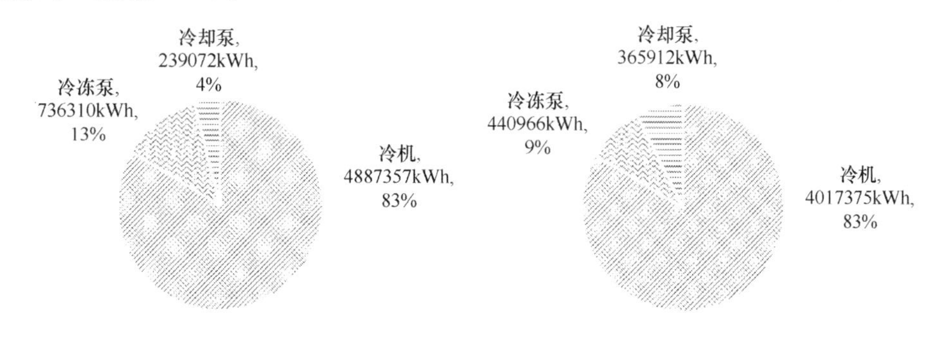

图 6-138 PP1 冷站电耗拆分　　图 6-139 CPN 冷站电耗拆分

冷站年能耗及能效数据　　表 6-30

冷站	PP1	CPN	国标参考值
供冷量 (kWh_c/a)	34468085	25339100	

续表

冷站		PP1	CPN	国标参考值
能耗（kWh_e/a）	总	5862739	4824253	
	冷机	4887357	4017375	
	冷冻泵	736310	440966	
	冷却泵	239072	365912	
能效（kW_c/kW_e）	冷站 *EER*	5.88	5.25	3.6
	冷机 *COP*	7.05	6.28	4.8
	冷冻水系统输配系数	46.8	57.5	30

将PP1及CPN的能效与国家相关标准进行对比，可见两冷站的各能效指标均显著高于国家参考值。系统的良好运行需要各系统各设备的综合考虑，良好配合，缺一不可。

6.8.3　节能高效的要点分析

从冷站的全生命周期考虑，对能效有影响的环节包括：选型、设备出厂性能、保养维护和运行控制。而这两座冷站之所以能达到如此优秀的能效水平，正是在这四方面都有优秀的表现。

（1）选型恰当

冷机、水泵等设备的选型往往考虑所谓额定工况，其应尽量与实际工况中出现最多的情况相接近，以保证设备能长期运行在较高效率下。以CPN的冷机为例，CPN冷站全年最大供冷量约2350 RT，略小于两台大冷机和1台小冷机的容量。供冷量最多出现于950 RT和1800 RT附近，如图6-140所示，与两台大冷机的容量选型（900RT）匹配。除单台小冷机运行时有一些工况需要工作在低负荷率下之

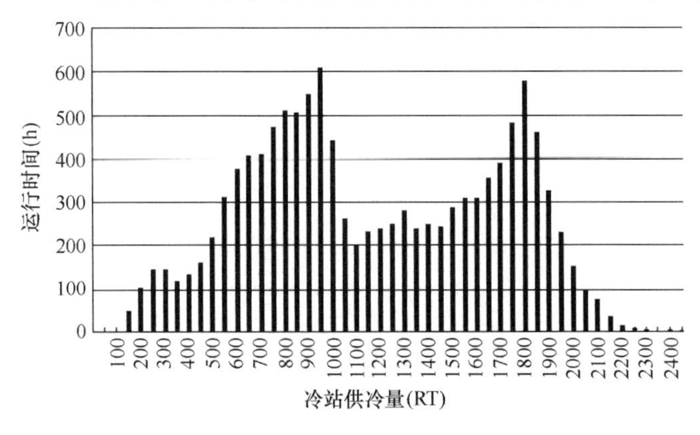

图6-140　CPN冷站供冷量分布

外，其他工况都可以通过冷机的配合使冷机平均负荷率高于 60%。

除冷机容量外，冷机两器温差的选择也会影响冷机能效和供冷能力。两器温差实际上体现了冷机蒸发器和冷凝器的压力差。一般设计两器温差比冷机运行的最高两器温差低 1～2K 比较合适，既不会在高温天气影响冷机的供冷能力，又保证了冷机尽可能运行在高热力完善度区域。从实际运行情况看（见图 6-141），CPN 冷机全年两器温差从 18～35K 均有分布，在 31K 附近出现最为频繁。最大两器温差为 35K。冷机的设计两器温差为 34K，选型合理。

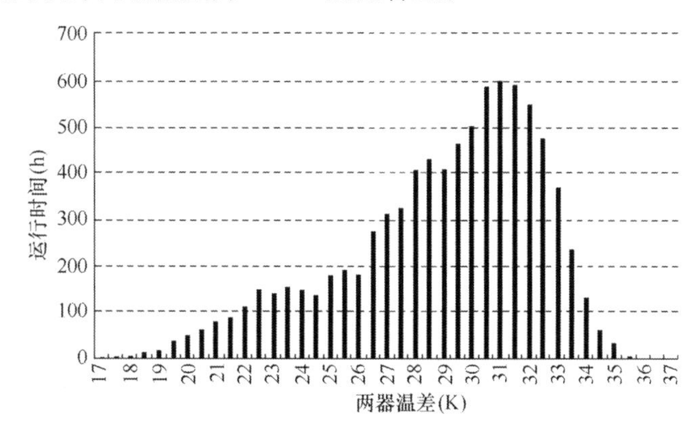

图 6-141 CPN 冷站运行两器温差分布

水泵的选型同样关系到水泵的运行效率，以 CPN 的二级冷冻泵为例（见图 6-142）。二级冷冻泵为变频水泵，控制末端压差不低于设定值。将变频后的工况等效到实际工作点所对应的 50Hz 曲线上工作点，可见两个工作点间十分接近，且出现最多的工作点效率甚至略高于额定效率。

（2）设备出厂性能好

一方面业主要选购在当前技术水平下较好的设备，另一方面要在设备验收时确保设备运行情况与样本一致。以 PP1 的冷机为例，图 6-143 为 2011 年 8 月 10 日～9 月 18 日的冷机运行情况统计。可见这一个月内，大冷机的 *COP* 中值在很高水平的 6.6～7，效率略低的小冷机 *COP* 中值也有 5.6～5.9。

CPN 的冷机同样表现出不错的性能（见图 6-144）。如其大冷机在额定工况下的实测 *COP* 为 5.77，与样本额定 *COP* 值 5.97 仅相差 3%。

水泵的情况与冷机类似，如图 6-142 所示 CPN 二级泵的运行效率与样本一致，使得水泵能够始终运行在它的最佳工况下，保障了水泵自身的性能。

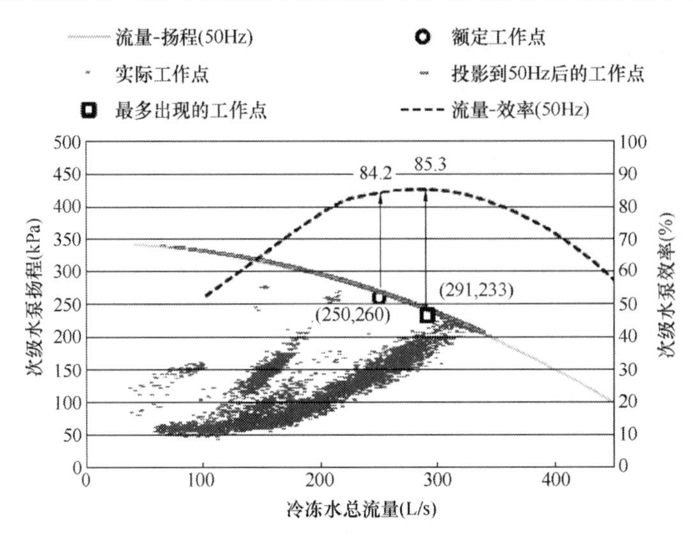

图 6-142　CPN 二级冷冻泵设计与运行工况对比

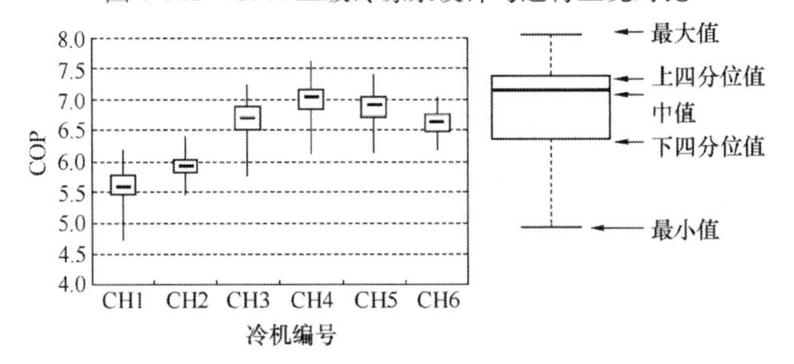

图 6-143　PP1 冷机运行 *COP* 统计

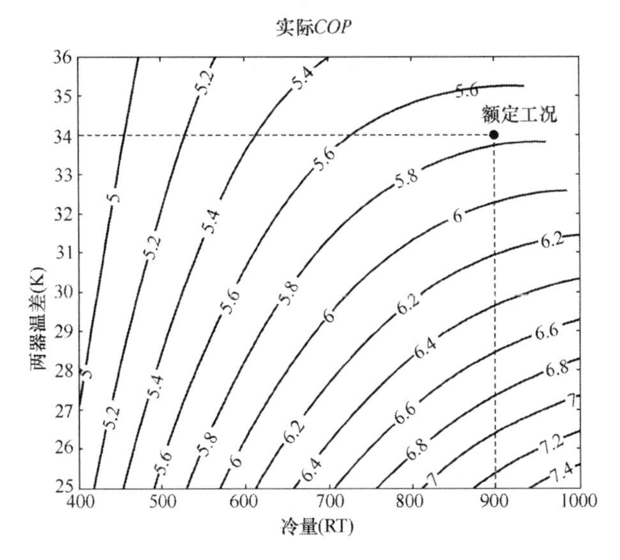

图 6-144　CPN 大冷机实测 *COP*

（3）维护保养到位

在设备运行中定期进行维护保养，关系到设备能否持续保持高效运行冷站的维护保养效果主要体现在水路阻力上。因保养不良造成的管路结垢、过滤器堵塞、部件损坏等问题会给水路增加额外的压降，水泵不得不提供更高的扬程，从而造成水泵能耗的浪费，同时还可能会对系统的调节性能及末端的舒适性造成影响。这些在集中空调冷冻站系统中常见的问题，在这两个冷冻站中几乎绝迹。

例如，图 6-145～图 6-148 为 PP1 与 CPN 的空调水路压降情况（以海平面为基准），其中冷却水路压降仅包括位于冷站内的部分，位于海水泵房的部分由海水泵承担。PP1 和 CPN 的冷冻水路总压降分别为 24.8mH_2O 和 25.0mH_2O，冷却水路在冷站内的压降为 5.4mH_2O 和 11.5mH_2O，各阻力部件的阻力值都在正常范围，且无额外的不合理阻力项。冷站的水路阻力恰当，没有多余阻力造成的能耗浪费。

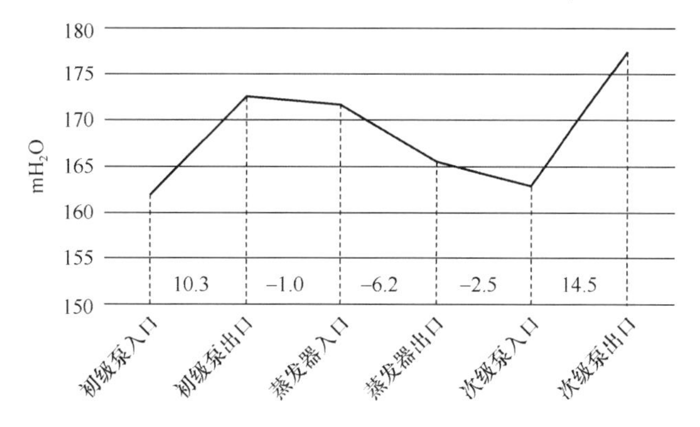

图 6-145 PP1 冷冻水路水压图

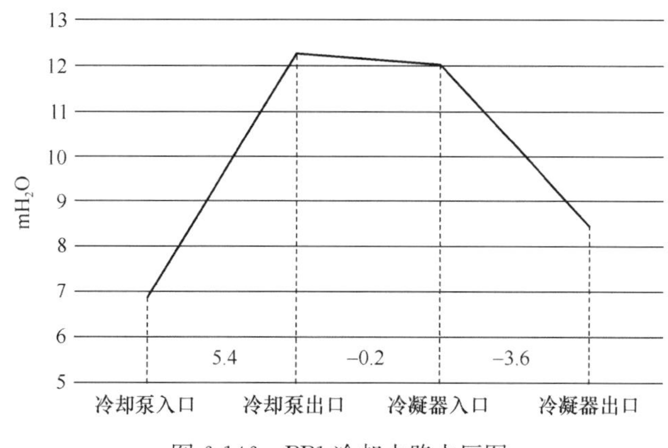

图 6-146 PP1 冷却水路水压图

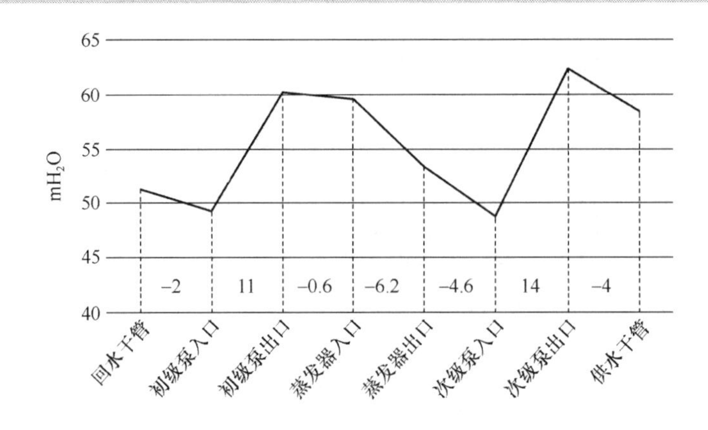

图 6-147 CPN 冷冻水路水压图

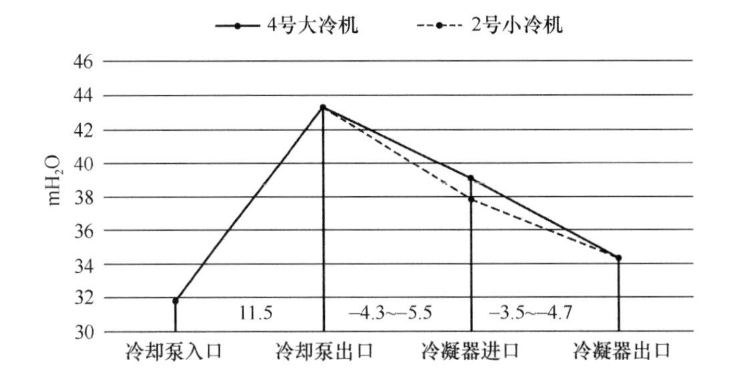

图 6-148 CPN 冷却水路水压图

同时，水路阻力还与包括阀门设置在内的管路设计，以及运行控制有关。较低的水路压降也是冷站在管路设计和运行控制这两方面的优秀表现。

（4）控制有效

良好的控制与系统安全、室内舒适和系统高效息息相关。从效率的角度看，运行控制即要尽可能使设备运行在高效区（即设备级控制），又要通过流量调节及设备之间的配合使系统整体达到最优（即系统级控制）。

在此以冷冻水流量控制为例。冷冻水供回水温差是冷冻水流量控制效果的一个典型体现。合适的冷冻水供回水温差才能保障室内舒适度和水系统高效运行。这两座冷站的冷冻水系统均采用了二次泵系统，初级泵定速运行，通过旁通实现两级泵流量的解耦，次级泵依靠台数调节及变频控制管路末端压差等于设定值。

图 6-149 为 2011 年 8 月 PP1 两条典型冷冻水支路的温差情况，其中 A 支路向

商场供冷水，C 支路向写字楼供冷水。A 支路在商场营业时间（10：00～20：00）供回水温差保持在 5K 左右。供给写字楼的 C 支路则能控制到 6K 左右。合适的供回水温差使得冷站得以实现较高的冷冻水输配系数。

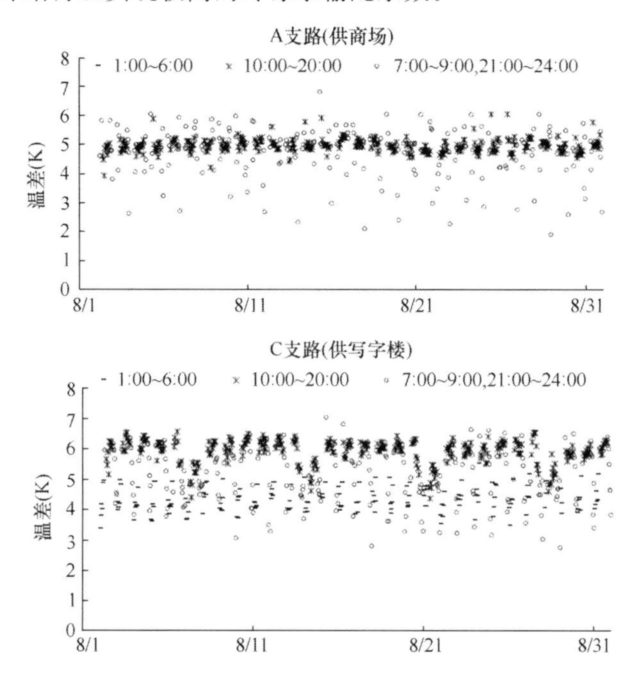

图 6-149 PP1 典型支路冷冻水温差情况

类似的，可以对 CPN 不同负荷下冷冻水温差情况进行统计，绝大多数时候供回水温差为 4.6K 左右（见图 6-150）。

此外，这两座冷站采取的很多具体控制策略值得借鉴，如直到冷机超过额定冷量 100%的出冷量之后、实在无法再增加供冷能力时，才多加开一台冷机。这是因为通常情况下，冷却水回水温度都低于冷机的额定工况，压缩机可以在相对较低压缩比的情况下产生更大的冷量、而不会导致电流增加，这对于大型离心式制冷机是非常常规的性能。在 PP1 冷站和 CPN 冷站，均由经验丰富、责任心极强的运行管理人员进行冷机的加减机操作，他们还会根据所带负载的变化细节进行前馈控制，调节冷机的开启情况、保证其极高的负荷率和效率。例如：周一早上 8 点左右会开大通向办公楼支路的冷冻水阀门，并且根据周末的天气情况，估算冷机在 8～9 点之间的预冷尖峰负荷段该如何开启冷机；

在 9～10 点的办公楼正常使用阶段该如何开启冷机；

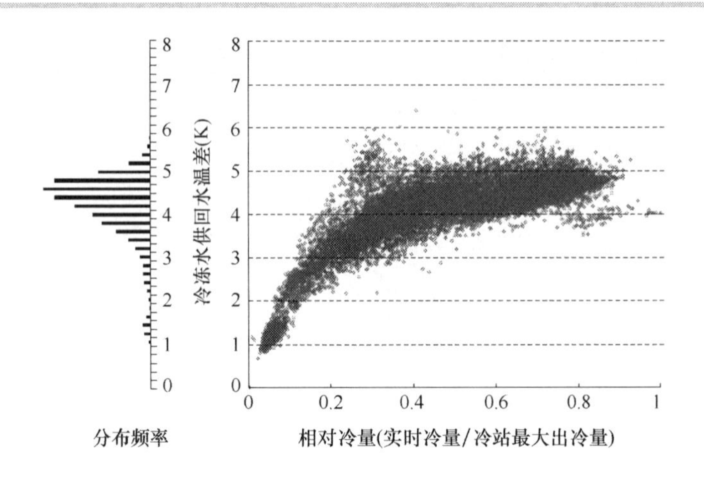

图 6-150 CPN 冷冻水温差情况统计

在 10～11 点的商场开业、空调箱集中投入使用、并且需要预冷所负担空间时，该如何开启冷机，以及如何调节通向商场和办公楼的冷冻站主干管的流量；

在中午 12：30～2：30 办公楼人员纷纷出来到商场所含餐饮吃午饭时，又该如何调节冷冻水流量及冷机开启台数；

在下午 5 点左右如果商业综合体所带宾馆要准备晚上的宴会而需要增加冷量时，运行管理人员还会仔细调节分配到各个支路上的冷冻水流量，并且问清宴会规模，预测冷机开启台数，前馈控制。

通过多年如一日的精心摸索，太古地产的冷冻站实现了人工准确预测和识别负荷变化以及高精度的控制，既精准地满足建筑物不同空间、不同时间的冷量需求，又实现了冷站的高效运营。

6.8.4 总结

太古地产一直致力推行及实践可持续发展与节能减排，在亚太地区乃至全球的商业地产建设和运行管理中，均贯彻和落实节能环保理念。自 2006 年 10 月起，太古地产与清华大学在高端持有型商业综合体的节能领域展开全面合作，历时七年。通过合作研究、工程实践、沟通交流、人才培养等多种形式，一方面促进太古地产从基层运行人员，以至高级管理层专业人员的持续学习、实践和提升；另一方面共同推动具体工程项目在系统设计、运行管理、控制调节等方面的持续优化创新，不仅全面提升系统效率、大幅度降低能源消耗，还积累了大量的新知识、新方法和新技能，确切地在执行上体现了太古集团所提出的“Being the best in class globally”的目标。近年来，太古地产通过持续的节能改造和优化运行，打造了一批高效率的集中空调冷冻站，这不仅为公司带来显著的节能和经济效益，并且夺取了多个国际奖项，如于2006年及2013年两次获得美国采暖、制冷与空调工程师学会（ASHRAE）技术奖，2010年获英国皇家注册建筑设备工程师学会（CIBSE）年度最佳低碳运营奖等。从太古地产的集中空调系统高效冷站案例可得出结论，要打造并长期运营一个优秀的冷站，必须在其整个生命周期的各个环节中进行严格控制，特别是控制每个环节的损失，确保最初的选型到持续的运行控制及维护保养都能维持高水平，并能够贯彻地围绕最初设定的系统效率目标来工作和进行检验。这也是本书第五章所提出的面向能源消耗量控制的全过程节能管理体系的重要组成。

通过选取的这两个冷站案例，我们清晰地认识到，集中空调系统、常规冷冻站设计方案，也能促使全年冷站综合能效指标达到5.5的优秀值。如果按1元/kWh的电价计算，这样的高效冷站全年平均冷量成本少于0.2元/kWh冷量，其冷量成本甚至低于大部分采用冰蓄冷的集中空调系统冷冻站（详见第4章）。由此可见，合理的配置和设备选择，加上长期精心维护保养、持续改进优化，能够将传统的集中空调冷冻站效率和经济性提升30%以上。太古地产的经验对我国大型商业综合体或公共建筑的集中空调系统的节能设计建造和优化运行，都具有重要的参考价值和借鉴意义。

参考文献

[1] 张海军，丁云飞，周孝清．广州地区办公建筑空调能耗分析与评价[J]. 节能技术，2007(6)：54—56.

[2] 李志生，张国强，李冬梅，等．广州地区大型办公类公共建筑能耗调查与分析[J]. 重庆建筑大学学报．2008，30(5)： 112—117.

附录

我国未来能源可能的供应能力

项　目	实物单位	2020年		2030年		2050年	
		实物量	标准量（亿 tce）	实物量	标准量（亿 tce）	实物量	标准量（亿 tce）
总量	/		39.3～40.9		49.1		57.5
国内供应	/		33.7～35.4		41.44		49.82
其中：煤炭	亿 t	30	21	30	21	30	21
石油	亿 t	2.1～2.3	3～3.29	2	2.86	2	2.86
天然气	亿 m^3	2200～2500	2.83～3.21	3000	3.86	3000	3.86
水电	亿 kW	3.2	3.27	4	4.8	4.5	5.4
核电	万 kW	7000～8000	1.63～1.86	20000	4.5	40000	9
生物质能	亿 tce	1～1.45	1～1.45	2	2	3	3
风电	亿 kW	1～1.5	0.62～0.93	3	1.8	4	2.4
太阳能热	万 tce	3000	0.3	4000	0.4	5000	0.5
太阳能发电	万 kW	1000～2000	0.046～0.092	5000	0.225	40000	1.8
进口能源	/		5.57		7.64		7.64
其中：石油	亿 t	3	4.28	4	5.71	4	5.71
天然气	亿 m^3	1000	1.29	1500	1.93	1500	1.93

数据来源：中国能源中长期发展战略研究项目组. 中国能源中长期发展战略研究（2030、2050）综合卷. 北京：科学出版社，2011.